中国城市防洪减灾对策研究

李原园 文康 李蝶娟 李琪 李福绥 等 著

中国水利水电出版社
www.waterpub.com.cn
·北京·

内 容 提 要

本书在相关研究成果基础上，针对城镇化进程中城市洪涝灾害的新特点，深入分析和研究了我国城镇化形势要求和不同类型城市特点、洪水风险特征以及所面临的防洪减灾问题，在总结城市防洪减灾经验和认识的基础上，结合海绵城市建设理念，就我国城市综合防洪减灾策略思路进行了探讨，并分类提出了有关对策措施和建议。

本书可供水利相关行业、科研院所、高等院校技术人员和管理人员参考使用。

图书在版编目（ＣＩＰ）数据

中国城市防洪减灾对策研究 / 李原园等著. -- 北京：
中国水利水电出版社，2017.8
ISBN 978-7-5170-5659-1

Ⅰ．①中… Ⅱ．①李… Ⅲ．①城市－防洪工程－研究
－中国 Ⅳ．①TU998.4

中国版本图书馆CIP数据核字(2017)第181779号

审图号：GS（2017）1143号

书　　名	**中国城市防洪减灾对策研究** ZHONGGUO CHENGSHI FANGHONG JIANZAI DUICE YANJIU
作　　者	李原园　文康　李蝶娟　李琪　李福绥　等著
出版发行	中国水利水电出版社 （北京市海淀区玉渊潭南路 1 号 D 座　100038） 网址：www. waterpub. com. cn E - mail：sales@ waterpub. com. cn 电话：（010）68367658（营销中心）
经　　售	北京科水图书销售中心（零售） 电话：（010）88383994、63202643、68545874 全国各地新华书店和相关出版物销售网点
排　　版	中国水利水电出版社微机排版中心
印　　刷	北京博图彩色印刷有限公司
规　　格	184mm×260mm　16 开本　17 印张　403 千字
版　　次	2017 年 8 月第 1 版　2017 年 8 月第 1 次印刷
印　　数	0001—1000 册
定　　价	**90.00 元**

凡购买我社图书，如有缺页、倒页、脱页的，本社营销中心负责调换
版权所有·侵权必究

《中国城市防洪减灾对策研究》
编写人员名单

统稿人：李原园　文　康　李蝶娟

各章编写人员：

绪　论　李原园　文　康

第1章　城市与城市发展
　　　　李蝶娟　李福绥　陆卫鲜　张继昌

第2章　城市洪涝及灾害
　　　　李蝶娟　李福绥　周冰清　杨晓茹

第3章　城市洪水风险与防洪标准
　　　　李　琪　雷Wen　施文婧　张继昌

第4章　城镇化对城镇防洪形势的影响
　　　　沈福新　文　康　雷Wen　杨晓茹

第5章　城市防洪减灾总体策略
　　　　李原园　文　康　沈福新　郦建强

第6章　山丘地区城市防洪减灾对策
　　　　李　琪　李蝶娟　陈艺伟　陆卫鲜

第7章　平原地区城市防洪减灾对策
　　　　李　琪　李福绥　陈艺伟　周冰清

第8章　滨海地区城市防洪减灾对策
　　　　李蝶娟　李　琪　罗　鹏　施文婧

第9章　城市涝灾防治对策
　　　　文　康　李原园　李蝶娟　罗　鹏

第10章　小城镇防洪减灾对策措施
　　　　李福绥　郦建强　杨晓茹　施文婧

前言

　　城市是社会经济发展最活跃的地区，是人类社会发展的主要驱动力。我国正在积极稳妥地推进城镇化进程，城镇化将进入发展的快车道。随着城镇化的发展，城镇的规模、经济形态和社会结构必将发生巨大变化，也必然伴随产生许多影响城镇发展的负面因素，严重的城镇洪涝灾害就是制约城镇发展的瓶颈之一。经过数十年的防洪建设，我国江河防洪与城镇防洪能力都有了长足的发展与提高，然而仍难以应对包括气候变化在内的环境变化引发洪涝极端事件趋于强劲的势头，也不能满足城镇经济社会发展的需求，我国城镇的防洪面临巨大挑战。为了保障城镇化发展和城市正常运转，研究制定科学有效的城镇洪涝治理对策是十分重要的命题。

　　本书借鉴古今中外的治水经验，根据当今治水思想和方针，突出从单一的防洪治理向多目标系统治理转变的理念，根据不同类型城镇自然地理条件、区位和洪水风险特点，提出了防治城镇洪涝灾害的总体对策思路。如，对于山丘地区城镇防洪，可采取蓄泄兼筹、以泄为主，堤库结合、分洪泄流，整治河道、畅通流路，改造城镇、适应自然，治理山洪、以防为主的总体对策思路；对于平原地区城镇防洪，可采取洪涝兼治、疏通外河，增强调蓄能力、缓解排水矛盾，水沙兼治、控制河势，疏导山洪、减轻外洪压力的总体对策思路；对于滨海地区城镇可采取上游修建蓄水工程，城镇修建圈堤，实施"堤库结合"，沿海修建高质量的低矮海堤挡潮，允许海潮翻越海堤，以挫潮势的总体对策思路。书中将城镇洪涝灾害防治基本对策具体归纳成"十字"策略，即：靠、泄、疏、围、避、蓄、挡、排、垫、管。"靠"就是城镇防洪减灾要依靠流域水系防洪体系作依托，而不能单纯依靠城镇本身建造堤防；"泄"就是利用河道与堤防宣泄洪水；"疏"就是疏浚、连通河湖水系、开辟分洪道疏导洪水；"围"就是修建城镇围堤；"避"就是避开洪水锐势；"蓄"就是河道兴修水库、蓄滞洪区蓄滞洪水、存蓄境内外引调水、就地调蓄雨水；"挡"就是修建海塘、丁坝、闸坝阻挡洪潮；"排"就是利用城区地下管网排除地面积水和处理过的污水；"垫"就是将地面垫高防止或减轻积涝；"管"就是建设城市洪涝综合信息立体监测系统加强管理。

本书表达的基本观点仅代表作者的看法。书中在叙述相关内容时兼用了城市与城镇两种词汇，泛论城市时以城镇和城镇化进行表述，涉及地级及以上城市人口、面积等社会经济指标时用城市进行表述。

本书参阅了大量文献，引用了其中部分资料与观点，虽尽量提供了参考文献，但难免挂一漏万，在此一并表示感谢。

参加本书编写和相关研究工作的主要人员如下。

水利部水利水电规划设计总院：李原园、沈福新、郦建强、张继昌、杨晓茹、陈艺伟、施文婧、罗鹏。

南京水利科学研究院：文康、李蝶娟、李琪、李福绥、陆卫鲜、周冰清。

McGill University，Canada：雷 Wen。

作者
2017 年 5 月

目　　录

绪　　论

0.1　综合要点

1. 城镇防洪治涝是积极稳妥推行我国城镇化的重要保障

中国共产党第十八次全国代表大会的报告提出了 2020 年在我国建成小康社会的宏伟目标，要求工业与农业相互支持，城市与农村相互支持。2012 年 12 月中央经济工作会议提出今后我国将推行积极稳妥城镇化的策略。

人类的未来在城市，城镇化是走中国特色社会主义道路的必由之路。继续对外开放、扩大内需是我国持续发展的国策，而城镇化就是最大的内需。随着城镇化的发展，城镇的规模、经济形态和社会结构必将发生巨大变化，也必然伴随产生许多影响城镇发展的负面因素，严重的城镇水灾损失已成为制约城镇发展的瓶颈，为了保障城镇化的发展，研究制定科学有效的城镇洪涝治理对策自然成为十分重要的命题。

2. 我国城市可划分成山丘、平原、滨海地区城市三种类别

我国城市众多，个性很强，地区分布很广，为探讨城市的共性和特殊性，根据城市不同自然地理条件、区位及其洪涝风险特征，将我国城市划分为山丘、平原和滨海三类城市，其中地级及以上城市共 286 座。山丘类地级及以上城市共计 137 座，平原类地级及以上城市共计 116 座，滨海类地级及以上城市共计 33 座。

截至 2010 年，全国城市共 656 座，其中，地级及以上城市共 286 座。全国人口 13.4 亿人，城镇人口 6.7 亿人，城镇化率 49.7%。地级及以上城市人口共 3.88 亿人，占全国总人口的 29%。地级及以上城市土地面积 62.9 万 km^2，占全国 6.5%。地级及以上城市 GDP24.6 万亿元，占全国总 GDP 的 61.3%。数据表明，占全国人口 29%，占土地面积 6.5% 的地级及以上城市，GDP 占全国总 GDP 的 61.3%，足见城市在国家发展中的重要性。

3. 不同类别城市与非城市洪涝灾害损失有很大差异

城市的概念包含城市中心区和城市行政辖区两种提法，城市中心区即市区，城市行政辖区指包括市区与周边县镇在内的行政管辖区。受洪涝灾害损失资料统计限制，目前还不可能将全国所有城市的市区与行政辖区（辖区）的水灾损失加以区分，而只能做些典型城市统计分析，得到一些基本概念。根据 20 世纪 90 年代（1991—1998 年）典型城市资料分析，山丘、平原与滨海地区典型城市的平均市区/辖区洪涝灾害损失比例分别为 9.89%、13.2%、23.73%，其中，市区/辖区洪涝灾害损失比例以山丘城市最小，滨海城市损失比例最大，足见城市类别不同，损失比例不同，而且差异很大。

4. 城镇化对城镇洪涝灾害的影响日趋明显

随着城镇化的发展，城镇洪涝致灾因子与承灾体的人口、经济结构等都在发生巨大的变化，主要表现在：城镇的热岛效应引发城镇暴雨强度加大，频次增多；下垫面的硬化与蓄排雨水坑塘、沟道被大量填平，从而减少雨水下渗，增大暴雨径流强度，峰高量多。城镇化使原来以第一产业为主的农村变为以第二、第三产业为主的城镇，人口、资产大量集中、增多；供水、供电、供气等生命线工程设施大量增建，覆盖面逐渐扩大，一遇洪涝，损失类型大大改变，损失量大大超过以往；由于产业结构的巨变，一旦发生暴雨积涝，顿时交通堵塞、打乱生活与工作秩序，对城镇正常运转造成严重影响。

国家减灾委专家委副主任、北京师范大学地表过程与资源生态国家重点实验室主任史培军认为"城市规划不尊重自然地理格局"是形成城镇水灾的主要原因。作者赞同这一观点。

5. 我国城镇防洪形势不容乐观

经过数十年的防洪建设，虽然我国江河防洪与城镇防洪能力都有了长足的发展与提高；然而，却难以应对包括气候变化在内的环境变化引发洪涝极端事件趋于强劲的势头，也不能满足城镇经济社会发展的需求，我国城镇的防洪形势面临巨大挑战，事态不容乐观，主要表现在：受较大干支流洪水威胁的城镇对流域水系提高防洪标准的依赖性日益变强，然而提高江河防洪标准却是较漫长的过程；受山前洪水威胁的平原城镇自保安全的能力还较低，提高防洪标准难度较大；受山洪威胁的城镇太多，受包括山洪泥石流在内的山区性洪水袭击的城镇防洪能力相对较低、防御山洪的措施有限，很难整体上、大幅度提高山洪防御标准；受洪涝夹击的平原水网城镇提高防洪除涝能力深受洪涝矛盾的掣肘；受风暴潮威胁的滨海城镇修建堤防的难度很大。城镇重要生命线工程和基础设施数量多，分布广，提高整体防洪标准困难不少。随着城镇化的快速发展，大城市周边卫星城镇数量逐渐增多，范围逐渐扩大，防洪减灾战线逐渐拉长，成为对城镇防洪减灾一大挑战。

6. 不同类别城市防洪标准差异很大

我国城市防洪标准整体偏低，而且大城市防洪标准达标率低于中小城市的达标率，山丘城市现状防洪标准达标率相对较高。规模较大的城市，应当也必须按照分区保护的原则，根据分区人口、经济总量和洪水风险特点，选择不同的防洪标准，而不能不分主次，一视同仁。

7. 城镇洪涝灾害防治理念可归纳成"十字"策略

本书根据古今中外的治水经验，遵照"十六字"治水理念，将城镇洪涝灾害防治归纳成"十字"策略，即靠、泄、疏、围、避、蓄、挡、排、垫、管。

"靠"就是城镇防洪减灾要依靠流域水系防洪体系作依托，而不能单纯依靠城镇本身建造堤防；"泄"就是利用河道与堤防宣泄洪水；"疏"就是疏浚、连通河湖水系、开辟分洪道疏导洪水；"围"就是修建城镇围堤；"避"就是避开洪水锐势；"蓄"就是河道兴修水库、蓄滞洪区蓄滞洪水、存蓄境内外引调水、就地调蓄雨水；"挡"就是修建海塘、丁坝、闸坝阻挡洪潮；"排"就是利用城区地下管网排除地面积水和处理过的污水；"垫"就是将地面垫高防止或减轻积涝；"管"就是建设城市洪涝综合信息立体监测系统加强管理。

建设水多可防排，水少可供给，水脏可净化的弹性"海绵"城市。

8. 城镇化必须不断关注并适应防治洪涝灾害对策的转变

城镇化的动态性很强，管理者应不断关注并采取措施适应防治洪涝对策的转变，包括从单纯防洪向防洪与保护生态环境相结合的方向转变；从单纯防御外洪向防御外洪与治理城区内涝相结合的方向转变；从单纯开发向开发与洪水管理相结合的方向转变；从单纯采用防洪工程措施向采用工程与非工程措施相结合的方向转变。总之，应从单目标治理向多目标系统治理转变。

9. 城镇化必须综合考虑与处理影响防洪治涝全局的重大问题

位于江河沿岸的城镇防洪建设必须以流域水系防洪体系为依托，将城镇堤防融入流域水系防洪体系，成为一个整体；城镇防洪建设应纳入城镇建设规划；城镇防洪规划应充分考虑城镇生命线工程的防洪需求；城镇防洪规划应为城市周边卫星城镇发展避免或减少洪水风险提供技术支撑；城镇防洪规划应重视新开发区与城乡结合部的防洪需要；城镇防洪应洪涝兼治，重视有利于城镇排水出路的外洪治理方案。

10. 探索多种途径破解城区排除暴雨积涝难题

城区排涝不能仅仅局限在地下管网排水，尤其是地下排水管网系统不够健全的旧城区，新建或改造地下管网，大幅度提高地下管网排水标准，势必工程艰巨、耗资巨大，实非绝大多数城镇建设所能承受。因此，应考虑在可以承受的涝灾风险条件下，增大城区雨水调蓄能力，例如，利用公园、停车场、球场、运动场临时调蓄雨水，扩大绿地面积以利雨水下渗，探索多种途径建设城区雨水渗、蓄、排水多功能的"海绵"城市。

11. 小城镇是防洪减灾的薄弱环节

小城镇数量多、分布广，且大多地处防洪标准相对较低的中小河流沿岸，因而小城镇的防洪标准整体偏低。许多位于偏远山区的小城镇经常遭遇山洪袭击，本身防御能力又低，山洪灾害已成为众多小城镇的重灾源。地处滨海的小城镇常受风暴潮的侵袭，同样本身防护能力很低，灾害较重。由于我国中小河流治理任务十分艰巨，全面提高其防洪标准实非易事，推行依靠提高中小河流防洪标准以提高小城镇防洪标准的道路十分漫长。以上原因致使小城镇成为防洪减灾的薄弱环节。

12. 结合小城镇特点做好小城镇防洪建设规划

结合小城镇发展的特殊性编制小城镇防洪减灾规划：合理选定小城镇防洪标准；与中小河流治理规划密切结合；将山洪频发区的小城镇纳入山洪规划范畴；将小城镇防洪规划纳入社会主义新农村建设规划。

13. 因地制宜制定对策应对不同类型城镇洪涝灾害

根据不同类型城镇自然地理条件、区位和洪水风险特点，因地制宜制定防治城镇洪涝灾害对策：

（1）山丘地区城镇。总体对策思路是：蓄泄兼筹、以泄为主，堤库结合、分洪泄流，整治河道、畅通流路，改造城镇、适应自然，治理山洪、以防为主。

（2）平原地区城镇。总体对策思路是：洪涝兼治、疏通外河，增强调蓄能力、缓解排水矛盾，水沙兼治、控制河势，疏导山洪、减轻外洪压力。

（3）滨海地区城镇。总体对策思路是：上游修建蓄水工程，城镇修建圈堤，实施"堤库结合"，沿海修建高质量的低矮海堤挡潮，允许海潮翻越海堤，以挫潮势。

14. 本书重在观点与理念论述，实例与数据仅供参证之用

本书在论述时引用了若干城市和地区几年前的具体情况、研究成果与统计资料，随着城市化的快速发展、气象水文条件的变化以及防洪除涝建设的加快，城市洪涝成因肯定会发生巨大变化，致使书中论述会有不符合当前实际之处。例如，我国的城市化率经常在变，城市规模经常在变，城市防洪标准经常在变，从而使城市概况，统计数字难以一成不变。不过，这并不会影响本书的主要论点。书中引用的洪涝特征、治理经验、统计数据、研究结论可供参考，不供专门引证。

0.2 各章内容简介

第1章 城市与城市发展

本章首先介绍了城市定义、起源、发展、特征和城市分类，继而用数据说明我国城市的地区分布与各类城市的人口、经济统计概况，以说明我国城镇化的历史进程。

第2章 城市洪涝及灾害

城镇洪涝灾害与江河水系洪涝灾害紧密相连，因此，本章首先概括性地介绍了我国暴雨洪水及其灾害的成因与一般特征，继而分类阐述了城镇洪涝灾害的致因与特征，讨论了城镇化对城镇洪涝灾害的影响。

第3章 城市洪水风险与防洪标准

本章首先简略地分析了城市洪水风险特征，进而介绍了我国确定防洪标准的原则与方法，评估了我国现状城市防洪标准，并将我国防洪标准与国外防洪标准作了比较，得出我国城市防洪标准普遍偏低的结论。

第4章 城镇化对城镇防洪形势的影响

本章基于我国城镇洪水类型特点和江河防洪体系格局的分析，从城镇化影响洪水风险与城镇承灾体的视角，探讨了城镇防洪形势的变化，为研究制定城镇洪涝治理对策提供科学依据。

第5章 城市防洪减灾总体策略

本章首先初步审视了我国古代和国外有关城市防洪治理的对策经验，回顾了国外关于防洪策略变革的背景与趋势，讨论了影响制定城镇防洪减灾对策的自然与社会因素。在此基础上，将城镇洪涝灾害防治归纳成"十字"策略，即靠、泄、疏、围、避、蓄、挡、排、垫、管。讨论了针对不同洪水风险和城镇条件可以采取的防洪工程措施与非工程措施，提出建设水多可防排，水少可供给，水脏可净化的弹性"海绵"城市的理念。

第6章 山丘地区城市防洪减灾对策

本章在介绍山丘城市基本统计特征与洪水风险特征的基础上，讨论了适合山丘地区城镇采用的应对洪涝的对策措施，并用典型城市做了说明。

第7章 平原地区城市防洪减灾对策

本章在介绍平原城市基本统计特征与洪水风险特征的基础上，讨论了适合平原地区城市采用的应对洪涝的对策措施，并用典型城市做了说明。

第8章 滨海地区城市防洪减灾对策

本章在介绍滨海城市基本统计特征与洪水风险特征的基础上，讨论了适合滨海地区城市采用的应对洪涝的对策措施，并用典型城市做了说明。

第9章 城市涝灾防治对策

本章针对城镇洪涝防治，尤其是城区暴雨积涝处置问题，讨论了建立洪涝兼治防洪除涝体系与城镇涝灾防治管理体系的要求，并用典型城市做了说明。最后还介绍了模拟城区暴雨径流的 SWMM 模型。

第10章 小城镇防洪减灾对策措施

本章首先对小城镇定义做了界定，讨论了小城镇当前的防洪形势与防洪减灾存在的普遍问题，最后就小城镇防治洪涝问题从规划角度提出了看法。

第1章 城市与城市发展

人类的未来在城市。然而,我国的城镇化速度与世界发达国家相比却相对迟缓。

2012 年,我国的城镇化率约 52%,和世界发达国家 2000 年城镇化率比较相差约 20 个百分点以上。例如,美国 77.2%,英国 89.5%,法国 75.6%,澳大利亚 84.7%,巴西 81.3%,日本 78.7%,加拿大 77.1%,荷兰 89.4%。我国城镇化率水平不高已成为制约我国经济社会发展的瓶颈,加快我国城镇化的步伐是我国刻不容缓的重大国策之一。

1.1 城市

城市是相对于农村而言的非农业生产的场所和非农业人口的生活基地。在早期,城和市并非同一概念。城有城郭相围,城中居民受到保护;市乃交易场所,多在郊外。随着社会经济的进步与发展,城与市逐渐相容,开始有城市或城镇出现。

1.1.1 城市定义

城市是指国家按行政建制设立的直辖市、市、镇(即建制市和建制镇)之统称,又称城镇。根据《中华人民共和国城市规划法》,城市在法律上的定义是非农业人口的聚居地,是一定地域范围的政治、经济、文化、科技、教育中心,包括建制市和建制镇。

城市与城镇术语在本书中同时采用,在泛论时常用城镇,如城镇化率。具有某些社会经济指标时,常用城市,如某某城市人口、GDP 为多少等。

从结构和功能上看,城市通常被认为是"三大结构形态和四大功能效应的系统结合体"。"三大结构形态"指空间结构形态、生产结构形态和文化结构形态;"四大功能效应"指集聚效应、规模效应、组织效应和辐射效应。"三大结构形态"通过"四大功能效应"将"人口、资源、环境、发展"四位一体地提升到现代文明的中心。

1.1.2 城市起源

城市的起源在学术界是一个具有争议的问题。人类历史上,大约在 1 万年前农业革命的出现,才为城市的形成与发展提供了基本条件,人类只有在稳定地改变了渔猎、采集的生产方式之后,才具备了集聚的可能。根据考古发掘所得的实物,一般认为世界上的第一批城市在公元前 3500 年出现于西南亚地区。中国考古学家先后在黄河流域中下游平原、长江中下游两湖地区、四川盆地、黄河河套地区,发现了 50 座古城遗址。地理学界有这样的看法:认为中国最早的城市起源于三皇五帝之都(约公元前 26 世纪),如山东章丘县城子崖、淮阳县平粮台等。早在夏代就有"筑城以卫君,造廓以守民"之说,认为城市是进入阶级社会以后的产物,是国家出现的标志。但也有人认为原始的城堡亦应属城市范畴，因此认为城市早在国家产生之前的原始社会后期就已产生。本书不刻意从地理学、历史学以及人文科学等方面去追索城市起源的足迹，而是依据与水有关的史料，探知城市发生与发展和水息息相伴的画卷，展示水是城市的命脉这一永恒主题的真谛。

1.1.3 城市特征

"城市"一词常被用来表示集政治权力、军事力量和贸易活动为一体的人口集中居住地。现代城市是各种人类活动特点的地域复合体，是人类文化财富的集中地，是一定区域范围内集中体现政治、经济、文化等职能的非农业人口集居地，也可以称为地区中心。

从历史和地理的视角可将城市看成具有两种空间尺度的实体：一方面，城市本身是一个区域，一个具有一定空间范围的"面"；另一方面，城市又存在于一个大的区域内，是大的区域范围内的一个"点"。从这两种不同的空间尺度出发，研究城市的防洪问题就构成了城市防洪体系的两个层面。

城市一般具有以下基本特征。

1.1.3.1 人口密集

城市与乡村的主要区别是城市人口的高度集中。这种集中，一方面表现在总人口数量的增加，另一方面又表现在从事第二、第三产业的人口和脑力劳动者的高度集中。这种城市人口的集中程度，密切反映着地区或国家的经济社会发展的程度。1949年我国在132座城市中100万人口以上的城市仅有10座，占城市总数的7.6%；到2010年，我国657座县级以上的城市中，400万人口以上城市14座，占城市总数的2.1%，200万～400万人口城市30座，占4.6%，100万～200万人口城市81座，占12.3%，50万～100万人口城市109座，占16.6%，20万～50万人口城市49座，占7.5%，20万人口以下4座，占0.6%。

1.1.3.2 财富集中

城市占整个地球表面面积很小，但却集聚了高密度的人口和社会经济活动。经济越发达的国家和地区，其城市人口占总人口的比重就越大。因此，城市人口比重（或称城镇化率）是一个地区乃至一个国家生产力的集中体现，是衡量国家或地区经济发展水平的重要指标。1980年美国城市366座，其面积仅占美国国土面积的1.5%，却集中了美国61%的人口（约1.4亿人）。中国2010年有城市657座，占国土面积19.8%，集中了全国人口的47.5%（约6.36亿人）。大城市为现代化、专业化、集约化的生产提供了极有利的产业环境，成为更有效地利用人力资源、金融资源、信息资源及土地等自然资源和公共服务设施的积极选择，有助于完成对财富获取的不断升级。据统计，2010年全国287座地级及以上城市的GDP为245800亿元，占全国总GDP（401202亿元）的61.3%。地级及以上城市（不包括市辖县）地区生产总值超过1000亿元的城市有50座，其中有29座城市超过2000亿元，依次为上海、北京、广州、深圳、天津、重庆、佛山、杭州、武汉、南京、东莞、沈阳、成都、苏州、大连、青岛、宁波、无锡、济南、西安、大庆、长沙、哈尔滨、长春、常州、唐山、淄博、包头、厦门等，见表1.1和图1.1。

表 1.1　　　　　　　　　　　　　2010 年 GDP 超过 2000 亿元的城市排序　　　　　　　　　　单位：亿元

序号	城市名	GDP	序号	城市名	GDP	序号	城市名	GDP
1	上海	16971.55	11	东莞	4246.4527	21	大庆	2633.098
2	北京	13904.413	12	沈阳	4184.9101	22	长沙	2627.7475
3	广州	9879.4145	13	成都	3932.4694	23	哈尔滨	2581.9543
4	深圳	9581.5101	14	苏州	3572.75	24	长春	2363.9084
5	天津	8561.4571	15	大连	3432.2142	25	常州	2316.26
6	重庆	5850.61	16	青岛	3230.5706	26	唐山	2262.6477
7	佛山	5651.5223	17	宁波	3062.1613	27	淄博	2218.5236
8	杭州	4740.7788	18	元锡	2986.5582	28	包头	2081.44
9	武汉	4559.1116	19	济南	2959.8443	29	厦门	2060.0737
10	南京	4515.2168	20	西安	2762.92			

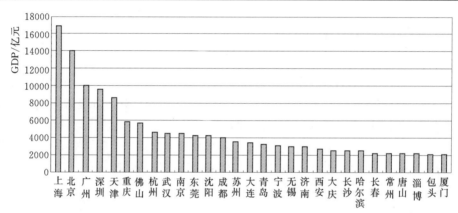

图 1.1　2010 年 GDP 超过 2000 亿元的城市排序

1.1.3.3　职能多样

为满足并保证人们的愿望能较好地实现，或者说保证各种活动的顺利进行，相应地产生了各种城市部门和组织，即各种城市的组成要素。其中，一部分是为满足城市居民基本生活和生产活动必需的部门，如提供生活用水、饮食服务、建筑、商业、交通、供气、供电、通信、文化、卫生、教育等。这些属于城市的一般职能，每个城市都必须具有。同时，受不同地区各种条件的影响，许多城市还有自己的优势部门，即特殊专业部门，如高科技电子技术、冶炼、采矿等部门。一个城市靠这些部门的产品，保证城市自身正常运转，并与其他城市或地区进行物资交换，从而促进城市的发展。城市信息化是现代化城市最重要的特征之一，其重要标志是将信息技术全面转嫁于传统的产业部门之中。例如，美国休斯敦有一家生产教学用的地球仪厂家，原来的产品每个售价 22 美元，其成本为 15 美元。1998年，厂家在每个地球仪中加了一张芯片，成本增加 10 元，售价提高到 61 美元，利润则从原来的 7 美元增加到 36 美元，而且订单源源不断。这种特征只有在信息化的城市才能具备。

1.1.3.4　系统复杂

城市内部各种活动形成的各个城市部门，构成许许多多的子系统，各子系统的组合构成了城市总的有机系统。作为一个有机系统，不仅城市内部各子系统之间要保持密切的交流（物质流、信息流和人员流），即各部门之间需要保持密切的联系并且相互制约，而且城市也要通过自己的特殊专业部门不断与外界保持交换，即与其他城市和周围地区进行物质、信息和人员交流，以此保证并促进自身的正常运转和不断发展。城市的这种内部与外部两种机能的运行，形成了内部和外部两种空间结构，前者是在城市地区范围内的城市各要素的相互作用和制约，称为城市地域结构；后者指城市之间以及城市与区域之间的有机结合和相互影响与促进，形成一定区域的城市体系结构。因此，城市既要考虑在城市地域结构内保护各种职能交流渠道的畅通，也要考虑保护城市体系结构内重要职能交流渠道的畅通。

1.1.3.5　个性很强

我国城市众多。城市的形成、发展与当地的社会经济条件和自然地理因素关系十分密切。江南水网、塞北草原、沿江滨湖、滨海河口、山地丘陵，它们在孕育出中华民族灿烂文化的同时也哺育着各具特色、社会经济发展程度差异很大的城镇。城镇独特的个性，与千差万别的水文情态相结合，演绎着繁多的城市洪水问题与防洪抗旱要求，需要人类认真面对与妥善处理。

1.1.4　城市分类

城市的个性很强，不可能逐一加以研究，为了便于从整体上获得城市的概念，需要对城市进行分类，以便在同类城市中看出共性，在不同类别城市间找到差异。进行城市分类可以有不同目的，目的不同，分类的结果自然不同。例如，可以根据城市的职能进行分类，可以根据城市所在区域地形进行分类，也可以按照城市规模（人口与面积）将城市分为特大（超大）、大、中、小城市等等。顾朝林认为，现代城市是社会（含政治、文化）、经济和物质三位一体的实体，因此，城市应按城市的基本职能分类，即作为社会实体的城市，可按照城市的行政职能划分成全国性中心城市、区域性中心城市和地方性中心城市三个层次。作为物质实体的城市，可将城市划分为以交通职能为主的城市和以流通职能为主的城市。作为经济实体的城市，可将城市依据制成品原料采集、加工和流通三大环节，划分为矿业城市、加工业城市和流通城市。区域地形条件与城市分布有很密切的关系，因此，可按城市的地形条件对城市进行分类。据周一星研究，1981年世界197个100万人口以上的大城市的80％以上分布在海拔不足200m的滨海、滨湖或沿河的平原地带，其中，又以位于海拔100m以下的居多。中国的设市城市分布在地形的第一、第二、第三级阶梯上的比例大致分别为1％、32％和67％（1983年）。周一星根据中国城市所在的区域地形特点，将城市分为10类，包括滨海城市、三角洲平原城市、山前洪积冲积平原城市、平原与低山丘相邻的城市、低山丘陵区的河谷城市、平原中腹的城市、高平原上的城市、高原山间盆地和谷地的城市、中山谷地城市以及高山谷地城市。

本书将从城市防洪减灾意义上对城市进行分类，即根据和防洪减灾有密切关系的地形、洪水风险以及城市防洪减灾对策的特殊性进行城市分类。首先，根据城市的自然地理特征（主要是地形）和城市不同的洪涝风险特征，将城市进行分类，然后根据城市的社会地位、经济价值等条件，制定各自的防洪减灾对策。同一类型的城市可相互借鉴具有共性的对策措施，对比不同的策略，更好地做好城市防洪减灾规划。

本书在考虑城市分类时，对河湖这一以洪水为风险之源的城市作了较多分析，由于我国滨河湖城市较多，特将滨河、滨湖地级及以上城市所傍依的河流与湖泊名称列于附表5，以便读者查询。据统计，全国滨河、滨湖地级及以上城市总计192座（其中嘉兴、岳阳、常德与益阳4座城市既滨河又滨湖，统计数重复），占全国287座地级及以上城市的67%，其中滨河城市182座，滨湖城市10座（滨湖、滨河有4座重合）。重点滨河防洪城市61座，重点滨湖防洪城市8座（济宁、无锡、苏州、嘉兴、湖州、岳阳、常德、益阳）。非重点滨河防洪城市121座，非重点滨湖防洪城市2座（巢湖、宿迁）。

1.1.4.1　城市分类的依据

根据上述分析，本书采取适用于防洪减灾意义下的城市分类依据主要包括城市的地形特征和城市的洪水风险特征。

1. 以城市的地形特征为分类依据

根据方如康《中国的地形》专著可知，中国的地形不仅西高东低，而且各种地形大致围绕"世界屋脊"的青藏高原像阶梯一样做半圆形向东方的太平洋逐渐降低。由昆仑山、祁连山和横断山等山脉以及大兴安岭、太行山和巫山等构成的两条重要的地势界线，将我国大陆地形分成三个阶梯，见图1.2。

方如康关于我国地形"三个阶梯"的论述很形象：第一级阶梯是青藏高原，平均海拔在4000m以上，面积达230万km²。越过青藏高原北缘的昆仑山-祁连山和东缘的岷山-邛崃山-横断山一线，进入第二级阶梯，地势迅速下降到海拔1000～2000m，局部地区可在500m以下。它的东缘大致以大兴安岭至太行山、经巫山向南至武陵山、雪峰山一线为界。这里分布有一系列海拔在1500m以上的高山、高原和盆地，自北而南有阿尔泰山、天山山脉、秦岭山脉；内蒙古高原、黄土高原、云贵高原；准噶尔盆地、塔里木盆地、柴达木盆地和四川盆地。第三级阶梯为翻过大兴安岭至雪峰山一线，向东直到海岸，这是一片海拔500m以下的丘陵和平原。其中200m以下的为平原，200～500m之间的为丘陵。我国的广大平原都分布在第三级阶梯内。

全国287座地级及以上城市大多集中分布在第三级阶梯内。

中国的地形特征为城市分类提供了重要依据。据统计，中国的山地丘陵约占全国土地总面积的43%，高原占26%，盆地占19%，平原占12%。若把高山、中山、低山、丘陵和崎岖不平的高原都包括在内，那么中国的山区面积要占全国土地总面积的2/3以上。

（1）山地。山地不但有显著的起伏，而且有较大的绝对高度和相对高度，比较容易和其他类型的地形相区别。一般把相对高差在50m以上的归为丘陵，相对高差大于100m的归为山地。

（2）平原。平原、高原和盆地在形态上是很难严格区分的。平原通常指地表起伏比较小而平缓，相对高差一般不超过50m的地形。平原又可分为低平原和高平原，一般把海拔在0～200m之间的平原称为低平原，如沿海和盆地底部的平原多为低平原；海拔在200～500m之间的称为高平原，而把海拔超过500m的开阔平地列为高原范围，但这样划分不是绝对的，习惯上的称谓有时就打破了这种划分界线。例如，四川盆地的成都平原，海拔在500m以上，黄河河套平原的海拔在1000m左右，都称为平原，而不叫高原，甚至海拔3500m以上的拉萨平原也叫平原。

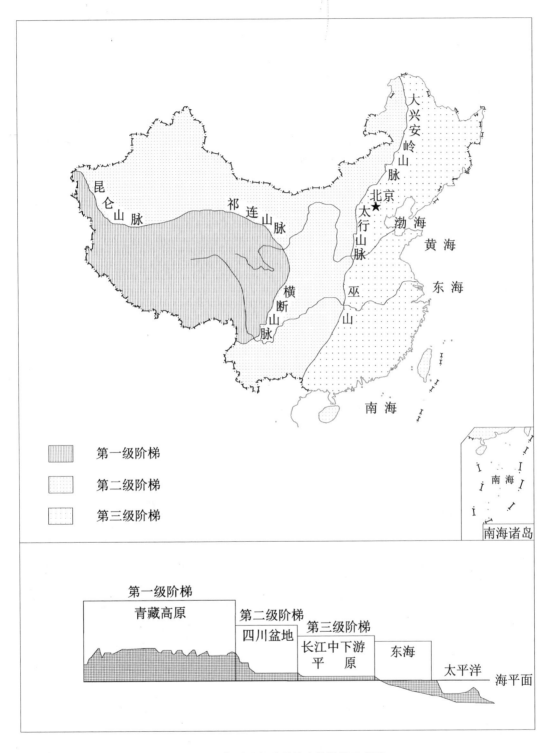

图 1.2　中国两条重要的地势界线示意图

（引自方如康著《中国的地形》）

中国的平原面积约 112 万 km^2，约占国土面积的 1/10 强，规模巨大的平原主要集中在大兴安岭-太行山-雪峰山一线以东地区。这是一个依山连海，南北纵贯的平原带，经东西走向山脉的分隔，形成包括东北大平原、华北大平原和长江中下游平原、珠江三角洲等几大平原。

2. 以城市的洪水风险特征为分类依据

城市的地形大体将我国城市分为山丘与平原两大类，但城市防洪除与地形关系密切外，尚需考虑城市的洪水特征。在划分山丘城市时应特别注意其相对高差的大小，和陡涨陡落的洪水特征，城市的绝对高程不是划分山丘和平原城市唯一的条件。绝对高程高的，如果城市的相对高差很小，洪水平缓，就不一定划作山丘城市。有些位于高原、盆地的城市绝对高程虽高，但地势相对平坦，水流并不湍急，具有平原地区洪水特征，且其防洪措施与平原城市也大同小异，因此，将这类城市划归平原城市类是合适的，例如，海拔 500m 以上的四川省成都市，海拔 1000m 以上的准噶尔盆地边缘的新疆克拉玛依市等。反之，绝对高程低的，如果城市的相对高差较大，则可划为山丘城市，如沿海地区的山东省淄博市。

滨海地区城市仅从地形看，属于平原类；但从洪水风险看，这里的城市不仅有江河洪水风险，还有风暴潮风险。这类城市不仅要防洪，还要防御风暴潮，因此，从防御水灾的需要出发，应将这类城市划入滨海城市类。若单纯从地形特征分类（如周一星分类），又可将滨海城市分为两类，一类是滨海城市，另一类是三角洲平原城市。前一类城市有的直接面向大海，如大连、青岛；有的位于短小河流的河口，距海很近，如椒江、防城港，周围平原极为狭窄。三角洲平原城市周围则很开阔，如上海、广州。不过，由于这些城市都遭受风暴潮威胁，因此，根据防洪的需要，本书都将其划为滨海城市类。

1.1.4.2 城市类别

本节仅对我国地级及以上城市进行了分类，主要是因为地级及以上城市的人口、经济产值等社会经济指标在有关年鉴中有正式刊布数值，便于统计分析；另一方面，这些城市代表了我国城市化进程的主体，在我国的经济社会中占有最重要的地位（以2010 年为例，地级及以上城市实现 GDP 24.60 万亿元，占全国 GDP 的 61.3%）。根据城市的地理位置、地形特征以及城市的洪水风险，将城市分为三类，即山丘城市、平原城市与滨海城市。

2010 年全国共有 657 座县级及以上城市，其中地级及以上城市 287 座，县级市 370座。地级及以上城市有防洪任务的城市共 285 座，其中 90% 位于江河支流与其他中小河流上，其防洪标准为 20 年一遇或不足 20 年一遇的城市占 82.7%（按 2006 年资料统计）。

我国小城镇众多，分布极分散，防洪能力又很低，如何针对小城镇的这些特点制定相应的防洪减灾对策，值得认真研究。

我国小城镇具有数量多、分布广、个性强以及地处城乡结合部的区位特点，小城镇的防洪减灾对策必然显露出有别于一般城市防洪减灾对策的特征。本书将小城镇界定为 657座设市城市以外，以建制镇为主体，适当包含大的集镇（非建制镇）在内的城乡居民聚集地。因此，在讨论小城镇防洪减灾问题时，主要以建制镇与大的集镇作为研究的范畴。改革开放以来，我国的建制镇已从 1978 年的 2176 座增加到 2010 年的 19410 座，增加

7.9 倍。

数以万计、分布广而散的小城镇星罗棋布般地镶嵌在众多防洪标准很低，甚至没有防洪能力的河流旁。小城镇的洪灾既与一般城市的洪灾有共性，又因小城镇自然地理环境、经济状况的差异而显示出特殊性，防洪形势十分严峻。

综上所述，我国小城镇众多、分布广而散，自然环境和建设条件差异性大，经济发展程度很不平衡，以及防洪减灾能力薄弱等实际情况，突显出我国广大小城镇这一承灾体的极度脆弱性，一旦遭遇较大暴雨洪水的袭击，小城镇将难以承受。另一方面，小城镇地域范围虽小，但因其为数众多，聚集起来的防洪战线就很长了；而且因其星星点点的分布，设防难度也很大，不可能都采取地级市编制防洪规划的办法，对小城镇逐一进行规划。因此，本书根据这些特点，将小城镇视作一种特殊的城镇群，也当做一种类别，统一探讨其防洪减灾对策。

1. 山丘城市

山丘城市指位于山地丘陵地区的城市，这类城市多建在沿河谷地平原、阶地、坡地或山丘坪坝上，面临江河、后靠山丘的城市洪水陡涨陡落，水位涨幅较大，洪水历时相对较短。山丘城市的城区分布有一定垂直跨度，有的山丘城市的垂直分布跨度还很大。如重庆市，嘉陵江洪水涨幅可达一二十米；广西柳州市，柳江 1996 年洪水涨幅近 16m；安徽黄山市，1942 年新安江水位涨幅达 10m，1996 年洪水陡涨 7～8m。山区城市的主城区有的分布在阶地上，城市主城区受到洪水威胁严重，如安徽黄山市；有的山丘城市仅沿河谷地带的非主要经济区受到洪水威胁，如甘肃省兰州市，青海省西宁市。

山丘城市除受到江河洪水威胁外，有的还常遭山洪泥石流的袭击，造成巨大的山地灾害。

2. 平原城市

我国的平原城市分布很广，大多位于大江大河的中下游，地面高程往往低于江河洪水位，地势平坦（包括盆地）低洼，洪涝问题比较突出；有的平原城市还受到湖泊水位的影响。平原城市中，有的受江河湖泊洪水威胁严重，如江苏省苏州市、无锡市等；有的位于江河沿岸或水网中，如湖南省长沙市、江苏省扬州市等。

3. 滨海城市

滨海城市指位于滨海感潮地区或独流入海小河河口地区的城市。如上海、广州、温州、海口等城市；不仅受洪水威胁，还兼受风暴潮的影响；另有一类滨海城市主要受风暴潮、海浪的袭击危害，但洪水影响不大，如青岛、厦门、大连等城市。

除地级及以上城市分类外，尚有一般的县级市和为数众多的小城镇群。它们中的县级市和小城镇群有的位于山丘，有的位于平原，或位于滨海。除其中少数很重要的县级市和建制镇，必要时可分类单独编制防洪规划外，一般可与新农村建设规划、蓄滞洪区建设与管理规划、山洪灾害防治规划、水土保持规划等结合，提出广大小城镇防洪减灾要求，而不必仿照大中城市，逐一编制防洪规划。

1.1.4.3 分类地级及以上城市的统计特征

截至 2010 年年底，全国地级及以上城市共计 287 座。其中山丘、平原与滨海城市分别为 138 座、116 座和 33 座，分别占 48.1%、40.4% 和 11.5%。基本情况详见表 1.2。

表 1.2　　　　　　　　　　全国分类地级及以上城市基本情况表（2010 年）

类　型		城市个数	市区总人口/亿人	市区面积/万 km²	建成区面积/万 km²	市区 GDP/万亿元	市区人均GDP/万元	建成区面积占城市面积/%
平原	总数	116	1.81	23.95	1.49	12.19	6.73	6.2
	占比/%	40.4	46.5	38.10	46.7	49.6		
山丘	总数	138	1.41	32.49	1.08	5.83	4.13	3.3
	占比/%	48.1	36.3	51.7	33.9	23.7		
滨海	总数	33	0.67	6.42	0.62	6.56	9.79	9.7
	占比/%	11.5	17.2	10.2	19.4	26.7		
合　计		287	3.89	62.86	3.19	24.58	6.32	5.1

2010 年全国地级及以上城市市辖区人口总数为 3.89 亿人，其中 1.81 亿人口集中在平原城市，占地级及以上城市总人口的 46.5%，比重最大；1.41 亿人口集中在山丘城市，占 36.3%；另有 0.67 亿人口集中在滨海城市，占 17.2%；详见表 1.2。

1.1.4.4　分区地级及以上城市的统计特征

截至 2010 年年底，全国 287 座地级及以上城市分布在东北、东部、中部、西部地区各有 34 座、87 座、81 座和 85 座，分别占 11.8%、30.3%、28.2% 和 29.6%，见表 1.3。

表 1.3　　　　　　　　　　全国分区地级及以上城市基本情况表（2010 年）

区域	项　目	地级以上城市	县级城市	合计
东北地区	城市数/座	34	55	89
	城市人口/亿人	0.41	0.30	0.71
	GDP/万亿元	—	1.33	—
东部地区	城市数/座	87	144	231
	城市人口/亿人	1.62	1.18	2.80
	GDP/万亿元	14.54	—	—
中部地区	城市数/座	81	88	169
	城市人口/亿人	0.88	0.63	1.51
	GDP/万亿元	—	2.96	—
西部地区	城市数/座	85	83	168
	城市人口/亿人	0.98	0.36	1.34
	GDP/万亿元	3.88	—	—
全国	城市数/座	2.87	370	657
	城市人口/亿人	3.89	2.48	637
	GDP/万亿元	24.68	—	—

1. 人口分布

地级及以上城市人口分布在东北部、东部、中部、西部地区各有 0.41 亿人、1.62 亿人、0.85 亿人和 0.98 亿人，分别占 10.5%、41.6%、22.6% 和 25.2%，见表 1.3。

2. 国内生产总值（GDP）分布（当年价计算）

2010 年全国有地级及以上城市共实现 GDP24.68 万亿元，其中，平原城市、滨海城市和山丘城市分别实现 GDP 12.19 万亿元、6.56 万亿元和 5.83 万亿元，分别占地级及以上城市 GDP 的 49.6％、26.78％和 23.7％。但就人均 GDP 而言，以滨海城市最高，平原城市次之，山丘城市再次之，分别为 9.79 万元、6.73 万元和 4.13 万元。表明我国滨海城市的经济实力最强，详见表 1.2 和表 1.3。

1.1.5　城市与水

水是孕育人类文明的母亲，没有水就没有人类，也就没有城镇。尽管世界文化千差万别，但世界上的水文化则是相通的。

黄河流域是孕育中国文明的摇篮，从考古及史料可知，只有平原、沿河地带才是人类容易生存和繁衍的场所。因此，中国最早的原始村落大都散布在一些开阔的山前冲积平原上。大约在 6000～7000 年以前，黄河流域母系社会首先进入比较繁盛阶段，农业和畜牧业都有了较稳固的发展。这是与该地区的适中气温和适度降水分不开的，水成了人类赖以生存的必要条件，是人类聚集发展形成族群、形成部落、形成集市，进而形成城镇的必要条件。

中国古代城市兴起及发展情况，本书参考与引用了吴庆洲着《中国古代城市防洪研究》书中的部分相关内容。

1.1.5.1　人随水聚居

在城市雏形出现以前，人类的聚居形式大致经历了从原始族群、原始村落、原始市集，进一步演化成以农业为主的乡村和以手工业、商业为主的城镇的漫长过程。在这过程中，人总是与水聚居相伴。

大约在 6000～7000 年前，黄河流域出现了以西安半坡村遗址为代表的原始村落。半坡村人制造的从河中提水的瓶壶，被杨振宁教授赞誉为符合朴素力学原理的远古之作，是中国古文化的象征。考古发现，在农牧业较发达的地方，已有不少这类原始村落。例如，陕西西安附近的沣河中游一段长约 20km 的河段，两岸建有十多处村落。在仰韶文化、马家窑文化时期，这类原始村落已广泛出现在以关中、豫西、晋南为中心的广大范围内，东至河南、河北，南达汉水中上游，西及渭河上游和洮河流域，北抵河套。

1.1.5.2　城市依水发展

中国城市发展可分为早期城市、古代城市、近代城市和现代城市发展期。中国早期城市产生于原始社会末期向奴隶社会过渡的时期，始于夏，终于商代末期，历时约 1500 年左右。古代城市形成于奴隶社会末期向封建社会转变的时期，大约自西周开始至清朝鸦片战争，前后近 3000 年。1840—1949 年是近代城市的发展时期，是中国城市发展的一个极其重要的时期。1949 年新中国成立至今是中国现代城市的发展时期，是中国城市发生根本性变革的时期。在漫长的岁月里，尽管中国城市经历了巨大的演变历程，但总的规律是以水定城，没有水就没有城镇。

1. 城市随水利与水运的发展而兴起

秦统一全国后，为了巩固统一的政权而通水运兴水利，发展经济，以加强中央集权。

在北方地区，秦不仅疏浚河渠，而且沟通济、汝、淮、泗四大水系，从而形成了当时北方的水道骨干网络。在南方地区的吴、楚、蜀旧地也兴修了不少水利工程，发展航运和灌溉。沟通湘江和漓江的灵渠，就是在比较偏僻的岭南地区开凿的人工水道。

由于水运交通的畅通，大大促进了商贸的发展，一批商贸城市随之兴起。例如，除咸阳以外的临淄、洛阳、邯郸、苑（南阳）、成都等并称为五大都会，吴郡、陈（淮阳）、睢阳（商丘）、陶（定陶）、平阳（临汾）、寿春（寿县）、合肥、江陵等城市，也无一不是水陆交通发达的商贸要地。据统计，秦代已设置县约 800～900 个，到东汉时期，县以上城市已增加到 1076 座。约占全国城市 2/5 的城市主要集中在黄河中下游；淮河流域的城市数约占全国城市的 14％。随着全国性城市网的形成，全国已形成以大、中城市为中心的十大城市经济区，如关中地区以咸阳为中心的城市群，巴蜀地区以成都为中心的城市群等。从地理位置着眼，这些城市几乎都散布在沿河两侧。

汉、魏以后，中国经济重心逐渐从中原地区南移，长江及其支流赣江、汉水、湘江成为当时的主要交通水道，将其沿岸以及"三吴"地区经济带的城市同重要的农业区联结在一起，逐渐成为中国又一条东西向的城市发展轴线。魏、晋、南北朝以后，长江流域已发展成为全国主要经济基地。

随着人口的大规模南移，长江流域和珠江流域经济得到了较大发展。隋唐时期形成的包括大运河在内的江南水运网，构成了中国南方及东部发达的水运系统，把众多的城市联结在一起。至唐末，沿运河和沿长江形成的南北与东西两条城市轴线，出现了中国城市体系的地域空间结构雏形。其中，隋炀帝开凿大运河，把长江流域和黄河流域的水运连接起来，成为中国主要商品通道和经济发展动脉。

2. 城市因漕运与海运的繁荣而增多

随着生产力水平的进一步提高，漕运（古时国家用水道向京城运输粮食或供应军需，称为漕运）日益发达，促进了水陆交通要道沿线城市的发展。如在大运河沿岸，出现了临安（杭州）、汴京（开封）、大都（北京）等人口众多的商业大城市。长江沿岸兴起了京口（镇江）、芜湖、江州、蕲口、鄂州、荆州等大城市。

从北宋时期起，海上贸易逐渐兴旺起来，促使东南沿海地区海港城市得到了很大发展。据记载，元代先后曾于长江以南的广州、泉州、温州、庆元、杭州、澉浦、上海等处设立市舶司。而长江口以北的海上交通运输则以漕运为主。元朝重新开通的大运河已成为联系北方政治中心和南方经济中心的重要通道，对全国城市体系内部结构的稳定起到了十分重要的作用。

在明、清时期，长江、大运河这贯穿东西、南北的两大通道，对促进唐代以后形成的沿江、沿运河两条轴线城市的发展，起了重要作用。

明成祖迁都北京后，大运河成为全国经济的主要命脉，通州、天津、德州、聊城、章丘、济宁、韩庄、淮阴、镇江、常州、无锡、苏州、嘉兴、杭州等城市在当时就已负盛名，闻名遐迩了。

伴随着商品性农业和手工业的发展，明、清两代推行了向西南、西北、东北地区和台湾省等边陲地区移民进行屯田的政策，使全国城镇地域空间分布得到进一步扩大。明清时期全国已经形成首都—省城—府（州）城—县城—镇 5 级行政中心城市网。其时人口大于

100 万人的特大城市有 3 座，即南京、北京和苏州；人口在 50 万～100 万人的城市有 9 座，即扬州、杭州、广州、汉口、福州、佛山、天津、上海和厦门；人口在 20 万～50 万人的中等城市约 100 座；小城市及镇约 2000 多座；农村集市约 4000～6000 座。

3. 水同时也促进了外国城市的发展

人类的文明总是相通的，相传世界上的第一批城市在公元前 3500 年出现于西南亚地区的滨河地带，并以中东的幼发拉底河与底格里斯河流域中、下游最为集中，包括厄尔克、厄里都、乌尔、拉格什、吉什和巴比伦等。尼罗河流域的最早城市出现在大约公元前 3100 年，包括孟菲斯、太阳城以及稍后的底比斯等。印度河流域的古城莫亨朱达罗、哈拉巴则形成于公元前 3000 至前 2500 年。

美国的历史虽短，但因贴近近代，因而城市的发展更与水紧密相连。以密西西比河流域开发为例：在 18—19 世纪，大量欧洲移民在上密西西比河流域定居，大多数早期移民都集聚在沿河地带，既靠水源，又利运输。随着农村与城市人口逐渐增加，对森林木材资源与农产品的需求不断增加。到 1824 年初，商业迫切要求改善航运。到 19 世纪末，移民为了农作疏干了大片湿地，并在较高的泛区种植作物。流域的早期开发与河系关系密切，开发航运，兴建堤防。到 20 世纪初，环境发生了很大变化，河道淤积、污染以及因砍伐森林与发展农业而使河道水位不稳定，引起渔业资源的衰竭。在 1930—1950 年，因发展农业需要，高地不断被疏干排水，流域继续发生剧烈的变化，一些大城市形成工商企业中心。

自 1788 年欧洲移民来到澳大利亚以后，移民大多以沿海地带为生活、生产地点，并逐渐建立起重要城镇，除首都堪培拉外，几乎所有的重要城市都建立在沿海，其中 80% 的人口生活在宽约 50km 的沿海地区。澳大利亚城镇建立在沿海地带有两个基本原因：一是，首批移民乘船抵达后在安全的海港建立居民点；二是，移民们发现沿海河流有可靠的供水。随着人口的增加，后到的移民逐渐迁往内地，直至较大河流感潮河段航运受到限制的上游末端，但仍在有水源供给的范围内建立新的城镇。

1.1.6 以水定城

2012 年 11 月党的十八大报告从理论上阐明了我国必须走中国特色社会主义道路，必须工业化、信息化、城镇化与农业现代化同步发展，其中城镇化是四化同步的纽带。水与城镇密不可分，没有水就没有人类，也就无所谓有无城镇。因此，推进我国城镇化，做好城镇布局，必须进行科学的顶层设计，其核心思想就是"以水定城"。

1.1.6.1 我国的水危机

我国是水资源不优越的国家，突出地表现在水多、水少、水脏等诸多方面。

我国地处东亚季风气候区，全国 1/3 的人口与 1/2 的经济总量集中在大江大河下游平原地区，且降雨集中，城市深受洪涝灾害威胁。此外，我国还有许多中小城市工业区分布在未经系统治理的中小河流周围，洪涝灾害也很严重。

我国人均水资源量仅占世界平均的 28%，耕地亩均水资源量仅为世界平均的一半；而且，水资源的 60%～80% 还都集中在汛期，洪水资源利用困难很多，水资源形势日益紧迫。

我国目前工业与生活用水量达到年均 2000 亿 m^3，废污水排放量达到年均 700 多亿 t，从而对江河湖泊水环境质量造成威胁，致使一些地区水源地水质恶化。此外，我国水环境本底就不好，全国有 300 多万 km^2 是自然环境生态比较脆弱的地区，加上长期以来不合理的水土资源开发利用，导致许多地方河湖被侵占而萎缩，甚至断流，湿地减少，水生态遭到破坏。

水多、水少、水脏的问题不能很好解决，就达不到治水目的，就无法"以水定城"，就无法推进我国城镇化。

1.1.6.2　破解水危机的出路

为了建设中国特色社会主义、保障我国水安全的需要，习近平总书记新近提出"节水优先、空间均衡、系统治理、两手发力"新的治水思想，这是着眼中华民族永续发展做出的关键选择，是新时期治水的根本方针，是成功实现我国城镇化的方向。

解决我国水危机问题的出路就是要牢牢把握保护我国水资源的红线和底线。最近，国务院提出加大节水、控需、调水、江河治理等工作力度，以破解目前面临的严峻的水危机。主要是把握五个"坚持"：一是坚持节水优先，把节水项目列入水利重大工程，大力提高水资源利用效率和效益；二是坚持控需减荷，控制需求过度增长和不合理增长，建立和资源环境承载能力相适应的产业布局与产业结构，合理规划城镇布局；三是坚持提高水的循环利用水平，加大城镇雨水积蓄利用和中水利用；四是坚持加速加大灌排设施建设力度，改善我国农田水利"最后一公里"建设严重滞后的局面；五是坚持保护好城镇生命线工程，加大城镇防洪减灾力度，最大限度地减免供水、供电、供气、排污以及水源地安全保障的洪水威胁。

由此可见，破解我国城镇水危机的出路，在于实现从单一的治理向多目标系统治理的转变，将城镇洪涝灾害防治理念归纳成"十字"策略，即靠、泄、疏、围、避、蓄、挡、排、垫、管。

"靠"就是城镇防洪减灾要依靠流域水系防洪体系作依托，而不能单纯依靠城镇本身建造堤防；"泄"就是利用河道与堤防宣泄洪水；"疏"就是疏浚、连通河湖水系、开辟分洪道疏导洪水；"围"就是修建城镇围堤；"避"就是避开洪水锐势；"蓄"就是河道兴修水库、蓄滞洪区蓄滞洪水、存蓄境内外引调水、就地调蓄雨水；"挡"就是修建海塘、丁坝、闸坝阻挡洪潮；"排"就是利用城区地下管网排除地面积水和处理过的污水；"垫"就是将地面垫高防止或减轻积涝；"管"就是建设城市洪涝综合信息立体监测系统加强管理。打造水多可防排，水少可供给，水脏可净化的弹性"海绵"城市。

1.2　新中国成立后我国城镇的发展

1.2.1　城市发展概况

新中国成立以来，我国社会经济建设发生了翻天覆地的变化，城市化水平大幅度提高。1949 年我国仅有城市 132 座，1978 年改革开放前发展到 193 座，增加 61 座。改革开放，特别是 2000 年后，我国城市有了较大规模的发展，到 2010 年全国城市达到

657 座，比 1978 年增加 464 座，增加 2.4 倍。表 1.4 为全国 1990—2010 年城市发展情况。

年份	总数	地级及以上	县级市	年份	总数	地级及以上	县级市
1990	467	186	281	2008	655	287	368
2000	655	263	392	2009	654	287	367
2006	656	287	369	2010	657	287	370
2007	655	287	368				

表 1.4　　　　　　　全国 1990—2010 年城市发展情况　　　　　单位：座

城镇人口占全国总人口比重由 1978 年的 17.9%，增加到 2000 年的 36.2%，到 2010 年达到 49.8%。

我国城市化进程经历了起步、波动较大、停滞发展、快速发展、稳定发展等 5 个阶段。自改革开放以来，我国城镇化率变化情况见图 1.3。

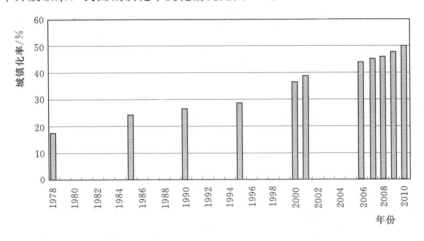

图 1.3　1978—2010 年全国城镇化率变化情况

随着城镇化进程的不断推进，城市规模不断扩大、结构日趋合理。在 1949 年的 132 座城市中，100 万人口以上的城市仅有 10 座，占城市总数的 7.6%；在 1978 年的 193 座城市中，100 万人以上人口以上城市有 29 座，占 15.0%；到 2010 年，在 657 座城市中，100 万人口以上城市达到 125 座，占 19.0%，比 1949 年提高了 11.4 个百分点。根据 2002 年 11 月党的十六大提出"要逐步提高城市化水平，坚持大中小城市和小城镇协调发展，走中国特色的城市化道路"。我国城镇化走上了稳定发展，特大、大、中、小城市和建制镇结构日趋合理的道路。

2010 年我国地级及以上的 287 座城市中，人口在 100 万人以上的城市有 125 座占地级及以上城市的 43.6%。

据 2010 年城市统计资料表明：2010 年全国城市人口密度为 2209 人/km²，较 2005 年 254.19 人/km² 增加 7.7 倍；全年供水总量为 5078745 万 m³，较 2005 年的 4284136 万 m³ 仅增加 0.19 倍，凸显我国城市水资源的短缺。

我国城市作为工业快速发展的载体和经济高速增长的引擎，承受着环境污染、社会民生保障的重负。城市已成为我国政治、社会经济与文化的活动中心。由于城市众多，城市个性又很强，为了从城市防洪的整体上掌握我国城市发展情况，有必要从城市的地区分布、城市人口和城市的经济状况作出分析。

1.2.2　城市地区分布

　　按国家 2005 年规定，我国分为东部地区（北京、天津、河北、山东、江苏、上海、浙江、福建、广东、海南），中部地区（山西、河南、安徽、江西、湖北、湖南），西部地区（广西、重庆、四川、贵州、云南、西藏、陕西、甘肃、宁夏、内蒙古、青海、新疆）和东北地区（黑龙江、吉林、辽宁）四个大区。全国及各分区城市数量见图 1.4 及表 1.5。

表 1.5　　　　　　　　　　　　　　1990—2010 年全国分区城市表

区　域	年　份	城　市　座　数			地级以上城市占总座数/%	分区地级以上城市占全国地级以上城市总座数/%
		总座数	地级及以上	县级市		
东部地区	1990	149	68	81	45.6	36.6
	2000	245	87	158	35.5	32.8
	2006	232	87	145	37.5	30.3
	2010	231	87	144	37.7	30.3
中部地区	1990	129	49	80	38.0	26.3
	2000	168	80	88	47.6	30.2
	2006	168	81	87	48.2	28.2
	2010	169	81	88	47.9	28.2
西部地区	1990	122	39	83	32.0	21.0
	2000	152	62	90	40.8	23.4
	2006	167	85	82	50.9	29.6
	2010	168	85	83	50.6	29.6
东北地区	1990	67	30	37	44.8	16.1
	2000	90	34	56	37.8	12.8
	2006	89	34	55	38.2	11.8
	2010	89	34	55	38.2	11.8
全国	1990	467	186	281	39.8	
	2000	657	265	392	40.5	
	2006	656	287	369	43.8	
	2010	657	287	370	43.7	

　　由表 1.5 可知，1990 年东部、中部、西部及东北地区地级及以上城市分别占全国地级以上城市的 36.6%、26.3%、21.0% 和 16.1%。改革开放以来，全国城市分布格局有

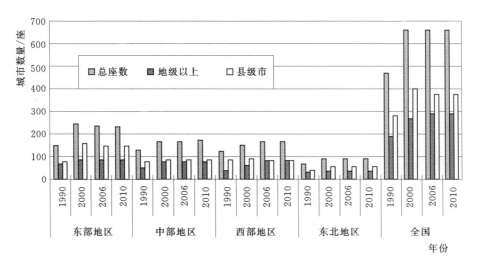

图 1.4　全国及各分区城市数量

了较大的改变，至 2010 年东部、中部、西部及东北地区地级及以上城市分别占全国地级以上城市 30.3％、28.2％、29.6％和 11.8％。这一变化说明改革开放以后中、西部地区的城市有了较快的发展。

1.2.3　城市地区人口

改革开放 30 多年来，我国城镇人口快速增长：1978 年为 1.72 亿人，1990 年为 3.02 亿人，2000 年达 4.59 亿人，2010 年增至 6.7 亿人，逐年变化情况见图 1.5。

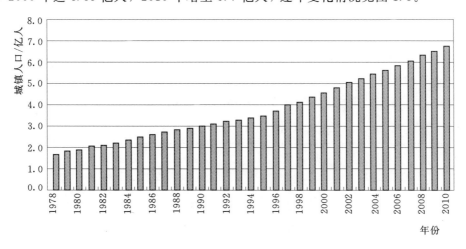

图 1.5　1978—2010 年城镇人口变化情况

我国城市人口的地区分布上有很大差异，东部地区城市人口占全国城市人口的比重远大于中西部地区，表 1.6 及图 1.5 表明了 1990 年、2000 年、2010 年各分区城市人口占全国城市人口的比重。

由表 1.6 可以看出：东部地区城市人口占全国城市人口的比重上升，中部和西部地区城市人口占全国城市人口比重趋于稳定，东北地区略有下降。

表 1.6 各区城市人口及占全国城市人口比重

区 域	年 份	分区城市人口/万人	分区城市人口占全国城市人口比重/%
东部地区	1990	14682	42.7
东部地区	2000	24135	42.5
东部地区	2010	27969	44.0
中部地区	1990	7946	23.0
中部地区	2000	13306	23.4
中部地区	2010	15097	23.6
西部地区	1990	6663	19.5
西部地区	2000	12952	22.1
西部地区	2010	13413	21.1
东北地区	1990	5073	14.8
东北地区	2000	6755	12.0
东北地区	2010	7168	11.3
全国	1990	34364	
全国	2000	56950	
全国	2010	63646	

1.2.4 城市地区经济

讨论城市经济发展状况应从两个层面着眼：一是看城市的持续发展；二是看城市发展的空间分布。

1.2.4.1 城市经济的时序发展

改革开放以来，我国经济有了长足的发展，1978 年全国国内生产总值为 0.365 万亿元，到 2010 年达到 40.12 万亿元，较 1978 年增长 110.92 倍。1978—2010 年国内生产总值及各产业分配情况见表 1.7 和图 1.6、图 1.7。从中可见，20 世纪 90 年代起我国经济发展速度迅猛，特别是第二、第三产业的发展速度更为明显。

表 1.7 全国 1978—2010 年国内生产总值情况 单位：亿元

年 份	国内生产总值	其 中		
		第一产业	第二产业	第三产业
1978	3645.2	1027.5	1745.2	872.5
1980	4545.6	1371.6	2192.0	982.0
1985	9016.0	2564.4	3866.6	2585.0
1990	18667.8	5062.0	7717.4	5888.4
1995	60793.7	12135.8	28679.5	19978.5
2000	99214.6	14944.7	45555.9	38714.0
2005	183217.4	22420.0	87364.6	73432.9
2006	211923.5	24040.0	103162.0	84721.4
2007	257305.6	28627.0	124799.0	103879.6

续表

年　份	国内生产总值	其　中		
		第一产业	第二产业	第三产业
2008	314045.4	33702.0	149003.4	131340.0
2009	335352.9	35477.0	156957.9	142918.0
2010	401202.0	40533.6	187581.4	173087.0

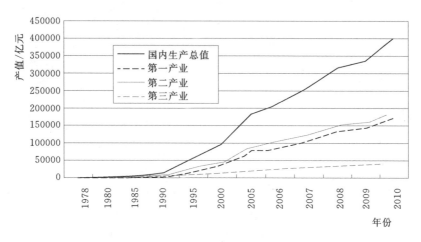

图 1.6　全国 1978—2010 年国内生产总值和各产业发展情势图

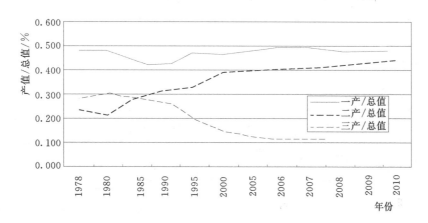

图 1.7　全国 1978—2010 年各类产业占国内生产总值构成变化

由表 1.7 和图 1.7 可以看出各类产业占国内生产总值的比值发展状况，表明第一产业占国内生产总值的比重逐年降低，第二产业所占的比重相对稳定，而第三产业占国内生产总值的比重稳步上升。这充分说明，随着城镇化水平的提高，GDP 结构发生了明显变化，城市经济在国民经济中的重要地位日益显现。

1.2.4.2　城市经济的空间发展分布

以地级及以上城市为例，我国 1990 年地级及以上城市市辖区和县级国内生产总值为 0.67 万亿元到 2010 年为 24.6 万亿元，增加 36.7 倍。但城市发展的空间分布是不均匀的。我国各分区之间城市发展的差距很大，东、中、西和东北地区的城市无论是经济产出还是资本、知识的集聚程度，以及各项制度的完善程度都存在不小的差距，现以 2010 年地级及以上的城市为例，见表 1.8。

表 1.8　　　　　　　　　　2010 年全国分区地级及以上城市基本情况表

区　域		城市个数	市区总人口 /亿人	市区面积 /万 km²	建成区面积 /万 km²	市区 GDP /万亿元
东部地区	总数	87	1.62	15.95	1.45	14.53
	%	30.3	41.6	25.4	45.5	59.1
中部地区	总数	81	0.88	10.98	0.66	3.67
	%	28.2	22.6	17.5	20.7	14.9
西部地区	总数	85	0.98	25.55	0.68	3.87
	%	29.6	25.2	40.6	21.3	15.7
东北地区	总数	34	0.41	10.38	0.40	2.53
	%	11.9	10.6	16.5	12.5	10.3
合计		287	3.89	62.86	3.19	24.6

2010 年东、中、西部和东北地区的地级及以上城市国内生产总值分别为 14.53 万亿元、3.67 万亿元、3.87 万亿元和 2.53 万亿元，分别占全国地级及以上城市 GDP 的 59.1%、14.9%、15.7% 和 10.3%。数字充分说明了国内生产总值的地区分布极其不均衡。位于我国东部地区的地级及以上城市，其国内生产总值约占 60%。许多国内生产总值超过 200 亿元的大城市几乎都集中在我国东部地区。

从城市防洪的角度来看，位于暴雨频发区分界线以东常受暴雨洪水及风暴潮威胁的中、东部地区及东北地区的地级及以上城市共 200 座。2006 年，这 200 座地级及以上城市共实现 GDP 11.36 万亿元，占全国 285 座有防洪任务的地级及以上城市 GDP 总数的 85.7%。由此说明我国中、东部及东北地区城市防洪之重要性。

2010 年市区 GDP 超过 200 亿元的城市共计有 203 座，共实现 GDP 23.5 万亿元，占地级及以上城市 GDP 的 95.5%；在 203 座 GDP 超过 200 亿元的城市中，东部地区城市占了绝大多数，计有 78 座，共实现 GDP 为 14.4 万亿元，占地级及以上城市 GDP 的 61.3%；中、西部和东北地区分别有 55 座、45 座和 25 座城市，分别占全国地级及以上城市 GDP 的 14.1%、14.4%、和 10.2%。位居全国国内生产总值之首的是上海为 1.7 万亿元，其次为北京为 1.39 亿元，第三为广州 0.99 万亿元，第四为深圳 0.96 万亿元（表 1.1）。

按我国统一的地理区划进行分类，全国地级及以上的基本情况（2010 年）见表 1.8。

从表 1.8 中可以看出：① 全国东、中、西部地区地级及以上城市个数占全国地级以上城市个数的比例大致各在 30% 左右；② 东部地区地级及以上城市的市区人口占全国地级及以上城市人口的比例为 41.6%，大大超过中、西部地区占全国地级以上城市人口的比例；③ 东部地区地级及以上城市 GDP 占全国地级及以上城市 GDP 的 59.1% 以上，而中、西部地区地级及以上城市 GDP 占全国地级以上城市 GDP 的比例 15% 左右；④ 东北地区地级及以上城市个数仅占全国地级以上城市个数的比例为 11.9%、市区人口占 10.6%，GDP 占全国地级及以上城市 GDP 为 10.3%。

人均 GDP 是一个地区或一个城市生产力水平高低的表征。2010 年全国人均 GDP 达到 3.00 万元，287 座地级及以上城市人均 GDP 为 6.33 万元，是全国平均水平的 1.11 倍，东、中、西部及东北地区人均 GDP 分别为 8.99 万元、4.16 万元、3.96 万元和 6.13 万元，分别为全国平均人均 GDP 的 2.00 倍、0.39 倍、0.32 倍、1.04 倍。

1.3 影响城镇发展的主要因素

在 1.1 节比较详细地论述了城市的起源与发展以及自然因素，特别是和其中水的因素之间的密切关系，这是一种用城市所在位置的自然条件的作用去解释城市的起源和发展的自然位置论点。但是这种联系绝非认识的全部，否则就不能解释有些地方自然条件并不差甚至相当优越，却没有产生城市，而在一些条件明显不利的地点却出现了城市，甚至是大城市；也无法解释历史上曾经很发达但后来已不存在的城市，如中国丝绸之路上的楼兰，楼兰的案例是自然资源枯竭城市消亡的典型。如果没有 19 世纪中叶铁路交通的发展和 20 世纪 20 年代以后西方汽车的普及，英国等地出现的集合城市也是无法解释的。因此，把影响城市的发展完全归结为无生命的自然条件是不够全面的，还需要关注社会和经济因素对城市发展的影响。

1.3.1 自然因素

影响城市发展的自然因素主要是指自然地理环境与水。自然地理环境因素中，一是气候，二是地形。没有适度的雨水、气温，人类就不能生存，更谈不上聚集形成城市；没有适当地形、地貌，只有高山峻岭、戈壁沼泽，也就不可能有人居住，更不可能发展成城镇。我国绝大部分城市都坐落在东部平原与浅山丘陵或河川谷地就证明了这一点。除了自然地理条件外，水是人类生存的第一要素。人类的文明始终发源于河流，如中国的黄河、长江，埃及的尼罗河。有水才有农业，才有航运交通，才有初始的商贸与物资集散。许多通商口岸、轮渡码头往往就是城镇的雏形。我国现有的 600 余座城市几乎无一不建在河旁，可谓依山傍水，得天独厚。人类社会经济的发展过程正是人类向江、河、湖、海争夺土地资源的过程。因为这种土地往往因河水泛滥而形成，洪泛平原有水供给，土地肥沃，气候宜人，地势平坦，自然成为人类群居进而发展城镇的最佳选择。也有一些城市因特有的矿产资源而形成，如大庆、克拉玛依、太原、萍乡等。然而也恰恰是这样的自然条件，却蕴藏着城市洪涝灾害潜在的诱因，使我国有 97.9%（2006 年年底）的城市分布在受到不同程度洪水威胁的防洪区与防洪过渡区内，这些城市均具有防洪任务。

1.3.2 经济社会因素

城市是人类文明进步的象征、是社会生产力发展的产物。在人类漫长的发展史中，城市的产生和发展十分缓慢。只是到了 18 世纪工业革命之后，随着工业化的发展进程，城市在逐步实现工业化的国家里才迅速发展起来。社会经济因素在城市发展过程中，起了决定性的推动作用。

1.3.2.1 工业化对世界城镇发展的影响

世界城市的迅速发展是工业革命以后的事。1800年世界城市化水平才3%，到1900年也仅为14%，到1990年世界城市化率已达到45%。

英国以轻工业的发展为先导，最早出现的是棉、毛纺织业，继而是能源、工矿、冶金、交通。交通运输业的发展使一些铁路枢纽和港口迅速发展成城市。英国农村人口先向附近的中小城镇迁移，然后同中小城镇的居民一起，再向附近的大城市迁移。与此同时，欧洲的农民也涌向英国的城市。在18世纪早期，英国城市人口约占总人口的20%～25%，到1851年，英国已有城镇580多座，城市人口占总人口的54%。

在美国城市发展的过程中，铁路建设起了关键作用，横跨太平洋、大西洋两岸的多条铁路，促使一批铁路枢纽城市的诞生。此外，由于农业机械化发展迅速，生产力迅速提高，为大批农业劳动力向城市转移创造了条件。1820年，美国一个农民仅能养活4个人，1972年，一个农民供养人数达到52人，如今已能供养超过100人。工业交通、农业的腾飞，驱动着农村人口大量向城市涌入。在美国1800年农村人口占总人口93.9%，1875年仍占74.3%，而到第二次世界大战后，农村人口占总人口降到10%以下。

与英国和美国不同，日本城市的高速发展是在20世纪50年代以后的事。1956—1973年是日本工业发展的黄金时期，在这18年中，日本工业生产增长了8.6倍，年均增长13.6%，与此同时，农业劳动力以每年42.9万人的速度向城市转移，使日本的城市化率由20世纪50年代初的37%提高到1976年的76%。

在不同的国家、不同的地区，社会经济因素对发展中国家城市的发展影响是不相同的。例如，拉丁美洲国家的城市化相对超前，城市化的速度大大超过工业化的速度，其城市发展主要依靠第三产业的推动，甚至出现了无工业化的城市。又如，墨西哥在1993年的城市化水平已达到74%，而其工业化与经济发展水平却远不如发达国家。墨西哥全国总人口只有1亿人，但是有1/5的人口住在首都墨西哥城。

亚洲、非洲一些国家的城市发展则相对滞后，如中国与印度，工业化已经有了一定程度的发展，大都市也迅速发展起来，但城市化率却低于工业化率。部分非洲国家工业化尚未起步，城市化率很低，基本上尚属于传统的农业社会。

1.3.2.2 经济社会发展对中国城镇化的影响

党的十八大报告提出坚持走中国特色新型工业化、信息化、城镇化、农业现代化的道路，推动信息化和工业化深度融合，工业化和城镇化良性互动，城镇化和农业现代化相互协调，促进工业化、信息化、城镇化、农业现代化同步发展，城乡统筹，"四化同步"，从中可以清晰地看出城镇化对推进城乡统筹、四化同步发展起纽带作用，城镇化是工业化的必然结果，是最大的内需，是我国可持续发展的必由之路。

但是，在党的十一届三中全会以前，中国还没有正面提出过"城市化"问题，中国城市的发展一度深受计划经济决策的制约经历了一段曲折的过程。

按照《城市规划基本术语标准》（GB/T 50280）关于城镇化的定义，城镇化是"人类生产与生活方式由农村型向城市型转化的历史过程，主要表现为农村人口转化为城市人口及城市不断发展完善的过程"。一般认为，城镇化是一个国家或地区实现人口、财富集聚、技术和服务集聚的过程，同时也是一个生活方式、生产方式、组织方式转变的过程。

在城镇化的过程中，农业经济与非农业经济的结构不断地调整，为适应这种变化，农村人口比重逐渐下降，城镇人口比重不断上升。因此，国内外都采用一个国家或一个地区的城镇人口占其总人口的比例，作为衡量城镇化程度或表征城镇化水平的重要指标，此即城镇化率。

改革开放以来，我国城镇化有了较快的发展。

1. 1949—1957 年城市发展的恢复阶段

新中国成立初期，为了尽快恢复国民经济，城市经济发展的重点是变消费城市为生产城市，优先发展重工业。在第一个五年计划期间，总共启动了 156 个重点工业项目，城市和工矿区吸收了大量农民就业，城镇人口迅速增加。从 1949 至 1957 年，中国的城市数量由 132 座增加到 176 座，城镇人口占总人口的比重由 10.64% 提高到 15.39%。

2. 1958—1965 年城市发展大起大落阶段

1958 年开始国内开展大跃进，经济发展偏向于工业，特别是重工业，经济结构出现新的不平衡。导致工业化与城市化的超高速发展。到 1960 年，重工业产值占工业总产值的比重达到 66.6%，轻工业与农业则出现 9.8% 与 12.6% 的负增长。由于大量农村人口涌入城市，1960 年的城市化水平达到 19.8%。从 1958 年到 1960 年，三年间新增城市 33 座，城市人口年均增长 9.5%。大跃进使城市基本建设规模过于膨胀，国民经济比例严重失调，农业生产遭到极大破坏。从 1961 年开始国家开始采取大力压缩城镇人口的政策，城市座数从 1961 年的 208 座减少到 1965 年的 168 座，城市化率由 1960 年的 19.8% 下降到 17.98%。

3. 1966—1978 年城市发展停滞阶段

自 1966 年开始的"文化大革命"，使城市工业发展受阻、农业经济遭到破坏，大批知识青年上山下乡，大量城市干部下放农村。13 年间城市化水平仅仅提高了 0.06 个百分点，到 1978 年全国城市总数仅为 193 座。不过在这个时期，国家重点建设"三线"，西南、西北、豫西、鄂西、湘西和晋西相继形成一批新兴工业基地，对后来的西部大开发和西部城市建设发生了重要影响。与此同时，由于沿海工业大量内迁，致使众多沿海城市经济发展遭受严重损害。

4. 1978 年以后改革开放城市逐步发展时期

1978 年中央实行改革开放的政策，城市发展进入了全新的时期。在党的十一届三中全会之后，中央采取了一系列方针政策，有力地促进了城乡经济的持续发展，并带动了城市发展，特别在 1984—1991 年期间，中央颁布了新的户籍管理制度，允许农民进城务工、落户，小城镇得到迅速发展，建制镇就从 1978 年的 2176 座增加到 1983 年的 2786 座、1990 年的 12084 座，2009 年达到 19322 座。在经济大潮的簇拥下，城镇化水平由 1978 年的 17.9%，增加到 1990 年的 26.4%、2006 年达到了 43.9%，2010 年进一步达到 52%。

新中国成立后的城市发展历程突出地表明，社会经济因素对城市的发展具有多么巨大的影响。与此同时，中国 50 年城市发展历程也深刻表明这样一个朴实的真理，即生产力永远是形成城市并推动城市发展的驱动力。作为第一生产力的科学技术，更是在实现城市现代化的进程中发挥着巨大的作用。科学技术、文化教育、信息知识正逐步改变着城市的结构——城市新开发区、城乡结合部、都市连绵带、都市圈以及国际大都市。这样的城市结构已成为科学技术、第二、第三产业、教育、信息等新的载体，致使人才广泛流动，财富高度集中，生产结构不断调整。城市的发展已成为一个地区乃至一个国家发展的集中体现。为了加快我国城市化进程，必然要发展大、中、小相结合的城市群落，作为城市血脉与纽带的交通干线必将起着十分重要的作用。此外，为了吸引外资，也为了扩大内需，充分发挥我国城市的政治、科技、文化的影响，提高旅游观光的服务质量，对于发展城市也会起着良好的作用。然而，另一方面，人们必须理性地看到，随着城市、交通的发展，防洪战线将越来越长，城市防洪的新问题将越来越多，城市防洪任务将越来越重，这是城市发展必须认真面对的挑战。

1.3.2.3　工业化与城镇化

城镇化（urbanization）是农业人口向非农业人口转变并向城镇集中的过程。工业化（industrialization）是"国民经济中一系列重要的生产函数（或生产要素组合方式）连续发生由低级到高级的突破性变化的过程"。城镇化是工业化的必然结果，这是因为在工业化过程中，从事工业生产活动的企业在地理上趋于集中。

无论是发达国家还是发展中国家，在工业化初期，城镇化就已超过工业化，随后便明显地高于工业化水平了，这是各国城镇化与工业化一般的发展规律。不过，国家不同这一过程的特点也就不同。一般来说，发达国家的城镇化过程所经历的时间相当长，早在工业化之前，城镇就已有相当规模了。漫长的工业化岁月，使城镇化过程所引起的阵痛和代价相对小些，也能在较长时间内消化流入城镇的农村人口。发展中国家则不同，在工业化初期以相当短的时间，城镇化率已明显高于工业化率，大量农村人口流入城市，而薄弱的工业基础根本来不及完成城镇基础设施建设，也无法提供足够的就业机会，形成了城市拥挤、住房紧张、环境污染、生活贫困的局面。

虽然第一次农业革命为城镇的形成与发展提供了基本条件，改变了渔、猎、采集的生产方式，具备了集聚、交换和社会分工的可能，从而推动城镇的增多、扩大和发展；但世界上人口的高度集中和迅速发展，却是在 20 世纪的下半叶。1950 年，世界上居住在城镇的人口仅有 7.5 亿人，到了 2000 年已经上升到近 30 亿人，50 年增加了 3 倍，使世界的平均城镇化率达到近 50%。

中国的城镇化进程相对迟缓，1949 年中国的城镇化率仅为 10.64%，到 2002 年上升到37%，但仍低于同期世界平均城市化率 13 个百分点。在 1970—1975 年及 1986—1990 年期间，世界发展中国家的平均城镇化率分别平均每年增长 3.7 个百分点与 4.5 个百分点，而中国分别增长为 −0.04 个百分点与 0.47 个百分点。中国城镇化率自改革开放后得到很大的发展，由 1978 年的 17.9%，提高到 2010 年的 52%，增加了近 34 个百分点之多。

城镇发展具有趋大性和加速性。在公元 1000 年、1900 年和 2000 年，世界上 10 座最大的城市人口分别为 214 万人、2580 万人和 1.62 亿人，表明在过去的 1000 年里，世界上10 座最大城市人口规模扩大了 75 倍。东京是现在世界上城市人口最多的城市，其人口数量相当于 1000 年前世界上 10 座最大城市人口总和的 7.6 倍。在近 100 年里，世界上 10

座最大城市人口增加了 1.36 亿人。1949 年，中国 100 万人以上的大城市共 10 座，到 2008 年达到 122 座，近 60 年里增加了 112 座。1990 年中国地级及以上城市共 186 座，到 2010 年达到 287 座，增加了 54.3%。从 1990 年到 2010 年，中国城市人口由 3.32 亿人增加到 6.7 亿人，20 年间增加了近 3.4 亿人。英国考文垂大学克拉克教授指出："世界上一半人口进入城市用了 8000 年时间，预计到 21 世纪，全球应有 80% 的人口在不到 100 年的时间也将完成这个过程"。

由此可见，在工业化的过程中，随着城镇化率的增加，我国第二产业 GDP 也随之增加。例如，1978 年、1990 年、2000 年和 2010 年我国城镇化率分别为 17.9%、26.4%、36.2% 和 49.9%，第二产业 GDP 比重分别为 47.9%、41.3%、45.9% 和 46.8%，见表 1.9。2010 年各分区国民经济社会发展主要指标见表 1.10。

表 1.9　　　　　　　全国国民经济社会主要指标年代际发展过程表

项　　目	1978 年	1990 年	2000 年	2010 年
总人口（年末）/万人	96259	114333	126743	134091
城镇人口/万人	17245	30195	45906	66978
乡村人口/万人	79014	84138	80837	67113
城镇化率/%	17.9	26.4	36.2	49.9
国内生产总值/亿元	3645.2	18667.8	99214.6	401202.0
第一产业/亿元	1027.5	5062.0	14944.7	40533.6
第二产业/亿元	1745.2	7717.4	45555.9	187581.4
第三产业/亿元	872.5	5888.4	38714.0	173087.0
人均国内生产总值/元	381	1644	7858	29992

资料来源：《中国统计年鉴》，2011 年。

表 1.10　　　　　2010 年全国各分区国民经济和社会发展主要指标表

项目	全国总计	东部地区		中部地区		西部地区		东北地区	
		数值	占全国比重/%	数值	占全国比重/%	数值	占全国比重/%	数值	占全国比重/%
土地面积/万 km²	960.0	91.6	9.5	102.8	10.7	686.7	71.5	78.8	8.2
年底总人口/万人	134091.0	50663.7	38.0	35696.6	26.8	36069.3	27.0	10954.9	8.2
分区 GDP/亿元	401202.0	232030.7	53.1	86109.4	19.7	81408.5	18.6	37493.5	8.6
第一产业/亿元	40533.6	14626.3	36.1	11221.1	27.7	10701.3	26.4	3984.1	9.8
第二产业/亿元	187581.4	114553.3	52.1	45130.3	20.5	40693.9	18.5	19687.2	8.9
第三产业/亿元	173087.0	102851.0	58.3	29758.0	16.9	30013.3	17.0	13822.1	7.8

1.4 我国城镇化发展的特点

党的十八大在深刻分析我国面临的国内外形势的基础上，提出了 2020 年全面建成小康社会和加快推进现代化建设的战略目标。从我国发展面临的未来环境看，科技进步和知识经济将得到迅速发展，经济全球化和区域经济一体化的发展趋势更加明显，我国将更深地融入世界经济。国际产业结构的调整，外资的加速流动，我国市场化改革的深入，社会主义市场经济体制的完善，新型工业化的推进，以及为适应进一步对外开放和扩大内需进行的国民经济结构的战略性调整，都将使我国城镇化的动力机制继续深化和发展，与国家的宏观引导和调控结合，在很大程度上影响着我国城镇化和城镇发展的方向和态势。

1.4.1 城镇化的途径和实现形式

在一个相当长的时期内，我国城镇化的实现形式或途径可能将是自上而下与自下而上并存，农村富余劳动力"离土不离乡"的就地转移与"离土又离乡"的异地转移形式长期并存，人口流动和定居并存。2012 年党的十八大报告提出今后在我国实现城镇化的过程中，农村人口的迁移，要采取措施解决进城非农人口的户籍问题。

1.4.2 城市职能结构的转型和重组

城市职能分工将从传统的水平分工转变为垂直分工。沿海一些区域中心城市职能的国际化程度进一步提高；大城市特别是区域中心城市将进一步聚集和发展金融、保险、咨询等现代服务产业、现代制造业和生产管理、研发功能，从而强化在区域的中心作用，中小城市向有竞争力的特色产业城市方向发展，历史上的冶金、煤炭和石化工业等专业城市，将发展新兴产业。城市职能分工促进城市经济结构的转型和多元化，形成经济功能在大、中、小城市（镇）之间的分工与协作系统。

1.4.3 城镇化发展不均衡

我国城镇化与工业化地区上的发展是不平衡的，总体看来，东部发展明显快于中、西部和东北地区。就全国县级市以上 657 座城市而言，东部、中部、西部和东北地区分别有 231 座、169 座、168 座和 89 座。2010 年东部地区面积、人口、GDP、第二产业 GDP 分别占全国总数的 9.5%、38.0%、53.1% 和 52.1%，而西部地区分别为 71.5%、27.0%、18.6% 和 18.5%，国土面积不到 10% 的东部地区，集中了全国 38.0% 的人口，拥有半数以上的 GDP 和第二产业 GDP。可见，实现西部大开发的战略的任务相当艰巨。

随着区域与城市之间经济联系的进一步加强，城镇化的空间集聚与扩散效应的作用，区域交通运输和信息产业的发展，城市密集区、都市区等城市地域空间形式将进一步发展。其中以北京—天津、上海、广州—深圳—香港等特大城市为核心的京津冀、长江三角洲、珠江三角洲城镇密集区将进一步发展壮大，加快国内外资本向这些地区的流动，带动这三大城镇密集区内城镇的经济和人口的进一步集聚。未来三大地区的经济和人口总量在中国的地位进一步上升，成为主导中国经济社会发展的核心地区。

1.4.4 小城镇将进一步发展

小城镇的发展将更加趋于理性化。未来我国将进一步优化城镇规模结构，增强中心城市辐射带动功能，加快发展中小城市，有重点地发展小城镇，促进大中小城市和小城镇协调发展。预计我国建制镇数量增加速度将会趋缓。经济发达、城镇密集地区的小城镇将会出现集中合并的趋向。小城镇尤其是那些区位条件好、具有发展潜力的重点镇的城镇建设质量和经济实力会有较大提高，凝聚力将进一步增强。城镇人口的绝对数量会有一定的增长。详见本书第10章"小城镇防洪减灾对策措施"。

第 2 章 城市洪涝及灾害

城市洪涝与一般洪涝关系十分密切，但各有特点。一般洪涝因其自然地理条件的差异而形成有区别的洪涝类型，如平原洪涝、滨海风暴潮洪涝、山地丘陵洪涝、冰凌洪涝以及其他类型洪涝等。形成城市洪涝的主要原因有三：一是城市进水受淹；二是城区暴雨积涝；三是城市山洪泥石流致灾。城市进水受淹虽然不太多见，但灾害严重，例如，1994年珠江支流柳江大水，洪水冲进柳州，101条街道进水，最大深度淹到4楼，272家企业停产。据资料统计分析，在1991—1998年期间，我国城市进水受淹的县级以上城市约700座（次），其中地级以上城市28座（次）。在20世纪90年代，全国县级以上城市进水受淹几率为13%，其中地级以上城市为1.2%。在1994—1998年间，全国城市洪涝灾害年均直接经济损失约296亿元，占同期全国总洪涝灾害损失的16%。又据资料分析，太湖流域18个城市典型洪涝灾害的损失中涝灾约占洪涝总损失的40%左右。数据清楚地表明城市洪涝灾害损失的严重程度。

本章首先对洪涝灾害的一般性特点做简要概述，继而就城镇化对城镇洪涝灾害的影响进行详细的分析论述，并用实际资料说明我国城镇洪涝灾害损失的严重程度。

2.1 城市洪涝灾害的一般特点

2.1.1 城市洪水灾害特点

2.1.1.1 洪水灾害频次高

由于特殊的地理区位和气候条件及其变化，导致我国洪水频繁发生，加之特殊的地形特征和人口的压力以及欠合理的生产活动方式，使我国成为世界上洪涝灾害出现频次最高的国家之一。

据史料记载，近2000年来我国严重的洪涝灾害共发生2397次，且水灾发生频次总体呈上升趋势。特别是16世纪以来，洪涝灾害发生频次递增速度加快。20世纪洪涝灾害频次数高达987次，比19世纪增长了122%，详见图2.1。

20世纪以来，七大江河洪涝灾害频繁，共发生特大水灾31次，大水灾55次，一般性水灾127次，仅20世纪90年代就有8年发生较大洪涝灾害，即1991年、1992年、1993年、1994年、1995年、1996年、1997年和1998年。

2.1.1.2 洪水灾害损失大

据资料统计，我国20世纪90年代由于水灾造成的年平均直接经济损失高达1100亿元，约占同期GDP的1.8%，而在流域性大水年的1996年和1998年直接经济损失占同期GDP比例更高达3%～4%。我国洪灾造成的经济损失占GDP的比例之高，远远高于

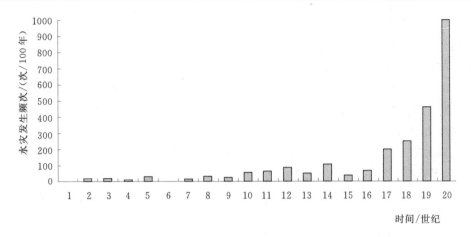

注：1. 数据统计资料来源于竺可桢《中国历史上气候之变迁》，并做若干补充。
　　2. 凡见于记载的水灾，不论其灾情轻重及灾区广狭，均按现行省区划分分别统计。

图2.1　中国近两千年来水灾频次柱状图

西方发达国家的水平。

2.1.1.3　洪水致灾条件变化大

自进入农业社会的几千年来，人类活动对自然界的影响逐渐显现，在洪涝灾害中，逐渐掺入了人为因素。随着人类活动对自然影响的不断加剧，人类社会已不仅仅只是洪涝灾害的承受体，而且已成为形成和加剧洪涝灾害的重要因素。其影响主要表现在以下方面：

1. 随着人口增加，人水争地的矛盾日益加剧

中国人口数量庞大，人类对社会空间的需求不断扩大，原本属于洪水泛滥调蓄场所的洪泛平原被过度侵占，使人与洪水的矛盾日趋尖锐，洪水风险显著加大。在旧中国，由于经济条件的限制，许多江河的堤防不完整，防洪标准很低，稍遇较大洪水即溃堤决口，使社会生产力难以提高。新中国成立后，多数江河建成了比较完整的防洪系统，防洪标准有较大提高。在防洪有了初步保障的基础上，经济发展迅速，同时社会安定，人口急剧增加，耕地面积又进一步扩大。与此同时，洪水的宣泄通道和调蓄场所也相应地受到进一步限制，导致在同样洪水条件下洪水位不断抬高，形成恶性循环：堤防越修越高，堤线越来越长，洪水位越来越高，一旦堤防决口，损失也更加严重。

2. 孕灾环境日益恶化

人们对自然资源的开发和对自然环境的干预达到了空前的规模和强度，影响日趋深刻，使洪涝灾害的孕灾环境向着更有利于洪涝灾害产生和发展的方向演变，这是当今中国社会在作为承灾体的同时进而演变成为致灾因素的主要原因。若不能正确和及时调整当今社会需求、生产、消费、环境与洪涝灾害之间的关系，人类社会将步入洪涝灾害随经济社会发展而发展的悲剧性怪圈。

2.1.2　城区积涝灾害特点

2.1.2.1　城区积涝特点

随着城镇的发展，城镇洪涝灾害致灾因子与承载体也随之发生变化。

1. 洪涝致灾因子发生了重大变化

城市化使城市范围扩大，城市土地利用方式发生较大改变，大大增加了不透水面积，减少雨水的下渗，使洪峰增高、洪水过程变陡峭。由于城市发展需要大量的建设用地，侵占了原本可以用来调蓄和滞留雨水的湖泊、洼地，从而使洪水滞留时间减少。加以城区地下管网排水系统的排水标准较低，暴雨积涝十分频繁，城市洪涝致灾因子的负面影响日益增大。

2. 承灾体发生了根本性变化

承灾体由原来的第一产业（农业）为主，逐渐改变为第二产业（工业）、第三（服务）产业为主，单位面积人口与资产总量呈现几何级数增长。例如，从 1978 年到 2010 年，城镇人口由 17245 万人增加到 66978 万人，增加了 2.9 倍。我国地级及以上城市的 GDP 由 1990 年的 6682.16 亿元增长到 2010 年 24.58 亿元，增长 35.8 倍。城镇供水、供电、供气等生命线工程也大幅度增长。1990—2010 年用水普及率由 48% 发展到 96.7%；燃气普及率由 19.1% 发展到 92.0%；城市排水管道长度由 5.8 万 km 发展到 37 万 km，增加 5.4 倍；人均绿地面积由 1.8 m^2 发展到 11.2 m^2，增加 5.2 倍。人口与资产的大幅增加，意味着洪涝灾害潜在损失的增大，虽然人员伤亡不多，但资产损失，特别是生命线工程的损失将对城镇正常运转带来巨大影响，甚至造成城镇瘫痪。

3. 受灾时限敏感性发生了重大变化

城镇与农村承载体的差异决定了各自承受洪水时限敏感性的差异。城镇受灾时限极其敏感。例如，在农村一场暴雨过后，农田受淹了，农作物要泡上 1 天或几天才成灾；而在城镇，一旦暴雨积水，很快就可能使城区交通中断，航班延误，地铁或地下商场受淹，从而很快打乱城镇正常的生活秩序。

2.1.2.2　城区积涝的一般景象

暴雨中以及暴雨刚过，马路积水、车辆堵塞、交通瘫痪、住宅被淹、地下空间进水、生产生活秩序打乱。2011 年 7 月 18 日，南京市突降暴雨，一座现代化大都市突然陷入紊乱与无序，南京水利科学研究院尤育中冒雨拍摄到此种情景。此情此景，国内国外概莫能外，见图 2.2。

图 2.2　2011 年 7 月暴雨后南京市城区积水

强暴雨侵袭城市，由于排水能力较低，以及特殊的汇集条件，往往在很短时间内，在一些低洼地区，很快积水，对密集人群造成伤害，也造成车内人员危害。这种情况很难在短时间内缓解，而需要及时启动城市应急预案，实施人员救护。

2.1.3 我国洪涝灾害损失的省际分布

由于缺乏众多县级市和建制镇的洪涝损失资料，目前尚无法对全国城镇洪涝灾害损失进行分省统计分析；但是，由于城镇损失所占的比例较大，因此从洪涝灾害损失的省际分布也大致可以看出我国城镇洪涝灾害损失省际分布的端倪。

我国洪涝灾害损失在地区分布上是很集中的，见图 2.3 及表 2.1。

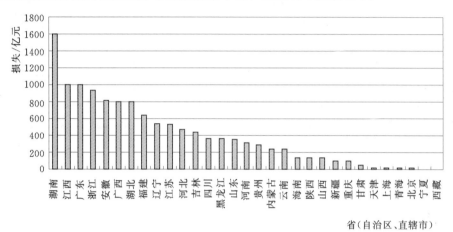

省（自治区、直辖市）

图 2.3　1991—2000 年各省（自治区、直辖市）洪涝灾害累计直接损失排序

表 2.1　　　　　　　1991—2000 年各省（自治区、直辖市）洪涝灾害损失情况　　　　　　单位：亿元

省（自治区、直辖市）	年　份										合计
	1991	1992	1993	1994	1995	1996	1997	1998	1999	2000	
北京	2.65	0	0	7.50	2.08	2.39	0.28	1.90	0.04	0.69	17.53
天津	0	3.99	0	3.62	0.98	12.17	1.23	0	0	0.02	22.01
河北	3.40	6.75	4.31	79.89	18.60	291.15	11.46	21.40	3.20	42.0	482.16
山西	1.26	1.97	13.45	3.03	26.62	80.45	3.88	9.10	3.76	3.11	146.63
内蒙古	10.00	2.30	9.42	35.61	8.64	8.21	11.16	159.00	2.40	4.69	251.43
辽宁	4.85	3.71	5.41	152.78	320.41	21.81	31.57	6.00	0.70	0.68	547.65
吉林	13.80	1.11	10.26	56.52	201.62	10.04	4.25	140.00	1.89	6.31	445.80
黑龙江	17.10	9.72	8.95	70.31	2.32	25.60	11.43	218.00	3.98	3.88	371.29
上海	0.49	0	0.10	0.09	1.58	1.04	6.66	0	9.20	2.07	21.23
江苏	235.00	19.86	55.70	1.04	10.32	30.33	55.12	26.70	23.30	66.57	523.94
浙江	13.50	82.98	51.32	181.45	53.41	80.88	219.76	46.00	147.90	67.43	944.63
安徽	249.00	5.20	6.88	4.21	91.00	137.95	16.85	130.50	155.90	15.69	813.18
福建	5.15	40.89	16.20	166.61	48.81	55.92	58.93	87.90	102.30	64.17	646.88
江西	1.20	66.90	51.35	99.99	154.97	69.01	60.87	408.20	75.70	15.78	1004.00

续表

省 （自治区、直辖市）	年　份										合计
	1991	1992	1993	1994	1995	1996	1997	1998	1999	2000	
山东	11.53	27.90	75.02	44.91	29.39	47.68	40.53	56.30	12.20	6.45	351.91
河南	38.00	9.00	4.56	16.55	7.89	70.67	2.92	40.30	1.86	121.42	313.17
湖北	75.20	10.83	4.88	16.07	45.72	120.94	46.90	357.00	96.74	22.04	796.32
湖南	20.80	19.91	52.57	152.86	282.60	488.64	60.01	422.80	82.40	12.53	1595.10
广东	11.41	25.13	160.33	264.27	113.69	172.62	109.47	76.10	33.70	28.78	995.50
广西	1.71	4.11	18.22	367.70	52.26	159.47	44.63	114.90	23.44	15.67	802.40
海南	4.50	7.25	3.97	3.75	15.19	50.62	6.66	0.40	3.25	56.30	151.89
四川	26.00	27.90	39.53	14.55	70.11	41.77	29.67	74.70	19.30	29.96	373.49
重庆								55.50	18.74	21.41	101.88
贵州	20.00	10.87	7.00	7.26	58.35	98.69	24.31	10.20	26.20	31.98	294.86
云南	8.00	5.19	20.33	19.38	21.33	31.35	48.92	23.10	34.40	31.52	243.52
西藏	0.50	0	0.07	0.65	0	0.15	0	4.60	1.33	4.29	11.59
陕西	2.80	13.82	11.28	16.07	7.52	30.04	2.73	43.00	4.50	20.08	151.84
甘肃	1.80	2.45	3.69	3.78	3.07	15.70	3.03	2.80	5.60	8.10	49.97
青海	0	0.60	3.02	0.80	1.85	2.44	5.10	0.70	2.60	1.21	18.32
宁夏	0	1.20	0.30	0.80	0.60	2.35	2.62	3.20	1.60	1.05	13.72
新疆	0	0.90	3.62	4.54	2.27	45.28	2.93	10.60	32.10	5.46	107.70
全国合计	779.64	412.44	641.74	1796.6	1653.2	2205.4	923.88	2550.9	930.23	711.34	12611.5
损失最重省 （自治区、直辖市）	安徽 249.00	浙江 82.98	广东 160.33	广西 367.70	辽宁 320.41	湖南 488.64	浙江 219.76	湖南 422.80	安徽 155.90	河南 121.42	
损失最重省 （自治区、直辖市） 占全国损失比/%	31.95	20.12	24.98	20.47	19.38	22.16	23.79	16.57	16.76	17.06	

注　1998 年前，重庆市的损失包括在四川省的损失内。

从表 2.1 可知，10 年累计洪涝灾害直接经济损失超过 100 亿元的共 24 省（自治区、直辖市），其中有 5 年超过 100 亿元的省份为广东省，4 年超过 100 亿元的省份有湖南、安徽两省，3 年超过 100 亿元的是广西、浙江，2 年超过 100 亿元的是吉林、辽宁、江西、湖北和福建，1 年超过 100 亿元的是河北、内蒙古、黑龙江、江苏和河南。同时还可以看出，10 年中有 6 年以上年洪灾损失值超过 50 亿元的有浙江、江西、福建、湖南、广东 5省，其中有 8 年洪灾损失超过 50 亿元的有浙江、江西两省。另外还可以看出，每年洪涝损失最大省份的洪涝损失值占全国当年洪涝损失的比重是很大的，10 年洪涝损失最大省份占全国洪涝损失比重的平均值高达 21.3%。10 年中洪涝灾害损失最大的省份为湖南省。这表明平均全国每年洪涝损失量约有 1/5 集中在一个省份。

这充分说明在 20 世纪 90 年代，地区性暴雨洪水造成的洪涝灾害之巨大，也表明了我国洪灾损失年内的地区分布的集中程度。

2.2 城镇化对城镇洪涝灾害的影响

2.2.1 城镇化对暴雨径流的影响

暴雨径流是酿成城镇洪涝的激发因子,随着城镇化的发展,城镇暴雨径流有增大的趋势。本节分别就城镇化对暴雨和径流的影响进行讨论。

2.2.1.1 城镇化对暴雨的影响

1. 城镇化后降雨量有增加的趋势

城镇化对降水的影响,不仅是城市水文学的重要课题而且也是气候学中需要研究的一个重要课题。不少学者在实测降水资料的基础上,从不同的角度做了大量分析。

(1)国外情况。

1)城市化前后的对比。

a. 美国爱兹维尔用 1910—1940 年未经城市化前的降水量和 1941—1970 年已经城市化后的降水量进行对比,发现城市化后的降水量比未经城市化前的降水量增加 4.25%。

b. 位于地中海气候区的特拉维夫市附近有 8 个长期观测的气象站,比较未城市化前(1901—1930 年)和城市化发展速度甚快时(1931—1960 年)的降水量,单就 11 月份降水量而论,后 30 年比前 30 年增加了 16%。各站的年降水量近 30 年来增加了 5%~17%。

c. 意大利那布勒斯城的降水资料表明在 1886—1945 年这段长时期中降水量没有明显变化,但是在 1946—1975 年,随着城市化的发展,降水量比前一时期增加了 17%。

2)同时期城市与郊区的平行对比。

a. 瑞典学者对首都斯德哥尔摩与其附近的乌普萨拉的 1861—1910 年 50 年的降水资料进行比较,发现斯德哥尔摩的降水量随时间进展而明显增加,反映了城市化发展对降雨量的影响见表 2.2。

表 2.2 　　　　　　　　　　斯德哥尔摩与乌普萨拉降水量比较　　　　　　　　　单位:mm

年份 城市	1861 —1865	1866 —1870	1871 —1875	1876 —1880	1881 —1885	1886 —1890	1891 —1895	1896 —1900	1901 —1905	1906 —1910
斯德哥尔摩Ⅰ	369.6	430.4	387.2	436.2	515.4	478.2	461.6	590.6	517.2	548.0
乌普萨拉Ⅱ	527.8	622.8	494.8	491.0	545.6	540.8	501.4	574.8	514.6	551.0
比值Ⅰ:Ⅱ	0.70	0.69	0.78	0.89	0.94	0.88	0.92	1.03	1.01	0.99

资料来源:《城市水文学》,朱元甡、金光炎。

b. 莫斯科、慕尼黑和美国的芝加哥、厄巴拉、圣路易斯等城市的降水量都比附近郊区多,其年平均降雨量的差别见表 2.3。

c. 印度科学家 Khemani 和 Murty 曾对孟买地区雨季降雨量做过分析。该地区有五个雨量站,其中两个站位于非城市化的郊区并与孟买有同期 70 年(1901—1970 年)的观测资料。在这段时期中城区在 1940 年以后工业发展很快,城市化程度迅速提高。绘制城区与非城区雨季降水量的双累计曲线(图 2.4)可以看出在 1940 年前后的明显转折,说明城市化后雨季降水量确有明显增大的趋势。利用这些资料，可分别计算城区和郊区不同时期的平均增量。计算结果表明，城市化前后相对提高了 11.1%。

表 2.3　　　　　　　　　　国外一些城市年平均降水量的城乡差别　　　　　　　　　　单位：mm

地名	纪录年数	降　水　量			文献来源
		城市	郊区	城郊差别/%	
莫斯科	17	605	539	+11	Bogolopow 1928
慕尼黑	30	906	843	+8	Krater 1956
芝加哥	12	871	812	+7	Changnon 1961
厄巴拉	30	948	873	+9	Changnon 1962
圣路易斯	22	876	833	+5	Changnon 1969

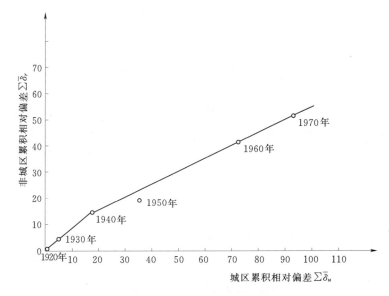

图 2.4　孟买地区城区与非城区雨季雨量双累计曲线

（2）国内情况。

1）城市化后城区降雨量明显大于郊区。

a. 据北京市 42 个雨量站 1983—1988 年汛期（6—9 月）雨量资料统计，城区雨量较郊区雨量大 6.9%～15.1%，见表 2.4。

表 2.4　　　　　　　　　　北京城区与近郊区汛期降雨量比较表

地　　区	城区	东郊	南郊	北郊
雨量站站数/个	12	9	11	10
1983—1988 年平均汛期降雨量/mm	510	477	443	462
城区比各郊区降雨量增大的百分数/%		6.9	15.1	10.4

资料来源：引自北京勘测设计院成果报告。

b. 浙江省嘉兴市，以邻近峡石、南浔、乌镇、桐乡 4 站为参证站，取用 1965—1988

年同步期、不同历时（1h、3h、6h、12h、24h）降雨量（同步系列，年最大值选样）资料，计算出各自的统计参数（均值，C_v）及 50 年一遇设计暴雨量，列于表 2.5。由表看出，嘉兴市不同历时降雨量的均值及 50 年一遇设计值均明显大于郊区各站的相应值，形成一个以嘉兴市区为中心的相对高值区。

表 2.5　　　　　　　　嘉兴及邻近站（1965—1988 年）同步期系列 1h、
3h、6h、12h、24h 降雨频率计算成果

站名 \ 参数 \ 时段	1h			3h			6h			12h			24h		
	$\overline{X}$	C_v	X_2	$\overline{X}$	C_v	X_2	$\overline{X}$	C_v	X_2	$\overline{X}$	C_v	X_2	$\overline{X}$	C_v	X_2
嘉兴	45.0	0.46	103.0	60.0	0.48	141.0	75.0	0.54	191.0	88.0	0.56	230.0	100.0	0.58	175.0
峡石	35.0	0.40	72.8	55.0	0.44	122.0	70.0	0.44	155.0	85.0	0.48	200.0	90.0	0.54	154.0
南浔	35.0	0.42	75.2	52.0	0.44	115.0	61.0	0.46	139.0	74.0	0.48	174.0	92.0	0.50	153.0
乌镇	42.0	0.44	92.8	55.0	0.46	125.0	65.0	0.50	157.0	80.0	0.54	204.0	90.0	0.56	154.0
桐乡	33.0	0.36	64.5	48.0	0.40	99.8	62.0	0.44	137.0	80.0	0.48	188.0	90.0	0.52	152.0

注　表中 X_2 代表 50 年一遇设计雨量，mm。

c. 天津市，以耳闸站作为城区代表站，选取郊区城市化影响相对较小的筐儿港、张头窝、黄花店、东堤头、杨柳青、万家码头、九宣闸七个站作为参证站进行分析。

城区耳闸站和其临近站同选 1973—1992 年（同步系列）不同历时（1h、3h、6h、12h、24h）降雨量（年最大值选样）资料。计算出各自的统计参数（均值，C_v）及 50 年一遇设计暴雨量，列于表 2.6。

表 2.6　　　　　　　　耳闸及邻近站（1973—1992 年）同步期系列 1h、
3h、6h、12h、24h 频率降雨计算成果

站名 \ 参数 \ 时段	1h			3h			6h			12h			24h		
	$\overline{X}$	C_v	X_2	$\overline{X}$	C_v	X_2	$\overline{X}$	C_v	X_2	$\overline{X}$	C_v	X_2	$\overline{X}$	C_v	X_2
筐儿港	42.5	0.40	87.1	60.5	0.44	131.9	75.0	0.50	177.8	87.0	0.54	217.5	103.5	0.54	258.8
张头窝	44.5	0.32	80.5	65.5	0.32	118.4	79.5	0.32	143.7	89.5	0.34	167.1	100.0	0.38	198.8
黄花店	42.0	0.46	94.1	68.0	0.48	157.1	84.5	0.50	200.0	99.0	0.52	241.6	110.0	0.52	268.4
耳闸	59.0	0.50	139.8	82.0	0.50	218.0	97.0	0.52	236.7	110.0	0.54	275.0	128.0	0.56	329.0
东堤头	44.0	0.42	92.8	65.0	0.46	145.6	81.0	0.50	192.0	96.2	0.54	240.0	115.0	0.54	287.5
杨柳青	46.5	0.36	89.6	68.0	0.38	135.2	85.0	0.38	169.0	96.5	0.40	197.8	108.0	0.40	221.4
万家码头	40.0	0.44	87.2	58.0	0.46	129.9	72.0	0.46	161.2	86.5	0.48	199.8	96.5	0.48	222.9
九宣闸	47.5	0.40	97.4	66.5	0.44	145.0	78.0	0.50	184.9	92.0	0.50	218.0	102.0	0.50	241.9

注　表中 X_2 代表 50 年一遇设计雨量，mm。

2）城市化后城区设计雨量大于郊区。由表 2.6 可知，天津市耳闸站不同历时降雨量的均值及 50 年一遇设计值均明显大于郊区各站的相应值，形成一个以市区（耳闸站）为中心的相对高值区。

城市化影响使市区各时段的设计暴雨量较郊区明显增加，由此直接影响城市排水工程的设计。

3）城市化后降雨年内分配发生变化。选耳闸、东堤头两站1962—1988年的降雨资料，分别按表2.7中所列年段统计该年段的平均年降雨量、7—8月降雨量和7月下旬至8月上旬降雨量（该时段为海河流域主汛期）进行分析。

由表2.7中可以看出：东堤头站各年段主汛期降雨量约占相应年段7—8月降雨量的一半，同时约占年降雨量的1/3；耳闸站在1962—1975年年段，平均主汛期降雨量（7月下旬至8月上旬）占7—8月及占年降雨量的比值与东堤头站的情况接近，而1976—1988年年段耳闸站各项降雨量的比值较1962—1975年年段的相应项比值明显偏小。

表2.7　　　　　　　　　耳闸、东堤头站降雨年内分配情况　　　　　　　　单位：mm

站名 项目 时段	耳闸					东堤头				
	主汛期	7—8月	年	(1)	(2)	主汛期	7—8月	年	(1)′	(2)′
1962—1988	178.5	386.1	597.9	0.462	0.298	184.3	364.3	582.9	0.506	0.316
1962—1975	164.9	346.2	520.7	0.476	0.317	178.2	359.3	558.7	0.496	0.319
1976—1988	193.1	429.1	673.9	0.450	0.287	195.3	369.7	617.7	0.528	0.320

注　(1)、(1)′为主汛期雨量/7—8月雨量比值；(2)、(2)′为主汛期雨量/年雨量比值；主汛期指7月下旬至8月上旬。

2. 城区暴雨出现频次明显多于城郊

城市化快速发展年段，城区日雨量大于50mm的平均天数增加。

（1）以北京市为例，城区站1962—1988年年段，日雨量大于等于50mm的暴雨日数平均每年约2.3d；而同期郊区站相应量级的暴雨日数则平均为1.8d。

（2）以天津市耳闸站（代表城区）、东堤头站（代表城郊）以及浙江省嘉兴（代表城区）、桐乡（代表城郊）为例分别进行比较。大致认为：1962—1975年年段代表城市化初始阶段，1976—1988年年段代表城市化较快速发展阶段。暴雨日数（指日雨量大于等于50mm的天数，以下同）及t检验结果列于表2.8。

表2.8　　　　　　　天津地区耳闸、东堤头站和杭嘉湖地区嘉兴、桐乡站
各年段日雨量大于50mm发生次数及t检验结果

地区	站名	1962—1975年			1976—1988年			$\lvert t \rvert$
		n_1	n_1/a	$\sigma^2_{(1)}$	n_2	n_2/a	$\sigma^2_{(2)}$	
天津地区	耳闸	22	1.57	1.033	41	3.15	2.141	3.28
	东堤头	21	1.50	2.885	23	1.77	1.192	0.487
杭嘉湖 地区	嘉兴	21	1.50	1.645	40	3.08	3.243	2.24
	桐乡	19	1.36	1.055	20	1.54	1.192	0.660

由表2.8可看出，在1976—1988年期间年均日雨量大于等于50mm的暴雨日数，天津市城区（耳闸站）与浙江省嘉兴市城区分别为3.15d和3.08d；而在1962—1975年年段，两地暴雨日数分别仅1.57d与1.50d。同时还可看出，在城市化发展的1976—1988年年段，天津市城区与浙江嘉兴市城区日雨量不小于50mm的暴雨日数都明显多于相应郊区的暴雨日数；而在城市化初期的1962—1975年年段，城区与城郊日雨量不小于50mm的暴雨日数并无显著差别。

为了检验上述四站暴雨次数系列一致性的差异，采用了 t 检验法，根据各站逐年暴雨次数系列，按式（2.1）计算统计量 $|t|$：

$$|t| = \frac{(\bar{\varepsilon}^2 - \bar{\varepsilon}^2)\sqrt{n_1 + n_2 - 2}}{\sqrt{(n_1 - 1)\sigma_{(1)}^2 + (n_2 - 1)\sigma_{(2)}^2}\sqrt{\dfrac{1}{n_1} + \dfrac{1}{n_2}}} \tag{2.1}$$

检验时，将上述各站的暴雨日数系列分成两个统计时段，即 1962—1975 年年段与1976—1988 年年段，分别求出 $|t|$ 值，当 $|t| > t_a$，表明两年段的暴雨发生次数有显著差异，否则表明两统计时段的一致性较好。经计算，天津市耳闸站与浙江省嘉兴站的 $|t|$分别为 3.28 与 2.24；而天津市郊的东堤头站与浙江省嘉兴郊外的桐乡站 $|t|$ 则分别为0.49 与 0.66。若给定信度 $\alpha = 0.05$，则按 t 分布表查得 $t_a = 2.20$，可见天津市耳闸站与浙江省嘉兴站的 $|t| > t_a$。表明城市化后，天津市区与嘉兴市区的暴雨日数确实显著高于城市化快速发展以前，同时也说明城市化发展前后大于 50mm 降雨的雨日系列存在不一致性，而天津市郊的东堤头站与嘉兴市郊区的桐乡站则 $|t| < t_a$，表明该两地大于 50mm的暴雨雨日数的一致性没有显著变化。

此外，还可看出天津市耳闸站的 $|t_a|$ 大于嘉兴站的 $|t_a|$，说明天津市的城市化发展速度高于嘉兴市的发展速度。

从耳闸站与东堤头站以及嘉兴站与桐乡站的主汛期雨量（7 月下旬至 8 月上旬）、7—8 月降雨量和年降雨量的双累积曲线也可以看出城市化快速发展前后（1977 年左右）有明显的趋势性变化（双累积曲线发生转折）。这意味着天津市与嘉兴市的城市化开始快速发展以对城市降雨产生了趋势性影响。现以耳闸站与东堤头站为例，点绘双累积曲线，见图 2.5。

从图 2.5 中可以看出：每组双累积曲线均大致在 1977 年（1978 年）点据附近发生转折，显示出城市化影响在 20 世纪 70年代后期有所增强。比较三条累积曲线可见：城市化影响对 7—8 月降雨量比较明显、年雨量次之、主汛期降雨量相对较小（时日较短）。

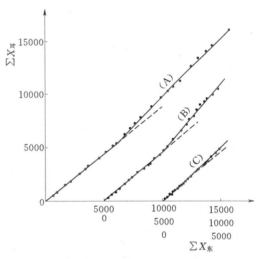

图 2.5 耳闸、东堤头站年、7—8 月和主汛期
降雨量双累积曲线

（A）—年降雨量；（B）—7—8 月降雨量；
（C）—主汛期降雨量

3. 城市化引起暴雨变化的主要物理机制

（1）城市热岛效应。工业化，使城区的二氧化碳等气体和微粒含量增多，以及大量的人工热源使得城市的气温明显高于附近郊区，这种现象称为"热岛效应"。这种热岛效应加剧城市空气的层结不稳定，有利于产生热力对流。当城市水汽充足时，就容易形成局地对流云和对流性降水，从而导致城市降水次数增多、降雨量加大。

（2）城市阻滞效应。城市化发展，使得城区建筑群增多、且高低不一，于是使城市的粗糙度远大于郊区。这不仅引起湍流，而且对稳动滞缓的降水系统（如静止锋、静止切变、缓进冷锋等）产生阻滞效应，使其移动速度减缓，在城区滞留时间加长，导致城区降水强度增大，降水历时延长。

此外，城市凝结核的增多，也是使降水增多的又一因素。

城市化影响降水的机制，以城市热岛和城市阻碍效应最为重要。

2.2.1.2　城镇化对径流的影响

城镇化的一个显著特点是地下排水管道增多，地面排水能力加大（如增加泵站）。暴雨发生时，地上、地下排水错综复杂，使区域的降雨径流关系远较自然流域复杂。

首先，下垫面发生变化，随着城市化进程的加速，城区土地利用发生了巨大的变化，如清除树木、平整土地、建造房屋、修筑道路、整治排水河道，垦殖水域、洼地，缩小水面率、增加不透水面积。据统计全国城市建设用地面积由 1990 年的 11608km² 增加到 2010 年的 39758.4km²，增加 2.4 倍。从而减少了蒸散发与林木截留、减少下渗并降低了地下水位、加快雨水沿路面的汇集速度，使雨期径流增加（洪峰增大，峰形尖瘦，地面径流量增大），且减少基流。

其次，城市排水系统的影响，因地下排水管道与泵站的兴建，加快了城区雨水的排泄速度，1949 年全国只有 103 个城市有排水设施，排水管道总长 6035km。1978 年全国城市排水管道长度为 2.0 万 km，到 2010 年达到 37 万 km，较 1978 年增长 17.5 倍；致使汇流速度加快，河道地表径流增多。

第三，城市河道因整治而发生很大改变，由于城市建设的需要而进行河道整治、疏浚、裁弯取直、兴建排洪沟等工程，进一步加快水道的排水效率，从而加重下游的洪水问题。下面举几个实例，具体阐述城镇化对径流的影响。

1. 市区面积扩大，不透水面积增多，致使地表径流增多

随着城市化的发展，市区面积逐渐扩大，不透水面积增多，导致城市地表径流增多。以天津市为例，城市化的发展加速了市政建设，市区不透水面积增加和新的排水管网的大量布设，大大改变了雨洪的形成条件。从而使城市排水和防洪问题更加突出。为了说明市区不透水面积变化和市区面积扩大对暴雨积涝的影响，选择 1978 年 8 月 9 日和 1984 年 8 月 10 日两次降雨过程，采用美国城市雨洪管理模型（SWMM），对两次暴雨所造成的洪水总量及洪峰流量的加大情况进行了模拟计算，见表 2.9 和图 2.6。

表 2.9　　　　　　　　　不同市区面积和不透水面积情况下的洪水特征

| 计算情况 | 洪水日期 | 计算条件 | | 降雨量 /mm | 径流量 /(10⁷m³) | 径流系数 | 洪峰值 /(m³/s) |
		不透水面积占比	市区面积 /km²				
市区面积不变	1978 - 08 - 09	−20% 现状 +20%	161	228.8	1.23 1.78 2.32	0.324 0.473 0.621	357 447 494
	1984 - 08 - 10	−20% 现状 +20%	161	275.1	1.41 2.04 2.67	0.312 0.457 0.600	262 364 423

续表

| 计算情况 | 洪水日期 | 计算条件 | | 降雨量 /mm | 径流量 /(10^7 m^3) | 径流系数 | 洪峰值 /(m^3/s) |
		不透水面积占比	市区面积 /km^2				
不透水面积不变	1978-08-09	现状	61	228.8	0.685	0.475	210
			161		1.78	0.473	447
			234		2.54	0.467	500
	1984-08-10	现状	61	275.1	0.813	0.468	150
			161		2.04	0.457	364
			234		2.91	0.453	431

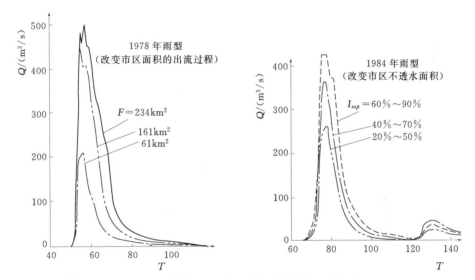

图 2.6　不同城区面积和不透水面积的出流过程

I_{mp}—不透水面积比例

由表 2.9 和图 2.6 可以看出，由于城市的发展，市区规模扩大和市区不透水面积增加，使降雨入渗减少、径流系数加大，致使地面径流量和洪峰流量加大。

2. 相同暴雨条件下，城市化后洪水峰值加高、形状变陡

城市化后，城市改变了流域的自然面貌，直接影响了雨洪的形成过程，增大了洪水总量，加快了汇流速度，使洪峰增高和峰现时间提前，加剧了洪水的威胁。这是近年来各大城市洪灾频繁发生的原因之一。据北京市对实测雨洪资料分析，城郊非城市化地区降雨小于 100mm 基本不产流，且大雨的径流系数也在 0.2 以下；城区，由于大部分为不透水地面，降雨损失明显减少，实测洪水的径流系数经达到 0.4～0.5；其中，流域汇流情况改变更为明显，如单位线洪峰提高约一倍，峰现时间缩短约 2h。

现以北京市通榆河乐家花园站 20 世纪 60 年代前后两次雨洪过程与 80 年代的一次洪水过程的对比为例，洪水过程线绘于图 2.7，并将相应的雨量列于表 2.10。由表 2.10 可知，这三次洪水，无论降雨总量或最大 1h 雨量都十分接近；但是，1983 年那次洪水的洪峰流量几乎两倍于 60 年代前后的两次洪水的洪峰流量，图 2.7 显示出 1983 年洪峰高、形状陡峭的特点。

表 2.10 北京市乐家花园三次洪水实测雨量和洪峰流量表

洪水编号	降水量/mm	最大 1h 雨量/mm	洪峰流量/(m³/s)
830804	97.3	38.4	398
590806	103.3	39.4	202
630806	107.7	42.3	193

资料来源：北京勘测设计院成果内部报告。

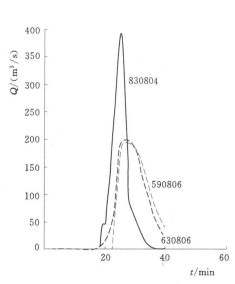

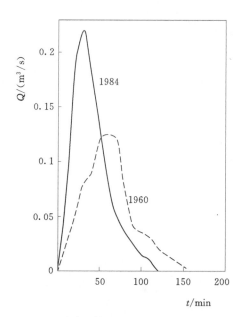

图 2.7 北京市乐家花园三次洪水过程对比图
（引自北京勘测设计院成果内部报告）

图 2.8 四川峨眉保宁小区无因次单位线比较
（引自铁道科学研究院四川峨眉径流实验站内部成果）

再以四川峨眉径流试验站保宁小区无因次单位线为例，自 1964 年西南交大在当地建校后，不透水面积增加，使得无因次单位线明显增高，见图 2.8。

由图 2.8 可以看出，用消除降水因素影响的单位线进行对比更能说明城市化对洪水的影响。

又据文献报道，北京市百万庄小区的下渗试验结果表明，在 60min 的人工降雨实验中，新沥青路面下渗损失为 2.8mm，而草地下渗损失则为 46.9mm。另外，尽管下渗的雨水经过地下也都会慢慢流入河道，但因不同地面状况大大改变了地表径流与地下径流的比例分配，从城市排水角度看，地表与地下径流比例的改变势必引起设计排水强度的变化，从而影响排水设施的规划安排。

2.2.2 城镇洪涝灾害归因分析

城市洪涝灾害的致灾因子主要包括两大类：一类是洪涝源，即所谓的激发源，我国的洪涝源绝大多数来自暴雨洪水；另一类是承灾体，即所谓的受灾对象，主要包括城市的自然地理环境、经济社会发展状况和防洪除涝能力等。一般而言，在相同洪涝源条件下，承灾体不同，造成的洪涝灾害程度可以有很大的差异。在分析城市致灾洪涝源时，不仅要分析城市暴雨洪水的一般特性，更要认识我国城市暴雨洪水的特殊性。

造成城市水灾损失的另一重要因素是内涝。或因外河水位高，城区涝水成灾；或因当地暴雨大，城区排水能力不足；或二者兼而有之。

城市除涝标准一般都较低，大都 3～5 年一遇，城区排水标准更低，一般采用 1 年一遇左右的暴雨强度标准。不过，关于排水标准，需要说明的是，一般所谓的城区排水标准是针对单一地下管道的排水能力而言的，而非城市全部地下管道排水能力的总和。相反，一般天然流域的防洪标准则指的是流域出口断面总和的行洪能力，而非流域面上大小支流的单一排水能力。城市排水标准与河道防洪标准其内涵不同，不宜比较。

2.2.2.1　城市洪涝致灾源的特殊性

城市遭受洪涝灾害不仅与大江大河洪水有关，还同众多中小河流洪水有关。据全国水利普查统计，我国流域面积大于 $100km^2$ 的河流有 22909 条，大于 $1000km^2$ 面积的河流有 2221 条，1 万 km^2 以上的河流有 228 条。我国有 93% 的城市位于中小河流之滨，且大多数防洪标准不足 10～20 年一遇，众多设防标准更低的中小河流大多位于我国暴雨洪水频发区，这是我国城市防洪除涝面临的最为严峻的形势。

我国城市致灾洪涝源的特殊性如下：

1. 洪涝源分布范围很广

中国位于亚洲季风气候区，季风气候决定了中国雨季在年内的高度集中。每当夏季风北上，西南、东南暖湿气流与西风带系统冷空气相遇，或者受台风 影响时，往往产生大暴雨或特大暴雨。根据暴雨资料及 200 场登陆台风资料的统计分析，并参照王家祁的《中国暴雨》中图 6.4 "中国年最大 24h 点雨量均值等值线"的 50mm 等值线南北走向趋势，可以大致确定一条暴雨频发分界线，见图 2.9。这条暴雨频发分界线从云南经四川、陕西、山西、

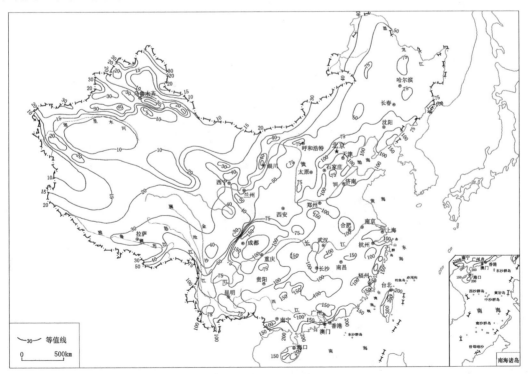

图 2.9　我国暴雨频发区及受洪水威胁严重地区

河北到东北小兴安岭、该线几乎与台风伸入内地的边缘吻合（王家祁《中国暴雨》图3.5），亦与年暴雨日数均值等于1的等值线（王家祁《中国暴雨》图10.1）基本相合。在这条暴雨频发分界线以东为暴雨频发区，也正是中国七大江河中下游与沿海诸河受洪水威胁严重的地区。中国的洪灾主要由暴雨造成，特别是城市内涝更与短历时、高强度暴雨密切相关。中国暴雨的极值分布是东部大于西部，但东部地区的南北差异不大。例如，最大24h雨量，南方有台湾的新寮1672mm，海南的天池962mm，江苏的潮桥822mm；北方有河南的林庄1060mm，河北的獐么952mm，辽宁的复兴1000mm（调查），内蒙古的才多才当1400mm（调查）。中国的城市绝大多数都位于东部暴雨洪水的频发地区。据统计，位于暴雨分界线以东25个省（自治区、直辖市）内，有防洪任务的城市共617座，占93.5％。暴雨频发区与城市空间分布的叠合是中国城市深受洪水威胁的根本原因。

2. 大暴雨洪水发生频繁

暴雨活动的随机性很强，就一个城市而言，发生高强度大暴雨的机会可能很小；然而，就一个广大地区上的城市群来说，同一量级暴雨出现的机会就会很多，城市遭遇暴雨洪水袭击的可能性也就很大。中国最大点暴雨记录大多集中于东部几个有地形突变的地区，西部大多地区暴雨极值较小，见中国实测和调查最大60min、6h和24h点雨量分布见图2.10～图2.12。

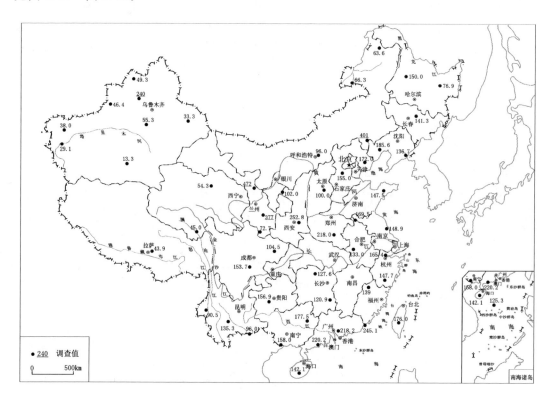

图 2.10 中国实测和调查最大 60min 点雨量分布（单位：mm）

（引自王家祁《中国暴雨》）

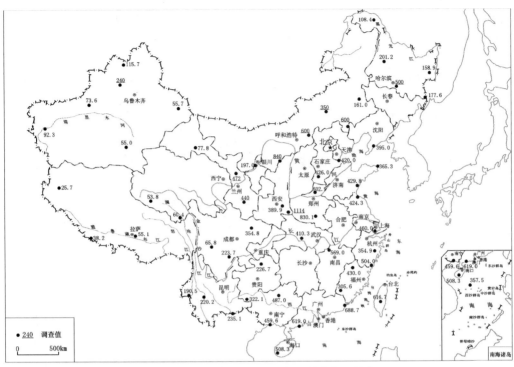

图 2.11 中国实测和调查最大 6h 点雨量分布（单位：mm）

（引自王家祁《中国暴雨》）

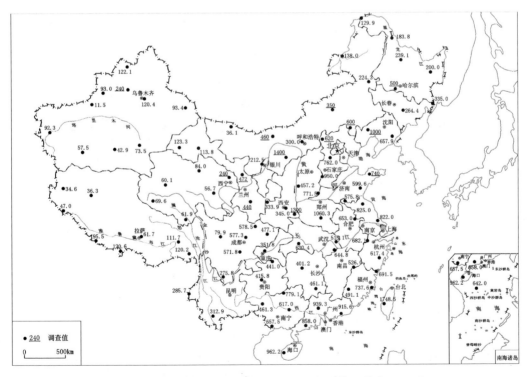

图 2.12 中国实测和调查最大 24h 点雨量分布（单位：mm）

（引自王家祁《中国暴雨》）

据不完全资料统计，在 1958—1983 年的 26 年间，全国 18 个省（自治区、直辖市）内 918 条集水面积为 100～1000km^2 的中小河流中，有 117 个流域出现过 50 年一遇以上的大洪水。

对于一个局部地区而言，出现大洪水的概率可能很小；然而，对于一个较大范围而言，这一量级的大洪水出现的机会就会很多。例如，据黄河支流泾河 2 万 km^2 范围内小流域洪水资料出现概率的分析，在 50km^2 一个局部范围内出现的 50 年一遇大洪水，若出现在 2 万 km^2 范围内，其概率只有 2 年一遇。因此就大范围内城市群整体而言，城市遭受大暴雨洪水袭击的机会自然十分频繁了。

3. 局部洪水强度极具毁灭性

中国局部洪水强度之大是十分惊人的，位于中小河流沿岸的城市，一旦遭遇大洪水的袭击，是很难避免洪水灾害的。图 2.13 展示出 1000km^2 流域面积出现 100 年一遇洪峰流量分布图。

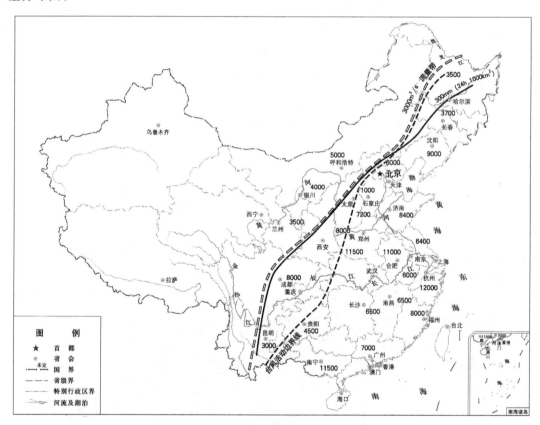

图 2.13　100 年一遇洪峰流量（相对于 1000km^2 流域面积而言）分布图

图 2.13 上存在一条流量为 3000m^3/s 的分界线，几乎与暴雨分界线吻合，该线以东，太行山东侧、河南省西部山丘区、江淮平原、浙江沿海与广西等地，面积在 1000km^2 以上的流域、100 年一遇的洪峰流量可以大到 1 万 m^3/s 以上，这种量级的洪水已经接近世界纪录，就目前城市防洪能力而言，是很难抵御的。例如，湖南省资水安化县，1998 年 6

月 12—24 日 13d 内，累计降雨 870mm，全县 29 个乡镇受灾，直接经济损失 13 亿多元；安徽省潜山县，1996 年 6 月 23 日—7 月 19 日，县城降雨 972mm，县城 5 次进水，直接经济损失 4380 万元。

我国设市城市中，有 93.5% 的城市受到洪水威胁，其中有 600 座城市处在暴雨洪水频发地区；特别严重的是，中国的自然地理环境与独特的暴雨条件，导致中国暴雨洪水具有接近世界纪录的强度，摧毁力极强。

2.2.2.2 城市化后洪涝承灾体的变化

由于农田变为城区，城市受灾源从以农业损失为主的地区变为以第二、第三产业损失为主，土房损失变为砖石结构的房屋、地下商场、地下建筑物损失。车辆损失大幅增加，人员伤亡减少，资产损失大幅增加（表现为损失类型的变化）。由于承灾体的变化导致损失类别及其损失率的变化，因而在相同的暴雨、洪水量级和淹没水深条件下，不同承灾体的灾害损失大不相同。

城市承灾体损失包括直接经济损失和间接经济损失两类：

1. 承灾体直接经济损失类别

主要包括农作物减产损失，林、牧、渔业损失，工矿、商业企业固定资产（房屋、机械、生产经营设备、交通运输工具等）、流动资金（原材料、成品、半成品及库存物资等）的财产损失与工商企业因淹停工、停业而减少创造的社会财富、减少的净产值；交通运输线路破坏（如铁路、公路的路基、桥涵、航运的码头、航道、船闸、航标等的破坏）损失和中断运输造成的损失；供电、通信、输油、输气、输水设施及管线破坏损失和中断供电、供油、供气、供水及中断通信造成的损失；市政工程设施破坏损失（如水利水电工程和城市各类市政设施）；城乡居民财产损失（房屋、生产交通工具、家用电器、家具、衣被、粮草、畜禽等）；信息、金融、高科技产业以及其他方面的洪灾损失等。

2. 承灾体间接经济损失类别

主要包括三部分内容：

（1）抗洪抢险、抢运物资、灾民救护、转移、安置、救济灾区、开辟临时交通、通讯、供电与供水管线等的费用。

（2）由于洪水淹没区内工商企业停产、农业减产、交通运输受阻或中断，致使其他地区有关工矿企业因原材料供应不足或中断而停工、停产及产品积压造成的经济损失，以及淹没区外工矿企业为解决原材料不足和产品外运采用其他途径绕道运输所增加的费用等造成的"地域性波及损失"。

（3）洪灾以后，原淹没区内重建在恢复期间农业净产值的减少；原淹没区与影响区工商企业在恢复期间减少的净产值和多增加的年运行费用；以及恢复期间用于救灾与恢复生产的各种费用支出等"时间后效性波及损失"。

间接经济损失的第一部分通过实地调查统计求得；后两部分损失的估算大致可分为直接估算法与经验系数法两种。

由上可知，城市与非城市承灾体存在巨大的差异，损失率的不同，在相同暴雨洪水条件下，损失自然大不相同。

2.3 造成我国城镇洪灾损失的主要外洪

根据资料统计分析，造成我国城镇洪灾损失的主要因素是外洪，包括外河洪水入城和山洪泥石流侵袭。

2.3.1 城镇洪灾损失比例分析

据《中国水利统计年鉴》不完全的统计，在 20 世纪 90 年代（1991—1998 年）遭受洪水淹没的县级及以上城市约有 700 座（次），其中地级及以上城市 28 座（次）。说明中国城市防洪形势十分严峻，城市的洪灾损失相当严重。

城市遭受洪水淹没的原因是多方面的，如江河洪水或山洪过大超过城市设防能力；城市堤防因质量问题发生溃决；城市防洪标准偏低等。城市受到洪水淹没所造成的经济损失一般较大，根据典型资料统计，遭受洪水淹没的市区洪灾损失约占所在地区洪灾损失的40%，但根据情况不同比例有所变化，最大的如 1996 年洪灾，广西柳州市区损失约占地区损失的 81%。

受城市中心区损失资料的限制，目前尚不可能就城市的直接经济损失进行全面的统计与分析，而只能根据若干典型城市、典型洪水的损失资料做一些典型分析，从而对城市损失做出估计。

本章着重分析了地级及以上城市中心区（即市区）损失占地市级城市（包括地市级城市行政所辖县城在内）损失的比值，以（市区/地区）百分数表示。由于中心市区损失与地市级城市损失有一定比例关系，从而可以充分利用地市级城市的损失资料，大致估计城市中心区的损失。因此，这个指标对于评估城市中心区的损失及相应的防洪标准是有很重要意义的。现将收集到的各类典型城市资料列于表 2.11。

表 2.11　　　　　　　　　　各类城市市区/地区损失百分比　　　　　　　　　　%

类别	城市	年 份								
		1991	1992	1993	1994	1995	1996	1997	1998	1999
平原	南京						21.10		43.50	0.10
	苏州									9.30
	无锡									0.90
	常州									5.10
	杭州		(0.07)					7.45	0.88	3.01
	嘉兴		(0.11)	31.94	0.60	16.89	22.66	4.51	3.50	11.00
	湖州		11.24	38.12	26.86	23.77	38.45	28.39		(61.40)
	金华		16.15	12.58	14.33	5.28		7.02	3.17	
	衢州		12.61	6.95	3.22	5.94		3.99	5.64	
	绍兴				1.69			0.70		
	丽水		3.62	4.37	7.60	16.13	3.22	12.80	16.15	
	武汉	8.60							(59.00)	15.30

续表

类别	城市	年份								
		1991	1992	1993	1994	1995	1996	1997	1998	1999
平原	黄石								19.10	3.50
	荆州								4.10	3.60
	宜昌								5.50	0.90
	襄樊								0.24	0.00
	孝感								4.60	4.40
	黄冈								3.00	3.40
	岳阳				5.05	22.78	20.28		5.70	8.27
	南宁			14.01	9.10	15.85	(0)	2.45	0.00	
	柳州			6.58	(31.90)		(80.80)	1.78	1.50	
	梧州				11.90		11.50		4.00	
	贵港						1.66		4.59	
	玉林				(0.03)		0.20		0.98	

平均：9.57 最大：43.5 最小：0.00 注：( ) 内的数据不计入平均值

类别	城市	1991	1992	1993	1994	1995	1996	1997	1998	1999
山丘	肇庆								5.20	
	十堰								2.00	3.40
	荆门								8.90	
	长沙								23.81	5.60
	常德					4.64	11.73		2.52	9.12
	益阳				14.61	26.32	20.96		28.50	(66.40)
	桂林			34.06	27.60	(37.08)	17.90	15.84	(36.30)	

平均：14.60 最大：34.06 最小：2.00 注：( ) 内的数据不计入平均值

类别	城市	1991	1992	1993	1994	1995	1996	1997	1998	1999
滨海	宁波		0.88		43.49		18.60	9.76		
	温州		20.08		21.56		3.77	12.72		
	舟山		59.05		40.39		69.23	(74.07)	70.51	
	台州	36.36	7.2		29.61	69.72	43.76	28.48		
	防城港				21.00		12.50		18.90	
	钦州				0.08		0.09		0.78	
	北海						14.68			

平均：26.13 最大：70.51 最小：0.08 注：( ) 内的数据不计入平均值

从表2.11可知，这个损失比值变幅较大，若直接加以平均，可能会掩盖一些规律。例如，柳州1994年、1996年因柳江遭遇大洪水，防洪标准较低，受到洪水淹没，市区/

地区损失比值很大，桂林 1998 年也出现类似的情况。因此，这种比值应当作为城市受洪水淹没的损失指标（一种特殊情况），不宜直接参与地区平均。

现根据城市分类，对山丘、平原及滨海等 3 类城市的市区/地区损失比值进行分析。限于资料，目前尚不可能根据城市当年的防洪排涝能力及当时当地暴雨、外河洪水的大小对损失比值详加分析，而只能粗略地考虑当年某城市所在地区损失的大小及雨洪大小，对一些特殊的比值进行处理。然后按城市类别求得各类参与统计城市的市区与地区的总损失，并求其比值，以此代表该类型城市的平均比值，即山丘、平原及滨海城市的市区/地区损失比值分别为 14.60%、9.57%、26.13%，其相应变化幅度分别为 0.20%～34.06%、0.60%～38.45%、0.08%～70.51%。从平均情况来看，该损失比值以滨海城市最大，平原地区城市最小，与一般的定性认识基本相符。

从表 2.11 中可以看出平原地区市区占地区损失的比重相对较小，滨海地区市区所占的比重最大。

又据国家防办专家抽样估计，在 1994—1998 年间，中国城市洪涝灾害年均直接经济损失为 296 亿元，占同期全国总损失的 16%，参见表 2.12。

表 2.12　　　　　　　　　　　1994—1998 年中国城市洪涝灾害直接损失

年份	1994	1995	1996	1997	1998	合计
城市/亿元	300.9	376.8	387.0	66.5	347.3	1478.5
全国/亿元	1796.5	1653.2	2205.4	923.9	2250.9	9260.9
城市直接损失占全国总损失百分比/%	16.7	22.8	17.5	7.2	15.4	16.0

2.3.2　城镇外河洪水进城造成损失

根据《中国水利统计年鉴》不完全的统计，在 20 世纪 90 年代，在国家规定的 31 座重点防洪城市中，有九江、长沙、柳州、梧州四座城市曾进水，占重点防洪城市的12.9%；洪水进城主要原因是江河洪水或山洪过大，超过城市设防能力或城市堤防因质量问题而溃决（如 1998 年长江干流沿岸的九江市），有的因不设防所致（如 1994 年前的梧州、柳州）。现将部分城市进水受淹情况简述于后。

1. 1992 年

由于 7 月上旬湘江大雨，长沙 8 日水位 37.85m（警戒水位 35.0m），10 年一遇，洪水进城。

7 月上旬漓江大雨，桂林 7 月 5 日水位 147.11m，为 1949 年以来第二位最高水位（1952 年 147.43m）；市区 107 条街道有 28 条进水，水深达 1～2m，淹水时间长达 10 余小时。

2. 1994 年

梧州西江 6 月 19 日水位 25.91m，仅次于 1915 年，柳州柳江 6 月 17 日晨水位89.25m，为新中国成立后最高水位，梧州、柳州二市洪水进城；7 月下旬西江再次发生大雨，支流贺江封开、郁南，绥江上怀集三县城进水。

7月9日东辽河辽源出现新中国成立以后的最大洪水，该市进水；8月18日，第二松花江支流辉发河出现1953年以来次高水位，沿河辉南、梅河口市洪水进城。

　　3. 1995年

　　6月，四川康定发生自1776年以来的特大山洪，城市两度被淹，经济损失5亿元；6月20—26日湖南暴雨中心位于平江县，引发汨罗江大水，山洪进入平江县；7月1日湖北省通城等地大雨引发山洪，致使通城被淹。

　　7月底第二松花江支流辉发河出现20世纪最大洪水，约110年一遇，致使辉南、梅河口继1994年被淹后又一次受淹；下游桦甸市堤防溃决，洪水进城，城内平均水深达3m，最深处9.5m。

　　鸭绿江上集安市大量进水；支流浑江上白山、通化两市进水。

　　4. 1996年

　　7月中旬，资、沅水特大洪水，洞庭湖区水位攀历史最高，湖南省41个县城进水，邵阳60%受淹；8月初湘水，湘西大雨，又有9个城市进水，其中汝城重复进水，进水县城集中在邵阳地区12个县城中的8个，怀化地区12个县城全部进水；江西景德镇进水。

　　柳江发生超历史洪水（约为100年一遇），柳州大部被淹。

　　因10号台风特大暴雨，福建沿海永定、长汀进水，桃江市淹水8天8夜，城内部分工商企业关闭，供水、供电、交通、通讯中断；沅江市水淹1个多月，邵阳3000多家机关、企业、商店泡在水中。

　　5. 1998年

　　江西鄱阳湖水系昌江发生新中国成立后最大洪水，景德镇进水被淹。

　　西江梧州出现125年一遇洪水，水位高达26.89m，较1994年最高水位25.91m高出0.98m。梧州市河东区受淹。

　　漓江超历史最高水位，桂林受淹。

　　湖南14个城市进水，其中有2个地级市吉首与张家界（永定区），共淹没城市面积89.26km²，损失10.11亿元；株洲的炎陵，永州的东安，常德的石门，张家界的慈利、桑植，吉首的永顺等6个县城洪水位超过历史最高水位，其余4县城洪水位均低于历史最高水位。此外，长江干流沿岸城市九江因堤防质量导致溃决，洪水进城，所幸很快堵口，城区受淹面积不大。

　　从以上城市洪灾简述中可知，在20世纪90年代，七大江河中下游干流沿岸地级及以上城市皆防御了流域性或地区性洪水。总体上看我国大江大河干流沿岸及重点防洪城市具有较高的抗洪能力（一种综合性的抗洪能力，而非单纯的防洪标准）；大江大河干流以外的一级支流以及其他中小河流与滨海地区城市防御地区性洪水或风暴潮的能力相对较低。个中缘由一则是形成流域性洪水的机会相对较少，另一方面大江大河防洪体系的投入相对较多，设防标准也相对较高。反之，在大江大河干流以外的广大地区，遭受地区性暴雨洪水的机会较多，而支流及沿岸城市的设防标准整体上又相对较低，此乃何以大江大河干流沿岸城市洪涝灾害（尤其是洪水进城淹没的灾害）相对于面上城市洪涝灾害为轻的重要原因。

2.3.3　山洪泥石流侵袭造成损失

2.3.3.1　山洪泥石流

山洪是一种猝发性或突发性洪水,多发生在山区小河流中。世界气象组织(WMO)与联合国教科文组织(UNESCO)定义突发性洪水为"短历时且具有较大的洪峰流量的洪水"。山洪与一般洪水的基本区别是发生的速度快,通常指在 4~6h 内发生的洪水,而且流量很大;另一区别在于山洪具有较高的含沙量,这种大流量、高含沙量的涨落迅猛的洪水,极具破坏性。泥石流因其形成过程复杂、暴发突然、来势凶猛、历时短暂、破坏力强而成为山区一大灾害,人们往往称之为山地灾害。我国的山洪十分普遍,但山洪泥石流则主要发生在我国西北与西南地区。据报道,四川省的洪水灾害有一半以上是由山洪引起的。

2.3.3.2　我国的山洪泥石流主要分布

我国泥石流的分布大体上以大兴安岭—燕山—太行山—巫山—雪峰山一线为界,此线以西,即我国地貌的第一、第二级阶梯,包括广阔的高原、深切的高山、极高山和中山区,是泥石流最发育、分布最集中的地区,灾害频繁而严重。此线以东,为地貌最低一级阶梯,多为低山、丘陵、平原,除辽东南山地泥石流较多外,其他地区的泥石流分布零星,灾害较少。据统计全国遭受泥石流灾害最多的地方为四川、云南、西藏和甘肃等地。

2.3.3.3　山洪泥石流灾害损失

1976 年甘肃省宕昌县 3h 雨量达 343mm,一条集水面积仅为 13.3km² 的小沟,山洪伴随着大量泥石流,洪峰流量竟高达 867m³/s,接近世界最大流量记录;仍是宕昌县,2000 年 5 月 31 日,4h 暴雨酿成 150 年一遇特大洪水。1991 年,云南、四川两省发生了多次严重的山洪泥石流和滑坡等山地灾害,死亡 1293 人,占全国洪灾死亡人数的25.3%;仅仅 9 月 30 日云南省昭通市盘和乡头寨沟山体大滑坡,就造成 216 人死亡。1997 年全国因山地灾害死亡 1680 人,占洪灾死亡人数的 60%,其中四川省山地灾害最严重,死亡 252 人,占全省洪灾死亡人数的 65%,由此可见,洪水灾害中的山洪泥石流是造成人员伤亡最重要的因素,尤其在西部地区更是如此。2010 年 8 月 8 日甘肃省甘南藏族自治州舟曲县发生新中国成立以来最大的泥石流灾害,堵塞嘉陵江上游支流白龙江,形成堰塞湖、造成重大人员伤亡。据不完全统计有 1465 人死亡和 300 人失踪,大量房屋倒塌损坏,基础设施严重损毁,县城河床抬高形成堰塞湖,直接威胁下游 10 余万群众的生命安全。

2.4　我国城镇的易涝因素分析

2.4.1　自然地理环境因素

"洪涝不分"是城市防洪治涝中普遍存在的问题,城市发生涝灾,不仅与当地暴雨有关,而且与城市所处的大环境关系密切,包括城市地理位置、地形地貌以及城市防洪建设等。我国易涝地区主要分布在七大江河中下游的广阔平原,如东北地区的三江平原、松嫩平原、辽河平原；黄河流域的巴盟河套平原、关中平原；海河流域中下游平原；淮河流域的淮北平原、滨海洼地、里下河水网圩区；长江流域的江汉平原、鄱阳湖和洞庭湖滨湖地区、下游沿江平原洼地；太湖流域的湖东湖荡圩区；珠江流域的珠江三角洲等。

　　平原赋予了易涝地区的城市极易产生洪涝灾害的大环境。例如太湖流域的望虞河和太浦河是太湖洪水外排的主要通道，但从 1999 年汛情中发现，在超标准洪水来临时，这两条通道排水力度不够。主要因为望虞河河道西线口门没有完全封闭，致使内地涝水大量涌入河道，在一定程度上影响了排泄太湖洪水的速度。有时低洼地区的积涝与太湖洪水争抢河道，也造成涝水阻挡洪水的被动局面。

2.4.2　社会因素

　　导致城镇易涝的社会因素主要有气象水文因素和城市建设与防洪治涝工程因素两个方面。气象水文因素主要包括城镇的"热岛效应"增大暴雨频度和强度；地面"硬壳化"导致下渗减少，地面径流增加，易于积涝。城市建设与防洪治涝工程因素，主要包括城区地下管网排水能力不够，一遇稍强暴雨就容易积水成涝，特别位于高架桥下地势低洼处更易积涝；城市防洪堤建设在阻挡外洪入侵的同时，也妨碍了城区雨水外排。水库在实现拦洪效益的同时，有的对上游城镇造成壅水致灾，有的因水库泄洪致使下游城镇受淹。气象水文因素增大积涝的情况已在本章第 2.1 和第 2.2 节有过详细论述，下面仅就城市建设与防洪治涝工程因素做些阐述。

　　城市为了提高防洪标准而修建防洪堤，有的形成封闭圈，城区暴雨径流，往往因排泄不及而积水成涝，这是城市堤防带来的问题。城市堤防修得越高，越封闭，如果治涝措施跟不上，城市就越容易受涝。城市越大，涝的问题越突出。有时即使外河洪水位不高，由于城区暴雨过大，排水不及也会酿成城市严重内涝。例如，武汉市 1998 年 48h 降雨量 457mm，其中最大 1h 雨量 95mm，造成武汉市区 60km² 范围内积涝，积水深度 0.5～1.2m，积水历时 2～4d，武汉三镇遭受严重涝灾，而当时长江汉口站水位在 27.73m 以下，不存在外洪阻挡城区排水问题。

　　此外，有的山丘城市因水库的壅水或放水造成洪涝灾害。例如，浙江省临安市因下游青山水库壅水而致涝；建德市因上游新安江水库放水而使城市受外洪影响致灾，洪涝灾害并发，这种事例是很多的。

2.5　典型城镇洪涝灾害损失比例分析（示例）

　　关于城市洪涝灾害损失量的比例，由于受可供分析资料的限制，尚不能得到全国范围内有代表性的数据，但据浙江省有若干城市 1998 年、1999 年洪涝灾害统计分析，可大致得出如下概念：就所选城市而言，洪、涝的平均损失比例各占六成与四成，见表 2.13、表 2.14。还有不少城市因地势低洼，城市内水排不出，因而酿成内涝，如杭州、平湖、桐乡、海宁、湖州、临海、台州等城市均因此经常遭受涝灾。

表 2.13　　　　　　　　浙江省 1998 年受灾城市洪涝灾害损失分析表

序号	城市名称	建成区面积/km²	受灾面积/km²	受灾面积占建成区面积比例/%	非农业人口/万人	受灾人口/万人	受灾人口占非农业人口比例/%	GDP/亿元	直接经济损失/亿元 外洪	直接经济损失/亿元 内涝	直接经济损失/亿元 合计	洪、涝损失比重/% 洪	洪、涝损失比重/% 涝	直接损失占GDP比例/%	致灾原因
1	开化县城关镇	—	5.00	—	3.75	1.65	44.00	17.31	0.03	0.95	0.98	3.06	96.94	5.66	防洪标准不高, "7.23"洪水受淹
2	常山县天马镇	5.70	3.95	69.30	5.50	4.50	81.82	17.44	1.80	0	1.80	100.00	0	10.32	防洪标准低于5年一遇受淹深1.5~3.0m, 退水时间长
3	衢州市城区	19.20	4.24	22.08	15.60	4.50	28.85	35.49	0.59	0.47	1.06	55.66	44.34	2.99	"7.24"洪水城区进水、受淹严重
4	龙游县龙游镇	—	4.10	—	5.73	1.20	20.94	23.59	0.21	0.11	0.32	65.62	34.38	1.36	"6.21" "7.23"二次洪水受淹
5	江山市城区	10.93	2.73	24.98	6.75	0.55	8.15	32.35	0.15	0.25	0.40	37.50	62.50	1.24	"6.21"洪水达20年一遇, 城区无排水设施, 内涝严重
合计			20.02		37.33	12.40		126.18	2.78	1.78	4.56	60.96	39.04	3.61	
平均					7.47	2.48	33.20	25.24	0.56	0.36	0.92	60.96	39.04	3.61	

注: 1. 非农业人口、GDP 摘自《2000 年浙江统计年鉴》, 建成区面积摘自《浙江省城市防洪规划汇编》。
　　2. 洪涝灾害资料由浙江省防洪办提供。

表 2.14

浙江省 1999 年受灾城市洪涝灾害损失分析表

序号	城市名称	建成区面积/km²	受灾面积/km²	受灾面积占建成区面积比例/%	非农业人口/万人	受灾人口/万人	受灾人口占非农业人口比例/%	GDP/亿元	直接经济损失/亿元 外洪	直接经济损失/亿元 内涝	直接经济损失/亿元 合计	洪、涝损失比重/% 洪	洪、涝损失比重/% 涝	直接损失占GDP比例/%	致灾原因
1	杭州	169.00	68.7	40.65	139.29	6.50	3.89	604.94	0	1.36	1.36	0	100.00	0.22	河道淤积，排水标准低
2	余杭	27.39	26.4	96.39	16.18	8.00	66.67	121.28	0.20	0.15	0.35	57.14	42.86	0.29	圩堤高程偏低
3	临安	11.76	0.2	1.70	7.39	0.40	5.13	74.35	0.03	0	0.03	100.00	0	0.04	下游水库回水
4	建德	16.40	10.0	60.98	10.03	10.0	62.50	61.65	2.12	0	2.12	100.00	0	3.44	新安江水库大流量泄洪
5	嘉兴	38.00	10.0	26.32	27.51	5.60	19.40	106.69	1.40	1.60	3.00	46.67	53.33	2.81	地面高程低且沉降
6	平湖	7.60	6.8	89.47	9.22	1.30	22.30	64.13	0	0.06	0.06	0	100.00	0.09	地势低，排水不配套
7	桐乡	8.10	0.4	4.94	11.29	0.70	7.52	96.81	0	0.50	0.50	0	100.00	0.52	地势低，排水不配套
8	海宁	8.70	8.0	91.95	12.68	0.25	3.33	100.78	0	0.84	0.84	0	100.00	0.83	地势低，排水不配套
9	湖州	46.00	6.0	13.04	30.71	2.80	12.07	160.37	1.17	0.21	1.38	84.78	15.22	0.86	外港水位超历史，超城防标准
10	临海	22.50	20.0	88.89	13.04	10.0	60.98	70.46	0	0.40	0.40	0	100.00	0.57	排水标准偏低
11	台州	53.00	3.0	5.66	26.12	3.00	8.22	227.16	0	0.03	0.03	0	100.00	0.01	排水标准低
12	江山	10.93	1.5	13.72	6.75	1.40	17.31	32.35	0.05	0.03	0.08	62.50	37.50	0.25	城市防洪标准低
13	温州	74.00	17.6	23.78	52.09	40.00	33.33	290.80	6.04	3.16	9.20	65.65	34.35	3.16	发生100年一遇以上特大暴雨
	合计	493.38	178.6	36.20	362.30	89.95	24.83	2011.77	11.01	8.34	19.35	56.90	43.10	0.96	
	平均	37.95	13.74	36.20	27.87	6.92	24.83	154.75	0.85	0.64	1.49	56.90	43.10	0.96	

注　1. 建成区面积，非农业人口、GDP 等摘自《2000 年浙江统计年鉴》。
　　2. 洪涝灾害资料由浙江省防办提供。

第3章 城市洪水风险与防洪标准

3.1 洪水风险

3.1.1 城市洪水风险定义

城市洪水风险主要包括两层含义：一是洪水事件发生的概率（或频率）或重现期，水文上通常用重现期（即多少年一遇）表示；二是洪水造成的负面影响，如洪灾损失（脆弱程度），通常用人员伤亡数和经济损失值表示。洪水风险即洪水事件发生概率与其产生结果的结合，可以用二者之积表示亦可分别给予表述。如常见的洪水风险图，就将洪水风险表示成一定频率洪水造成的淹没范围、淹没水深以及淹没历时等或一定频率洪水造成的淹没损失值。为了洪水管理与防洪规划的需要，常制成风险区划，即将洪水风险要素划分成大小等级不同的风险度，以表征风险等级不同的空间分布。当进行不同地区、相同频率洪水造成的洪灾损失程度的比较时，或者在同一地区，进行洪水期望损失计算进行工程经济效益评估时，则用损失值与洪水频率之积表示洪灾损失风险比较方便。

城市洪水危险、洪水风险和洪灾风险不是同一个概念，发生了 $1000m^3/s$ 的洪水，如果不论其发生频率，这种洪水只是一种危险；如果说 $1000m^3/s$ 洪水的重现期为 n 年一遇，则这样的洪水就是洪水风险，但不一定有洪灾风险。洪水风险侧重洪水本身发生的可能性，而洪灾风险则强调洪灾损失发生的可能性，二者区别在于城市是否设防。例如，在没有设防的城市，只要洪水进城，就有淹没损失，就有洪灾，洪灾风险的发生频率就是进城天然洪水的重现期。而在设防的城市，在防洪工程未遭到破坏前，有洪水风险，但洪灾发生频率为零，城市没有洪灾风险。当洪水超过城市设防标准，工程失事，洪水造成灾害，则认为城市洪灾损失发生频率等于洪水风险的频率，此时的洪灾风险等于洪水风险（基于同频率概念）。

3.1.2 洪水风险的地理表述

洪水风险的地理表述即根据某种风险指标将风险标注在地图上，包括洪水风险图与风险区划。

3.1.2.1 洪水风险图与风险区划概念

洪水风险图大致有两类：一类洪水风险图即用地图的形式表示洪水风险指标的地区分布，如某指定频率洪水的淹没范围、淹没水深；另一类风险图是洪水风险区划，即将损失风险划分为若干等级风险度，以风险度作为洪水风险指标表示在地图上。

洪水风险图与风险区划上提供的洪水风险信息，可以作为防汛调度管理、土地利用规划、防洪规划、城镇建设、基础设施建设等提供重要的基础资料。

3.1.2.2 洪水风险图与区划的基本内容

按照洪水风险区情况及对洪水风险分析的要求,确定编制洪水风险图的类别,选定洪水风险等级(如多少年一遇),计算洪水淹没范围、淹没水深及行进流速。根据需要确定相应范围内影响的人口、耕地、村镇、资产、重要基础设施,并在人口密集地区,绘制人口紧急转移路径,安排避难地点。

根据洪水风险图和洪水分析与洪水影响评价,将风险划分为不同的风险等级,将地区划分为低、中、高度风险区。

3.1.2.3 城市洪水风险图示例

城市洪水风险的特点随城市类别不同而有所区别,例如,位于山丘区城市,特别是在山洪频发的地区,猝发性的山洪有可能溃决堤防,淹没城市。滨海城市除受洪水威胁外,还受风暴潮的袭击。尤其若又遭遇天文大潮,就有可能淹及城市。另一类城市洪水风险主要是当地暴雨造成城市短时期积涝成灾,这种情况多数发生在平原城市。因此,城市洪水风险主要是洪水进城淹没与暴雨积涝成灾。此外,城市堤防临水一侧滩地的洪水风险有时也需要考虑。

1. 堤防临水一侧滩地洪水风险图

堤防临水一侧滩地仅确定行洪道至堤脚滩地的洪水风险。绘制堤防临水一侧洪水风险图,旨在向城市土地利用部门与城市规划部门提供河滩行洪区的洪水风险分布,避免城市发展不合理地侵占河滩地,增大城市本身以及城市上下游的洪水风险。一般可采取河道特征点同频率水位两侧外延法,即采用水文学方法计算同频率水位最大淹没范围。下面通过浙江省兰溪城区洪水风险图的绘制,说明这种简易方法(本例由浙江省防汛防旱办公室提供)。

(1)兰溪市基本情况。兰溪市区位于浙江省钱塘江中游衢江、金华江和兰江"三江"汇合处,总面积 11.6km²,人口 10 万人,多年平均降水量 1455mm,年最大降水量 2154mm(1954 年),年最小降水量 856mm(1978 年),年内降水量分配很不均匀,4—7月上旬降水量约占全年降水量的 50% 以上。

由于三江横穿,兰溪市城区被分割为溪东、溪西和马公滩三大片,地势低洼,洪涝灾害频繁。新中国成立以来,兰溪市城区以上已建成湖南镇、铜山源、横锦等 3 座大型水库和 25 座中型水库,总库容 32.9 亿 m³,控制集水面积 5009km²,占兰溪水文站控制面积 18233km² 的 27.5%。城区沿江两岸筑有 13.8km 防洪堤,但堤身质量不高,防洪能力很低。在 1950—1995 年 46 年中,城区超过危急水位(31.0m)的洪水达 32 次,平均每年 0.7 次。其中 1955 年洪水最大,兰溪水文站实测最大流量 19500m³/s,最高洪水位达 35.35m,城区汪洋一片。此外,1989 年、1992 年、1993 年、1994 年都发生过洪水进城。

(2)洪水频率分析。兰溪水文站共有 43 年流量系列,并有 6 次历史大洪水调查资料,通过频率计算,得到兰溪站水文频率计算成果,见表 3.1。

(3)水面比降分析。兰溪市城区分布在沿江两岸,兰溪水文站位于城区下游,相距上游马公滩横山脚 2.7km,在洪水发生时有一定比降。经分析计算,确定上下游水面落差为:5~10 年一遇洪水为 67cm,20~100 年一遇洪水为 85cm。

表 3.1   兰溪站水文频率计算成果表

特征值	统计参数			设计频率/%				
流量 /(m³/s)	均值	C_v	C_s/C_v	1	2	5	10	20
	8320	0.40	3.5	19220	17300	14810	12730	10650
相应水位/m				35.86	34.92	33.75	32.86	31.88

（4）同频率水位的标定。根据兰溪水文站各种频率的水位，结合上述上下游水位落差，即可绘出不同频率河道水位纵剖面线，见图 3.1。然后从图上内插出若干距离处相应于不同频率的水位，并分别沿河道横断面两侧外延，水位以下部分即代表淹没剖面，见图 3.2。最后将沿河若干断面上同频率水位标定在地形图上。

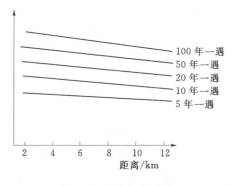

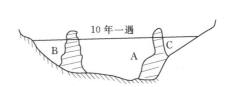

图 3.1　洪水纵剖面图   图 3.2　淹区横断面图

（5）洪水风险图的绘制。对比各横断面上某种频率水位与相应的地面高程，凡低于、等于该水位的部分如 A、B、C，即该水位下的淹没部分。将两断面同频率水位连成的截面与截面投影范围内下垫面上各点高程进行对比，凡低于截面上水位的下垫面部分即两断面间的淹没范围。按此操作，即可绘制出某频率洪水相应的淹没范围。如图 3.2 所示。应当注意的是，在确定同频率水位时，必须考虑现状城市防洪系统的影响，并且要根据实际防洪能力对淹没范围做出调整。

2. 城市堤防溃决的洪水风险图

城市发生超标准洪水时，有可能使堤防溃决，淹没城市。在这种情况下，首先要准确估计城市堤防可能溃决的位置与溃决口门尺寸；或者应根据堤防情况，假定几个可能溃堤的位置及不同溃决口门尺寸。然后采用水文学破堤溢流计算方法估计进入保护区的水量及水深分布；在资料条件及技术力量允许时，可以采用水力学方法绘制破堤淹没洪水风险图。

以上海市浦东地区洪水风险图为例，本例选自中国水利水电科学研究院为美国 FM Globa（保险公司）制作的上海市洪水风险图中的部分内容。

图 3.3 为上海市浦东地区堤防可能溃决的外高桥、金桥与漕河泾位置示意。假设当黄浦江发生 100 年一遇和 500 年一遇潮位时，在外高桥、金桥与曹河泾 3 处溃堤，溃决口门宽分别为 100m、50m 和 20m 时，共制作了 18 张洪水风险图。其中，当上游来水 520m³/s，下游 100 年一遇潮位，金桥溃口 50m 宽时的洪水风险见图 3.4。

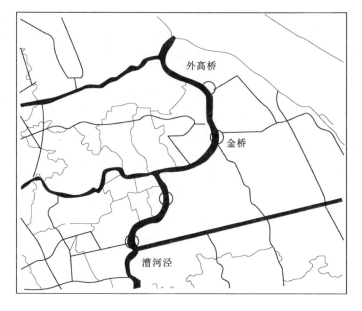

图 3.3　堤防溃决位置图

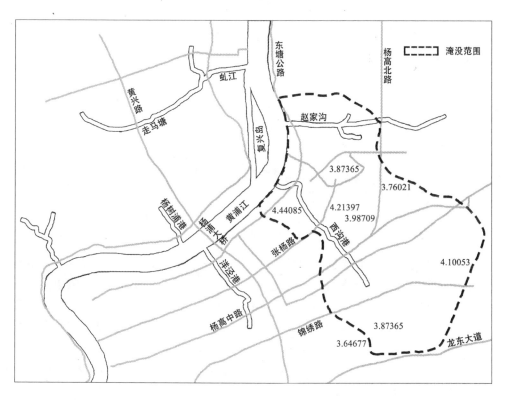

图 3.4　上游来水 520m³/s，下游 100 年一遇潮位，
金桥溃口 50m 宽时的洪水风险图（简略图）

3. 城区暴雨积水风险图

城市除可能发生外河洪水破堤淹没的洪水风险外，更多的是暴雨积涝酿成的城市积水风险，这种风险国内外城市都经常发生。因此，应当通过水文水力学计算，绘制积水风险图。

中国水利水电科学研究院在研制这种积水风险图时，假定上海浦东地区发生 100 年一遇和 500 年一遇降雨时，分别绘制了在外高桥、金桥与漕河泾 3 个排水区域内泵站不能工作时的洪水风险图共 6 张，其中，当上游来水 520m³/s，下游 100 年一遇潮位，500 年一遇降雨时的洪水风险图（简略图）见图 3.5。

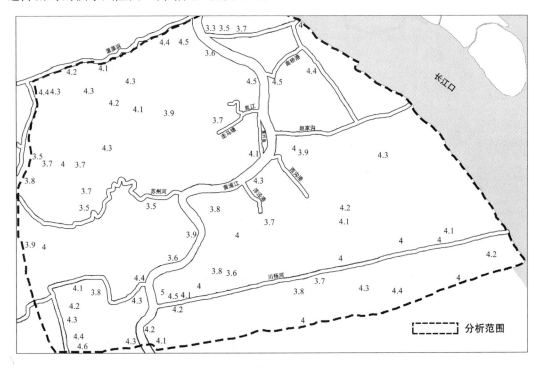

图 3.5　上游来水 520m³/s，下游 100 年一遇潮位，
500 年一遇降雨时的洪水风险图（简略图）

以上实例采用二维非恒定流洪水仿真模型计算各个洪水要素，然后在受淹区域根据各网格的最大淹没水位，生成最高水位等值面，最后在所研究区内，利用区域边界对最高水位等值面分割裁减，得到最终的含有最高水位信息的洪水风险图。

为便于用户查询洪水风险图中的洪水风险信息，中国水利水电科学研究院专门开发了基于 GIS 的信息查询系统。该系统利用 Mapinfo Professional 格式的电子地图，采用 Microsoft Visual Basic6.0 和 MapInfo 公司的控件式 GIS 开发工具 MapX，并利用 Microsoft Accass 作为数据库支持软件进行开发。该系统主要由信息显示、信息添加、信息查询和信息输出等几块组成。例如，查询任何地方的洪水水位信息，可首先选择洪水组合，然后通过选取工具条中的相应按钮，点出图形中的任何地方，就可以查询到该处在所选的洪水情况下的淹没洪水水位。

这种洪水风险图凸显了城区在特大暴雨洪水（包括超标准洪水）袭击内河后破堤、当地暴雨积涝、潮汛影响等洪源综合产生的洪水风险。为洪水保险、城市防洪、城市建设提供了重要依据。

3.2 城市防洪标准

城市防洪标准是城市应对洪水风险的能力表征，是衡量城市防洪安全最根本的尺度，是城市防洪最重要的规划指标。

城市防洪标准包括城市外河防洪标准与城区除涝标准，城市防洪标准指的是主城区的防洪标准，当城市可以分为几部分单独进行防护时，各防护区的防洪标准，应根据其重要性、洪水危害程度和防护区常住人口的数量分别确定。因此，城市防洪标准不是泛指我国城市行政辖区（含县级市、县、建制镇）的标准；而专指主城区外河的防洪标准。防洪标准一般用频率（％）或多少年一遇表示。表示城市防洪标准可以是一个数字，亦可为一个幅度。

随着城市化进程，城市在不断地发展，人口不断增加，财富不断聚集，城市的常住人口与社会经济地位将不断发生变化，从而使城市防洪标准随之发生变动。有的城市，原来用一个防洪标准表示就够了，但随着城市的发展，有的建立了新开发区，有的城市将周边的城镇划归某中心城市管辖，成为其中的区。这时，就可能要用一种变幅才能贴切地表示城市的防洪标准，从而显示出城市防洪标准的动态特征。

3.2.1 制定城市防洪标准的依据

根据《防洪标准》（GB 50201—2014）的规定，城市防洪标准主要是依据城市常住人口数量与城市社会经济地位的重要性，按表3.2确定。

表 3.2　　　　　　　　　　城市的等级和防洪标准

等级	重要性	常住人口/万人	当量经济规模/万人	防洪标准［重现期/年］
Ⅰ	特别重要的城市	＞150	≥300	＞200
Ⅱ	重要的城市	150～50	＜300，≥100	200～100
Ⅲ	中等城市	50～20	＜100，≥40	100～50
Ⅳ	一般城市	＜20	＜40	50～20

注　当量经济规模为城市防护区人均 GDP 指数与人口的乘积，人均 GDP 指数为城市防护区人居 GDP 与同期全国人均 GDP 的比值。

位于山丘区的城市，当城区分布高程相差较大时，应分析不同量级洪水可能淹没的范围，并根据淹没区常住人口和损失的大小，按表3.2的规定确定其防洪标准。

位于平原、湖洼地区的城市，当需要防御持续时间较长的江河洪水或湖泊高水位时，其防洪标准可取上表规定中的较高者。

位于滨海地区中等及以上城市，当按上表的防洪标准确定的设计高潮位低于当地历史最高潮位时，应采用当地历史最高潮位进行校核。

城市排水排涝标准的确定，目前尚无规范可循，而由城市根据自身洪涝风险特点和经济实力，自行确定。一般而言，城市排水规划标准为 1～2 年一遇，除涝规划标准为 10～20 年一遇，也有用 24h 多少毫米雨量 1 日排干作为标准的。城市排水受制于地下管网建设，标准不可能过高，例如，上海市以暴雨强度 36mm/h 作为排水标准，约合 1 年一遇，因此，城区经常积水是不可避免的。

3.2.2　确定城市防洪标准的方法

我国地域辽阔，城市的自然、社会、经济等的差异很大，在确定城市防洪标准时，除了依据《防洪标准》（GB 50201—2014）的规定外，还应根据城市具体的防洪要求，并考虑经济、政治、社会、环境等综合因素论证确定的原则，以使选定的标准更符合城市防洪的实际需求。

3.2.2.1　城市防洪标准的定位

城市在过去只是流域系统中的若干个点。随着城市化的发展，城市数量增多，城市在流域中已逐渐具有线和面的属性。城市的防洪设施已成为区域乃至流域防洪体系的组成部分。因此，编制城市防洪规划必须以区域与流域防洪规划为基础，以城市防洪为屏障，从流域、区域与城市三个层次空间定位各自的防洪规划与防洪标准，同时明确各层次防洪标准间不可分割的相互关系，而不应孤立地确定城市的防洪标准。

1. 流域防洪标准

流域防洪标准是防御流域性洪水的标准。例如，太湖流域，以太湖洪水的安全蓄泄为重点，安排若干重大治太骨干工程。2010 年前流域防洪标准定为 50 年一遇，并逐步向100 年一遇标准过渡。

2. 区域防洪标准

区域防洪标准是由于有些地区除受流域性洪水影响外，还兼受地区性局部暴雨或沿海风暴潮的威胁，因此，需要在流域性骨干工程的基础上补充必要的地区性防洪工程措施，并确定相应的防洪标准。

3. 城市防洪标准

城市防洪标准必须以流域或区域防洪系统的防洪能力为依托，并采取自保措施。例如，广州市外受北江、西江洪水威胁，内受区间洪水及风暴潮影响。北江大堤是防御北、西两江洪水，确保广州防洪安全的屏障，规划北江大堤按 100 年一遇标准加高加固，与飞来峡枢纽及滞洪区、分洪道的联合运用，可使广州市免受北江 300 年一遇洪水的侵击。西江龙滩、大藤峡枢纽建成后，联合飞来峡运用可基本解除西、北江 1915 年型洪水对广州市的威胁。广州城市防洪（潮）堤则按 50～100 年一遇标准建设。这样，在流域（区域）防洪系统的保障下，并依靠城市自保措施，可使广州市防洪、防潮标准达到 200 年一遇。

3.2.2.2　确定城市防洪标准的原则

1. 根据城市主要洪水威胁源确定防洪标准

城市防洪标准是指防护对象防御外河洪水能力相应的洪水标准。滨海地区城市除受外河洪水威胁外，还有风暴潮灾害，防洪防潮关系十分密切，因此，这类城市不仅要求有防洪标准，还要有防潮标准。有些城市贯穿一些小河，也有一定的洪水问题及相应的防洪标准，但不表达为城市防洪标准。

2. 按照主城区确定防洪标准

随着城市的发展，城市保护区范围不断扩大，新开发区、城乡结合部逐渐划入城市辖区，城市各部位的防洪标准可能不尽相同。城市防洪标准应代表主城区防洪标准，或建成区防洪标准。

3. 按照城市主要保护区分别确定防洪标准

有的城市因河流分隔、地形起伏或其他原因，分成了几个单独防护的部分。例如，哈尔滨市位于松花江沿岸，主要市区和财产均在南岸，对于这类城市，可把南、北岸作为两个单独的防护区，再根据其常住人口的数量与政治、经济的重要性，分别确定其标准。

4. 按照城市洪水风险分布确定防洪标准

有些位于山丘区的城市，如重庆、万县等，城区高程相差悬殊，遭遇大洪水，洪水位高，淹没范围就大；相反，洪水小，洪水位低，淹没范围也小，若仍按整个城区常住人口的数量确定这类城市的防洪标准，就不一定合适了。而应参照洪水可能淹没范围内的常住人口数量，酌情调整防洪标准。

5. 根据对城市发展的预测确定未来城市防洪标准

在确定城市规划防洪标准时，还必须对城市人口及经济发展状况进行预测，并按预测的城市常住人口数量与城市主城区发展的规模及经济发展格局选定防洪标准。不过由于城市发展预测的不确定因素太多，要预测出确切的结果难度很大，因此，应对预测结果留有余地，供据此造成防洪标准时参考。

3.3 我国城市现状防洪标准分析

评估实际城市防洪标准困难很多，不可能很准确地给予量度，而且防洪标准具有动态性，随着时间的推移，城市的实际防洪标准也是变化的。有鉴于此，本书第3.5节专门就影响确定城市防洪标准的若干不确定性因素评估分析。因此，本节对城市防洪标准的分析只能是相对的，分析比较的结论不宜作为确定性的认定。

3.3.1 城市防洪标准整体偏低

我国城市现状防洪标准与国家规定的防洪标准对比，整体偏低。至2002年年底，在我国660座设市城市中，有617座城市有防洪任务，占93.5%。对照国家规定的城市防洪标准，在617座城市中，达到规定防洪标准的城市有204座，占33%。在617座城市有防洪任务的设市城市中，城市人口在150万人以上的特大型城市为24座，其中达到防洪标准只有北京、天津、佛山、昆明4座城市。

到2002年为止，我国有279座地级及以上城市，除了其中39座城市的防洪标准尚不明确外，其余240座有防洪标准的地级及以上城市中，达到现状防洪标准的城市只有37座，占15%。以上数字表明，在全国有防洪任务的城市中，有2/3以上的城市尚未达到规定的防洪标准，而且，城市越大不达标的城市比重越高。此外，全国85座重点防洪城市中，达到防洪标准的只有7座，仅占8%。

全国617座有防洪任务的城市中，有72座城市位于七大江河干流沿岸，其余545座城市皆位于七大江河支流或其他重要中小河流沿岸以及沿海地区。一般而言，大江大河沿岸城市，因其城市防洪主要依靠大江大河防洪体系保护，防洪能力相对较高，而大量位于中小河流沿岸城市的防洪能力相对较低。

特别是位于我国暴雨洪水频发区的 10 省（自治区、直辖市）（即河北、上海、江苏、浙江、安徽、山东、湖北、湖南、广东、广西）中有 315 座具有防洪任务的设市城市，其防洪标准相对更低。在 315 座城市中，防洪标准小于等于 10 年一遇的城市有 132 座，占 42%；防洪标准为 10~20 年一遇的城市 133 座，占 42%。也就是说，有 84% 城市的防洪标准在 20 年一遇以下。这表明我国东部的城市之所以经常遭遇洪涝灾害，除了气候和自然地理方面成因之外，大部分城市防洪标准偏低幅度大，是非常重要的原因。10 省（自治区、直辖市）设市城市防洪标准情况见表 3.3。

表 3.3　　　　　　　　10 省（自治区、直辖市）设市城市防洪标准统计表

序号	省（自治区、直辖市）	防洪标准 ≤10 年一遇 /座	10 年一遇 <防洪标准 ≤20 年一遇 /座	20 年一遇 <防洪标准 ≤50 年一遇 /座	50 年一遇 <防洪标准 ≤100 年一遇 /座	防洪标准 >100 年一遇 /座	合计 /座
1	河北	12	10	12	0	0	34
2	上海	0	0	0	0	1	1
3	江苏	13	17	13	1	0	44
4	浙江	8	25	2	0	0	35
5	安徽	8	13	1	0	0	22
6	山东	18	30	0	0	0	48
7	湖北	25	5	3	1	0	34
8	湖南	22	5	1	0	0	28
9	广东	14	25	13	0	0	52
10	广西	12	3	2	0	0	17
合计		132	133	47	2	1	315
百分比/%		41.9	42.2	14.9	0.7	0.3	100

上述 10 省（自治区、直辖市）315 座设市城市中仅有 98 个城市达到国家防洪标准，占 31%，也就是有 2/3 以上的设市城市防洪标准不达标；其中城市常住人口在 150 万人以上的 11 座特别重要的城市只有 1 座达标；常住人口在 50 万~150 万人的重要城市有 45 座，也只有 2 座达标；20 万~50 万人的中等城市有 79 座，其中有 17 座达标。在 121 座地级及以上城市中，50 万人以上人口的 56 座城市仅有 3 座达到国家规定的防洪标准。位于 10 省（自治区、直辖市）的 45 座重点防洪城市，更是无一座达到防洪标准。

城市现状防洪标准偏低还可以通过以下数据说明，在 10 省（自治区、直辖市）121 座地级及以上城市中，只有 3 座城市的防洪标准达到 100 年一遇标准（上海、杭州、荆门），10 座城市达到 50 年一遇标准，5 座城市部分达到 50 年一遇标准，55 座城市达到 20 年一遇标准，其余 49 座城市防洪标准均低于 20 年一遇，占 121 座城市的 40%；且在 49 座城市中，有 28 座城市防洪标准在 10 年一遇以下，占 121 座城市的 23%。这些数据表

明，在我国中东部地区，城市化发展很快，但城市防洪标准却与国家规定的标准有相当大的差距。

3.3.2 大城市的现状防洪标准达标率低于中小城市

按大、中、小不同级别的城市来分析城市防洪标准，可以看出随着城市规模扩大和人口的增加，防洪标准的达标率越来越低，总体上反映出大城市的防洪标准达标率低于中小城市的防洪标准达标率的现状。在全国 45 座常住人口 100 万人以上的地级及以上城市中，现状防洪标准达标的只有 4 座城市，占 9%。在常住人口 50 万～100 万人的 62 座地级及以上城市中，现状防洪标准达标的有 9 座，占 15%。在常住人口 50 万人以下的 134 座地级及以上城市中，现状防洪标准达标的有 25 座，占 19%。这种情况从表 3.4 所列数据不难看出，在 10 省（自治区、直辖市）315 座设市城市中，达标的城市有 98 座，全部为常住人口小于 50 万人以下的中小城市。其中有 78 座是城市常住人口小于 20 万人的小城市，占达标总数的 80%；20 万～50 万常住人口的中等城市有 20 座，占达标总数的 20%。城市常住人口为 50 万以上的 56 座城市只有 3 座达到规定防洪标准。10 省（自治区、直辖市）121 座地级及以上城市的分级达标情况也与此类似，在常住人口 50 万人以上的 53 座大城市中只有 3 座达到国家规定的防洪标准，占 5%；常住人口为 20 万～50 万人的 58 座中等城市中也只有 7 座达标，占 10%；常住人口在 20 万人以下的 7 座城市达标比例稍高，有 1 座城市达标，占 14%。由此可见，在 10 省（自治区、直辖市）地级及以上城市中，现状防洪标准达标城市约有 70% 集中于城市常住人口小于 50 万人的中小城镇。城市越大，防洪标准不达标率越高，呈现出明显的趋势。

表 3.4　　　　　　10 省（自治区、直辖市）设市城市防洪标准达标情况统计表

城市常住人口 /万人	国家防洪标准 （N 年一遇）	有防洪任务城市数 /个	达标城市数 /个	未达标城市数 /个	达标城市比重 /%
150 以上	N＞200	11	1	10	9
50～150	100＜N≤200	45	2	43	4
50～150	50＜N≤100	79	17	62	22
20 以下	20＜N≤50	180	78	102	43
合计		315	98	217	31

3.3.3 山丘城市现状防洪标准达标率相对较高

按城市分类方法，城市分为平原城市、山丘城市和滨海城市三类。在全国范围内，对 279 座地级及以上城市进行了城市分类，平原、山丘和滨海城市分别为 132 座、107 座、40 座。在 240 座有防洪标准的地级及以上城市中，平原、山丘和沿海城市分别为 115 座、86 座、39 座，其中达到国家规定防洪标准的城市数依次为 13 座、17 座、6 座，达标率为 11%、20% 和 15%。各类城市现状防洪标准及达标情况见表 3.5。在我国中东部地区 10 省（自治区、直辖市）范围内 121 座地级及以上城市中，现状达到国家防洪标准的城市只有 10 座，上述三类城市的达标城市数分别为 6 座、2 座、2 座，达标率 9%、8%、7%，见表 3.6。由此可见，就全国情况而言，山丘城市防洪标准达标率高于其他两类城市，达

到了 20％，其他三类城市达标率均在 15％ 以下。我国中东部地区 10 省（自治区、直辖市）范围内，各类城市的防洪标准达标率则相差不大，均在 10％ 以下。

表 3.5　全国各类地级城市现状防洪标准达标情况

城市类别	城市总数/座	达标城市数/座	达标率/％
平原城市	115	13	11
山丘城市	86	17	20
滨海城市	39	6	15

表 3.6　我国中东部地区 10 省（自治区、直辖市）各类地级城市现状防洪标准达标情况

城市类别	城市总数/座	达标城市数/座	达标率/％
平原城市	68	6	9
山丘城市	26	2	8
滨海城市	27	2	7

3.3.4　城市内部采用不同的防洪标准

我国发布的城市《防洪标准》（GB 50201—2014）指出，城市可以分为几部分单独进行防护，各防护区的防护标准，应根据其重要性、洪水危害程度和防护区常住人口数量，分别确定。据此，我国许多城市的防洪标准不是采用一个数值，而是定为某种变幅。例如，在 10 省（自治区、直辖市）121 座地级及以上城市中，以变幅形式给出现状防洪标准的有 28 座城市，又如，上海市为 50～1000 年，嘉兴市为 10～50 年，保定市为 20～50 年等。规划防洪标准也如此，121 座地级及以上城市中有 24 座城市以某种变幅给出防洪标准，例如，南京、长沙等 6 座城市规划防洪标准为 100～200 年，邢台、徐州等 10 座城市规划防洪标准为 50～100 年。在同一座城市中采用不同的防洪标准是比较普遍的，原因除了是国家规范所允许的以外，更主要的是因为需要从城市实际情况出发。尤其在城市化发展的今天，城市范围大大扩展，人口增加，城市往往形成多个中心及分区，各个中心及分区需要相应的防洪保护工程来保护，所以城市防洪工程不可能是单一的。此外，同一城市内根据各分区的重要性、经济实力和防洪条件的可能性，分别确定各自相应的防洪标准，还具有防洪减灾方面的意义。就是使城市不同地区的防洪具有主次层次，当大洪水、尤其超标准洪水来临时，通过不同防洪标准体现有舍有保、给洪水以出路的策略。例如，杭州市规划防洪标准采用 50～500 年，其中最重点保护区为钱塘江北岸主城区，防洪（潮）水标准为 500 年一遇；钱塘江南岸滨江区退其次采用 100 年一遇标准，其他地区采用 50～100 年标准。一旦超标准洪水发生，必要时牺牲标准低的地区以保住主城区安全。因此同一座城市内、尤其对于较大城市内采用不同的防洪标准，应该是很自然和合理的。

3.4　国内外城市防洪标准比较

目前，我国和世界许多国家，一般都是根据防护对象的重要程度和洪灾损失情况，确定适当的防洪标准，以该标准相应的洪水作为防洪规划、设计、施工和管理的依据，城市

防洪标准亦然。一般根据所能得到的水文、气象资料、工程类型和规模，当地现有的和潜在的经济条件，进行水文学和经济学两方面的合理论证而确定。但具体确定防洪标准的方法，各国存在一定差别。本书根据并不全面的资料，对国内外在确定城市防洪标准方面的异同进行简要的综述。

3.4.1　国外确定防洪标准的主要方法

3.4.1.1　频率法

以历史上已发生过的大洪水的出现概率或重现期作为设计标准。这种方法应用比较普遍，如苏联、罗马尼亚、捷克斯洛伐克、土耳其、瑞士、日本、菲律宾和哥伦比亚等。

3.4.1.2　水文气象法

由可能最大降雨推求可能最大洪水作为设计标准。这种方法主要在美国、加拿大、印度等国使用。

3.4.1.3　实测最大洪水加成法

由实测最大洪水加成某一百分数作为设计标准，加成百分数一般取 10%～20%，瑞典等国采用此法。

3.4.2　部分国家的城市防洪标准

国外城市防洪标准没有统一规定，确定标准的依据也不相同，见表 3.7。

表 3.7　　　　　　　　　　　　　部分国外城市防洪标准

国名	防洪标准（重现期）	城市规模	常住人口/万人
美国	不超过 100 年	—	＞150
澳大利亚	100 年	—	150～50
保加利亚	200～100 年一遇		
哥伦比亚	30 年一遇		
捷克	100～50 年一遇		
荷兰	1250 年一遇		
德国	70～100 年一遇		
瑞士	100 年一遇		
土耳其	100～500 年一遇		
越南	100 年一遇		
缅甸	200 年一遇		≥100
波兰	100 年一遇	大城市	50～20
	50 年一遇	大工厂区人口不密集	—
	20 年一遇	非工业小城镇	—
印尼	20～25 年一遇	—	≤20
	50 年一遇	—	≥100
	100 年一遇	非常重要	—

续表

国名	防洪标准（重现期）	城市规模	常住人口/万人
印度	25～50 年一遇		≤20
	100 年一遇		≥100
日本	50 年一遇		≤20
	200 年一遇		≥100
菲律宾	100 年一遇	高度发达的城市和乡村	
	50～70 年一遇	一般性地区	
泰国	25 年一遇		≤20
	100 年一遇		≥100

3.4.3 国内外防洪标准确定原则的比较

3.4.3.1 国内外防洪标准确定原则的共同点

（1）考虑防护对象的重要性。防护对象的重要性主要包括人口、耕地、经济发展水平和政治经济地位等因素。具体如对城市、乡村、工矿企业采用不同的防洪标准，另如对重要性不同的河段采用不同的防洪标准。

（2）考虑防护对象受灾损失的严重性。

（3）考虑防洪工程经济效益。

（4）考虑防洪工程的环境效应。

（5）规定防潮标准一般高于江河防洪标准。

（6）规定水库标准远高于江河堤防标准；城市标准也高于江河堤防标准。

（7）规定防洪标准一般高于除涝标准。

少数外国城市防潮标准很高，如荷兰等欧洲国家防潮标准多在 1000 年一遇至 1 万年一遇。我国个别特大城市如上海市的防潮标准也达 1000 年一遇，拟提高到 3000 年一遇。原因是潮水量大，灾害后果严重；另外海堤标准由 100 年一遇提高到 1000 年一遇实际潮位相差不大，对投资影响不大。

3.4.3.2 国内外防洪标准确定原则的差别

国内外在考虑防洪标准方面的差异主要如下：

（1）国外发达国家一般采用较高的防洪标准，水库与堤防的标准都较高，其关键在于这些国家经济实力强，以及对防洪的特殊要求。

例如，日本利根川、淀川等关系到东京、大阪等重要城市安全的河流堤防均按照 200 年一遇的洪水标准修筑了堤防，建设处所辖的其他河流堤防基本上按照 150 年一遇的洪水标准修筑了堤防。河道堤防衬砌比例很高，在城市堤段多用混凝土进行砌筑。对农田的防洪标准则比较低，一般为 10～20 年一遇。美国密西西比河在 1993 年大洪水后，有关部门建议堤防标准提高到可以防御标准设计洪水的水平（约相当于 100～500 年一遇）。荷兰的海堤标准在 1000 年一遇以上，同时采用以疏导为主的多种组合形式。

国外水库设计标准较高，往往采用可能最大洪水作为设计标准；我国除少数大型土坝、堆石坝外，一般不要求用可能最大洪水作为设计标准。

（2）多数发达国家在确定防洪标准时注意投资与损失的协调，并注重保护生态环境。防洪标准低，是造成大水灾的原因之一。但并非防洪标准越高越好，无论防洪标准定得多高，仍有出现超标准洪水的可能性，洪水灾害是不可能完全避免的。因此要从投资效益和可能发生的灾害损失两方面综合考虑，使其达到经济与安全的相对适度。

大多数经济发达国家，也并不把防洪标准定得非常高。例如，日本农业地区堤防一般为 50 年一遇，城市堤防 100 年一遇，少数经济发达地区堤防 200 年一遇。美国则把 100 年一遇洪水作为标准洪水。可以认为，这样的标准基本上是合理的。国外发达国家逐渐注重防洪工程对环境的影响，在权衡投资与损失时，还增加考虑生态环境因素。

国外发达国家非常注重保护生态环境。如荷兰将防洪工程与环境美化相结合，对水土保持和绿化工作十分重视，全国几乎寸土不露，绿草成茵。同时注意保护湿地、湖泊等自然环境。日本为保护水质，除严格控制污水排放外，建设省还在河滩开挖集污渠，建污水处理场。新建护岸工程提倡使用块石护坡和其他形式的护坡，并培植芦草，以恢复河流生态。改建拦河建筑物，增加过鱼设备。法国、荷兰在一些河流上舍直取弯，铲除堤防，恢复泛区自然蓄水状态，保持水生动植物适宜的生存条件。

（3）国内的防洪标准远高于排涝标准，国外发达国家比较重视系统治理洪涝。我国江河堤防防洪标准一般都高于除涝标准，除涝标准一般在 5 年以下。城市防洪标准则远高于城市排涝标准，城市排水标准一般 2～3 年。国外发达国家如日本、荷兰等比较重视系统治理洪涝。例如，荷兰拥有系统而完善的排水网络，境内水网密布。利用这些纵横交错的天然河流和运河，通过众多的抽水站逐级将多余的水排进大河，流入大海，将水位控制在安全标准内，极大地提高了荷兰防御超标准洪水的能力，大幅度降低了洪涝灾害的危害程度。

3.5 城市防洪标准的不确定性分析

城市防洪标准的不确定性，是指某座城市的防洪标准在时间、空间上具有可变的特性。防洪标准在空间上的不确定性主要由于城市发展所引起，包括城市行政区划的变动，城乡结合部、新开发区、卫星城镇的产生，主城区与非主城区的变化，城市洪水风险分布的不同、城镇人口及资产洪水风险分布的不同等。防洪标准在时间上的不确定性，主要指城市在发展过程中，随着城市本身人口、资产的增加，城市保护范围内重要性逐步提高，因而城市防洪保护的标准需要提高，使城市防洪标准处在动态变化中。

与此同时，由于地下水大量超采，造成城市地面下沉，以及全球变暖导致海平面上升，都会对城市防洪标准产生一定的影响。

客观地认识城市防洪标准的不确定性及其对城市洪水风险的影响，将有助于深入了解我国城市的防洪形势及城市防洪减灾对策的科学性。

3.5.1 城市洪水风险的不同分布给城市防洪标准带来不确定性

在确定城市防洪标准及防洪减灾对策时，必须对城市洪水风险的空间分布，亦即对洪水风险源进行科学分析，这是因为城市防洪标准不是孤立的，而是以江河水系防洪系统为依托的，或者说是要针对城市的洪水风险源确定具体的防御标准。以珠江三角洲上的广州市为例，广州市位于珠江三大水系东、北、西江的尾闾，上有洪水入侵，下有海潮顶托，还有当地暴雨的侵袭。目前，由于东江上已建成新丰江、枫树坝、白盆珠三座大型水库的库堤结合防洪体系，基本上已免除了东江洪水对广州等城市的威胁；北江因飞来峡枢纽的建成，而使北江大堤具备了防御 300 年一遇洪水的能力。因此，广州市的主要洪水威胁来自西江。因为，西江上的控制性工程百色、龙滩水库虽已建成，大藤峡水库尚在建设中。目前，广州市尚未形成完整而闭合的防洪堤防。根据影响广州市洪水风险源的分析，要准确地给定广州市的防洪标准是有困难的，这是城市洪水风险分布给城市防洪标准带来的不确定性，类似广州市的情况是比较普遍的。

3.5.2　城市发展给城市防洪标准带来不确定性

在城市化进程中，城市面积迅速扩大，使城市范围处在不断的动态发展之中。据 1990—2010 年统计，我国城市建成区面积从 12865km² 增加到 40058km²，增加 2.1 倍；城市建设用地面积从 11608km² 增加到 39758km²，增加 2.4 倍。

城市扩大后的保护范围增加了，相应的防洪标准随之出现不确定性，主要表现在以下方面：

3.5.2.1　城市发展用地减少洪水调蓄能力，降低防洪标准

城市发展用地，首先选用城市水面、洼地、河滩、空地等原本可以用来作为当地消化洪水的场所，侵占这些场所的结果导致洪水调蓄场所的减少，因而增加城市防洪的压力，降低城市原有的防洪标准。例如，湖北省鄂州市素称"百湖之市"，境内地势低洼，湖泊众多，20 世纪 70 年代后大规模围湖造田，使湖泊面积不断减少，1993 年正常水位的湖容仅为 1953 年湖容一半，许多围垸不留一点调蓄区。浙江省嘉兴市地处水网之乡，过去市区内小河纵横，号称有 72 条半小桥，现在由于填河用地，原来的小桥已全部不复存在。

有些城市在制定防洪规划时已注意到上述情况，因此尽量使城市保留一定的水面率，尽量保留市区河道，建造绿地，保留低地等。尽可能采取措施增强城市本身调蓄洪水的能力，缓解因城市用地增加而带来的影响，同时兼顾美化市容，创造休闲环境以造福人民。这样的例子有很多，尽管具体做法及程度有所不同，但效果是类似的。如浙江省东阳市在河堤临水一侧修建高于水面 50～80cm 的"亲水"平台，在平台外再修建缓坡，平台和缓坡既能容蓄洪水，又可以供市民休闲。这样做法，花钱不多，但各方面达到很好的效果，很受群众欢迎。

3.5.2.2　城市辖区扩大出现城市防洪标准薄弱环节

城市向外围发展，城市面积大幅度增加，对于大城市而言，除了城市本身范围扩大以外，还逐渐形成以大城市为中心的城市连绵带，新开发区层出不穷，大中小城镇紧密相连。这种格局使城市防洪标准产生新的不确定性，即以往以市区为核心的城市防洪对策要拓展到扩大后的城市空间，城市防洪战线加长，保护对象增多，原有的防洪堤、防洪墙、排洪道等城市防洪工程措施已远不能满足需要。特别是城市的新开发区集中了大量的工业企业及先进科技设施，而相应的防洪设施非常薄弱，甚至没有防洪措施，一旦发生洪涝灾害，后果特别严重。对扩展后的城市需要进行分区保护，并采用相应的防洪标准；对城市

连绵带中大大小小的城镇,应该采取与之相应的防洪标准进行保护,这些问题不仅增加了城市防洪的压力,而且存在许多防洪标准上的不确定性。

例如上海市防洪标准为50～1000年一遇,其中1000年一遇仅指黄浦江防汛墙标准,其他地区的防洪标准为50～100年一遇。对于新建的工业及高科技开发区,有的城市在防洪规划中考虑了相应的防洪对策并且已付之实施。例如,苏州工业园区的防洪已纳入苏州市城市防洪规划之中,目前占地面积为$8km^2$的苏州工业园区,经大包围方案与垫高地面方案比较,现已采用垫高地面的方案,并且已经实施完成,使工业园区防洪标准达到100年一遇。在城镇化加速发展的形势下,关键是如何做出城市防洪的整体布局,增加城市防洪标准的确定性,从而避免造成防洪被动局面以及不可挽回的损失。

3.5.3 城市人口与资产统计范围的不确定性给城市防洪标准带来不确定性

《防洪标准》(GB 50201—2014)确定城市防洪标准的原则主要是城市常住人口总量以及社会经济的重要性。城市常住人口总量与城市资产都是可量化指标,但是由于没有指明什么地区范围内的常住人口与资产,因此常住人口与资产统计域的不确定性给城市防洪标准带来不确定性。例如,城市防洪标准应当特指城市中心区的标准,城市常住人口与资产就应当相应于城市中心区的常住人口与资产;但不少城市在统计城市常住人口时,却用城市大辖区内的常住人口与资产为依据,这样,常住人口与资产显然偏多了,据以确定的城市防洪标准,自然也就可能会偏高。

例如,无锡市50年一遇标准应该代表市中心区范围的防洪标准;苏州市标准20～100年一遇,则泛指整个苏州市辖区范围的不同的标准。在目前的市辖区的非中心区内有些地方既不是城区,又不是农村,然而这里却居住有大量常住人口,聚集了大批工业企业和第三产业。这种被称之为城乡结合部的防洪标准该如何规定?如果仍按常住总人口数量(并非单位面积人口)规定防洪标准,那么该标准内的保护范围就相当大了,这样长的防洪战线,该采取什么样的防洪对策呢?目前在确定城市防洪标准时,往往依据全城市(包括市中心区、市郊及周边城镇)的常住人口,这样定出的防洪标准应该是相应于防洪战线长、保护范围很大的城市防洪标准。但实际上防洪工程设施一般只限于市区小范围,大多数市郊及周边城镇并不设防。所以城市防洪标准与保护范围是不相适应的。

3.5.4 城市重要基础设施安全保障不力带来城市防洪标准不确定性

城市重要基础设施包括供水、供电、供气、重要交通干线等生命线工程。这些工程是城市正常运行至关重要的部分,它们一旦遭受洪水破坏,城市将发生断水、断电、断气,中断对外联系,使城市不能正常运转,甚至瘫痪。因此保障重要基础设施的安全相应的防洪保护设施已成为城市防洪的重要环节。然而,许多城市的重要基础设施却缺乏应有的防洪能力,以致成为城市安全保障的软肋。例如,北京市防洪标准较高,但在1996年海河发生较大洪水时洪水淹没了向北京市供气的远在河北省文安洼的供气站,造成北京市30万人用气困难。随着城市化的进展,市镇人口不断增长,城市水、电、气、交通运输等需求量也随之增加。例如,1990—2010年城市全年供水总量从1990年的382.3亿 m^3 增加到2010年的507.9亿 m^3,自来水用水普及率从48%增加到96.7%;人工煤气供气量由174.7亿 m^3 增加到279.9亿 m^3;天然气供气量由64.2亿 m^3 增加到487.6亿 m^3;液化石油气供气量由 219 万 t 增加到 1268 万 t；燃气普及率由 19.1％增加到 92％。1990 年来，实有道路长度由 9.5 万 km 增加到 29.4 万 km；公共交通车辆运营数由 6.2 万辆增加到 38.3 万辆。在未来城市化发展过程中，城市重要基础设施肯定还要增加，以与城市发展的水平相适应。因此，应当严格按照国家规定防洪标准的要求，考虑重要基础设施相应的防洪标准，以满足城市防洪的要求。

3.5.5　地下水超采造成地面下沉带来城市防洪标准不确定性

伴随城市化发展而来的是对水资源需求的急剧增加，地下水大量超采，在城市及附近地区形成大面积的地下水漏斗，许多城市出现地面下沉现象。地面沉降，也是引起当地防洪工程标准下降的原因之一。根据中科院地理湖泊研究所的调查显示，长江三角洲以苏、锡、常为中心，沿沪宁铁路线向外扩展，已形成 5500km² 范围、40～50m 埋深的大漏斗形无水区，并引起地面沉降。常州市累计地面沉降 1000mm，苏州市为 1200mm，无锡市 1100mm。上海市年平均沉降 3.2mm，据专家测算，上海市地面每沉降 1mm，其直接经济损失即达 1000 万元。另据报道，西安市由于地下水严重超采，市区出现了 13 条东西向的地裂缝，裂缝区内的道路、建筑物、供排水管道出现断裂。像这样地面沉降的实例国外也有很多，如泰国曼谷 1978—1981 年因超采地下水造成地面下沉，曼谷东部郊区每年下沉 10cm，曼谷中心区每年下沉 5cm，对防洪造成了明显的影响。所以，城市防洪治涝应该重视地面沉降对城市防洪除涝标准可能造成的累计的负面影响。但目前在确定城市防洪标准时，一些城市却很少顾及这种影响，使防洪标准又增加了不确定性。在经济快速发展的形势下，采取有效措施，控制或减缓地面沉降速度，已成为关系到国民经济可持续发展的重要问题之一。为此，有的城市目前已经采取措施，例如，苏、锡、常超采区，已在 2005 年左右达到全部深井封闭。

3.5.6　海平面上升带来滨海城市防洪标准不确定性

由于人类社会发展产生地球温室效应等原因，全球气候变暖，导致海平面上升。海平面升高，又导致极值高潮位的重现期明显缩短，从而使海堤防洪标准降低。例如，在长江三角洲，目前绝大部分海堤均能抗御历史特大风暴潮位，是全国海堤标准相对较高的地区。但在未来海平面上升 50cm 后，若再遇到历史最高潮位，受潮水漫溢的海堤长度将占总堤长的 32％，黄浦江 100～1000 年一遇的高潮位将变成 10～100 年一遇高潮位，相应的城市防洪能力将由现状的 50～1000 年降为 10～100 年一遇。又据分析当海平面上升 50cm 时，天津市附近海岸现状重现期为 100 年一遇的高潮位将变为 10 年一遇；广州市附近现状重现期为 100 年一遇的高潮位将降为 20 年一遇。相应的城市防洪能力，广州市 10～20 年一遇的防洪标准降为 10 年一遇。对于位于渤海西岸平原的天津市、位于长江三角洲的上海市，以及位于珠江三角洲的广州、佛山、珠海等城市，地面高程大多在 3m 以下，有的地方仅为 0～1.5m，这些城市目前的地面相当部分已处于当地平均高潮位以下，完全依赖城市的防洪设施保护。当海平面上升后，可以想象，这些城市原已十分严峻的防洪问题必将更加突出。因此，在确定滨海地区城市的防洪标准时，应该考虑由于海平面上升所带来的影响。

第 4 章　城镇化对城镇防洪形势的影响

形势指事物的发展状况，防洪形势指应对江河洪涝灾害能力的发展状况，城市防洪形势指特定城市应对与防御城市洪涝灾害能力的发展状况。所谓能力即胜任某项任务的主要条件，应对与防御江河洪涝灾害的能力就是防洪减灾的主要条件，如工程措施与非工程措施及其可以防御洪涝的标准。

城市乃流域水系上的一个局部，流域水系是城市内外河的水环境。由于洪涝往往交织难分，因此防洪实质上包括防洪与除涝，城市防洪实质上是防御城市内外河洪水以及排除城区暴雨积水的总称。鉴于城区暴雨排水有其特殊性，不同于农村除涝，故将城市积涝排水问题专列入第 9 章论述，本章仅探讨城市内外河、特别是外河洪水的防御形势问题。因为探讨城市防洪形势离不开江河水系防洪形势。

本章定义防洪形势为构建防洪工程措施与防洪非工程措施在内的防洪减灾体系的发展状况，定义城市防洪形势为构建以流域水系防洪体系为依托的城市防洪减灾体系的发展状况及城市相应的防御洪涝的标准。本章在前三章的基础上，首先宏观地论述影响我国城镇防洪建设的洪水类型、我国主要江河防洪体系及其防洪能力，继而从城市承载体脆弱性出发，探讨了城镇化与城市防洪的内在联系，剖析了城市防洪的薄弱环节，为第 5 章论述防洪对策提供防洪形势依据。

4.1　影响我国城镇防洪建设的洪涝类型及防治经验

由本书前三章关于城市与洪水的关系可知，一个城市可能有几种洪水来源，洪水类型不同，城市所采取的防御对策不同，防洪能力不尽相同，从而影响城市防洪体系的格局。城市乃流域的组成部分，城市的水文条件与洪涝灾害都和流域息息相关。城市外洪与流域水系洪水密不可分，即便是当地暴雨造成的城市内涝，其严重程度也与流域洪水有很大的关系。例如，在当地相同暴雨条件下，城市外洪水位高，城市内涝水外排就比较困难，反之亦然。

据 2006 年年底统计分析，我国共有 656 座设市城市，其中地级及以上城市 287 座、县级市 369 座。有防洪任务的城市共 642 座。位于长江、黄河、淮河、珠江、松花江、辽河干流及其主要支流沿岸城市，以及太湖流域水网地区城市，都必须依靠流域水系防洪系统的支撑，解决城市自身的防洪问题；不过，从治理江河的科学性着眼，大幅度提高流域水系防洪系统的防洪标准既不现实，也不合理。另有一些城市，如海河流域山前地区城市，由于其傍依的山前洪水难以得到控制，城市防洪问题的解决更需另觅他途。

本节选择若干城市，说明不同类别洪水特征及其具体防治经验，论述城镇防洪形势，同时也为第 5 章阐述城市防洪减灾对策提供实践的依据。

4.1.1　较大干支流洪水

较大干支流洪水一般具有峰高量大的特点，位于干支流沿岸的城市，一般都要依托流域防洪体系与城市自保防洪设施协同防御江河洪水。例如，长江中下游防洪体系的现状目标是防御长江 1954 年洪水（约 40～50 年一遇），而沿江干流的城市（如武汉、鄂州、九江、南昌、南京等）除防御长江洪水外，还要防御地区暴雨引起的局部洪水。

以武汉为例，武汉市位于长江、汉水交汇处，市区内于长江左岸入汇的支流有东荆河、汉水、府澴河和倒水，于长江右岸入汇的支流有金水和巡司河。市区及周围湖泊众多，如后官湖、东西湖、东湖等 7 座湖泊。武汉市的洪水主要来自长江和汉水流域的暴雨。长江武汉段的洪水，来源于宜昌以上长江干流洪水及洞庭湖水系洪水。汉水武汉河段的洪水，来源于丹江口上游与唐白河水系。府澴河武汉河段洪水，来源于府河及澴河。

蚌埠市位于江淮丘陵与淮北平原交界处，淮河干流自西向东横贯蚌埠市，市区内有淮河支流北淝河、天河、八里沟、席家沟、龙子河等内河。由于市区地势低洼，淮河干流蚌埠段洪水持续时间一般约一个月，最长可达 2～3 个月，长时间受淮河高水位顶托，极易给市区造成严重的洪涝灾害。

扬州市处于淮河入江处，南为长江干流，东为淮河入江水道，京杭大运河及古运河纵贯城区，仅扬河在主城区南绕城而过，构成扬州外部的水系框架。扬州市需要在依托流域防洪工程体系的基础上，建设城市防洪自保工程体系，即南部利用长江现有堤防，东部利用京杭大运河西堤作为防御江淮洪水的屏障。

位于珠江三角洲的广州、东莞、佛山、肇庆、江门、韶关等重要城市，其安危则更是与珠江流域防洪休戚相关。珠江三角洲位于东、北、西江的尾闾，上有洪水入侵，下有海潮顶托，还有当地暴雨袭击。东江因建成新丰江、枫树坝、白盆珠 3 座大型水库后已形成库堤结合的防洪体系，约能防御 100 年一遇洪水，可基本免除东江洪水对广州、东莞等城市的危害；北江飞来峡枢纽业已建成，将来可使北江大堤达到 300 年一遇防洪标准（大堤本身按 100 年一遇加固）。目前珠江三角洲外围洪水的主要威胁来自西江，防御西江洪水的标准约 50 年一遇，为广州等珠江三角洲上的重要城市提供了一定的安全保障。珠江三角洲各大围堤内尚有冲沟洪涝水的威胁，以及沿海风暴潮的侵袭，防御标准一般在 10～20 年一遇。广州市地势北高南低，位于西江、北江、东江下游和珠江广州河道汇流交织的河网区。西江、北江洪水是广州市洪水威胁的主要来源，当两江洪水遭遇时，就会影响北江大堤的安全。每年 7—9 月在珠江口附近沿海地区登陆的台风，可能形成风暴潮灾害。由于市区地势低洼，城区排水管网不畅，内涝灾害严重。

4.1.2　山前洪水

山前平原城市因其所处的特殊地理位置及其与暴雨的相对关系，城市洪水具有独特性。例如，海河山前平原支流分散、源短流急，洪水不易得到控制。处于这类地区的城市，很难通过修建江河防洪系统以提高城市防洪能力，而只能修筑堤防，将洪水疏导至城外。如海河流域的石家庄、邯郸、保定、邢台等城市。

以石家庄市为例，石家庄市建成区面积 175km² （2006 年），市域跨太行山和华北平原两大地貌单元。市域河流分属海河流域大清河水系和子牙河水系，其主要致灾河流有滹沱河、太平河和洨河。虽然滹沱河上修建有岗南（距石家庄60km）和黄壁庄（距石家庄30km）两座大型水库，控制了滹沱河洪水，但来自水库以下区间和太平河、洨河等山前平原地区洪水依然威胁着位于滹沱河南岸石家庄市的安全，致使主城区汛期经常受外洪内涝的威胁。

由于本区处于太行山迎风坡暴雨高值区，河系支流分散，源短流急，产流区地形坡度较大，耕作发达，植被稀少，洪水量级较大，且陡涨陡落，突发性强，预见期短。加上城区河流险工多，行洪障碍多，堤防标准低，市区排水系统不完善等问题，因此每年汛期防洪除涝任务十分艰巨。

4.1.3 山区性洪水

山区性洪水洪峰高、流速大，洪水陡涨陡落，有的河流含沙量很大，位于这类河流沿岸的城市需要修筑堤防；不过由于洪水历时很短，只需将洪峰挡过去即可，因此，堤身一般不高，也不宽厚。此外，这些地区还需注意整治河道，加大河道安全泄量。有条件时，也可修建水库，提高城市防洪标准，如河北省的张家口、承德，山西省的大同、长治，贵州的安顺，云南的昆明等城市。下面介绍几座城市防治山区性洪水的经验。

贵州省安顺市位于长江与珠江流域的分水岭地带，地势西北高东南低，中部平缓，以高原丘陵地貌为主。境内共有大小溪流280条，总长3307km，均属雨源性河流。河道比降大，源短流急，洪水汇流时间短，陡涨陡落，沿河两岸易受淹，退水相对较快，洪水流速较大，冲刷力较强。小河流洪水暴涨，导致泥石流、山体崩塌、滑坡而损毁农田与村寨，破坏力较强，且具有一定的突发性。此外由于地形、地貌的特点，低洼地段因排水不畅，极易造成涝灾。

安顺城区主要河流为贯城河，由东支流、西支流和南支流组成，是城区主要排水河道，也是雨季的排洪河道，洪水暴涨暴落，变幅较大极易造成局部低洼地带受淹受冲，洪涝灾害严重。城市的防洪工程有贯城河的堤防和两座小（1）型水库组成。贯城河东支流和西支流在城区内河道总长2447m，已进行整治，河堤标准为50年一遇；南支流河堤未整治，河堤标准在10年一遇左右。虹山水库拦蓄贯城河东支流上游来水，每年主汛期提供防洪库容201万m^3。娄家坡水库拦蓄西支流上游来水，总库容123万m^3。这两座小（1）型水库可缓解城区和下游的防洪压力，并且还具有工业供水、农业灌溉和旅游等综合效益。

云南省昆明市位于长江、珠江、红河三大流域的分水岭地带，大雨、暴雨频繁。单日型暴雨是滇池流域的主要雨型，暴雨笼罩面积较小，因而常常发生局部性洪水。盘龙江是昆明的"母亲河"，穿城而过直泄滇池，是城市防洪的主要通道。

盘龙江上游的松华坝水库，距昆明城区15km左右，总库容2.19亿m^3，保护城区面积70km^2。城市周边有5座小（1）型水库，对洪水有滞洪和调洪作用。

4.1.4 山洪泥石流

山洪主要由局地高强度暴雨造成，在较差的地质带，往往还伴随有滑坡、泥石流，形成严重的山洪地质灾害。如甘肃省的金昌、酒泉，宁夏回族自治区的银川、石嘴山等城市。现以甘肃省金昌、宁夏回族自治区的石嘴山市为例。

甘肃省金昌市城区位于龙首山北侧山前的冲积、洪积区，地形平坦，洪水主要来自龙首山北侧的广子沟、大河沟、大武石沟和小武石沟等沟道及戈壁滩平地产洪，以暴雨洪水为主，汛期一般在 7—9 月。降雨总量小但比较集中，加上山地坡陡，石山裸露，极易遭受局部暴雨洪水和内涝威胁。例如，1987 年 6 月 10—12 日，河西走廊金昌地区特大暴雨，暴雨中心天生坑最大 24h 雨量 232mm，城区最大 24h 雨量 133mm，是河西地区有调查和实测记录以来的最大暴雨。

　　2010 年 8 月 7 日 22 时许，甘肃甘南藏族自治州舟曲县北部突降强暴雨，县城北面的三眼峪、罗家峪暴发了特大山洪泥石流，由北向南横穿县城冲入白龙江。山洪携带大量泥沙和巨石以及冲毁的房屋、石木、杂物阻塞了白龙江。在不到半小时的时间内，白龙江舟曲城区段就形成了长约 3000m，水面宽 100m，最大水深约 9m，蓄水量 150 万 m³ 的堰塞湖，导致舟曲县城 1/3 的区域淹没在水中。

　　这种猝发性的山洪伴随着大量泥沙、巨石轰然而下，实非一般工程所能抵御。

　　宁夏回族自治区石嘴山市地处我国西北内陆，属于中温带干旱气候区，大陆性气候十分典型，影响城市防洪安全的较大山洪沟有 28 条，总集水面积 1058.7km²。其中影响大武口城区的有阴历沟至大武口沟之间大小 12 条沟的洪水，总集水面积 847.5km²，大武口沟是贺兰山东麓中段最大一条沟，流域面积达 574km²；影响惠农城区防洪安全主要是扁沟至柳条沟之间大小 16 条沟的洪水，总面积为 211.2km²。据统计，全市沿贺兰山东麓南起西伏沟、北至麻黄沟间的 40 条较大山洪沟几乎年年都要发生山洪。最为典型的 1975 年 8 月 4 日贺兰山区降雨量高达 212.5mm，大于 50mm 的降雨笼罩面积为 3500km²。沿贺兰山的大小山沟普遍暴发山洪，最大的大武口沟洪峰流量达 1534m³/s（实测），洪量 2080 万 m³。造成该市交通中断，工矿企业、农田受淹等情况。

4.1.5　暴雨积涝

　　我国地处亚洲季风带，季风气候决定了我国雨量在年内的高度集中，高强度、短历时暴雨在我国中东部，几乎随处可见。本书第 2 章图 2.10 给出了全国 60min 实测最大雨量分布。

　　只要对比一下目前我国城市的排水标准（一般在每小时 40mm 左右）和实际发生的 1h 暴雨量（即图 2.10 上数值），以及最大 1h 均值雨量（相当于 2 年一遇），即可很清楚地知晓何以我国有那么多城市因暴雨而成涝。从全国较均匀地挑选出的 153 座城市资料分析成果来看，除西部地区外，我国中东部地区，已发生过的 1h 雨量都大大超过 40mm/h，1h 雨量均值与 40mm/h 比值也都大于 1，表明在我国广大中东部地区，平均 1～2 年就会发生达到或超过城市设计排水标准 40mm/h 的暴雨，广大城市频频发生暴雨积涝自然不足为奇。要想完全避免城市暴雨积涝，是不现实的。因为，目前国内外现代化程度很高的城市，其排水标准也大都只能达到 2～3 年一遇，少数城市的排水标准超过 10 年一遇。问题在于，即使达到 10 年一遇标准，城市也依然会积水；更何况要建设高标准的城市排水系统，不仅存在经济力量不足的问题；而且，如果城市排水标准都达到很高之后，雨水大量排入河道，增加河道防洪负担，又加剧了地区洪涝矛盾。

4.1.6　洪涝夹击

　　洪涝夹击是我国平原水网地区一种特殊的洪涝水形式。平原地区河网纵横交错，地势低洼，用圈堤将城镇包围起来，形成圈圩，一直是这类地区城镇防洪的重要措施。随着城市人口的增加，经济的发展，圩区范围逐渐扩大，圩区内向圩外河网的排涝量也越来越大，河网水位在相同雨量量级条件下，越来越高，防洪标准达不到了，又重新加高圩堤。城市要发展又再度扩大圩区，致使圩外水网面积又进一步缩小。水位抬高，再加高堤防，如此往复循环，形成很难解套的怪圈。洪涝并发，洪涝夹击，是这类地区城市的主要威胁。例如，浙江省杭嘉湖地区嘉兴市，原市区圈圩范围 38km²，1999 年遭受特大暴雨灾害，损失惨重，决定将圈圩扩大到 91km²。嘉兴圈圩扩大后，圩外河网水位相应抬高，周围城镇为了自保，也就连锁反应地扩建圩区，进行新一轮的圩区建设。又如位于太湖南岸的丝绸之乡盛泽镇，1987 年投资 773 万元，建成盛泽镇区防洪工程，1992 年又建成西白漾区防洪工程，扩大镇区防洪工程范围。1999 年汛期由于修建了城镇防洪围堤，镇区内外水位差高达 2m 多，包围内地势低洼的盛泽镇一片绿洲，秩序井然，丝毫不受洪水影响。但是，由于切断了河网而使其他诸多城镇受到壅水的影响，不仅引起河网水位的整体上升，而且影响到周边水流的通路。

4.1.7　风暴潮洪交织

风暴潮可分为两类：一类由热带气旋引起，一类由温带气旋和寒潮大风引起，前者水位变化急剧，后者水位变化较平缓，但持续时间较长。我国的风暴潮引起的最大增水值一般为 1～3m，最大可达 6m 左右。

例如，2003 年 10 月 11—12 日受北方强冷空气影响，渤海湾、莱州湾沿岸发生了 10 年来最强的一次温带风暴潮。此次温带风暴潮来势猛、强度大、持续时间长，导致莱州湾、渤海湾地区部分岸段防潮堤被冲垮、渔船被损坏、养殖场受损，造成了严重的灾害。风暴潮每年都有发生，为何此次风暴潮会造成如此严重的灾害呢？其中一个重要的原因就是：10 月 10—12 日，正逢农历九月十五至十七日的天文大潮，而最大增水叠加在天文高潮上，造成潮水位偏高异常。天文大潮、风暴增水与巨浪三者叠加，产生了巨大的破坏力。特别对防潮堤、防潮闸等水工建筑物及船只的损坏严重，因而使得此次灾害损失加重。

风暴潮具有很大的破坏力，特别是与天文大潮相遇时，破坏力更强，往往造成巨浪、高潮位和严重的水灾。如上海，浙江省舟山、宁波，福建省泉州、厦门，山东省青岛，广西壮族自治区北海等城市。

现以泉州和北海市为例：福建省泉州市城区位于晋江入海口处，地势低洼平坦，城区既受江河洪水的威胁，又受台风、暴雨、潮水的影响。强大暴雨主要来自台风。台风多发生在 7—9 月，中心最大风速超过 40m/s，破坏力极大。梅雨季节一般在 5—6 月。每逢台风暴雨来临，山洪暴发、水位猛涨，加上潮水顶托，城区就会泛滥成灾，如 1956 年 9 月 19 日、1958 年 7 月 18 日、1960 年 6 月 10 日和 1961 年 9 月 13 日等四次洪水，均为台风带来的大暴雨所造成。目前市区已建成了由防洪堤、海堤、渠道、水闸与内沟河、滞洪区和非工程措施等组成的防洪排涝工程体系，其中，海堤不高，但质量很好。晋江下游防洪岸线整治一期工程总长 16.7km，建成后将市区的防洪标准从 30～50 年一遇，提高到 100 年一遇。

广西壮族自治区北海市位于广西南部、北部湾畔，北、西、南三面环海，地形南北狭、东西长，地势自北向南倾斜。建成区主要位于北面临海一带，海拔6～14m，城区为冲积和洪积台地地貌。北海市地处南亚低纬度，受南太平洋气候影响较大，台风频繁，暴雨集中。据1949年以来资料统计表明，影响本市的热带气旋近200次，台风120多次，雨季集中在5—9月，暴雨主要由台风雨所形成，台风暴潮为最大的自然灾害。

4.2　我国江河防洪体系格局

新中国成立前，防洪设施数量少、标准低、质量差，整体防洪能力很弱，洪水隐患十分严重。1949年，全国各类堤防总长约4.2万km，除黄河大堤、荆江大堤等少数堤防较为完整外，绝大多数堤防均残缺不全。全国只有6座大型水库，且都集中在东北地区，总库容276亿m³，防洪库容118亿m³，占总库容42.8%，主要江河均无防洪控制性工程。黄河下游河道严重淤积，淮河和沂沭泗河·因黄河南侵被打乱了水系。海河水系泄洪集中入海不畅，黄淮海平原江河排水能力严重不足，经常造成洪涝灾害。

新中国成立后，国家组织开展了大规模的防洪治涝减灾建设，对主要江河进行了不同程度的治理，初步扭转了洪涝灾害频繁且严重的局面，基本保障了社会的稳定和经济的持续发展，取得了举世瞩目的成绩。

4.2.1　初步建立了大江大河防洪减灾工程体系

经过60多年的建设，我国初步建立了主要江河防洪减灾体系，防洪能力有了较大提高，基本控制了主要江河常遇洪水，战胜了多次流域性大洪水和特大洪水。新中国成立后主要防洪建设成就见表4.1。

表4.1　　　　　　　　　　新中国成立后主要防洪设施建设情况

工程	项目		单位	1949年	1998年	2000年	2004年
堤防	合计		万km	4.2	25.9	27.0	27.7
	主要		万km		7.0	7.7	
	达标		万km				9.5
海堤	长度		万km			1.4	
	达标		万km			0.42	
水库	总座数		座	84900	85100	85160	
	其中大型水库	座数	座	6	403	420	460
		总库容	亿m³	276	3595	3843	4147
蓄滞洪区	个数		处			124	
	总面积		万km²			3.26	
	蓄滞洪容积		亿m³			1180	
水土流失	治理面积		万km²		75.0	81.0	92.0

截至 2004 年，我国江河防洪体系包括新建、整修和加固不同标准江河堤防约 27.7 万 km，全国主要江河 3 级以上堤防合计长约 6.3 万 km，见表 4.2。共修建大中型水库 8.5 万座，总库容达 5658 亿 m³；主要江河干流及其主要支流已建承担防洪任务突出的大型水库有 295 座，总库容 3270 亿 m³，其中防洪库容 892.8 亿 m³，占总库容的 27.3%，在建的防洪任务突出的大型水库和洪水控制工程共 17 座，总库容 1016.6 亿 m³，其中防洪库容 392.4 亿 m³，占总库容 38.6%，见表 4.3。

表 4.2　　　　　　　　主要江河已建 3 级以上堤防统计表（2004 年）　　　　　　单位：km

流域		1级堤防	2级堤防	3级堤防	合计	备　　注
长江		1335	7696	24069	33100	含部分干流 3 级以下堤防
黄河		1506	842	3899	6247	
淮河		1716	2143		3859	
海河		599	2936	2576	6108	
松花江		418	2774	865	4057	
辽河		767	2190	1216	4174	
珠江		513	890	765	2167	
太湖		45	233	897	1175	
其他		118	315	2061	2494	包括钱塘江、闽江、韩江、南渡江等
合计	堤段数	90	289	308	687	
	长度	7017	20019	36348	63384	

表 4.3　　　　　　　主要江河已建和在建主要大型水库情况统计表（2004 年）

流域名称	已建水库			在建水库		
	座数/座	总库容/亿 m³	防洪库容/亿 m³	座数/座	总库容/亿 m³	防洪库容/亿 m³
长江	118	1171.5	266.2	6	530.0	252.4
黄河	6	580.5	52.2			
淮河	36	188.8	52.2	1	121.3	20.3
海河	31	256.5	146.1	1	6.08	2.76
松花江	18	239.6	54.4	3	93.1	24.4
辽河	17	132.6	67.8	1	1.58	1.58
珠江	33	321.9	93.4	2	238.1	86.4
太湖	7	10.3	7.25	2	4.33	1.98
七大江河合计	266	2901.5	855.1	16	994.4	389.8
其他河流	29	368.5	37.7	1	22.1	2.59
总计	295	3270.0	892.8	17	1016.6	392.4

截至 2004 年，长江、黄河、淮河、海河等主要江河共计开辟了 97 处蓄滞洪区，总面积 3.168 万 km^2，总蓄滞洪容积约 1098 亿 m^3，见表 4.4。按照中央制定的蓄滞洪区政策，七大江河蓄滞洪区其后又进行了大力建设与调整。

表 4.4　　　　长江、黄河、淮河、海河（主要江河）蓄滞洪区情况（2004 年）

流域	蓄滞洪区/处	面积/km²	容积/亿 m³	人口/万人	耕地面积/万亩	GDP/亿元
长江	40	12189.3	626.7	632.5	711.8	278.5
黄河	5	5212.3	120.4	348.1	532.5	200.8
淮河	26	3688.2	141.7	166.5	322.1	52.2
海河	26	10593.9	209.6	514.3	1018.7	582.4
合计	97	31683.7	1098.4	1661.4	2585.1	1113.9

经过 60 多年的防洪建设，我国大江大河治理成绩显著，以堤防、防洪控制性枢纽和蓄滞洪区为主的防洪减灾工程体系框架基本形成，防汛预警预报系统等非工程措施逐步得到加强，基本上能够防御常遇洪水。到 2007 年年底，全国已建成江河堤防长达 28.41 万 km，保护人口 5.6 亿人，累计达标堤防长度 10.9 万 km。已建成大中型水库 8.7 万多座，总库容 6345 亿 m^3。我国七大江河主要河段已基本具备了防御新中国成立以来发生的最大洪水的能力。根据 2013 年第十二届全国人民代表大会政府工作报告，已完成大中型和重点小型水库除险加固 1.8 万座，治理重点中小河流 2.45 万 km，溃坝失事减少。中小河流可防御一般洪水，重点海堤设防标准提高到 50 年一遇。

但是，我国江河防洪工程除少数外，大多尚未达到防洪规划要求的标准。

4.2.2　初步建立了防洪管理体系

在总结抗洪、抢险、救灾和灾后重建等实践经验的基础上，初步建立了防洪管理体系。现已制定的法律法规主要有《中华人民共和国水法》《中华人民共和国防洪法》《中华人民共和国防汛条例》《河道管理条例》《蓄滞洪区安全与建设指导纲要》和《蓄滞洪区运用补偿暂行办法》等。建立了防汛指挥机构和防洪管理机构，加强了对涉及防洪减灾的水事活动管理。我国防御洪水、减轻洪涝灾害的工作已步入法制化的轨道。在非工程防洪措施建设方面，初步建立了水文气象测报站网，全面开展了水情测报、水文预报、洪水调度及洪水管理等，制定了主要江河防御特大洪水预案和重要城市防洪预案，建设和建立了国家防汛指挥系统。

4.2.3　江河与城镇现状防洪能力较低

4.2.3.1　现状江河防洪能力普遍不高

我国主要江河现状防洪能力大部分不足 50 年一遇。在七大江河中下游地区约 42 万 km^2 的重点防洪保护区中，现状防洪标准低于 20 年一遇的约占 27.9%，20～50 年一遇的约占 51.8%，只有 20.2% 的地区防洪标准在 50 年一遇以上，达到 100 年一遇的仅有 0.1%。远低于欧、美、日等发达国家重点保护地区 100～200 年一遇的防洪标准。

据全国防洪规划测算，现状工程条件下，七大江河在发生流域防御目标洪水时仍将有28.5 万 km² 的面积可能被淹没，占其防洪区（不含河湖水面）面积的 39.5％。

目前，中国城市防洪能力普遍较低，一般只有 10～20 年一遇，只有部分保护重点城镇的河段可达 20～50 年一遇，如北运河北京堤段为 50 年一遇。

山洪及其诱发的泥石流、滑坡等灾害，具有很强的随机性，是我国因洪死亡人数最多的灾害类型。中国的山洪分布范围很广，除干旱地区以外的山区几乎都有发生，约有 463 万 km² 的范围不同程度地受到山洪、泥石流及滑坡等灾害的威胁，内有城市 210 座，涉及 1363 个行政县。目前，中国防御山洪、泥石流灾害的能力很低，尚缺乏有效的监测和可行的防御措施。

江河防洪能力不高的主要原因有：

（1）原有防洪规划的预定指标因种种原因而未能按计划完成，有的则因在编制规划时因资料不够，或者认识不足，原定的规划指标未能满足当初规划时预计的需要，致使城市防洪能力达不到预计的标准。如嫩江、松花江洪水系列延长后，富拉尔基、江桥、哈尔滨等站设计洪峰流量增大 12％～44％。

（2）建成的工程有的因质量问题，有的因管理问题，未能达到规划的防洪标准。有的因下游河道萎缩，行洪能力锐减。有的城市因大量开采地下水而使地面下沉，加大洪水风险。如海河骨干河道的行洪能力减少 20％～75％。黄河入海水量 20 世纪 90 年代较 20 世纪 50 年代减少了 74％。

（3）有的流域兴建的蓄水工程过多，调蓄的水量过大，致使河流上下游用水矛盾加剧甚至影响环境生态用水量，河道下游日渐萎缩，流域水环境的健康受到严重威胁。特别是北方流域，如黄河、海河和辽河流域，其水库等工程调蓄的水量已占流域多年平均径流量的 100％左右。

（4）行蓄洪区因经济社会的发展而启用日益困难。在我国主要江河目前已开辟的100 多处蓄滞洪区中，许多是人口稠密的居民区，有的甚至是经济相当发达的地区。但是现在大部分蓄滞洪区的围堤残缺不全，或未达到规划标准，缺少必要的进退洪控制设施，配套工程不全，尤其是区内安全设施建设严重滞后，区内居民生存安全、生产条件未得到妥善解决；分洪时，人员和财产撤退十分困难，难以保证大洪水时及时适量、有控制地运用。

（5）防洪非工程措施不够完备与完善，管理手段和技术水平落后。撤退道路、通信和照明工程及水情监测、预警预报系统等不完善。洪水风险管理机制尚未建立。

4.2.3.2 大多数城市防洪标准尚未达标

七大流域的防洪规划到 2009 年 3 月 31 日全部通过国务院的批复。规划确定我国主要江河防洪保护区面积约 65.2 万 km²，约占国土面积的 6.8％；保护区内人口、耕地面积、GDP 分别占全国总数的 39.7％、27.8％和 62.1％。

2006 年年底我国设市城市为 656 座。设市城市中有 642 座城市有防洪任务，占97.9％，其中平原型城市 288 座占 44.9％，山丘型城市 304 座占 47.4％，滨海型城市 50座占 7.7％。防洪重点在平原和山丘类型城市，见表 4.5。

表 4.5　　　　　　　　　**中国城市数量和分类型统计表（2006 年）**

（按主城区与江河湖海的相对位置分类型）

省 （自治区、直辖市）	城市总数 /个	有防洪任务的城市数/个				无防洪任务[①] /个
		合计	平原型	山丘型	滨海型	
北京	1	1	1			
天津	1	1	1			
河北	33	33	28	4	1	
山西	22	22	5	17		
内蒙古	20	19	5	14		1
辽宁	31	30	10	18	2	1
吉林	28	26	10	16		2
黑龙江	30	22	9	13		8
上海	1	1	1			
江苏	40	40	33	7		
浙江	33	33	17	10	6	
安徽	22	22	8	14		
福建	23	23		11	12	
江西	21	21	8	13		
山东	48	48	33	6	9	
河南	38	38	28	10		
湖北	36	36	28	8		
湖南	29	29	4	25		
广东	44	44	8	26	10	
广西	21	21	8	9	4	
海南	8	7		1	6	1
重庆	1	1		1		
四川	32	32	12	20		
贵州	13	13		13		
云南	17	17		17		
西藏	2	2		2		
陕西	13	12	6	6		1
甘肃	16	16	8	8		
青海	3	3		3		
宁夏	7	7	3	4		
新疆	22	22	14	8		
总计	656	642	288	304	50	14

① 指城区无防洪任务。

资料来源：《中国城市防洪》（第一卷），中国水利水电出版社，2008 年 9 月。

对照 1995 年《防洪标准》（GB 50201—94），以主城区为划分原则，在有防洪任务的 642 座城市中，防洪标准不小于 100 年一遇的城市有 45 座占 7％，50～100 年一遇的城市 153 座占 23.8％，20～50 年一遇的城市 233 座占 36.3％，10～20 年一遇的城市 139 座占 21.7％，小于 10 年一遇的城市 72 座占 11.2％。表明我国有 69.2％的城市防洪标准在 50

年一遇以下，见表 4.6。

表 4.6　　　　　　　　　　　　全国城市的防洪标准现状（2006 年年底）

省（自治区、直辖市）	有防洪任务城市数量/个	主城区达到防洪标准（重现期/年）的城市数量/个				
		≥100	50～100	20～50	10～20	<10
总计	642	45	153	233	139	72
北京	1	1				
天津	1	1				
河北	33	3	7	11	7	5
山西	22		11	11		
内蒙古	19	1	5	9	2	2
辽宁	30	7		12	10	1
吉林	26	5	18	3		
黑龙江	22		1	7	12	2
上海	1	1				
江苏	40		12	16	11	1
浙江	33	7	22	1	3	
安徽	22			9	11	2
福建	23	3	3	16	1	
江西	21		4	10	2	5
山东	48		15	18	15	
河南	38	1	4	6	20	7
湖北	36	7	5	17	6	1
湖南	29		3	5	4	17
广东	44	2	10	25	5	2
广西	21		1	6	6	8
海南	7			1	3	3
重庆	1			1		
四川	32		11	11	7	3
贵州	13	2	2	9		
云南	17		3	13		1
西藏	2	1	1			
陕西	12	1	8	3		
甘肃	16	1	4	6	5	
青海	3	1	1	1		
宁夏	7		2	5		
新疆	22			1	9	12

资料来源：《中国城市防洪》（第二卷）P27，中国水利水电出版社，2008 年 9 月。

在 642 座城市中，除少数外，大多尚未达到防洪规划要求的标准。

据统计达到国家规定防洪标准的城市有 285 座占 44.4%，未达标城市 357 座占 55.6%；在达标的 285 座城市中，特别重要城市仅 2 座，重要城市 22 座，其余 261 座为中等城市和一般城镇。2006 年年底全国特别主要的城市 19 座，达标数 2 座占 11%，重要城市 87 座，达标数 22 座占 25.3%，中等城市 148 座，达标 51 座占 34.5%，一般城镇 388 座达标 210 座占 54.1%，见表 4.7。

表 4.7　　　　　　　　　　全国城市防洪标准达标情况（2006 年年底）

省（自治区、直辖市）	有防洪任务的城市数量/个		特别重要城市/个		重要城市/个		中等城市/个		一般城镇/个	
	总数	达标数	总数	达标数	总数	达标数	总数	达标数	总数	达标数
总计	642	285	19	2	87	22	148	51	388	210
北京	1	1	1	1						
天津	1		1							
河北	33	14			4	2	9	2	20	10
山西	22	17	1		2		3	1	16	16
内蒙古	19	8			2		6	1	11	7
辽宁	30	12	2	1	9	5	6	1	13	5
吉林	26	20	1		2	1	4	3	19	16
黑龙江	22	3			4		1		17	3
上海	1		1							
江苏	40	15	1		5		7	3	27	12
浙江	33	27	1		2	1	6	6	24	20
安徽	22	1	1		7		8		6	1
福建	23	20			3	2	5	4	15	14
江西	21	6			2	1	7		12	5
山东	48	26	2		8	4	7	6	31	16
河南	38	4	1		8	1	8	2	21	1
湖北	36	21	1		4	1	7	2	24	18
湖南	29	1			4		8	1	16	
广东	44	23	1		5	1	15	5	23	17
广西	21				3		5		13	
海南	7				1				6	
重庆	1		1							
四川	32	18	1		2		10	4	19	14
贵州	13	12			1	1	3	2	9	9
云南	17	8			2		8	3	7	5
西藏	2	2			1	1			1	1
陕西	12	9			2		5	4	5	5
甘肃	16	8	1		1		2		12	8
青海	3	3			1	1			2	2
宁夏	7	6			1		1	1	5	5
新疆	22				1		7		14	

资料来源：《中国城市防洪》（第一卷）P25～26，中国水利水电出版社，2008 年 9 月。

一般而言，大江大河沿岸城市的防洪标准相对较高，而位于中小河流沿岸城市的防洪标准相对较低，一般仅能防御 10～20 年一遇洪水。除少数滨海城市防潮标准达到 100 年一遇以外，大部分城市的海堤仅能抵御 10～20 年一遇的潮位，防御山洪泥石流的能力更低。表明山洪、风暴潮对我国广大城市的威胁还很严重，已建成的江河防洪体系、防潮体系以及山洪防治措施尚不能为城市提供必要的安全保障条件。

由此可见，由于我国城市众多，自然环境和水文气象条件复杂，城市防洪建设耗资又十分巨大，因此在可预见的将来，要想普遍且大幅度地提高城市防洪标准是有很大难度的。

4.3 城镇化对城市防洪的影响

引起城市防洪形势变化的主要原因有三：一是气候变化引起洪水特征的变化，二是人类活动对下垫面的影响引起洪水量级的变化，三是防洪体系的变化引起城市防洪能力的变化。气候变化对洪水的影响十分复杂，防洪体系的变化也不拟在本书细论。本节将主要探讨人类活动对下垫面影响而引起城市防洪能力的变化。这是因为最强烈的影响源莫过于人类活动。城市化日新月异，城市防洪形势随即发生变化，从总体上看，由于城镇化和经济社会的发展，城市空间范围不停地发生变化，人口增加，资源积累加快，城市对防洪的要求提高，致使防洪规划的目标，不仅由于种种原因而未能完全达到预定的要求；而且即使完成了规划目标，也可能由于城市防洪要求与城镇化发展不相适应而出现新的问题。例如，城市经济迅速发展，第一、第二、第三产业结构比例发生质的变化，特别是第三产业比重的增加，使城市承灾体在水灾中将变得更趋脆弱，灾害损失有可能加重，城镇化使城市防洪压力加大的趋势大大超过江河洪水增大的压力。人们必须十分关注城市防洪形势的动态变化特征，及时采取应对策略。

4.3.1 城市扩展加大了城市洪涝强度、拉长了城市防洪战线

随着城市发展，城市建设用地日益增多，建成区面积占城区面积百分比逐年提高，从1990 年的 1.1% 提高到 2010 年 22.4%，增加了 22 个百分点。城市建设用地面积由 1990年的 11608km²，增加到 2010 年的 39758.4km²，增加了 2.4 倍，见表 4.8。

表 4.8　　　　　　　　　　1990—2010 年全国城市各类面积发展情况　　　　　　　单位：km²

项目　　　　　年份	1990	1995	2000	2010
城区面积	1165970	1171698	878015	178692
建成区面积	12856	19264	22439	40058
城市建设用地面积	11608	22064	22114	39758.4

注　2006 年前的"城区面积"为"城市面积"。
资料来源：《中国统计年鉴》P379，2011 年。

4.3.1.1 城区洪涝强度加大

城市建设规模不断扩大，不透水面积增加，城内大量坑塘、沟道被填埋，众多湖泊被

圈占，从而大大缩小了城市水面积，减少了城市调蓄能力，增大了城市洪涝强度，尤其是城乡结合部洪涝问题更加突出。

城市发展需要土地，而水面、洼地、河滩、空地则往往成为最易、"最佳"的选项。以湖北省鄂州市为例，鄂州市位于湖北省第二大湖——梁子湖下游长江中游南岸，全市面积 $1504km^2$，其中城区面积 $1079km^2$。鄂州市素称"百湖之市"，境内地势低洼，湖泊众多，20 世纪 70 年代后大规模围湖造田，使湖泊面积不断减少，1993 年正常水位的湖容仅为 1953 年湖容的一半，许多围垸不留一点调蓄区，大大减少了鄂州市洪涝水的调蓄能力。又如 2000 年 6 月 2 日南京市发生特大暴雨，城市中心区大范围积水，重要原因一是城市不透水面积增加，地下排水系统建设不到位；二是部分城区改河修路，不给洪水出路。凡此种种，城市建设的发展增加了城市洪涝灾害，城市水患加重。

4.3.1.2　山丘地区并入城镇增加山洪灾害

山丘区城市由于人口不断增加，居民点逐渐向山洪易发区扩展，生活、生产活动不断侵占河滩地等天然蓄洪场所，加之严重的水土流失，造成山洪、泥石流频发，山洪泥石流灾害影响逐渐突出，特别是人员伤亡严重。在我国山洪泥石流给城市造成的猝发性灾害是严重的。据不完全统计全国有近百座城市受山洪泥石流的直接威胁和危害。如四川的汉源、泸定、西昌、金川等 20 余座城市，云南的东川、巧家、德钦等 18 座城市，西藏的江孜、亚东、索县等 10 座城市，甘肃的兰州、武都、岩昌等 10 余座城市均是由于城市经济发展，建设用地没有按照一定的规划标准，而增大城市洪涝、山洪泥石流等灾害。

4.3.1.3　卫星城镇的发展加重了城市洪涝灾害损失

随着城市的发展，卫星城镇逐步增多，城乡结合部、城乡连绵带也逐步形成，但防洪设施、防洪标准却未能跟上，使得这些地区成为城市防洪的薄弱环节。这些地区一旦遭受洪灾，城市损失将大大增加。例如，1999 年太湖流域发生特大洪水，浙江省湖州市的洪灾损失并不很大，其重大损失却发生在湖州市周边的卫星镇——南浔。从此例可以看出城镇化飞速发展的今天，城市拓展拉长了城市的防洪战线，合理制定规划卫星城镇的防洪除涝建设，减轻城市洪涝灾害损失是十分重要的。

4.3.1.4　大城市连绵带与小城镇融合一体孕育着新的防洪风险

如今，中国已经初步形成了 10 大城市密集区，其中长江三角洲、珠江三角洲、京津唐三大地区城市密集区发展相对成熟。其余的辽南、关中、山东半岛、闽东南、江汉、中原、成都和重庆八个区，其产业聚集和人口聚集正在加速，成为正在走向成熟的城市密集区。2009 年党的十七大报告中对城镇发展提出了新的要求即"形成若干劳动力强，联系紧密的经济圈和经济带"，同时要以"增强综合承载能力为重点，以特大的城市为依托，形成辐射作用大的城市群（密集区），培育新的经济增长极"。我国的城镇化形成了新的格局。

城市密集区是中国参与国际竞争的主体，是改革的先行地区和实践科学发展观的典型地区，也是中国"促内需，保增长"的中坚力量。以长江三角洲大都市连绵带为例，该地区包括的主要城市有上海、杭州、南京、宁波、湖州、嘉兴、绍兴、舟山、苏州、无锡、常州、南通、镇江、扬州、泰州、台州等。2006 年末该区土地面积 10.96 万 km^2，占全国土地面积的 1.1%。国内生产总值 39613 亿元，占全国国内生产总值的 18.9%。人口约 10474 万人占全国人口 8%。人均地区生产总值 37819 元，比全国平均水平高出 21735 元。长江三角洲是我国人口密度最高、城镇数量最多的地区，同时也是中国经济实力最强、产业规模最大的三角洲，是中国最大的经济核心区。长江三角洲城镇发展的显著特点是：城市用地大规模扩展，工业区域成片分布。长江三角洲城市空间范围扩展的主要形式是建设新开发区。在 1996 年，上海市浦东新区的行政面积 522km²，超过浦西老市区 324km²。与苏州、无锡、常州 3 市紧密相连的吴县市、锡山市和武进市规划建设 3 个新市区紧靠中心城市，基础设施彼此相连，城市用地已使苏、锡、常三市城市用地趋于连片。在这种城市发展格局下，长江三角洲工业在城镇和农村同时展开，形成区域性成片分布，尤其在上海以及苏州、无锡、常州地区，工业企业分布密集，形成产业轴线和城镇密集带。随着中心城市产业结构的调整与转化升级，乡镇工业迅速发展，促进城乡一体化。苏州、无锡、常州一带乡镇工业向集团化、国际化方向发展，与外商合作以及利用外资进行技术改造已达到相当规模。农村工业化促进了城市化，乡镇按城市规划建设改造，并具有现代城市的功能，相当一部分农村劳动力亦工亦农或亦商亦农，形成区域城镇化趋势。

这样大范围的城市群拓展，大中小城镇紧密相连，工业企业星罗棋布，对于发展城市经济和区域经济起着巨大推动的作用；但同时也造成基础设施建设重叠、城乡结合部建设布局与城镇发展布局不协调的局面。城市发展规划日新月异，城市建设也相应加快了进程，然而城市防洪除涝建设却相对滞后，城市防洪除涝基础设施很难及时到位。致使发展中的城市空间出现许多防洪除涝薄弱环节，高耸林立的大厦孕育着潜在的洪涝风险危机，这种严酷的现实是向 21 世纪城市防洪提出的巨大挑战，城市防洪必须积极应对。

4.3.2　随着城镇化的发展，城市承灾体抗御水灾的性能逐渐脆弱

防洪减灾意义上的城市承灾体主要指城市经济社会实体，一般用经济社会指标及经济结构表征。观察城市承灾体的变化主要有两个层面：一是时间变化层面，二是空间变化层面。时间层面主要看城市经济社会指标总量及其构成的时序变化，空间层面主要看不同地区城市经济社会发展的差异。总体看来，我国城镇化的发展对于经济社会的发展和城市产业结构优化升级都起到了积极推动作用，不仅城市的经济社会指标总量逐年增长，产业结构也随着发生了巨大变化。虽然城镇的局部性很强，但是，现代化城镇的关联性，尤其是卫星城镇间产业链的紧密关联性，产品间紧密的供销需求关系，影响着城市的发展，特别是那些外贸型城镇，一旦遭受洪涝灾害，甚至会影响其他国家的经济发展。例如，浙江省诸暨市大唐镇以生产袜子誉满全球，据统计，全世界每四个人中就有一人穿的是大唐镇的袜子。设想如果大唐镇由于洪涝灾害影响袜业生产，其后果可想而知。一个城镇遭受洪涝灾害，其影响后果必将通过产业链传递给其他城镇，通过灾害的传递性，将使其他城镇深受洪涝灾害之苦。由此可见，单一现代化城镇的防洪减灾确实影响着城镇防洪减灾事业的整体性。这和农村洪涝灾害不同，农业遭灾主要是局地性的，农业之间没有紧密的关联性，灾害的传递性较小。

我国城镇在近 30 年有了较迅速的发展，随着推行积极稳妥城镇发展的战略，我国城镇必将有更快速的发展。但从地区上看，不同地区城市经济社会的发展是不均衡的，我国东、中部地区城镇经济社会发展相对较快，西部地区城镇经济社会相对迟缓；尽管这种城

镇发展的不均衡性将会长期存在,但是,城市发展是硬道理,从我国城镇化的发展看,我国城镇整体快速发展的大的趋势必将出现,城镇承灾体的潜在损失量整体增大的趋势必将显现。因此,从防洪减灾的角度看,随着时间的推移,城镇承灾体抗御水灾的性能有逐渐脆弱的趋势,城镇整体洪灾损失具有逐渐增大的趋势,从而给城市防洪减灾带来的巨大挑战也必将整体长期存在。

有鉴于此,城镇发展必须做适应性调整,一方面要因地制宜地采取规避洪涝风险的措施,例如,妥善解决外洪出路,避免开发利用高洪涝风险地区,增大水面率以利雨水滞蓄等;另一方面要调整城镇发展结构,例如,增大第二、第三产业比重,尤其是第三产业比重,合理布局卫星城镇建设和关键产业链减少洪涝次生灾害等。

4.3.2.1　我国城镇数量增加很快

党的十六大明确提出"要逐步提高城市化水平,坚持大中小城市和小城镇的协调发展,走中国特色的城市化道路"。我国城市分为直辖市、副省级市、地级市和县级市四级。据 1990—2010 年统计,1990 年我国共有城市 467 座,其中地级及以上城市 186 座、县级市 281 座,到 2010 年年底共有城市 657 座,其中地级及以上城市 287 座、县级市 370 座。全国各省(自治区、直辖市)和四大分区的城市数量、人口和 GDP(1990—2010 年)见附表 1。

2010 年年底城市数量比 1990 年增加 190 个,其中地级及以上城市增加 101 个、县级市增加 89 个。到 2010 年底全国城市数量比 1990 年增加 40.7%,其中地级及以上城市增加 54.3%、县级市增加 31.7%。从中可以看出地级以上城市发展速度高于县级以上城市近 23 个百分点。

城市人口集中、密度大,是国家政治、经济、交通、科技文化中心。据 1990—2010 年统计,1990 年城市人口 33234.28 万人,到 2010 年增加为 63647.98 万人,增加 91.59%;1990 年地级以上城市 GDP 为 6682.16 亿元,2010 年为 246018.21 亿元,增加 35.82 倍。城市 GDP 增加速度是十分惊人的,对国家经济建设贡献巨大。

4.3.2.2　城市经济社会发展迅速

随着城镇化进程,近 20 年来我国城市数量由 1990 年的 467 座增加到 2010 年的 657 座,增加了 40%;城镇人口由 1990 年的 3.02 亿人增加到 6.7 亿人,增加 1.2 倍;城镇化率由 1990 年的 26.4% 增加到 2010 年的 49.9%(2012 年达到 51.5%);GDP 由 1990 年的 1.9 万亿元增加到 2010 年的 40.1 万亿元增加 20 倍,见表 4.9。

表 4.9　　　　　　　全国国民经济社会主要指标年代际发展过程表

项　　目	1978 年	1990 年	2000 年	2010 年
总人口(年末)/万人	96259	114333	126743	134091
城镇人口/万人	17245	30195	45906	66978
乡村人口/万人	79014	84138	80837	67113
城镇化率/%	17.9	26.4	36.2	49.9
GDP/亿元	3645.2	18667.8	99214.6	401202.0
第一产业/亿元	1027.5	5062.0	14944.7	40533.6

续表

项　　目	1978 年	1990 年	2000 年	2010 年
第一产业占国内生产总值比重	28.2	27.1	15.1	10.1
第二产业/亿元	1745.2	7717.4	45555.9	187581.4
第二产业占国内生产总值比重	47.9	41.3	45.9	46.8
第三产业/亿元	872.5	5888.4	38714.0	173087.0
第三产业占国内生产总值比重	23.9	31.6	39.0	43.1
人均国内生产总值/元	381	1644	7858	29992

资料来源：《中国统计年鉴》，2011 年。

随着城市的发展，城市经济产业也发生了巨大变化，第三产业比重逐渐增大，第一产业比重逐渐缩小。由表 4.9 可知，第三产业比重由 1990 年的 31.6％增大到 2010 年的 43.1％，增加了近 12 个百分点；第一产业比重由 1990 年的 27.1％减小到 2010 年的 10.1％，减少了 17 个百分点。第二、第三产业比重增大表明城市承灾体潜在损失特征发生了重大改变，由大量农业损失转变为以工业、电子金融、高科技产业损失为主，其中不仅有直接经济损失，还有大量间接损失。城市金融业务、地下商场、交通运输等现代化城市水灾损失经常发生，城市正常运转受到很大影响。

4.3.2.3　我国西部城镇发展亦将经历防洪脆弱的过程

我国城镇化与工业化地区上的发展是不平衡的，总体来看，东部发展明显快于中、西部。由表 4.10 可知，2010 年全国东部地区面积、人口、GDP、第二产业比重分别占全国总数的 9.5％、38.0％、53.1％和 52.1％；西部地区分别为 71.5％、27.0％、18.6％和 18.5％。就全国县级市以上 657 座城市而言，东、西部分别有城市 231 座和 168 座，而国土面积不到 10％的东部地区，集中了全国 38％的人口，和全国半数以上的 GDP 和第二产业。

表 4.10　　　　　　　　　　2010 年分区经济社会发展指标表

项　　目	全国合计	东部地区		中部地区		西部地区		东北地区	
		数值	占全国比重/%	数值	占全国比重/%	数值	占全国比重/%	数值	占全国比重/%
全国土地面积/万 km²	960.0	91.6	9.5	102.8	10.7	686.7	71.5	78.8	8.2
全国年底总人口/万人	134091.0	50663.7	38.0	35696.6	26.8	36069.3	27.0	10954.9	8.2
2010 年 657 座城市土地面积/万 km²	190.99	39.87	20.9	26.19	13.8	88.99	46.7	35.44	18.6
2010 年 657 座城市人口/万人	63645.98	27968.77	43.9	15096.53	23.7	13413.08	21.1	7167.6	11.3
分区 GDP/亿元	401202.0	232030.7	53.1	86109.4	19.7	81408.5	18.6	37493.5	8.6
第一产业/亿元	40533.6	14626.3	36.1	11221.1	27.7	10701.3	26.4	3984.1	9.8
第二产业/亿元	187581.4	114553.3	52.1	45130.3	20.5	40693.9	18.5	19687.2	8.9
第三产业/亿元	173087.0	102851.0	58.3	29758.0	16.9	30013.3	17.0	13822.1	7.8

资料来源：《中国统计年鉴》，2011 年。

由表 4.10 可知，城镇化发展是激活经济社会发展的引擎，东部地区城市发展的情况表明，城镇化使经济总量集聚，使产业结构优化升级，从而增大了城市承灾体潜在的水灾损失风险。然而，我国城镇发展最快的东部地区，恰与暴雨洪水最集中、最频繁的风险源叠合，从而使东部城镇遭遇暴雨洪水的影响最为严重。目前西部地区城市发展相对滞后，经济社会发展较迟慢。但是，随着西部大开发战略的实施，西部也必将加快发展，城镇化率必将增大；尽管西部暴雨洪水强度逊于东部，但山洪威胁并不在东部之下。而且，随着经济总量的增大以及潜在的水灾损失风险的增加，东部城镇发展的不利的局面也将会在广大西部城镇发展过程中重演。因此，从我国城镇发展地区不均衡性预见西部地区城镇灾害损失潜在风险必然增加的趋势，未雨绸缪，及早关注西部城镇防洪建设是很必要的。

4.3.3　城市堤防增大城市防洪风险

4.3.3.1　我国东西部堤防建设不宜采取同一模式

堤防是防洪很重要的工程措施之一，但必须因地制宜地采用。东部平原地区行之有效的堤防工程，不一定对西部地区城市防洪都是适宜的。

钱正英同志曾指出，陕西省的沿河城市防洪要慎重做好规划，避免盲目修堤、盲目加高堤防，最后背上历史包袱。许多城市像延安、府谷原本都建在台地上，并没有洪水威胁；但近年来由于城市向河滩上扩展，为了防洪就修堤，又怕防洪标准不够，于是从 5 年一遇提高到 10 年一遇。如果不修堤，或者堤很矮，并不会带来大的灾害，反而会因高含沙量洪水而逐渐淤滩刷槽。但是一旦修了堤，而且不断加高，就会形成悬河，被保护对象非但没有相应淤高反而形成洼地。遇到超标准洪水，就可能带来毁灭性灾害。因此，在城建规划中要合理利用河滩地，给洪水以出路。国外有的国家就利用河滩地建筑绿地公园、体育场等，这些经验值得借鉴。

在目前各流域制定防洪规划时，都已注意到"给洪水以出路"，七大江河中下游都在贯彻中央关于"平垸行洪""退田还湖"政策，中心思想就是"给洪水以出路"。西部大开发，城市要发展，一开始就要做好规划，汲取东部地区城市防洪建设的经验教训，对待修建城市防洪堤，要慎之又慎。

4.3.3.2　应关注城市堤防集聚效应增大洪水风险

堤防在抵御江河洪水中起着很重要的作用，但是任何一种标准的堤防都难以抗御所有量级的洪水。如果堤防修筑得越来越高，除了会对城市环境带来不利影响外，还会使两岸归槽洪水增加，使河道水位不断增高；反过来又会加大河道及城市的防洪压力，这就是所谓的堤防集聚效应。一个城市修建堤防可能只影响一个点附近的水位，而当沿河城市增多，每个城市都修建堤防，洪水时为了减少早期泛滥的空间，必然逼高河道水位，从而加大城市防洪压力，这是沿河地带城市化引发的普遍问题。例如珠江支流郁江及浔江两岸，1956 年开始修筑堤防，并逐年加高加固。尤其是 1994 年大水后，沿江堤防建设达到空前未有的规模。新工程改变了原来天然河道的洪水特性，使得河道对洪水的槽蓄能力减弱。例如，在 1998 年洪水期间，沿江堤防很少溃决，洪水基本归槽。浔江武宣站流量 $37600 \text{m}^3/\text{s}$，为 10 年一遇。而至大湟江口，洪峰流量增至 $44700 \text{m}^3/\text{s}$（计入分洪流量）超过 30 年一遇；至浔江下游梧州站，流量达到 $52900 \text{m}^3/\text{s}$，超过 100 年一遇。由于各控制站区间加入水量并不很突出，因此沿程流量增大的主要原因在于洪水归槽。据分析梧州站20年和10年一遇部分"归槽"设计洪峰流量均较原成果增加了5.2%和9.0%，7天设计洪量分别增加了3.1%和4.7%。另据分析，邕江上游沿河修建堤防后，将使南宁段20年一遇水位抬高40cm。又如，进入20世纪90年代，长江下游南京下关站年年突破警戒水位。据朱元甡统计分析，从1921年至1996年，下关年最高水位的多年平均值为8.21m，而自20世纪70年代至1996年，年最高水位的多年平均值为8.60m，上升39cm。究其原因，除流域内湖泊蓄水能力下降，沿江排涝能力增强外，干支流堤防（包括众多城市堤防在内）加高、加固、加长，使洪水归槽也是重要原因之一。众多实例表明，沿江堤防束水归槽导致下游洪水集聚，流量增大、水位抬高的现象是普遍存在，从而增大沿江河城市的洪水风险。

由于人类社会发展产生地球温室效应等原因使全球气候变暖，导致海平面上升。同时，海平面上升又导致极值高潮位的重现期缩短，从而使海堤防洪标准降低。例如，长江三角洲目前绝大部分海堤均能抗御历史特大风暴潮位，是全国海塘标准相对较高的地区。据分析，若未来海平面上升50cm，遇到历史高潮位时受潮水漫溢的海堤长度将占总堤长的32%，黄浦江高潮位的重现期将从100～1000年一遇缩短到10～100年一遇，相应的城市防洪能力将由现状的50～1000年一遇降低到10～100年一遇。同样，当海平面上升50cm时，天津附近海岸现状高潮位的重现期将从100年一遇缩短到10年一遇，相应的城市防洪能力由现状20年一遇降为5年一遇。广州市附近现状重现期为100年一遇的高潮位将降为20年一遇，相应的城市防洪能力由现状10～20年一遇降为10年一遇。天津市、上海市以及珠江三角洲的广州、佛山、珠海等城市，现状地面相当部分已处于当地平均高潮位以下，完全依赖城市的防洪设施进行保护，若海平面上升后，这些城市原已十分严峻的防洪问题必将更加突出。因此，在确定沿海地区城市的防洪标准时，应该充分考虑由于海平面上升所带来的影响。

第5章 城市防洪减灾总体策略

党的十八大报告提出 2020 年在我国建成小康社会的宏伟目标，要求工业和农业互相支持，城市与农村互相支持。2012 年 12 月中央经济工作会议提出，今后我国将推行积极稳妥推进城镇化的策略，城镇化必将进入发展的快车道。

2015 年 12 月中央城市工作会议强调："依法治市，转变城市发展方式，完善城市治理体系，提高城市治理能力，着力解决城市病等突出问题，不断提升城市环境质量、人民生活质量、城市竞争力，建设和谐宜居、富有活力、各具特色的现代化城市，提高新型城镇化水平，走出一条中国特色城市发展道路。"

会议指出，做好城市工作要"尊重自然、顺应自然、保护自然，改善城市生态环境，在统筹上下工夫，在重点上求突破，着力提高城市发展持续性、宜居性。"

随着城镇的发展，城镇的规模、经济形态和社会结构必将发生巨大变化，也必然伴随产生许多影响城镇发展的负面因素，其中，城镇水灾损失的渐趋严重就是制约城镇发展的一大"城市病"。这是因为，从产生水灾的角度看，城镇和农村的重要差异在于承灾体脆弱性不同，以及承灾体对受灾时限敏感性不同。

为了响应党中央提出的"走出一条中国特色城市发展道路"的号召，最大限度地减少城市洪涝灾害，本书将在治水上发力。在本书第 2 章阐述了城镇水灾特殊性这一城镇与非城镇水灾后果巨大差异的决定性因素，以及第 4 章阐述随着城镇化的发展，城镇承载体的脆弱性将发生时空变异，因而影响城市防洪体系的格局，本章着重全面阐述城市防洪减灾的战略与策略问题，并根据城市自然地理特点及其洪水风险特征，借鉴古今中外防洪经验，总结出具有城市防洪减灾特色的"十字"防洪治水对策，从宏观上阐述防治城市各种洪水灾害对策的总体思路。

同时，分别在第 6～第 8 章中讨论关于山丘、平原与滨海城市内外河洪水防治问题，在第 9 章阐述城市暴雨积涝防治问题，并在第 10 章专门就小城镇防洪问题进行论述，为治理城市水灾这种城市病提供技术决策支撑。

5.1 中国古代城市防洪方略

中国古代城市选址是有防洪意识的。在与洪水做斗争的历史长河中，经过无数次的反复实践，并不断从实践中总结成功经验和失败教训，形成了行之有效的"让其锐、避其害"的防洪方略。吴庆洲的《中国古代城市防洪研究》专著对此做了精辟的论述，本节引用了其中一些论点和史料。主要对策包括以下几个方面：

5.1.1 城市建于地势较高处以防水淹

城市建于地势较高处，是城市选址的普遍经验。《管子》云："凡立国都非于大山之下，必于广川之上，高毋近旱，而水足用，下毋近水，而沟防省"，说的就是城镇要建在地势高的地方，以避开水的侵犯。事实上，这也是人的自我保护意识。中国的古训"知命者不立于岩墙之下"说的也是此理。如距今约 4500 年前的河南淮阳平粮台古城址，建于高出周围地面 3～5m 之上，故少有水患滋生。齐临淄故城的城址，地面高程多为海拔 40～50m，高出北面广阔原野 5～15m，也几无洪水侵扰。不过，这种得天独厚的建城地势，随着城镇大量兴起，而渐渐减少；城镇逐步向平川，向水路交通方便之地发展，水灾因而广泛且频频发生。

5.1.2 城市建于稳定河床之滨以避水冲

这是城市选址回避游荡河床威胁城市安全的重要经验。特别是游荡善徙的黄河，在漫长的岁月里，黄水不知吞噬了多少城镇和乡村，古人因而也总结出避开游荡河床建城的经验。如齐临淄故城东临的淄河，河床切入地下深达 5～6m，且十分稳定，形成淄河一道古自然堤，临淄故城的东半部就坐落其上。

5.1.3 城市建于河流凸岸以削水势

河流自然形成的蜿蜒形态，河岸凸凹相间，凹岸易为水流顶冲，凸岸水势相对平稳，城市建于河流凸岸则有利于避免洪水冲刷。例如，广西南宁古城，建于邕江北岸凹岸，城区地面高程低于邕江最高水位数米，虽古城高筑城墙，坚实基岸，却因邕江凹岸水流顶冲，而水患频繁，洪水多次进城，见图 5.1。有些建于凸岸的城市，即使地势稍低，受淹而不受冲，损失也将相对较小。中国古代有不少这种建于河流凸岸的城镇，如桂林、南昌、信阳、新昌、潮州、高要等。

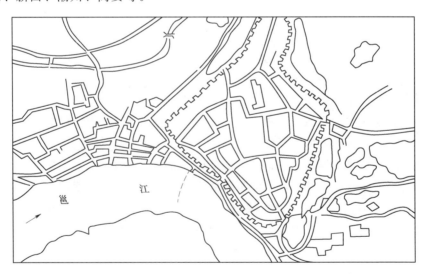

图 5.1 广西南宁古城示意图
(引自吴庆洲《中国古代城市防洪研究》)

5.1.4 城市以天然岩石为基以作屏障

城市以天然岩石为基，这也是城市避让洪水冲刷的重要经验，即"让其锐"之谓。如安徽六安古城，坐落在淮河支流淠河西岸的凹岸，城址上下游各有一条红砂岩脉伸出江中，恰似天然丁坝，逼中泓于对岸而使六安城久安。又如四川省合川县太和镇，位于涪江凹岸，其上游的观音阁月台石是伸向涪江江心的大岩脉，成为太和镇的天然防洪屏障。

5.1.5　城市迁徙以绝水患

因水患而迁城者为数众多，这也是一种防洪对策。如唐仪凤二年（公元 677 年），黄河洪水摧毁了淮远城，次年，迁城于银川平原。河西走廊的敦煌也因水灾而迁徙。江西赣县古城在晋太康末年（约公元 289 年）因洪水泛滥而迁移。位于长江口的崇明县，曾因海潮侵蚀而五迁城址。

5.2　国外现代城市防洪策略的变革

城市人口不断增加，城市数量不断增多，城市规模不断扩大，从而使城市防洪形势日益严峻，洪灾损失有增大的趋势。这一城市化引发的新的洪水与洪灾问题在世界上带有普遍性。防洪减灾已成为突出的、引人关注的政策问题。尽管人类的文明是在与洪水的相伴中发展起来的，但长期以来对待洪水的策略主要是用工程控制抵御洪水以保护人民生命财产的安全；然而，多年的实践证明，处理洪水仅仅依靠防洪工程措施不仅是不够的，而且还产生了一定的负面影响，并带来严重的环境问题。世界上许多国家对此进行了反思，已经或正在对防洪策略进行变革。国外现代城市防洪策略的变革对我国建设新型防洪城市具有重要的启迪意义。

5.2.1　国外城市防洪策略变革的背景

5.2.1.1　主要江河已具备变革防洪策略的物质基础

主要江河已基本建成具有一定防洪能力的防洪体系，可以有效地控制一般的大洪水，具备了变革防洪政策的物质基础。

江河防洪的物质基础指的是具有一定标准的江河防洪减灾体系，主要包括水库、堤防、分洪道、蓄滞洪区等工程设施和洪水管理等非工程措施。城市等保护区依靠这种防洪减灾体系可以具有一定程度的安全度。以美国密西西比河为例：密西西比河流域防洪系统由堤防、水库、分洪道、河道整治、山地治理等工程措施，以及洪水预警预报和泛区管理等非工程措施构成，这些就是该流域的防洪减灾物质基础。例如，密西西比河在 20 世纪 90 年代初共有干流堤防 3540 km（含城市防洪墙），支流堤防超过 4000km。防洪作用较大的支流水库 150 座，总库容超过 2000 亿 m^3。主要分洪工程有新马德里等三处，保护着凯罗、新奥尔良、巴吞鲁日等重要城市的安全。在孟菲斯至红河码头之间共裁弯 16 处，分别降低该河段水位 0.6～2.1m。此外还有洪水预警系统，大量山地治理和土地利用管理措施。这样的防洪体系在 1993 年大水中发挥了很大的作用。据估计，在 1993 年大水中，通过水库调度，降低了圣·路易斯站水位 5ft❶（英尺）。由于城市堤防的兴建，使洪峰水位高出一般水位 20ft 的圣·路易斯城安然无恙。

---

❶　1ft（英尺）=0.3048m，全书下同——编辑注。

5.2.1.2　城市水灾损失持续增加、环境生态逐渐恶化

随着人口的急剧增加、社会经济的发展以及对资源不合理的开发利用，使城市变得日益脆弱，灾害损失持续增加，环境生态逐渐恶化。

人类经济社会的可持续发展、防洪减灾与保护生态环境已成为不可分割的防洪三大战略目标。例如，马来西亚首都吉隆坡，20世纪90年代人口80多万人，流动人口约45万人。随着城市迅速扩大，出现了不少为城市提供服务和维护公众健康的问题。该城市人口约42%（低收入人群）居住在6%的地方。这些地方经常遭遇洪水，排涝能力也不足，水灾使城市损失持续增加。由于城镇化，对未加保护的洪积平原和海水入侵地区的迅速开发，现在已几无可供建造任何堤防、水库等新工程措施的空间。垃圾成堆，工业污水注入排水系统、河道堤防被蚕食或修建违章建筑，使城市生态环境恶化日益严重。在印度尼西亚，由于河流有多种利用功能，如淡水供应、排水和污水处理，因此，城市地区洪水问题很难解决。高速发展的城镇化已经严重地影响河流的环境，特别是水质恶化和海水入侵。因此，城镇的洪水问题需要具有构建新型社会的理念，亦即防洪安全建设与人居环境美好协调发展的理念，也就是防洪安全建设不能以恶化环境为代价的理念。

5.2.1.3　洪水的活动空间日趋缩小

洪水是一种具有自然属性的事物，洪水要求有自己存在与活动的空间。往往一个地方的洪水被制伏了，它却可能在另一个地方造成更严重的洪水灾害，而人们在治水时却有时不太注意这一点。

在控制洪水政策的主导下，堤防不断加长、加高和加固，让洪水归槽，洪泛区不断被开发利用，调蓄洪水的场所被大大缩小，洪水秉性变得越来越桀骜不驯。

应当认识到，任何防洪措施只能将洪水防御到一定程度。为了有效地控制与管理洪水，必须实施流域综合管理，将洪水管理措施与社会经济发展，特别是水资源管理，系统而有效地结合起来，关键在于制定有效的土地利用规划和强有力的与水有关的法律，协调人、地、水三者间的关系，重点在利用法律约束人对水、土资源的无序利用，给水以必要的活动空间。

5.2.1.4　现代城市水灾风险日益增大

在城镇化过程中，城镇洪涝的水文特征与致灾机制发生了显著的变化，现代城市水灾风险日益加重。

例如，澳大利亚帕拉马塔河上游的城镇居民，原先都生活在悉尼市的西部郊区。随着城市化进程，商业、工业飞速发展，这里已成为悉尼大都市区的地理中心，流域内的人口在20世纪90年代已超过25万人，估计有70%以上的地区为房屋、道路、停车场和其他不透水地面覆盖。大规模都市群地区的城市洪涝的一个显著特点是，遍及流域广大面上发生洪涝，孤立与成片的洪涝水相间，目前还缺乏解决这种城市型水灾的好办法。

5.2.2　国外城市防洪策略变革的总趋势

5.2.2.1　从单纯的防洪向防洪与保护环境结合、向与水协调相处的战略转移

东南亚地区国家是发展中国家，经济发展与防洪建设往往以恶化环境为代价。近一二

十年来，一些国家把减轻水灾看成是持续发展中环境管理战略的重要组成部分。例如，马来西亚克朗流域在防洪治理时，将减灾和改善环境结合起来。在规划河道整治和河道景观方面，保留一定空间，修建供截留泥沙或供娱乐消遣的人工湖，将河道、滩地等作为城市景观的一个整体自然环境来考虑。日本从 1894 年颁布《旧河流法》至今，已先后修订三次。1964 年制定的《新河流法》将防洪与用水管理结合起来。随着经济的发展，对河流管理的要求日益增多，河流不仅要有防洪与供水的功能，而且要为多种动植物提供水域和栖息地。为此，1997 年再次对 1964 年的《新河流法》做了修订，形成防洪、用水与环境密切结合的法律。

5.2.2.2　从单纯的开发向开发与洪水管理结合的方向转移

国外在这方面是有痛苦教训的。例如，加拿大早在 1945 年就认识到泛区管理是唯一最可能减少洪水损失的途径；然而，直到 1975 年出台了减少洪水损失计划（FDRP）后，加拿大联邦政府才主动支持泛区管理。FDRP 主要是促进编制泛区洪水风险图，禁止联邦与省级政府在指定为高风险地区从事开发，或者向那里的企业提供帮助；限制联邦与省级政府只能对在界定为高风险区以前建设的工程提供灾害资助；鼓励市政当局根据工程研究与泛区风险图颁布区划条例。加拿大环境部已成为 FDRP 中发挥领导作用的联邦机构。

然而自 20 世纪 90 年代起，加拿大环境部不再支持联邦减少洪水损失计划，且无其他政府部门承担这项工作。作为水资源管理旗舰的"内陆水资源董事会"也随之被撤销，并将水资源管理职责分散到"新"的加拿大环境部中的三个部门，加拿大环境部似乎已将其核心权限用于水、气、土的环境质量，而摒弃了洪水管理；而且将 1995—1998 年水文站网预算削减 35%，致使在急需高质量的水文信息以迎接人类可持续发展挑战的时刻，降低了支持决策的信息水平。

1996—1997 年，加拿大接连在红河与圣劳伦斯河发生了特大洪水，损失惨重，洪灾暴露出一系列的洪水管理方面的问题，这种状况引起加拿大政府的警觉。加拿大环境部，紧急事务防备处与保险局一致强调加拿大洪水管理出现了危机，重申洪水管理是国家减灾政策的一部分。

5.2.2.3　从单纯的防御外洪向重视防御外洪与城区雨洪管理转移

随着城市的发展，城市化水平越来越高，城市环境发生了根本性的改变，往日雨后大片农田积涝的景象，在现代城市已很难见到了；如今，取而代之的是，暴雨中的地面交通瘫痪、汽车损坏激增、地下设施进水、财产受损严重等为主要特征的现代城市水灾景观。造成城市洪涝灾害的致灾因子日益增强，承灾体变得日益脆弱。城市水灾性质上的变化引起了城市防洪除涝对策思路的变化，城市不仅要防御外洪，更要治理内涝。

5.2.2.4　从单纯的防洪工程措施向防洪工程与非工程措施密切结合转移

国外很重视非工程措施的应用。例如，1993 年美国上密西西比河发生了旷世大洪水，灾后调查小组提交美国国会的报告中建议，除非别无选择，才考虑对洪泛平原的开发。开发利用防洪区要注重采取非工程措施，在可能发生严重风险的地区应该迁出居民，只有在优先方法尝试过后，才应该修建其他工程，如堤防等。

5.3 城市防洪策略突出解决的四大关系

5.3.1 防洪与环保

城市防洪减灾与发展城市经济是城市防洪两大战略目标，但不是全部目标，一个城市不仅要在安全保障的条件下发展经济，而且要保护好城市生态环境。反之，如果一个城市只顾防洪、只顾发展经济，使城市生态与环境不断遭受破坏，人居环境每况愈下，这样的城市迟早是要湮灭的。

1. 城市发展对环境的要求

世界城市化发展的一般规律是：城市化要先后突破制约其质量内含的三大倒 U 形曲线的走向，即推进城市化的"动力""公平"和"质量"的倒 U 形曲线从左侧通过临界顶点向右侧转移。城市化要率先走过 3 个"零增长"的台阶，即依次实现城市人口的"零增长"、城市资源与能源消耗速率的"零增长"以及实现城市生态环境退化速率的"零增长"。

2. 城市质量倒 U 形曲线

城市质量倒 U 形曲线亦称"环境库兹涅茨曲线"，是城市发展过程中城市环境质量状态的表征，该曲线表现出环境质量变化同经济增长呈倒 U 形曲线关系，即发展中国家与发达国家在生态环境质量的整体变化中具有相同的轨迹方向。即是说，在城市化初期，城市 GDP 增长是以城市污染的加重为代价的。随着城市化进程，这种同步增长达到临界顶点，然后，进入 GDP 增长但污染减轻的阶段，形成一倒 U 形曲线，见图 5.2。中国科学院可持续发展战略研究组对中国城市化进行研究后，得到在过去的 20 年里中国城市发展存在环境倒 U 形曲线的明显特征，例如，随着城市经济的增长（GDP 增长指数），废气排放量（废气排放指数）也在增长，表明中国的环境质量仍处在质量倒 U 形曲线的左侧，尚未达到临界顶点，更未进入曲线右侧，见图 5.3。结论是：中国城市的生态环境目前处于局部改善，整体恶化的状态。随着城市的发展和社会的进步，人们逐步认识到，不能仅仅用 GDP 来衡量城市的真实的进步，而应当用新的指标，即"绿色 GDP"。所谓"绿色 GDP"指的是现行 GDP 扣除自然部分的虚数和人文部分的虚数。自然部分的虚数主要包

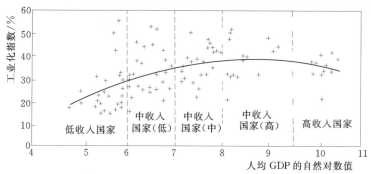

图 5.2 世界城市现代化第一宏观判据的倒 U 形对比
(引自中国科学院可持续发展战略研究组研究成果)

括：城市环境污染所造成的环境质量下降；城市周边地区长期生态退化所造成的损失；自然灾害所引起的经济损失；物质、能量、信息的不合理利用所导致的损失等。人文部分的虚数主要包括：疾病和公共卫生导致的支出、失业造成的损失、管理决策不善造成的损失等。

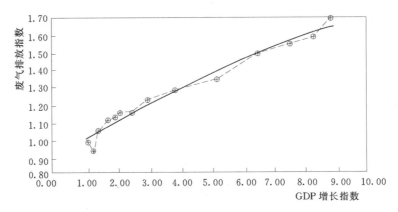

图 5.3　中国城市废气排放倒 U 形曲线（1985—1998 年）
（引自中国科学院可持续发展战略研究组研究成果）

3. 城市的可居性

创造良好的人居环境是人类发展最基本的命题。古希腊亚里士多德说过："人们来到城市是为了生活，人们居住在城市是为了生活得更好。"人类的一切活动：经济的、政治的、文化的、科学的、……最终目的都是为了提高广大人民的生活质量。"可居性"是人居最基本的要求，环境是人类生存最本质的基础和条件，而环境质量则是保证"可居性"的前提。

国外有许多城市，为了防洪安全而修建围堤，这样，在防御外洪的同时也加重了城区涝水外排的困难，并使环境恶化。一些城市大都被围堤包围起来，防洪标准提高了，但内涝加重了，环境污染了，人居条件下降了。国外十分重视防洪带来的环境问题。在对待城市排水问题上，并不一味提高工程排水标准，而是推行雨水利用政策，让涝水就地多消化一点，宁肯堤防修矮一点，城内调蓄能力多保留一点，生态环境用水多安排一点，以创造良好的人居环境。例如，日本在利用洪水方面采取了雨洪就地消化的措施。在原渠道化的河道上人为造滩，营造湿地、培育水生物种，以求得与自然状态的和谐。日本政府十分重视城市雨洪调蓄，并做出相关规定：在城市中，每开发 $1hm^2$ 土地，就要设置 $500m^3$ 的雨洪调蓄池。在城市中广泛利用公共场所，甚至屋宅院落、地下室、地下隧洞等空间调蓄雨洪，减免城市涝灾。建设城市堤防，注意与美化环境结合，例如，采用不同颜色的砌石拼成美丽的图案，结合城郊滩区建造公园，美化环境，打造舒适的人居环境等。

4. 城市的生态价值

人类必须改变以往凌驾于环境之上的态势，应视人类为自然的一员，要认识到人类及其后代的生存完全依靠自然。过去一般认为，价值准则包括三类价值指标，即技术价值、经济价值和社会价值。从 20 世纪 80 年代中期起，人们开始把生态价值从社会价值中分离出来，成为独立的第四类价值指标，可见生态环境的重要性。一种经济，若破坏了其本身赖以生存的基础,这种经济也就不可能持久。因此,要改变单纯的经济观点,要建立人-技术-社会与自然和谐结合的发展观,这种发展观摒弃以往不顾环境的发展战略,而是采取兼顾当代及后人、兼顾向自然索取与维护自然一定质量的可持续发展战略。

不可能设想,如果城市为了保障安全、发展经济而把城市环境弄成无人愿意居住的恶劣场所,这样的城市还能持续发展下去吗?

由此可见,确定任何一项防洪减灾对策措施,不能仅从技术层面上考虑,还必须评估其经济含量和生态含量,即是说,任何一项防洪减灾对策措施是否能被接受,不单纯是一个技术问题,而是技术、政治、经济、文化、社会和环境等有机结合的综合问题。

5.3.2 防洪与除涝

许多城市都建有堤防,以防外河洪水的侵袭;然而,城市也因堤防使城市雨水外排困难而致涝,或使涝灾加重,因洪致涝,洪涝并发,酿成现代城市水灾。城市防洪必须同时处理内涝。

1. 暴雨积涝

现代城市暴雨积涝十分普遍,主要原因是:随着城区的扩大,过去防洪排涝标准较低的农田变为市区,排水设施建设跟不上;城市建设填埋了大量蓄水坑塘与排水沟道,城市新区排水能力很低;城市不透水面积增加,城市雨洪强度加大。然而城市外洪与内涝治理和管理目前大多分属不同的行政管理部门,尽管城市洪水风险集中表现在城市外河洪水溃堤淹城和城区暴雨排泄不及而积涝等两方面。暴雨积涝已成为现代城市水灾的显著特色:马路积水、车辆堵塞、交通瘫痪、住宅被淹、地下建筑进水、生产生活秩序打乱。例如,2011年7月18日,南京市突降暴雨,一座现代化大都市突然陷入紊乱与无序。

然而,长期以来,由于管理体制上的原因,城市的这种洪涝风险,并未得到统一和有效的管理。这是因为城市防洪规划大都主要是防御外河洪水,只有少数城市考虑了除涝;而城区排水和除涝规划,也因与城市防洪规划和城市建设规划结合不够,而使解决洪涝矛盾困难重重。

城市洪涝治理十分复杂:仅就防洪而言,总希望城市堤防高一些为好,将城市封闭起来,把洪水拒之城外;然而,这样一来城区排水就发生困难了,从而加重了涝灾。但随着城市的发展,城市对排水的要求将会越来越高;城市防洪标准也会逐渐提高,防洪排涝的矛盾将更加尖锐。如若不转变治理城市水灾的对策思路,妥善处理洪涝交织的矛盾,就有可能因强调防洪而对城市排涝重视不够,从而降低排涝标准,加重城市涝灾。

解决矛盾的途径,重要的是妥善解决外河排水出路,降低外河水位,以利城市内水外排,尤其是水网地区的城市,更应如此。就城市本身而言,除了提高城市排水标准外,还应当从就地消化雨水方面找出路,将消化雨水和雨水利用紧密结合起来,既减轻涝灾,又增加水资源,还能改善城市生态环境,一举三得。这是国内外共有的成功经验。

2. 洪涝并发

"洪涝并发"是城市防洪治涝中普遍存在的问题,不仅在一个地区内洪涝水相互干扰,而且在一个城市中,外洪阻碍内涝排出,酿成涝灾,都算作洪涝灾害损失。因此,在采取防洪措施时,必须同时兼顾除涝。

5.3.3　防洪与管理

随着经济的发展，洪水控制与管理逐渐把重点放在社会福利与环境保护上，同时，洪水控制与管理最终也要通过减轻洪水对个人和社会的影响而提高生活的质量。在权衡上述目标时会产生矛盾，这取决于经济发展水平与洪水控制和管理的复杂性。不同的防洪措施反映了在防洪管理中对于不同措施的优先关注点。

1. 加强城市暴雨洪水管理

洪灾损失将随着城市的扩大而增加，城市水灾往往多由当地暴雨洪水造成。当地雨洪主要靠小型工程措施来处理，社区在洪水管理中会起积极的作用。工程措施用于城市防洪常受到经济与技术条件的制约，非工程措施则因其独特的优点而可作为首选。马来西亚政府倡导推行非工程措施，保证未来对已有的排水设施所负担的泄水量影响最小。例如，制定城市新开发区排水对排水系统应满足"零流量增加"的原则。

暴雨洪水的管理，尤其是城市雨水的利用，必须有建立在洪水综合管理基础上的总体规划和战略措施。实施这一途径必须有中央、地方与社区公众的共同参与。现在大多数人已不再把解决城市的暴雨洪水引起的灾害认为仅仅是中央政府的事了，地方政府与社会公众在防洪减灾资金筹措以及解决由于城市发展引发的洪灾中起着愈来愈重要的作用。人们已认识到，必须利用财政和立法手段，建立激励和抑制机制，以减轻城市未来发展对城市洪涝的影响。尽管向受益人筹集防洪资金依然困难重重，但在马来西亚、日本、澳大利亚等国仍在努力向地方社区分摊工程运行与维修费用。

2. 重视小流域综合管理对城市防洪的作用

人口急剧的增加与经济、城市的快速发展，对土地与水资源管理产生了巨大的压力，也改变了土地利用规划的观念。洪水控制与管理在观念上最重要的改变也许就是认识到小流域水文特性的变化。尤其是由于城市化引起的土地利用的变化，大大地改变了暴雨径流过程。这种洪水，对快速加快的高度城市化小流域，可定义为"水文快速响应流域"，澳大利亚将这种流域称为"水文意义上的小流域"。在这样的小流域中，某一部分，特别是上游采取的防洪措施有可能对流域内的其他部分产生重大影响，因此，澳大利亚政府认为，对于这样的小流域，必须重视流域整体上（面上）的防洪管理。一般而言，除了建立与健全防洪调度系统外，在业已开发的地区，主要依靠工程措施防洪减灾；而在新开发地区则应对未来的发展进行有效的规划与控制，也即采取工程与其他非工程相结合的措施，以减少洪灾损失。

5.3.4　工程与非工程措施

东南亚地区水灾十分严重，经过多年的防洪斗争，当地一些国家积累了丰富的经验，其中最重要的是在建设一定标准的防洪工程基础上，大力推行工程与非工程措施相结合的洪水管理。洪水管理很复杂，它涉及方方面面，例如，①如何平衡各地的安全水平；②如何有效地实施土地利用法规；③如何促进上下游的协调（下游通常是受益者）；④如何使城市地区周围的防洪与环保要求取得一致；⑤如何在非汛期确定行洪河道的最佳利用标准。其中有技术问题，但更多的是社会管理问题。所谓安全水平就是防洪标准。如何确定不同地区的防洪标准，需要考虑城市的重要性、人口数量，经济发展的程度，城市所处的地理位置，其与周边城镇的依存关系等等。这些因素有的可以量化，如人口数量，城市的固定资产和 GDP 等；有的则不易量化，或不可以量化，如城市的重要性，一个城市与周边城镇的依存关系，城市的地理位置等。确定城市的防洪标准只能达到相对合理性，决策者需要进行各地城市安全性的平衡。土地利用法规主要是用来规范人类开发利用土地的行为。人类与水争地的矛盾很普遍，也制定过多种土地利用法规，但土地利用方面的"违规"现象仍层出不穷。如何才能做到有令则止，是很值得研究的。出台任何一项措施，必然牵涉上下游，左右岸，方方面面的关系。处理好这些关系十分重要，其结果体现在公平、公正上。任何一项防洪措施不可能对所有利益方都是正效益，而必然是正负两种效益并存。决策者为了从全局整体上获得最大的受益，就必须进行关系之间的利益协调与权衡。所谓"使城市地区周围的防洪与环保要求取得一致"，并非防洪与环保一点不能相让。要求做任何一件事情都能完全满足所有的目标，一般是不可能的。普遍的是熊掌与鱼不可兼得。在实施一项措施时，若防洪与环保二者都有所失，则应权衡，做到二者所失取其轻。

为了推行这些新的规划思想，必须采取一定的法律与财政手段，以合理地制定城市发展规划，例如：

（1）某一地区排入河系的水量应当与其所承担的工程费用挂钩。应将某一地点以上应负担的费用告知开发商与公众。例如，在上游进行开发应交纳的防洪费用要高一些，以抑制在上游的无序开发。

（2）开发商在其开发范围内建造滞蓄雨水设施、渗漏路面以及公园中的临时减洪设备等，其减洪效果必须得到水行政主管部门的评估与认可，当认可后方可减免排放费。

（3）由开发商交纳的费用所建立的防洪周转基金应该专门用于城市防洪，包括工程所需的征地费用。开发单位排入河系的水量资料，应该作为申请国家资助、贷款建设城市防洪工程时的必备文件。

5.4　城市防洪减灾对策概论

城市防洪减灾对策属江河防洪减灾对策范畴，但因城市的重要性与特殊性，本章拟在城市防洪对策及其与江河防洪体系的关系层面上研究城市治水的总体策略。

无论江河防洪减灾，抑或城市防洪减灾，其基本对策都不外乎工程措施与非工程措施两大类。工程措施的对策思想主要是采取蓄、泄、滞、拦、分、漫等措施，以达到降低洪水强度和减少洪水灾害损失的目的；而非工程措施的对策思想则主要是通过洪水调度、防汛抢险、国家法律、政策、规程规范、行政管理、灾后恢复、洪水保险和经济手段等，以达到减少洪水灾害损失的目的。尽管以上基本对策相同，但对于每座城市而言，应该采取什么样的对策措施组合，则不可能千篇一律；而应根据城市的类别及城市的洪水风险，因地制宜地组合选用。

5.4.1　影响制定城市防洪减灾对策的因素分析

影响制定城市防洪减灾对策的因素主要有以下两个方面。

5.4.1.1 城市自然地理因素

包括地形、地质地貌、气候水文（洪涝）、土壤植被、城市区位等在内的自然地理条件对于制定城市防洪减灾对策有着十分密切的关系。例如，地貌地形：低山丘陵地貌在中国有大面积分布，这里的城市多位于河谷，临河是共同的特点；但是，如果低山丘陵区的河谷平原较宽阔时，城市的地形则较平坦，如湘江平原的长沙，城区空间分布比较开阔；当河谷平原比较窄小时，城市则有山城特点，如重庆市。而当河谷平原成盆地状时，则城市均靠盆地边缘，如"金衢盆地"。湘江平原上的长沙与一般平原城市类似；山城重庆则兼有山丘、平原城市的特点；而河谷盆地边缘的城市，则更接近山丘城市。尽管都具备低山丘陵地貌，但由于区域地形的差异，在制定城市防洪减灾对策时，措施选择就有差异。例如，长沙，因周围平原开阔，城区受洪水威胁的范围较广，因此，要根据湘江水系与长沙市区的相对位置采取分区建设围堤的对策，将长沙保护起来；而山城重庆则因其垂直跨度大，只需在沿江修建一些防洪工程，不必将整个城市都防护起来。这是因城市类别不同而显示出在防洪建设的重要差异。

再如城市的洪水特征，往往是制定城市防洪减灾对策的决定性因素。城市洪水主要包括城市外来洪水和城区暴雨洪涝两种。城区暴雨洪涝主要是城市暴雨积涝，以及城区一些小河的洪涝。在有些范围较大的城市，城市内有源于本地区的小河。如广州市内一些较大"冲沟"，也会形成局部范围的洪水，因和外来洪水有别，故算作城区暴雨洪涝。城市化后，城市范围得以大幅度扩展，原本属于农村的土地面积纳入了城市范畴，有些原本属于外河的具有山洪特性的小河流也纳入城市范围。当这类河流山洪暴发时，也将引起城区的洪涝，比城市化之前增加了由于山洪引起的洪涝压力。不过，穿城而过的外河，不在此列，仍然算作外来洪水，例如，穿过哈尔滨的松花江，穿过沈阳的浑河，穿过重庆的嘉陵江、穿过上海的黄浦江等。由于洪水来源的差异和洪水特性的区别，防洪对策必然有别。

5.4.1.2 城市的经济社会地位和潜在的洪水风险

洪水风险指的是洪灾损失量和产生该洪灾的概率的组合（一般用乘积表示）。常住人口多、经济发达的城市，财富大量聚集，城市的地位相对较高，一旦遭遇洪灾，损失相对较大，潜在的洪水风险也就较大。因此，在制定城市防洪减灾对策时，除需考虑外河洪水和城市暴雨量级外，尚需以城市常住人口和经济发展水平为重要依据，确定防洪标准，《防洪标准》（GB 50201—2014）制定的原则体现了这一点。一般而言，经济发达地区的城市对于城市的防洪减灾能力要求更高，防洪标准就应定得更高一些。另一方面，经济发达的城市，也有更强的经济实力，可以建设较高防洪标准的防洪设施。例如，相同人口的城市，经济实力较强的浙江省城市的防洪标准就普遍定得较高。

5.4.2 城市防洪减灾总体策略

根据中国城市洪涝的特点，经济社会发展对城市防洪减灾的要求以及长期防洪治水的实践，可以认为，城市防洪安全一要靠流域水系防洪减灾体系作依托，并建设城镇自保堤防，使城镇形成独立的防洪单元，以防外洪入侵；二要妥善安排城镇雨水蓄排出路，减免城镇积涝。城市防洪减灾总体策略应当刚柔并济：柔是正确处理若干影响全局的重大关系，刚则着眼于确定城市治水具体的对策措施。柔涉及战略，刚侧重战术。柔主要包括妥善处理城市防洪与流域（区域）防洪的关系、城市防洪标准与流域（区域）防洪标准的关系、城市防洪建设与城市建设的关系，以及工程措施与非工程措施的关系。刚主要包括治理城市洪涝的具体对策措施，例如，"靠、泄、疏、围、避、蓄、挡、排、垫、管"等"十字"对策。从对策性质上看，工程措施侧重于硬件，非工程措施侧重于软件。

5.4.2.1 应对不同类型洪涝的防洪治理对策思路

1. 应对较大干支流洪水

位于较大干支流两旁的城市除主要依靠流域防洪体系提高防洪能力外，还要依靠城市堤防、围堤等措施提高防洪除涝减灾能力。

2. 应对山前洪水

位于受山前洪水威胁较大的平原城市，除修筑堤防，则须将洪水疏导至城外，主要依靠城市建设自保工程措施提高防洪能力。

3. 应对山区性洪水

受山区性洪水威胁的城市，必须大力整治河道，修建水库，完善城区排水管网和泵站的建设，加强非工程措施力度，逐步提高城市的防洪除涝能力。

4. 应对山洪泥石流

受山洪威胁的城市，由于地形、地貌、洪水来源差异很大，目前既无准确的方法预测，亦无有效的措施防治。因此在山洪泥石流频发地区，应当根据"以防为主，防治结合"的方针，采取以非工程措施为主，非工程措施与工程措施相结合的对策，制定以最大限度地减少人员伤亡为目标的山洪防治规划，建立超短期山洪预警预报系统，编制山洪风险图，指导城镇和广大受山洪威胁地区进行生产和建设规划，保障城镇防洪安全。

5. 应对暴雨积涝

治理城市暴雨积涝不能单靠城市排水，而应蓄泄兼施，洪涝兼顾，统筹考虑。治理城市暴雨积涝，除建设一定标准的排水系统外，还必须建设城市雨水利用系统，尽量恢复城区内河、湖、塘、泽，增大绿化面积，充分发挥城市自身拦蓄雨水的功能，打造"海绵式"城市。

6. 应对洪涝夹击

在水网地区，就一个点（城镇）而言，圈圩自保肯定对本城镇有利，但就一个地区而言，点上的措施就可能对全地区防洪产生负面影响。因此，位于水网圩区内的城市，不能无限制地扩大圩区范围、提高排涝标准。为了协调洪涝夹击地区洪涝与城市防洪的矛盾，必须全面研究城市圩区对地区洪涝可能产生的影响。应当认识到必须在统一解决流域洪涝灾害的思想指导下，在妥善解决河网地区洪水出路的大前提下，考虑各个圩区城市的规划与建设，而不宜各个城市采取各自的防洪除涝对策。

7. 应对风暴潮洪交织

经验证明，将潮水完全阻挡在海堤外是不可能的，有效的做法是统筹工程与非工程措施，修建不太高、但质量较好的海堤，抵消一部分风暴潮势头，允许潮水翻越海堤，这样就可以大大削弱风暴潮的威力，减少风暴潮对城市的危害。

5.4.2.2 妥善处理影响防洪全局的重大关系

1. 城市防洪与流域（区域）防洪的关系

（1）江河沿岸城市防洪必须以流域防洪体系为依托。城市是流域水系中的一个点（局部），除突发性山洪、沿海风暴潮、城区暴雨积涝、水库溃决等局部灾源外，城市防洪都和流域水系防洪密切相关；一般来说，不依靠流域水系的防洪体系，城市是无法解决自身防洪问题的。因此，江河沿岸城市防洪必须以流域防洪体系为依托。

目前许多城市防洪规划都是以流域、区域防洪规划中的防洪体系为基础的。例如，湖北省沿长江干流的城市（如武汉、鄂州等），在长江中下游防洪体系的格局中，除防御长江 1954 年洪水（约 40～50 年一遇）外，还要防御当地暴雨引起的局部洪水。因此，依托城市所在江河水系防洪体系，建造城防围堤形成封闭圈，城市防洪标准才可以达到 100 年一遇（图 5.4）。

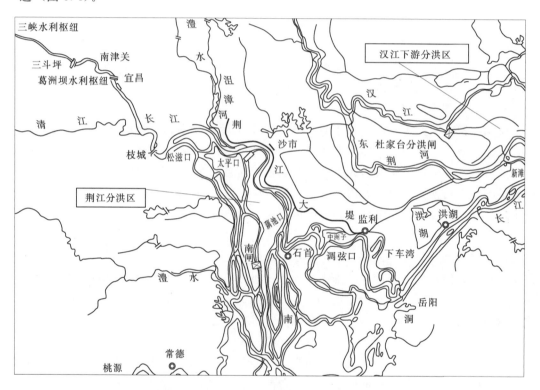

图 5.4 长江中下游沿岸城市依靠三峡枢纽与荆江分洪区等提高防洪标准图

[引自长江水利委员会《三峡工程综合利用与水库调度研究（1997 年）》]

又如，湖南省总共有近百座城市编制了城市防洪规划，其中约有 30% 的城市位于洞庭湖区或湘、资、沅、澧四水尾闾，如长沙、岳阳、常德、益阳、湘潭、株洲等，城市防洪规划密切结合洞庭湖区治理规划，同时建设围堤形成城市保护圈，提高城市防洪自保能力。类似这种城市防洪紧密依托于流域防洪体系的城市，尤其是大江大河的滨江滨河城市是很多的。

值得注意的是，目前确定的城市防洪标准应当是在流域与区域防洪体系正常运行（按设计标准运行）条件下的防洪标准。对于重要的城市，在流域或地区发生超标准洪水时，甚至在流域或区域防洪系统遭到破坏时（如水库失事，溃堤等），城市如何应对，在编制城市防洪规划时则应专门做出安排。

（2）城市防洪应考虑保护城市基础设施。城市重要基础设施主要指城市生命线工程，如供水、供电、供气、供暖、交通运输等。这类基础设施如气源地、水厂、变电站、交通干线等，有的不在城区，甚至远离城市。例如，担负北京市部分天然气供应的某供气站就坐落在远离北京市的河北省文安洼内。这些生命线工程一旦遭受洪水破坏，城市则断水、断电、断气，或中断对外联系，致使城市不能正常运转，甚至瘫痪。此外，一些重要的地下设施，如地铁、地下商业街、仓库、高层建筑的动力设备等，最易遭受洪水破坏。因此，城市防洪除了要重视防御外洪不进城，内涝排得出外，还应注意保障重点基础设施的安全。这些基础设施的建设要严格按照国家防洪标准，经综合分析论证后，采取因地制宜的措施进行保护，原则上以实施自保为主。

（3）城市发展应避免加大洪水风险。历史经验证明，人类不可能完全战胜洪水，更不可能完全消灭洪涝灾害，而只能在一定程度上减少洪水风险，使洪涝灾害降低到人类可以承受的水平。中国现状城镇人口 6.7 亿人，2012 年城镇化率达到 52%，城镇面积达到 190 万 km²，占我国国土面积的 20%，而我国的平原只占国土面积的 12%，适宜城市发展的空间已经很有限了。城市化的发展必然出现与农争地、与水争地的现象。因此，城市发展空间选择应防止向高风险区发展，防止侵占江河湖泊调蓄洪水的空间，对于一些山洪频发的山丘城市，更应注意保留必要的泄洪通道。

在中国的主要江河和平原地区，堤防是保护河道两岸城市、农田、重要交通干线以及其他重要基础设施安全的重要防洪设施。但是随着社会经济的发展，已建城市不断扩大，新兴城镇逐渐增多，一些地方堤防建设的负面影响已明显出现。例如，平原水网地区城市圩堤的扩大，以及圩内排涝能力的提高，使圩外水面积逐渐减小，水位不断抬高，出现圩堤加高，洪水风险加大，防洪标准难以提高的尴尬局面；沿江（河）堤防加长、加高、加固，堤防束水的集聚效应加大了下游的防洪压力；一些城市被堤防封闭，城区排水困难，内涝加重等等。1998 年长江、松花江、嫩江等流域发生特大洪水后，各方面认识到洪水只能因势利导，加以调度管理，尽可能减少洪涝灾害损失。中央提出"平垸行洪"与"退田还湖"的方针就是一种实现这种治水思想的战略转变。在研究城市防洪对策时，应特别注意城市发展不应加大洪水风险问题。

2. 城市防洪标准应该与流域（区域）防洪标准协调

（1）确定防洪标准的一般原则。本书第 3 章 3.2.2.2 节谈到类似问题。

城市防洪标准根据《防洪标准》（GB 50201—2014）的规定确定。

除洪水威胁外，还有风暴潮灾害，防洪防潮关系十分密切，因此，这类城市不仅要求有防洪标准，还要有防潮标准。有些城市贯穿一些小河，也有一定的洪水问题及相应的防洪标准，但一般不作为城市防洪标准的指标。

随着城市的发展，城市保护区范围不断扩大，新开发区、城乡结合部逐渐划入城市辖区，城市各部位的防洪标准可能不尽相同。城市防洪规划应将主城区或建成区的防洪标准作为城市防洪标准的指标。

有的城市因河流分隔、地形起伏或其他原因，分成了几个单独防护的部分。例如哈尔滨市，位于松花江岸，主要市区和财产均在南岸，对于这类城市，可把南、北岸作为两个单独的防护区，再根据其中常住人口的数量与政治、经济的重要性，分别确定其防洪标准。

有些位于山丘区的城市，如重庆、万县等，城区高程相差悬殊，遭遇大洪水，洪水位高，淹没范围就大；反之，洪水小，洪水位低，淹没范围也小。此类城市应分析不同量级洪水可能淹没的范围，根据淹没区常住和相应的经济含量，合理确定防洪标准，而不宜用全市常住人口和经济含量当作选定防洪标准的依据。

少数特别重要的城市，出于社会政治地位的考虑，需要采取万无一失的措施。例如，流经北京市南侧的永定河，卢沟桥—三家店 15km^2 河段，是首都防汛安全的重要防线，目前，为确保特大洪水发生时首都的绝对安全，左堤防洪标准已达到 1 万年一遇，而右堤防洪标准仅 100 年一遇。

综上所述，中国地域辽阔，城市的自然、社会、经济等条件的差异很大，在确定城市防洪标准时，不宜简单地按照《防洪标准》（GB 50201—2014）中规定的常住人口数量选定城市的防洪标准，而应根据防洪要求，并考虑政治、经济、技术、社会和环境等因素综合论证确定的原则，以使选定的防洪标准更符合城市的实际。

（2）城市防洪标准与流域及区域防洪标准。在城市发展初期，城市只是流域系统中的若干个点，相互水力联系较小，随着城市化的发展，城市数量增多，城市相互水力联系加大，具有了线和面的效应，城市的防洪设施已成为区域乃至流域防洪体系的组成部分。因此，城市防洪规划必须以区域与流域防洪规划为基础，从流域、区域与城市三个层面空间，综合确定城市防洪标准。

流域防洪标准是防御流域性洪水的标准。区域防洪标准是由于一些地区除受流域性洪水影响外，还兼受地区性局部暴雨或沿海风暴潮的威胁，因此，需要在流域性骨干工程的基础上补充必要的地区性工程措施，并确定相应的防洪标准。城市防洪标准一般应以流域或区域防洪系统的防洪能力为依托，结合当地的实际情况确定。例如，广州市外受北江、西江洪水威胁，内受区间洪水及风暴潮影响。北江大堤是防御北、西两江洪水，确保广州防洪安全的屏障，规划北江大堤按 100 年一遇标准加高加固，与飞来峡枢纽及滞洪区、分洪道的联合运用，可使广州市免受北江 300 年一遇洪水的侵击。西江龙滩、大藤峡枢纽建成后，联合飞来峡运用可基本解除西、北江 1915 年型洪水对广州市的威胁。尽管广州市自身防洪（潮）堤只按 50～100 年一遇标准建设，但在流域（区域）综合防洪系统的保障下，却可使广州市防洪、防潮标准达到 200 年一遇。

（3）城市应合理划分防护区，分区确定其防洪标准。随着城市的发展，城市的行政辖区除中心城区外，又增加了市郊、城乡结合部和卫星城镇等，其中有的与中心城区相距数十千米。由于这些城市的组成部分所处的自然地理位置的差异，对洪涝的敏感性不同，对防洪的要求也不尽相同，对于可以分为几部分单独进行防护的城市，应合理划分防护区范围，并根据各区的重要性、洪水危害程度和防护区非农业人口的数量，合理确定防洪标准。例如，杭州市主城区沿钱塘江的防洪标准为 500 年一遇，北侧杭嘉湖地区为 100 年一遇，西南上市区为 50 年一遇，右岸萧山地区为 100 年一遇。又如无锡市 50 年一遇代表市中心区范围的防洪标准；沈阳市 5～300 年一遇，则泛指整个沈阳市辖范围内不同的防洪标准。因此，很多城市防洪标准存在空间上的差异，不可能也不应当采取同一个标准。

3. 城市防洪建设规划应纳入城市建设规划

城市防洪规划一般包括防洪与除涝规划两大部分。近年来，随着水务一体化的逐步实施，有的城市防洪规划中除包括防洪、除涝规划外，还包括城市市区排水规划。据调查，城市防洪规划的编制，有些地方归水利部门负责，如浙江、湖北、湖南、广西、广东等省（自治区），有的由水利与城建部门划分城市负责，如江苏、山东等省。排水规划则大多由城建部门负责。

城市防洪规划是江河防洪规划的一部分，也是城建规划的组成部分；但在水务一体化以前，防洪除涝规划一般划归水利部门负责，城市排水划归城建部门负责。因此，在流域防洪规划中一般考虑城市化的发展不够，而有的城建规划则对城市防洪规划照顾较少，甚至有些忽略。总体看来，城市防洪除涝规划往往滞后于城建规划，城建规划有时在编制完成后才发现城市处在洪水风险中，以致防洪除涝设施与城建其他基础措施在安排上产生不少矛盾。此外，由于防洪规划与排水规划分由水利与城建部门编制，不仅采用的对策措施有时不协调，而且防洪除涝与排水计算从资料统计选样到计算方法都不一致，防洪、除涝、排水计算成果很难协调。例如，城建部门关于城市排水计算中的暴雨选样是一年多次，而水利部门关于河道防洪除涝的暴雨选样（当需要利用暴雨计算时）则是每年挑选最大的一次雨量（即所谓的年老大法）；城市排水计算仅仅给出排水最大流量，而河道防洪计算则需要有排水过程。

为了充分发挥规划的功能，城市防洪规划要处理好与流域防洪规划、城市排水规划和城市建设规划四者间的关系，见图 5.5。要处理好这四者关系，规划者应当具备前瞻性、全局性与综合性。

（1）前瞻性。流域防洪规划一定要密切注意城市化的发展，要考虑规划地区未来城市发展的布局，包括新建的城镇位置，城市规模、防洪除涝特殊性以及对交通、供水、供电、供气等生命线工程的需求。在以往编制防洪规划

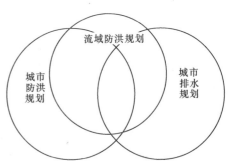

图 5.5 几种规划间关系示意图

时因缺乏前瞻性而使防洪陷于被动的实例是很多的。例如，湖南省东江水库在修建时未考虑到下游城市发展的要求，以致下游资兴城市发展后要求调整东江水库安全泄量，事后解决这种矛盾就比较困难了。

（2）全局性。尽管城市在空间上是流域中的一个点，但是，由于城市与城市之间经济社会发展上的关联性与依存性，使得流域防洪规划必须从城市一盘棋的角度出发，考虑城市的发展及其对防洪的要求；城市防洪则要在流域规划中统筹加以考虑，要与流域规划取得协调，这就是规划的全局性；反之，如果每个城市都只管本城市的防洪安全，加高加固城市防洪堤防，其后果必然是河水位抬高，加大城市的防洪压力；然后又进行新一轮的堤防建设，这种恶性循环将使城市安全无法解套。例如，珠江支流郁江下游及浔江两岸，自

1956 年开始修筑堤防，并逐年加高加固，特别是 1994 年大水后，沿江堤防建设达到前所未有的规模。新工程改变了原来天然河道的洪水特性，使得河道对洪水的槽蓄能力减弱。例如，在 1998 年洪水期间，沿江堤防很少溃决，洪水基本归槽。武宣洪峰流量 37600 m^3/s，不到 10 年一遇，而至大湟江口，洪峰流量（计入分洪流量）增至 44700 m^3/s，超过 30 年一遇。下游梧州洪峰流量则达到 52900 m^3/s，超过 100 年一遇。值得注意的是，据查证，沿程加水并不多。这种沿江城市堤防束水归槽导致下游流量增大，水位抬高的所谓"堤防聚集效应"现象是普遍的。今后在编制流域防洪规划时应当从全局考虑城市发展及城市的防洪要求，对洪水归槽的后果做出全面估计，并采取应对措施。

所谓全局性，就是要求城市防洪（包括防洪标准，防洪措施）在流域防洪系统中有恰当的定位，取得上下游的协调，这是城市化发展新形势下的防洪规划，是复杂的系统工程。没有规划的全局性，就不可能有整体上最优的城市防洪规划。太湖局提出协调流域防洪、区域防洪与城市防洪三个层次的防洪标准以及其他省（自治区）的做法正体现了城市防洪规划的全局性。

（3）综合性。编制城市防洪规划不仅要有前瞻性、全局性还要有综合性。所谓综合性指的是城市防洪规划要综合考虑防洪、除涝、排水的需要，处理好防洪减灾与优化城市环境的关系，协调好旧城改造与新开发区的防洪除涝标准，结合好工程措施与非工程措施，达到可持续地促进经济社会发展、最大限度地减少洪涝灾害损失与创造优良生态环境的多重目的。因此，城市防洪规划要融入城市建设规划，要在城建规划一盘棋上布局城市防洪规划。要综合考虑城市防洪与流域及区域防洪的关系、城市防洪与周边卫星城镇防洪安全的关系、城市防洪与城市生命线工程安全的关系、城市防洪与城市排水除涝的关系、城市防洪与防洪管理的关系、城市防洪与城市建设（包括城市基础设施建设）的关系、城市防洪与城市整体安全的关系、城市防洪与生态环境保护的关系等。国外很强调城市防洪堤与美化城市结合，国内已开始注意这方面问题。如浙江省金华市，市区内河道堤防与滨河大道、居民休闲小区有机地结合在一起，既满足防洪的要求，也达到美化环境的目的。又如湖南省常德市的滨江防洪大堤在建设时采取与城区地面衔接的方案，从沿河到堤顶缓坡而上，使人无立于堤顶之感。浙江省余姚市新区建房，屋檐雨水管道一律插入地下，使屋顶雨水直接与地下排水管网连接，减少了地面漫流水量。不少城市已明确规定城市水面率的最低标准，严禁盲目侵占蓄水区。随着城市化的进一步发展，多个城市首尾相接的城市群以及城市向农村拓展而形成的城乡结合部已逐渐形成。在考虑这类地区的防洪除涝时，应当吸取西方国家城市连绵带扩张中的教训，要加强政府调控，规划建设绿色带，即在城市之间建设农林地带，设置绿色敞开空间，防止多个城市首尾相接，这不仅是优化环境的需要，也是防洪除涝的需要。日本、马来西亚等国提出"零洪峰流量贡献"的概念值得借鉴，所谓"零洪峰流量贡献"（zero peak flow contribution）指的是不增加河道中的洪峰流量，即要求河道沿岸城市采取就地消化雨水的措施，如滞蓄坑塘、临时停蓄场所、增加渗透铺面等措施，达到不增加河道水系中洪峰流量的目的。有的国家已将建设暴雨雨水滞留设施作为新城市发展的一项硬性要求，例如，马来西亚城乡规划部规定城市必须留有10%的空地（open space）。

4. 工程措施应与非工程措施密切结合

城市防洪建设除重视工程措施外，还应该十分重视发挥非工程措施的作用。在不断完善工程措施的同时，加大非工程措施建设的力度。主要内容包括：建立和完善洪水预警预报系统以及洪水实时调度系统。发布洪水预警预报，争取采取预防洪水的有效预见期；通过实时调度，改变洪水的时空分布，减轻洪水压力，达到减轻灾害的目的；通过洪水保险，调整不同洪水风险区的赔偿比例，约束人的行为，控制向高洪水风险区发展，防止无序加大洪水风险；开辟新的蓄滞洪区，或在已有的蓄滞洪区内尽量恢复被占用的部分；广泛推行雨水就地蓄滞措施，利用坑塘、球场和停车场作为临时储存雨洪的场所；修建拦污栅以防垃圾大量排入河道，清除河道中违章建筑及其他障碍物；加强城市建筑的自保能力，抬高或搬迁重要的建筑物，要求住宅基高于可以防御一定频率的洪水位以上等；为了加强城市发展的管理，必须限制洪水高风险区的开发，规定城市新开发区每公顷土地至少提供一定数量的滞蓄区，对当地雨水排放模数施加一定限制，以保证不增加河道下游的洪峰流量与水位；提高全民防洪减灾意识，加强公众防洪意识教育，使广大公众理解禁止开发低洼地区的意义、掌握必要的防洪减灾知识以及有关防洪的政策法规，把防洪减灾变成公民的自觉行动。

城市防洪的风险管理主要包括根据城市洪水风险图，划定城市土地分区，对土地使用实行分区管理，以及根据城市防洪的具体情况，采用相应的非工程措施等。

然而，目前有的规划往往将工程措施与非工程措施投资联系起来时，为了多争取一些投资，很容易强调多上一些工程措施，而看轻视非工程措施的作用，这种现象并不少见。真正做到工程措施与非工程措施有机的结合，道路还是很漫长的。

5.4.2.3 因地制宜选用城市治水的十种对策措施

城市防洪减灾一要防止外洪入侵，依托江河防洪体系，解决外河洪水出路；二要避免内涝，依靠城区雨水蓄排措施，内水外排。城市治水，必须遵循习主席的"节水优先、空间均衡、系统治理、两手发力"新的治水思想，实现从单一目标治理向多目标系统治理的转变。尊重自然、顺应自然、保护自然，改善城市生态环境，在统筹上下工夫，在重点上求突破，着力提高城市发展持续性、宜居性。

为了实现从单一目标治理向多目标系统治理的转变，根据国内外城市防洪减灾的经验，可大致将我国城市治水的对策措施，归纳为"十字"对策，即靠、泄、疏、围、避、蓄、挡、排、垫、管。这十个字勾绘出我国江河及城市防洪对策措施规划的整体格局。"十字"对策的作用不同，其中，"泄"与"蓄"（指依靠河道宣泄洪水的"泄"，和依靠水库与蓄滞洪区蓄滞江河洪水的那种"蓄"）主要是安排流域水系洪水出路的措施，其余几个字则主要是达到城市自保安全和灾后恢复的目的，它们不影响流域水系洪水出路安排的大格局。据测算，七大江河发生流域防御目标洪水时，约有 8455 亿 m^3 的洪量需要进行安排，其中长江约 4900 亿 m^3、珠江约 1300 亿 m^3、淮河约 1000 亿 m^3（需要说明的是，这 8455 亿 m^3 洪量并不包括城镇蓄滞的当地暴雨水量）。根据规划工程条件和流域防洪减灾体系运用情况，洪水出路总体安排是：河道可以排泄或分泄水量约 6200 亿 m^3，约占洪水总量的 74%；通过水库湖泊、蓄滞洪区、洪泛区等可以拦蓄、滞蓄水量约 2200 亿 m^3，占洪水总量的 26%（其中水库、蓄滞洪区、洪泛区和湖泊等分别占总拦蓄量的 44%、

27%、14%和 15%），其中北方地区河流拦蓄洪量与设计洪量的比例高于南方河流的比例，北方地区一般可达 20%～50%左右，南方地区一般为 10%～30%左右。城市必须在这种洪水出路安排的大格局下，因地制宜地采取靠、疏、围、避、挡、排、垫、管以及部分"蓄"（指城市就地蓄积雨洪的那种"蓄"以及蓄存引调水的那种"蓄"）等措施，解决城市的水危机。

简而言之，"靠"就是依靠流域水系防洪体系作依托，而不能单纯依靠城镇本身建造堤防；"泄"就是利用河道宣泄洪水；"疏"就是疏浚、联通河湖水系、开辟分洪道疏导洪水；"围"就是修建城镇围堤；"避"就是避开洪水锐势；"蓄"就是河道兴修水库、蓄滞洪区蓄滞洪水、存蓄境内外引调水、就地调蓄雨水；"挡"就是修建海塘、丁坝、闸坝阻挡洪潮；"排"就是利用城区地下管网排除地面积水和处理过的污水；"垫"就是将地面垫高防止或减轻积涝；"管"就是建设城市洪涝综合信息立体监测系统加强管理。打造水多可防排，水少可供给，水脏可净化的弹性"海绵"城市。

解决城市洪涝矛盾一个很重要的环节是处理城市外洪排泄的出路。有的城市，特别是江南水网地区的城市，例如，苏州、无锡、嘉兴等，由于外洪排泄出路不畅，河网水位居高不下，圩内城市排涝十分困难。要想解决水网地区城市的内涝，必须同时解决外洪排放出路问题。例如，浙江省杭嘉湖地区排水出路，历来是太湖规划的焦点。以往规划，杭嘉湖地区排水出路是这样安排的：在统筹太浦河排泄太湖洪水的情况下，杭嘉湖洪水北排入太浦河、东排入黄浦江、南排入杭州湾。经过 1999 年大暴雨的考验，发现太浦河排洪与杭嘉湖排涝在运用上存在较大矛盾，嘉兴等城市外河洪水位往往长期偏高，城市涝灾依然严重。进一步解决杭嘉湖排水出路，已成为解决杭嘉湖地区城市防洪减灾的症结。最近的规划方案表明，扩大南排，对于杭嘉湖地区防洪效果明显。在出现 1999 年类型 100 年一遇暴雨的条件下，设计洪水造峰期 30d 内南排杭州湾水量较现状工程增加 3.7 亿 m³，嘉兴日均最高水位下降 24cm，在一定程度上缓解了太浦河行洪与杭嘉湖排涝的矛盾。

又如淮河流域，淮河源于河南省桐柏山，全长 1000km，总落差 200m。洪河口以上为上游，长 360km，地面落差 178km；洪河口至洪泽湖出口中渡为中游，长 490km，地面落差 16m，比降仅为 0.3/10000；中渡以下至三江营为下游入江水道，长 150km，地面落差 6m。淮河上中游支流众多，南岸支流多源于桐柏山、大别山区，水流湍急，每逢大暴雨，南岸支流洪水往往先行汇入淮河干流，形成干流更高水位，阻挡北岸支流洪水入汇，沿淮洪涝交织，形成所谓"关门淹"。淮河干流洪水出路已成为制约有效发挥淮河防洪减灾措施功能的瓶颈，是治淮的历史难点。在淮河干流洪水出路问题较好解决以前，沿淮城镇防洪减灾状况是很难得到明显改善的。

1. "靠"

"靠"就是依靠、依托的意思。指江河沿岸城市防洪减灾要以城市所在流域水系防洪体系为依托。城市是流域水系中的一个点，特别是位于江河沿岸的城市，江河洪水是这类城市的主要威胁，这类城市的防洪减灾一般不可能只靠城市本身的自保措施得到解决，也没有必要要求城市孤军作战，这样做既不科学，也不经济；而应当依靠流域水系由水库、堤防、蓄滞洪区等工程设施和洪水预报调度等非工程措施相结合的防洪体系，妥善安排洪水出路；并在此基础上，采取必要的保障城市防洪安全的自保措施，将洪水威胁控制在预计的程度内；这样才能达到城市要求的防洪标准。例如，长江中下游洪水的最大特点是峰高量大，如果只靠堤防，沿江城市只能抵御 10 年一遇左右的洪水，如荆州市。如果依靠包括三峡枢纽在内的长江中下游防洪体系，荆州等城市的防洪标准就能提高到 40 年一遇。据长江水利委员会的估计，如果单纯依靠修建堤防保障城市及沿江其他保护区的防洪安全，为了防御 1954 年洪水，长江中下游的堤防将要普遍加高 2m。如此普遍加高江堤，不仅带来修筑堤防技术上的巨大困难，给堤防管理、防汛抢险增加沉重的负担，也给长江中下游广大城市及其他保护区增加巨大的洪水风险；而且在经济上也是不可能实现的。

2. "泄"

修建堤防宣泄洪水是最古老，亦是最主要的防洪措施，长江、黄河、珠江、淮河等大江大河，因洪水峰高量大，往往采取"蓄泄兼施，以泄为主"的防洪策略。大量"泄"洪主要靠修建堤防实现。我国大江大河的堤防历史久远，远自公元前 9 世纪已有记载。相传春秋时代，黄河与淮河就已有堤防修建，长江荆江段的堤防最早兴建于东晋（345—356 年），珠江流域的堤防也在唐代问世。目前，我国已建有堤防 20 余万 km，配合河道，共同承担宣泄 3/4 设计洪水的任务。

3. "疏"

城市防洪减灾对策要以流域水系防洪减灾体系为依托，这是许多城市在制定城市防洪减灾对策时所依据的准则；与此同时，需要沟通河湖，畅通城区水系；然而，并非所有的城市都能做到这一点。有些山区城市需要整治疏浚河道，扩大行洪能力；有的需要开辟分洪道以分水势。例如，海河流域沿太行山前京广铁路沿线的诸多城市，如保定、石家庄、邢台、邯郸等重要城市，以及四川省成都市。由于山前平原区各河支流分散、源短流急、洪峰高、历时短，难以控制。致使这一带河流很难建立本身的防洪体系，防洪标准较低。因此，这类地区的城市，无法依靠所在河流水系的防洪体系，而必须主要依靠修筑堤防、开挖分洪道，采取撇洪、挡洪等自保措施，将外洪拒于城外，并疏导至城市下游，以解决城市本身的防洪问题。例如：

保定市采取"分割水势，导水外流"，加固致灾河流漕河右堤、界河左堤形成第一道防线。再加固和修建连通北、西、南三面的防洪护城堤，形成第二道防线，将洪水拒于市区之外。

石家庄市采取外阻滹沱河、太平河洪水入市，内排涝水出城的对策，修建了南、北防洪堤，拦阻洪水，并经由南、北泄洪渠将洪水泄入下游洨河、滹沱河。

邢台市在主要排洪河道小黄河的南、北支之间修筑防洪堤挡滞洪水，并在滞洪区南部开挖行洪道将洪水导入七里河下泄。

邯郸市采取"拒洪入市，导水外流"，利用防洪堤阻挡滏阳河、渚河洪水，使其通过支漳河分洪道泄至下游；将沁河洪水导入输元河，形成南北分洪的格局。

4. "围"

城市防洪除需要以城市所在流域水系防洪减灾体系为依托，减少洪水压力外，还需要建造堤防将城市围起来，以防洪水入侵，实施自保，后一对策就是"围"。这些对策主要是针对大中城市和少量重要小城市而言的，对于这类城市，采取的防洪对策，不仅要"靠"，而且要"围"。但是，对于广大小城镇，则不适宜用"围"的措施将小城镇一个个地包围起来。

"围"是一种十分古老的防洪对策，而且有效。例如，湖南省长沙市，地处缺乏修建控制性工程湘江的下游，洪水威胁主要来自湘江，此外浏阳河、捞刀河、靳江、龙王港和圭塘河也对长沙构成洪涝威胁。长沙市根据自然地理条件和干支流堤防现状，结合河道整治（或裁弯）、新修、加固围堤，形成多个自成系统的防洪保护圈堤，构成长沙市防洪自保体系。我国珠江三角洲建有著名的五大堤围，保护着围堤内诸如肇庆、江门、佛山、中山等重要城市的安全；围内城市防洪依靠的就是围堤，城市本身不再建有防御外洪的城市堤防。

又如，长江三角洲太湖流域水网地区内，有许多城镇，由于水网联通，洪涝难分，河网水位经久居高不下。自古以来，这类水网地区，多建圩堤保护圩内城镇安全。圩堤将洪涝分开，并有闸坝联通水网，水流进出自由。目前太湖流域已建有这类圩区约 14541km²，约占平原陆面 60%，圩区总排涝能力 1 万 m³/s。但是，建圩也带来一些负面影响，例如，由于排涝能力增大，致使圩外河网水位上涨加快，高水位持续时间延长；而且圈圩后减少了洪水调蓄场所，控制了许多排水河道，降低了河道泄水能力，又加大了流域防洪压力。这是江南圩区建设必须妥善解决的问题。

在自然地理条件大致相仿的地区，洪水特性的差异有时是影响采取防洪减灾对策的决定性因素，例如，珠江三角洲、长江三角洲与湖南洞庭湖区，从宏观上看都是平原地区，建造圩院防洪是这类地区的重要措施；但圩院的规模则有很大区别。例如，珠江三角洲与洞庭湖地区的圩院面积一般较大，圩堤也较高；而长江三角洲水网圩区的圩院范围及其圩堤都相对较小，除有社会历史原因外，珠江三角洲与洞庭湖地区的洪水风险（峰高量大）大于长江三角洲水网地区的洪水风险（水位涨差很小）则是很重要的原因。

5. "避"

"避"就是避开洪水，特别在山洪泥石流频发地区，将居民点建在远离山洪的高地上是很有效的对策。山洪是一种具有突发性、随机性、强度大等特点的山区洪水。目前尚无方法准确预报山洪，亦缺乏抵御破坏力极强山洪的有效措施。因此，应当以减少人员伤亡为首要目标，避开山洪。为减少山洪灾害损失，根据"以人为本，以防为主，防治结合"的指导原则，对处于山洪灾害危险区、生存条件恶劣、地势低洼而治理困难地方，对居民实施永久搬迁。对山丘区的重要防洪保护对象，例如，城镇、大型工矿企业、重要基础设施等，根据山洪及其诱发的泥石流、滑坡特点，通过技术与经济比较，因地制宜采取必要的工程治理措施进行保护。对山洪灾害威胁区内居住于地势相对较高处的居民，在山洪来临前采取临时转移避灾措施。应当大力推行包括建立超短期山洪预警预报系统和编制山洪风险图在内的非工程措施。利用山洪风险图，规划并指导山洪威胁地区的城镇建设，利用超短期山洪预警预报系统，监视、监测山洪征兆并对山洪发生的可能性做出预警预报，及时启动山洪防御预案，疏散居民，并采取对应措施，保障人民生命财产和城市的安全。编制山洪风险图是很重要的。在编制山洪风险图时，应通过山洪与山洪灾害的实地调查，查询文献记载，分析水文气象资料，将山洪发生的地点、范围、暴雨洪水量级、山地灾害情况，编制成风险图表，划定不同等级的山地灾害风险区。对于重度山洪风险区，应明令禁止开发利用；业已利用的，要尽量设法搬迁；实在无法搬迁的居民点与重要基础设施，则要采取有效的工程防护措施，以最大限度地减少损失。结合水土保持，采取适合当地条件的措施，如修建排洪道、谷坊、丁坝、防护堤等，减弱或避开山洪水势。

山区水土流失最根本的原因是暴雨洪水控制不住，没有雨水就不会有大量土壤侵蚀，因此，固土必先蓄水，沙从水来，水住沙止。

实践证明从投资规模，技术内涵与社会影响等方面看，在所有水土保持措施中治沟骨干工程均居于首位，特别在蓄水拦沙方面的效果更是十分显著。黄委已在实践中总结出几种成功典型。这种下蓄上拦、库坝结合的坝系布局，有效地缓解了拦洪拦沙问题，延长了水库使用寿命。且开拓了利用洪水资源的途径。山区治理以治沟骨干工程为重点不仅能有效地控制水土流失，防治洪水灾害，而且能有效地利用洪水，解决一些山区水资源匮乏的问题。例如，黄土高原窟野河、秃尾河与狐山川三条河地处干旱地区，水资源缺乏且分配不均，长期以来制约着当地农业生产。只有靠合理利用水资源，特别是开发利用洪水资源，才是解决山区水资源危机的好出路。

由于山洪的破坏力很强，治沟骨干工程在遭遇超标准洪水袭击时难免会有冲毁，特别是坝系的连锁破坏效应要给予足够的重视与估计，这是在坝系规划设计时必须考虑的。

6. "蓄"

"蓄"就是在有条件的城市，在城外河流上游修建水库，拦蓄洪水；建设引调水蓄存区；开辟蓄滞洪区滞蓄洪水，减少洪水对城市的压力。例如，广东、广西要求城市防洪规划尽量考虑水库的防洪作用，做到"库堤结合"，减少城市堤防工程，或不修建城市堤防。如在郁江上游修建百色、老口水库、红水河上修建龙滩水库、柳江上修建洋溪水库、黔江上修建大藤峡等水库，特别是百色水库修建后，使其下游的百色、田阳、田东、平果、隆安等 10 个市（县），除依靠百色水库调洪外，还靠沿江及城市本身的自调能力，维持河道天然槽蓄及泄洪能力，可基本不建堤防，从而体现了给水以出路，与洪水和谐相处的治水思想。目前，我国大江大河已有水库八万余座，其中大型水库 300 余座，蓄滞洪区近 100处，水库和蓄滞洪区承担拦蓄 1/4 设计洪量的任务。

城市的"蓄"，主要是采取措施充分拦蓄雨水径流，包括挖掘蓄水池，采用有孔地砖铺地以增加地面渗透能力、减少产流量，并补给地下水；利用屋顶承接雨水，建设包括引水管道、蓄水池在内的雨水回收系统等。扩大城区雨水调蓄能力是减轻现代城市水灾很有效的举措。此外，还要建设引调水蓄存区，例如南水北调中线沿线城市就需要建设这种蓄水地区。

例如，根据北京市对屋顶渗井系统的实验表明，在北京市渗井土层为粉砂质壤土、砾质中砂的条件下，容积为 $42m^3$、直径 3m 的渗井，可以就地消化 $2500m^2$ 屋顶 10 年一遇降雨产生的屋顶径流，或者消化 $8000m^2$ 屋顶 2 年一遇降雨产生的屋顶径流的 96%。又根据北京市市政规划要求，小区建设中都应留有不少于 30% 的绿地面积。若将绿地低于地面 5～10cm，并将建筑物屋顶雨水导入绿地，就能充分发挥绿地蓄滞雨水、增加下渗补给的作用，如将绿地、草坪蓄滞汛期雨水，入渗回补，并同渗井、人工湖（洼地）系统相结合，可在北京市城区周围和各小区建设建成区扩大，不透水面积比率增大的情况下，保持排水河道防洪流量不增大。倡导城市挖掘就地拦蓄雨洪的潜力，不仅对于防治城市洪涝会起很大的作用，而且对于充分利用雨洪资源也很有意义。

7. "挡"

"挡"就是修建堤、闸，阻挡海潮，如海堤（海塘）、挡潮闸等。或修筑挑水坝、丁坝等，挑开主溜，防止洪水顶冲；或修建护岸工程，防止山洪泥石流冲击，保护城镇和居民点建筑物安全。不过，在泥质海岸，如海河流域一些入海水道，因闸下淤积很难解决，维持河流动力平衡的水量又逐渐枯竭，致使挡潮闸功能几近丧失殆尽。因此，采用建闸挡潮的措施，需要十分慎重。由于山洪泥石流摧毁力极强，除非必须保护的已建城镇和重要基础设施（铁道、重要公路干线），需要做些局部护岸工程，阻挡山洪破坏外，对于山洪，一般还是以避开为宜。

8. "排"

城市排水包含两层含义：一是通过地下管网系统排除小区地面暴雨积水；二是利用沟渠自排或泵站抽排等方式将小区雨洪排入城内排水河道，最后排出城外，以减轻城市涝灾。随着城市的发展，城市基础设施建设加快、增多，城市排涝能力也随之加大。从而引发涝水外排和加大外河洪水压力的矛盾。因此，必须加强城市排涝管理，根据洪涝兼治、地区统筹兼顾的原则，控制城市涝水相机外排的数量，达到妥善解决地区洪涝水排放矛盾的目的。此外，必须对城市污水进行处理，按规划规定，控制污水外排标准。

随着城市化进程加快，原来建城区的地下排水排污系统能力已不堪重负，需要扩建改造；然而，由于地面建筑物大多已经定型，扩建、改造地下管网势必牵动地上建筑物，无论拆迁，抑或改建，工程都很艰巨，难度极大。为了解决这些问题，笔者认为：在计划兴建或改造城市排水系统时，首先需要编制全面而具有前瞻性的排水规划，在人力、物力和财力条件允许的情况下，提高排水标准，修建大型地下排水管网，尽量减少日后改造排水管道带来的麻烦，以适应城镇未来数十年发展的需求；适应未来城镇发展新趋势，采用地下施工新科技，修建或改建地下排水管网，妥善处理地下工程施工对原有排水管网和地面既有建筑物的相互影响；健全法制，依靠法律手段解决建筑物拆迁引发的社会矛盾。

在本书第 9 章第 9.2.2 节专门讨论了这一问题，列举了若干实践经验，可供读者参考借鉴。

9. "垫"

"垫"就是将城市重要部位、重要设施局部垫高，或将城市中心区整体垫高，从而达到控制涝灾的目的。尤其在平原水网地区，垫高地面高程的效果是很好的。例如，江苏省苏州市新加坡工业园区，方圆 $70km^2$，为解决园区内涝问题，将主城区平均垫高 1.5m，在 1999 年特大暴雨的袭击下，周边城镇涝灾严重，新加坡工业园内几乎未见地面积水，社会秩序井然。雨后检查，发现许多地段的地下排水管网干无水印。垫土需要大量土源，可以结合河道整治，将挖掘出来的淤泥，就地垫高两侧地面，是很好的做法。例如，浙江省组织编制全省平原城市防洪规划，强调在建设圩垸的同时，利用疏浚河道的挖泥垫高地面高程，以减少城市积水。但是，"垫"高地面并非普遍可以采取的措施，一是没有那么多土料；二是仅靠"垫"高地面，涝水仍蓄留本地不能排走，终究是隐患，规划不好会产生"以邻为壑"的弊病。

10. "管"

单纯依靠工程措施是不足以解决城镇防洪减灾问题的，必须采取工程与非工程相结合的措施，管控洪水。"管"就是采取工程与非工程相结合的措施进行洪水管理，改变洪水时空分布，减少洪水压力；调节洪水风险，建立洪涝信息监测与预警预防设施，提升防洪抢险，以及灾后恢复能力等等，多途径地应对洪涝。

5.4.3 防洪减灾工程措施

城市水灾主要有四种洪源，一是外河洪水，二是城区雨水积涝，三是沿海风暴潮，四是山洪泥石流。除外河洪水具有流域性或区域性外，其余三类洪源都是局部性的。洪源不同，防治措施就有差异。例如，兴修水库，开辟蓄滞洪区和分洪道，对于控制外河洪水是很有效的；但不能防治城区暴雨积涝和沿海风暴潮；修建堤防宣泄外河洪水，防御风暴潮，撇开山洪是可行的，但依然不能治理城区内涝；同样，用于排除城区涝水的泵站，是很难抵御外河洪水的，对防御风暴潮和山洪泥石流，也是无能为力的。因此，必须针对不同的洪源，根据城市的具体条件，选用恰当的防洪减灾工程措施。

5.4.3.1 阻挡外河洪水防止破城淹没

外河洪水一旦破城而入，对于城市可能造成毁灭性灾害，因此，阻挡外河洪水进城是城市防洪的首要任务。城市防洪标准指的就是城市防御外洪的能力。有些城市除外河外，还有一些小河流经城区，有时也会酿成水灾，但因其致灾范围不大和造成的损失较小，因而不是城市防洪的重要防御对象。对于这类河道的防洪标准，一般不要求定得很高。

根据前述治水整体策略，城市在依托流域水系防洪体系的基础上，可主要采取建设城市堤防防御洪水，开辟分洪道疏导洪水，有条件的城市还可以修建水库和蓄滞洪区拦蓄洪水，其目的都是阻挡外河洪水进城。

不过，任何工程措施在实施的同时，产生的效果都具有两面性。修建水库、蓄滞洪区拦蓄洪水，减少了下游洪水威胁，但却给水库移民带来长期生活与生产上的困难，给蓄滞洪区居民增加分洪蓄水的风险。随着城市的发展，城市堤防逐渐增多，洪水漫滩机会减少，洪水归槽机会增加，在相同暴雨条件下，江河洪水加大，水位抬高，出现前述所谓的"堤防聚集效应"，从而给沿河一带城市防洪带来新的防洪压力，城市，特别是城市群防洪规划，必须认真对待这一问题。以珠江为例，珠江由西江、北江、东江以及汇入珠江三角洲的一些中小河流组成。西江最大的两条支流郁江、柳江汇入干流后，历史上是通过浔江两岸和红（水河）、柳（江）、黔（江）三江汇流地带这两个天然洪泛区对洪水进行调蓄；桂江、贺江汇入干流后，洪水由西江两岸形成的洪泛区进行调蓄。

目前，红、柳、黔汇流带仍基本保持调蓄的功能；但桂平—梧州浔江段和梧州—高要西江段，两岸堤防逐年增多，加高加固，原有天然洪泛区已大大减少，洪水归槽下泄，洪水增加明显。因此，城市防洪规划应当充分考虑城市堤防引起加大洪水的聚集效应，对设计洪水进行修正。珠江流域城市防洪规划考虑了这种堤防束水效应。

5.4.3.2 蓄排雨水防治内涝

城市地下管道排水标准一般较低，每遇暴雨强度超过当地管道排水标准，就会积水成涝。加强城市基础设施建设，提高城市排水能力是很重要的；但仅仅依靠排水，不仅排不胜排，而且排出的雨水进入外河就变成下游的洪水，加重区域洪水压力。因此，应当积极倡导前述治水策略中的"蓄"字，采取多种途径，将雨水蓄住，就地消化部分雨水径流，遏制现代化城市产汇流增大的趋势。应当认识到增加城市调蓄能力，不仅是缓解城市水灾的重要途径，也是扩大城市水资源、涵养地下水源，保护城市环境的有效措施。国外的经验值得借鉴，例如：

1. 美国

美国的雨洪利用以提高入渗能力为主，作为土地利用规划的一部分。在加利福尼亚富雷斯诺市，地下回灌系统运用 10 年间总共回灌地下水 1.338 亿 m³，占该市年用水总量的 20%。在芝加哥兴建了著名的地下蓄水系统，以解决城市防洪和雨水利用问题。为了有效推行城市蓄水策略，美国不仅注重工程措施，还制定了相应的法律。例如，针对城市化引起河道下游洪水泛滥问题，美国科罗拉多州（1974 年）、佛罗里达州（1974 年）和宾夕法尼亚州（1978 年）都分别制定了雨洪管理条例。这些条例规定，新开发区的暴雨洪水洪峰流量必须保持在开发前的水平。所有新开发区必须实行强制的"就地"滞洪蓄水。滞洪设施至少能控制 5 年一遇的暴雨径流。

2. 德国

德国城市雨洪利用主要有以下目的：一是减少城市供水量；二是减少雨洪排放量；三是减少暴雨时城市污水量；四是提高人民的环保意识。

德国的城市雨水利用可分为两大类：一类是家庭屋顶雨水集蓄利用系统，另一类是公共建筑和绿地等集蓄和导渗系统。家庭屋顶雨水集蓄系统将雨水导入屋外或半地下室的水池中，供家庭杂用水使用；水池装满，雨水自动溢流入户外渗水管，并排入小区排水系统。据统计，德国的家庭杂用水占家庭用水的一半。公共建筑集蓄入渗补给系统较大，容积可达 100m³ 以上，有的雨水集蓄系统集蓄雨水的目的不是直接使用，而是将地面径流导入地下渗水管或地面洼地，以使回渗地下，改善生态环境，减少城市暴雨径流，减少城市防洪负担。德国的建筑规划法规定，在小区建设规则中，除家庭应有雨水集蓄利用系统外，小区内也应设置公共雨水入渗回补系统。

国外雨水利用的经验证明：雨水可以作为部分工业用水和杂用水的水源，减少自来水供水的压力；利用雨水对地下水补给，以调节城市地下水采补平衡控制地面沉降；强化城市雨水管理利用，可以改进环境条件，减轻城市排水工程的负担。因此，雨水利用是一项增加水资源、减轻城市涝灾、修复生态环境的综合性措施，是将减轻城市涝灾与城市土地利用、城市规划密切结合的有发展前途的城市建设方向。

5.4.3.3　阻挡风暴潮削弱潮势

沿海风暴潮是极具摧毁力的水灾，尤其是恰逢天文大潮和洪水交汇之际，洪潮夹击，形成很高潮位，往往有巨风大浪伴随，潮水汹涌扑向城市，造成人员伤亡与财产损失。风暴潮形成的高潮大浪一般是很难全靠海堤阻挡的，在筑堤技术上，亦很难避免很高海堤的工程风险。因此，一些沿海地区主张修筑高度较低，但质量较高的海堤，用其抵御风暴潮，削弱其威势和冲力；这种海堤允许越浪，而不必拒潮于堤外。当潮浪越过海堤后，潮水漫铺堤后海滩，其破坏力将大大减弱。浙江省称这种海堤为标准海塘，标准 10～20 年或 20～50 年一遇不等。实践证明，这种海塘对于防御沿海城市风暴潮是很有效的。

我国大陆海岸线全长约 1.8 万 km，由于风暴潮、天文潮及江河洪水等因素的组合常常形成特大的海岸洪水灾害，破坏力极强，灾害损失巨大。

沿海地区防洪（潮）的主要任务是以城市和重要经济区以及重要基础设施为重点，统一规划和建设江河防洪、防御风暴潮和排涝设施，提高抗御风暴潮能力和独流入海河流的防洪能力，逐步建成以防御特大风暴潮为目标的高标准海堤，提高沿海地区防风暴潮的能力；提高独流入海河流下游及河口地区的防洪能力，在强风暴潮和大洪水发生时，能保障城市及重要经济区经济社会活动不致受到严重影响。

我国不同海区风暴潮发生的频次、强度以及影响范围不同，目前海堤建设状况也各异。风暴潮防御的重点是东海和南海海区，主要建设任务是加高加固现有未达标的海堤，重点提高城市段和保护重要基础设施以及经济开发区海堤的防潮标准；根据地区经济发展要求，适当新建部分海堤；加固整修或新建防潮排涝建筑物。黄海和渤海海区沿海多为冲积平原，地形较完整、平坦，海滩平宽，要适当兴建部分海堤，逐步形成海堤保护体系。

规划重点海堤要能防御 50～100 年一遇高潮位加 8～12 级风，其中特别重要的城市堤段能抗御超 200 年一遇高潮位加 10～12 级风，保护乡镇或农业区为主的海堤工程，防潮标准一般达到 20～50 年一遇左右。沿海地区要结合独流入海河流的水资源开发利用和生态建设，加强对独流入海河流的综合治理和管理，增加调蓄能力，控制和调节洪水和水资源，稳定河口地区的河势，严禁乱围滩涂，加强重要河口的综合治理和合理开发，保证河口尾闾通畅，提高防洪和排涝能力面对如此长的海岸线和频繁严重的海岸洪水灾害，如何制定沿海受风暴潮影响地区的防洪对策，浙江省的经验值得重视：

1. 修建标准海塘、保证质量

浙江省浙东海塘全长 1587km。1980 年该省颁发了《浙江省海塘工程技术规定》，规定保护 1 万～5 万亩农田或 1 万～5 万人口的Ⅲ级海塘，设计标准为抵御 10～20 年一遇洪水；保护 5 万亩以上农田或 5 万人口以上的Ⅱ级海塘，设计标准为抵御 20～50 年一遇洪水。标准海塘的效果如何，1989 年 23 号台风在台州地区登陆，造成椒江市海门站 200 年一遇的特高潮位，经调查标准海塘每米损坏 0.8m³，而非标准海塘则每米损坏 13m³。1994 年 17 号台风在温州附近登陆，造成稀遇的高潮位，使 106km 的标准海塘遭到不同程度的毁坏，其中温州市损坏标准海塘 75.5km，占 56%；台州市损坏标准海塘 23.7km，占 18.2%。但在调查中发现温州市玉环县洋坑二塘的 2000m 海塘虽然处于 17 号台风的运行方向，且有海浪翻越，但海塘未垮，堤后 5000～6000 亩盐场未受损坏；另外，椒江口以北的临海共有标准海塘 20 多 km，虽然当地潮位远远超过设计标准，但只有 1km 标准海塘受损。上述两处海塘能抵御高潮位的原因就在于修建了高质量的标准海塘。浙江省认为，标准海塘的设计标准不必很高（施工技术也不允许海塘标准过高），但海塘质量一定要好，这样就能抗御高潮大浪而不垮。即使海浪越堤，亦能保护堤后地带的安全。

2. 保留二、三线海塘

随着围海造田和滩涂的开发利用，不少地区不断地向近海扩大，修建新的一线海塘。一线海塘修建成标准海塘，原来的海塘则退居为二线或三线。在一线—二线或二—三线海塘之间形成一片片空地，可用作防潮缓冲带。在这些地区，保留二线、三线海塘对防御海岸洪水具有积极的作用。例如浙江省乐清县久安塘在 1994 年 17 号台风中，一线海塘被冲毁 600m，受其保护的一线—二线海塘之间的 400 多亩农田被淹；但因二线堤保存完好，故二线堤后 1 万亩农田安然无恙。

目前的一线海塘，不久以后也许会变成二线海塘。为了保护沿海开发区，采取保留二、三线海塘的对策是很重要的。同时要制定滨海地区的开发政策，妥善规划开发次序及土地利用方式，特别要限制一、二线之间土地的开发利用，以减少其洪灾损失，建议作为规划保留区。

除以上措施外，还应加强并充分发挥沿海地区洪水预警措施的作用，要事先规划并组织好撤离和安全转移，以避免人员伤亡及重大财产损失。洪灾过后，要迅速修堵海塘缺口，避免扩大灾情和重复受灾。

5.4.3.4　避开山洪减轻泥石流灾害

山洪泥石流往往由高强度、局部暴雨诱发而成，破碎的地质带往往激发滑坡、泥石流，造成毁灭性的山地灾害。在目前，最有效的办法是查明山洪泥石流的发生区域，划定不同等级的山洪风险区，指导村镇和小城镇选址建设。对于建在山洪高风险区的城镇，应尽量疏散人口，实行财产搬迁，建设必要的疏导山洪的撤洪沟，以分水势。总之，应当采取治水方略中的"避"字方针，以防为主，防治结合，尽量避开山洪，而不宜硬挡。

5.4.4　防洪减灾非工程措施

防洪非工程措施主要包括洪泛区管理、洪水预报、洪水调度、洪水警报、河道清障、超标准洪水防御措施、洪水保险、洪水救济、政策法规等等。

防洪工程措施是以工程手段达到控制洪水，减少灾害损失的目的；而防洪非工程措施则主要考虑洪灾程度和风险程度，采取法令、行政、经济、技术等手段，通过国家、地方、集体和个人之间的合作，实现管理洪水、减少灾害损失的目的。防洪从控制洪水转向管理洪水，是治水的历史性变革，变革的大背景在于：①洪泛区的人口增多，社会经济财富不断聚集，虽然修建了大量防洪工程，但灾害损失却有增加的趋势，表明仅仅依靠工程措施不足以减轻灾害；②大型防洪工程投资大，效益费用比明显下降，经济发达的国家或地区在短期内难以修建起控制性工程；③在经济比较发达的国家或地区，条件好的防洪工程已基本修完，再修建新工程，占地多，移民困难，致使防洪工程经济指标下降；④环境的制约作用日益增大；⑤现有防洪工程的防御标准难以防御超标准洪水，因而也不得不采用其他非工程措施。

防洪非工程措施的基本内容可概括为以下几个方面，现仅就有关内容概述于后。

5.4.4.1　洪水自动测报系统

这是一种能自动实时采集水情、雨情要素，并及时将其传送到各级水情与防汛指挥部门的系统。该系统能改进水文站、水位站、雨量站的报汛方式，增加水情、雨情情报信息量，提高洪水预报的精度和预见期，为防汛调度指挥提供可靠的决策依据。

洪水自动测报系统由端站、中心站、通信媒介等组成，其数据信息流程经由数据采集、数据传输、数据处理后，存入数据库。截至 1999 年 4 月，中国在重点防洪地区和大、中型水库已建成和在建的自动测报系统达到 482 处，各类端站、中继站和中心站总计 8112 个。

5.4.4.2　洪水预警预报系统

在洪水发生前，通过卫星、雷达和水文站网，收集传输处理各类水文气象信息，做出降水预报和水文预报，结合防洪工程系统，制定洪水预报与调度方案，并启动江河水系及城市防洪预报，向社会发出预警预报，做好抢险救灾、人员疏散等准备工作以最大限度地减少灾害损失。我国七大江河建立的洪水预警预报系统已发挥了巨大作用。以 1998 年抗洪为例，1998 年 8 月 16 日，宜昌出现了第 6 次洪峰，根据水文预报，湖北沙市水位将超过 45.0m。根据防洪计划，必须运用荆江分洪区分洪，为此，湖北省防办制定了分洪区内居民撤退方案。国家防总邀集相关专家对抗洪形势进行了分析：首先，荆江分洪区的主要作用在于保证荆江大堤的安全，在近十年，荆江大堤实行了加固，并在设计水位以上留有 2.0m 的超高，又在预报的沙市水位上还有 1.7m 的超高，因此，确保荆江大堤的安全是有把握的；第二，长江上游和三峡区间的降雨已经暂停，根据计算，需要分洪的分洪量只有 2.0 亿 m³，因此，利用具有 54 亿 m³ 容量的荆江分洪区分蓄 2 亿 m³ 洪水很不经济划算；第三，当时最危险的江堤是远离荆江分洪区的洪湖和监利堤防，荆江分洪对降低该区段水位作用不大。根据上述分析，中共中央和国务院做出了不用荆江分洪区分洪的重大决策，8 月 17 日长江第 6 次洪峰安全通过沙市，沙市洪峰水位为 45.22m。

5.4.4.3　防汛决策支持系统

这是一种用于防汛决策支持的交互式计算机信息系统，为防洪决策部门提供利用防洪数据、计算模型、知识分析等工具，模拟决策过程与方案的环境，协助防洪决策者进行防洪方案的评价和优选，为应用系统科学的理论与方法提供了有效的手段。

防汛决策支持系统的结构一般有 3 层面：人机界面层、应用层、信息支持层和基层数据支撑。应用层包含方法库、模型库、知识库、图形库等。信息支持层包括水情、雨情、工情、灾情数据库。工作人员通过人机接口和应用层交互。利用应用层和信息支持层的各项功能，完成防洪决策过程中的信息查询和分析计算。随着信息技术的发展，广泛采用 WEB、GIS 多媒体、数据库、数据仓库和专家系统等新技术，将进一步向智能决策支持系统发展。

5.4.4.4　土地利用管理

通过政府颁布的法令或条例，对具有洪水风险的土地进行管理，达到限制或防止无序占用、利用洪泛区的目的，以减少洪灾损失。例如，对于已经开发利用的土地，可以采用调整税率的政策，对于不合理开发利用洪泛区的实行高税率政策；而对于搬迁或采取了有效减灾措施的，给予贷款，或者减免税收，甚至进行补助。对于尚未进行开发的具有洪水风险的洪泛区土地，要求做好土地利用规划，并做好水利规划和城市总体规划衔接与协调的工作。

5.5　城市防洪预案

城市防洪预案是一种根据城市所需承受的主要水灾威胁而编制的应急行动方案，主要包括明确城市重点防护对象，城市应急领导机构与职责以及采取的应对措施等。上海、北京、哈尔滨、西安等大城市在经历了城市涝灾的重创后，痛定思痛，发人深省，感到有必要编制城市防洪预案，有备无患，将全社会的抗洪救灾力量组织起来，一旦发生突如其来的水灾，能够及时启动预案，抗御水灾，将损失减少到最低限度。应急预案主要包括汛情级别划分、保障措施、抢险组织与分工。其中，至关重要的是，预案启动的程序，如指挥决策、调度运用、抢险救护、卫生防疫、交通管制、现场监控、人员疏散、转移安置、安全防护、社会动员，每一环节都要明确负责单位和责任人。预案要形成统一指挥、功能齐全、反应灵敏、运转高效的应急机制，做到在突发事件发生时，达到能在第一时间启动预案，指挥得当、及时应对的目的。

洪水的随机性很强，任何城市，即使具备很高的防洪标准，洪水也有超过标准的时候；在防洪标准内，也会由于设计洪水不可能囊括所有类型的洪水，而使城市遭遇措手不及的洪水袭击，城市是不可能绝对安全的。尤其在城区暴雨致涝时，除涝标准还很低，更无法依靠已有的除涝设施，免除涝灾的威胁。

根据城市遭受水灾的成因分析，针对洪源（或灾源），城市防洪预案一般包括防御洪水、防御风暴潮和防御暴雨积涝等三部分内容。城市可根据需要，选择其中的一种，两种或全部内容编制预案。根据国家防汛抗旱总指挥部办公室的研究，城市防洪预案大致包括以下内容：

江河洪水防御方案：主要编制不同量级江河洪水的防御对策、措施和处理方案，及相应的洪水调度方案（如水库、蓄滞洪区、分洪设施的调度运用等）。其中超标准洪水的防御方案应明确社会动员、临时分蓄洪、群众转移安置等措施。此外，还应针对冰凌洪水以及堤防决口、水闸垮塌、水库溃坝等造成的突发性洪水，编制相应的洪水防御方案。

山洪灾害防御方案：根据山洪灾害的发生与发展规律，主要编制不同量级暴雨及其地区组合条件下，山洪灾害专防与群防相结合的防御对策、措施和处理方案。

暴雨积涝防御方案：主要编制不同量级暴雨及其地区组合条件下，城区积涝的防御对策、措施和处理方案，包括应急排水，交通临时管制与疏导、工程抢修，以及重要保护对象和重要基础设施的防雨方案等。

台风暴潮防御方案：主要编制不同量级台风暴潮条件下，城市应对台风暴潮的防御对策、措施和处理方案，如人员转移的通知与落实、危旧建筑物和重要设施的防护等。

在这方面美国的城市防灾经验值得借鉴：2011 年 8 月 13 日，美国纽约出现百年一遇的暴雨，日降水量为 203mm，创美国国家天气服务自 116 年前开始记录降水量以来纽约市单日降水量的最高纪录。不过，纽约在这场暴雨中伤亡为零，这得益于美国强制性防城市内涝法律制度和及时有效的应急管理系统。美国的应急管理系统始建于 20 世纪 70 年代，分为联邦政府、州政府和地方政府三级反应机制。其中联邦紧急事务管理局是联邦政府应急管理的核心协调决策机构，全面负责国家的减灾规划与实施。

在灾害预警方面，美国具有较丰富的经验。和大部分国家不同的是，美国的国家天气服务局（NWS）不仅提供信息的播报发布服务，还在互联网上为公众提供天气预报数据的批量下载功能。

除了开放数据，美国政府还想方设法提高预警工作的时效性和准确率。NWS 及一些极端天气预警部门（如飓风预警中心）会通过不同平台，包括广播、电视和网络实时发布气象信息资料，极端天气，如飓风、暴风雪等来临前，相关预警信息不仅会在上述平台播出，也会通过电邮、博客、微博和手机短信等直接通知到市民。

手机短信被美国政府认为是当前最有效的信息预警渠道。2006年起，美国政府联邦通信委员会（FCC）就通过了一系列的法令，要求各个无线通信服务的提供商，必须向用户转发各种政府机构发布的预警信息。这个项目，在全国范围内实施，被称为"商业移动预警系统（CMAS）"。

为了实施城市防洪预案，需要有预防和预警机制以及应急响应措施做保证，其中与防洪有关的有以下方面。

5.5.1 预防预警信息

5.5.1.1 气象水文信息

明确全国重要防洪城市与一般防洪城市应报送的气象水文测验结果与报送的单位和时限；明确灾害性天气和水文预报及会商的要求，及其应报送的单位和时限。

5.5.1.2 防洪工程信息

明确下列工程信息报送的单位与时限：江河出现警戒水位以上洪水时，堤防等工程设施运行情况；堤防等工程设施出现的险情或可能决口的征兆，以及工程险情处理情况和责任人；水库超过汛限水位时，大坝等主要建筑物运行情况；大坝出现的险情及险情处理情况及责任。明确水库启动垮坝淹没预案的条件。

5.5.1.3 洪涝灾情信息

明确洪涝灾情信息的内容，报送的单位、时限与要求。

5.5.2 预防预警行动

5.5.2.1 预防预警准备

包括思想准备、组织准备、工程准备、预案准备、物料准备、通信准备、防汛检查及日常管理等。

5.5.2.2 江河洪水预警

明确将洪水水位、流量等汛情和预报、洪水预警区域报送的单位及对外通报的范围。

5.5.2.3 暴雨积涝预警

明确确定市区暴雨积涝预警区域、级别，信息发布的要求，并做好排涝的有关准备工作。

5.5.2.4 山洪灾害预警

掌握可能遭受山洪灾害威胁的成因与特点，明确预防和避险措施，明确水利与国土资源等相关部门协同编制防御预案的要求，及时发布预报警报，以便及时组织抗灾救灾。

5.5.2.5 台风暴潮灾害预警

明确气象部门根据中央气象台发布的台风信息，预测台风可能袭击的地点和影响范围的要求，以及向社会发布台风信息的规定；明确水利部门防台风工作的职责范围与内容要求；明确区域内建筑、公共设施防护的责任单位与防台风要求。加强对城镇危房、在建工地以及公用设施的检查和采取的加固措施，组织船只回港避风和沿海养殖人员撤离工作。

5.5.3　主要防御方案

5.5.3.1　洪水防御方案

1．标准内洪水防御方案

制定防洪标准内不同量级洪水防御对策措施和处理方案，以及相应的洪水调度方案（含水库、蓄滞洪区运用等）、工程运用措施和操作规程。

对可能出现的工程险情作出相应的抢险预案，明确抢险技术措施、抢险人员组织及负责人、物资、车辆调配计划等。特别对可能出现的决口险情，要做好堵口准备和修筑二道防线的具体方案。对决口可能淹没的区域要有发布警报的措施和人员、财产转移预案。

详细分析调度方案在执行过程中可能遇到的问题，以及蓄滞洪区安全建设、报汛通讯、抢险交通、防汛物资、照明设施、抢险队伍组织等存在的问题，提出解决办法，制定应急措施，并落实到具体部门和责任人。

2．超标准洪水防御方案

制定相应的防洪调度实施方案，包括堤防、水库、涵闸、蓄滞洪区以及其他防洪设施的调度方案和应急预案，明确调度运用规程和调度权限及执行部门的责任人等。

确定必要的临时分洪、避洪等措施，制定人员、财产转移方案，明确采取临时分洪、避洪等措施的批准权限。

3．冰凌洪水防御方案

分析河道槽蓄量、累积气温等水文气象条件，根据水文气象预报、上游水库运用与引水情况，针对可能出险河段和出险工程特点，分析预报冰凌威胁区段封河与开河时间、"文开"与"武开"的可能方式以及水位、流量等要素。采取措施防止河道出现冰坝、冰塞，结合上下游河道冰凌汛情，制定水库合理可行的调度计划。

结合冰凌洪水的特性和防凌调度原则，制定蓄滞洪区运用方案，堤防抢护方案和破冰泄水方案。采取措施防止冰块冲击和冰冻闸门、桥墩、取水塔等建筑物。编制相应的人员、财产转移方案。

4．突发性洪水防御方案

突发性洪水指由于水库、堤防等防洪工程失事造成的突发洪水。分析可能出险的防洪工程及相应的溃决洪水洪峰流量、流路、沿程流量与水位变化和淹没范围等。

制定应急措施，包括监视警报、人员转移、分洪、拦蓄、抢险、救灾等。

5.5.3.2　暴雨积涝处置方案

分析历次城区大暴雨强度、总量、历时与空间分布。

明确城区易积水路段、小区（特别是严重影响交通及行车安全的地点）、不同雨强积水深度、积水历时等。

编制城区积水影响处置方案，包括建立雨情及地面积水信息监视、监测、巡视、传递、通信与报告网络（正规与媒体大众），编制人员救助方案，排水方案，危漏房屋抢修、抢险方案，交通临时管制与疏导方案，主要干道抢修方案等。明确实施各项方案的负责单位、责任人以及实施时限与实施范围等。

明确重要保护对象、地下设施（如地铁、人防）抢险方案及实施方案的负责单位、责任人、实施时限。

明确重要基础设施抢险方案，主要指重要管道（水、电、气、热）、电信线路、重要桥梁的维修与抢修方案，负责单位、责任人与实施时限。

5.5.3.3 山洪灾害防御方案

山洪灾害指暴雨诱发的山洪、泥石流、滑坡等灾害。防御方案侧重于监视、预防、预警、人员撤离、财产转移、抢救、善后工作等。防御方案应分析山洪灾害的发生与发展规律，绘制山洪灾害易发地区分布图，制定专防与群防相结合的预防措施。

5.5.3.4 台风暴潮防御方案

分析历次重要台风、强热带风暴登陆时间、地点、路线，风情、雨情、水情（含潮位）和灾情。

明确台风、强热带风暴警报发布内容（包括影响范围、强度、可能登陆地点）、方式和发布权限等。

通知和组织需转移人员的具体措施，危旧房和危险地区的人员安全要落实到负责部门及责任人。

5.5.4 应急响应机制

5.5.4.1 应急响应的总体要求

（1）根据不同洪源的严重程度，将应急响应行动进行分级，例如可分为Ⅰ、Ⅱ、Ⅲ和Ⅳ等四级。

（2）明确汛期实行24h值班制度和全程跟踪雨情、水情、工情、灾情的要求，明确应急预案启动工作流程。

（3）明确水利、防洪工程的调度权限。

（4）明确组织和实施抗洪抢险、排涝减灾和抗灾救灾等工作的责任单位及工作要求。

（5）明确灾情上报制度。

（6）明确紧急处理疾病流行、水陆交通事故等次生灾害的要求和上报规定。

5.5.4.2 应急响应分级与行动

明确分级应急响应的确认标准及启动相应预案的程序；明确各级应急行动的要求，包括汛情上报单位与时限，派出工作组的规定，相关单位的职责分工等。

5.5.4.3 不同灾害的应急响应措施

1. 江河洪水

（1）明确当江河水位超过警戒水位时的重点防护堤段及重点工程，以及巡堤查险，严密布防的要求，动用部队、武警参加防汛抢险的准备。

（2）明确启动工程调度运用实施方案的权限。

（3）明确实施蓄滞洪区调度运用的准备工作和批准运用的权限。

（4）重申在紧急情况下，按照《中华人民共和国防洪法》有关规定，县级以上人民政府防汛指挥机构宣布进入紧急防汛期，并采取特殊措施的权利。

2. 暴雨积涝

明确调度水利工程和移动排涝设备的要求及责任单位，明确发布城市涝水限排指令的权限。

3. 山洪灾害

(1) 明确发布山洪警报的标准及责任单位。

(2) 明确人员伤亡抢救的组织程序。

(3) 明确组织相关人员赶赴山洪现场，加强观测，采取应急措施的实施步骤。

(4) 明确山洪泥石流、滑坡体堵塞河道，采取应急措施的具体方案。

4. 台风暴潮

(1) 明确做出台风暴雨量级、登陆地点和时间，风暴潮、江河洪水的预报要求及上报规定。

(2) 明确部署防御台风的相关准备工作及群众转移措施。

(3) 明确水利工程与海上作业的保安工作。

(4) 明确台风登陆和台风中心可能经过的地区以及洪水可能淹及地区人员与物资转移工作布置，救护、抢救、抢修等工作。

(5) 明确新闻媒体报道的要求及信息发布权限。

(6) 驻地解放军和武警部队，参加抢险救灾的准备工作。

5. 堤防决口、水闸垮塌、水库溃坝

明确堤防决口、水闸垮塌、水库溃坝出现前期征兆以及出现险情时的情况紧急上报规定和应采取的处理措施要求。

第6章　山丘地区城市防洪减灾对策

本书第1章就城市的分类作了阐明，第5章就城市防洪减灾对策总体思路作了详细论述。本章将专门就山丘地区城市防洪对策措施的有关问题，作较具体的探讨。城市分类是确定城市防洪减灾对策的基础，城市分类主要考虑的是两方面因素：一是城市的自然地理环境与区位条件；二是城市的洪水风险。因此，本章将着重论述山丘城市的洪水风险特征，在此基础上讨论确定山丘地区城市防洪减灾对策措施的依据，并用实例加以说明。

6.1　山丘地区城市的统计特征

6.1.1　城市的地区分布

截至2006年年底，我国有防洪任务的地级及以上城市共计285座，其中，山丘城市为137座，占48.1%，基本情况见表6.1，分城市情况详见附表2。

表6.1　　　　　　全国山丘类型地级以上城市基本情况表（2006年）

项　目	城市个数	城市人口/亿人	非农人口/亿人	城市面积/万km²	建成区面积/万km²	城市化率/%	GDP/万亿元
总数	137	1.33	0.75	243.43	0.89	56.4	2.88
占比/%	48.1	36.1	32.1	51.3	34.0		21.7

由表6.1可知，山丘城市总为137座，占全国地级以上有防洪任务的城市总数（285座）的48.1%，城市面积占285座城市的51.3%，市区人口占285座城市的36.1%，而市区GDP占285座城市的21.7%。137座城市中有18座位于东部地区，41座位于中部地区，19座位于东北部地区，59座位于西部地区。

6.1.2　城市的社会经济统计特征

6.1.2.1　人口分布

我国有防洪任务的地级及以上城市总人口共3.68亿人，其中，非农业人口2.34亿人，若以非农业人口占城市总人口的比例作为城市化率的指标，2006年，我国地级及以上城市的城市化率已达到63.6%。

从城市分类人口看，有1.33亿人口集中在山丘城市，占36.1%；相应的非农业人口0.75亿人，占32.1%。

6.1.2.2　国内生产总值（GDP）分布

2006年全国实现国内生产总值24.1万亿元。其中，全国有防洪任务的地级及以上城市共实现国内生产总值（GDP）13.26 万亿元，占 55％。其中，山丘城市实现 GDP 2.88 万亿元，占地级及以上城市 GDP 的 21.7％。人均 GDP 2.2 万元。

6.2　山丘地区城市的洪水风险特征

　　山丘地区城市洪水风险形成的主要原因有二：一是自然因素，二是社会因素。自然因素形成的洪水风险特征主要有两种：一种表现为暴雨洪水固有的特点，例如，洪水陡涨陡落，历时短、涨幅大；另一种表现为山洪（flash flood）泥石流，由局部高强度暴雨激发而成，发生范围很小，呈斑状分布，但流速快，含沙量大，摧毁力强，具有极强的猝发性和随机性。山洪汇入下游溪流、河川后，即为常见的山区洪水。社会因素造成的洪水风险特征也有两方面：一方面是城市发展诱发的洪水风险，如城市从阶地、坡地向河谷平川扩展，产生洪水风险；或在水库下游建设和发展城市而受到水库改变调度运用方式、加大泄流产生的洪水风险；或因水库失事酿成巨大洪灾。另一方面是许多城市沿河修建防洪堤，导致洪水归槽，抬高水位，增加城市洪水风险。山丘地区城市有时也会产生城区排水不及，造成暴雨积涝，但因山丘城市地势坡度一般较大，涝灾相对较少，不是山丘城市的主要洪水风险。

6.2.1　城市洪水风险的自然属性

6.2.1.1　山区性河流一般性洪水风险

　　山区性河流洪水的特征一般表现为陡涨陡落，洪水历时较短、水位涨幅相对较大。特别是大江大河主要支流以及其他中小河流的洪水特性大都如此。据统计，在我国 600 余座设市城市中，有 85％坐落在中小河流两岸，包含众多山丘地区城市。山丘地区河流洪水的一般特征，构成了山丘城市的主要洪水风险。

　　1. 整体上中小河流发生暴雨洪水的机会较多

　　中国高强度、短历时暴雨的量级是很大的，而且地域分布很广。图 2.11 表示出中国暴雨最大 6h 雨量分布情况，由图 2.11 可知，有些地点最大 6h 雨量已超过或接近世界纪录。这种雨量无论发生在中国什么地点，都会引发特大洪水，都远远超过当地城市的防洪标准，都是超标准的。

　　2. 局部洪水量级惊人

　　中国局部洪水强度之大是十分惊人的，位于中小河流沿岸的城市，一旦遭遇大洪水的袭击，是很难避免洪水灾害的。图 2.13 展示出我国 1000km² 100 年一遇洪峰流量分布图。

　　图 2.13 上存在一条流量为 1000m³/s 的分界线，几乎与暴雨分界线吻合，该线以东、太行山东侧、河南省西部山丘区、江淮平原、浙江沿海与广西等地，1000km² 范围内 100 年一遇的洪峰流量可以大到 1 万 m³/s 以上，这种量级的洪水已经接近世界纪录，就目前城市防洪能力而言，是很难抵御的。例如，湖南省资水安化县，1998 年 6 月 12—24 日 13d 内，累计降雨 870mm，全县 29 个乡镇受灾，直接经济损失 13 亿多元；安徽省潜山县，1996 年 6 月 23 日—7 月 19 日，县城降雨 972mm，县城 5 次进水，直接经济损失 4380 万元。据统计，660 座设市城市中，有 93.5％的城市受到洪水威胁，其中有 600 座

城市处在暴雨洪水频发地区；特别严重的是，中国的自然地理环境与独特的暴雨条件，导致中国局部暴雨洪水具有接近世界纪录的强度，摧毁力极强。

3. 中小城市经常遭受洪水侵袭

由于中小城市防洪标准相对较低，洪水破城而入，是较常见的。洪水只要进城，造成的损失是巨大的。据不完全统计，20世纪90年代，洪水进城约700余次。例如，1991年有50个县城洪水进城，主要在淮河流域；1995年有90个县城洪水进城，主要在辽宁省浑河、辉发河、鸭绿江和湖南、江西、四川；1996年有311个县城洪水进城，主要在湖北、湖南省以及广西柳州市；1997年有145个县城洪水进城，主要在江西、广西、广东；1998年有48个县城洪水进城，主要在东北嫩江以及江西省。遭受洪水侵袭的城市，绝大多数是山丘地区城市。因为统计的关系，山区洪水很可能也包括山洪。

6.2.1.2 山洪泥石流风险

1. 山洪定义与性质

山洪在国外称为突发性洪水（flash flood）。山洪是一种发生在山区坡面、溪涧与小河流中的猝发性洪水，是一种历时短，强度大的洪水。山洪与一般江河洪水的区别主要是发生的速度。世界气象组织－联合国教科文组织（WMO－UNESCO）定义山洪为"短历时且具有较大洪峰流量的洪水"。美国国家天气局（NWS）的定义是"在短短几小时内发生的由特大降雨、垮坝或溃堤等事件所引起的洪水"。所谓洪水发生时间短指的就是洪水的汇流历时短。国外将汇流时间不超过4~6h的洪水定义为突发性洪水，认为如果洪水汇流历时小于6h，利用常规洪水预警预报方法的有效性是很差的。因为从信息数据收集、分析，计算、预报成果评价，到预报预警信息发布，社区群众准备响应等，不是在短短几个小时内就可以实现的。因此把不能靠常规方法预报的洪水界定为山洪是可以接受的。不过，由于山洪流入下游河道都成了山区洪水，仅仅用短历时的"短"字是很难准确将山洪与山区洪水区别开的。山洪的另一特点是山洪往往伴随有很大的含沙量，因此，通常都把泥石流与山洪联系在一起，称为山洪泥石流（mudflow）。

2. 山洪发生条件及山洪灾害特点

山洪是一种强烈的地面径流现象，它同气候、地貌、地质、土壤以及植被有密切关系。暴雨是促成山洪暴发最活跃的动力因子。我国是短历时、高强度暴雨频发的国家，广泛发生的暴雨，造成我国山洪发生的广泛性，尤以西南诸省（自治区）为最。下垫面因素中，主要包括地形、地质、土壤植被与人类活动。我国地形复杂，山区广大，山区总面积占我国国土面积约2/3以上，陡峻的山坡和沟道为山洪提供了充足的水动力条件，容易形成快速地面径流。起伏的地形，加快气流的上升，常常形成强烈的地形雨。地质条件主要包括两方面影响：一是为山洪提供固体物质，二是影响流域的产流与汇流。山洪多发生在地质构造复杂、地表岩层破碎、滑坡、崩塌与错落发育的地区，这些不良的地质带为山洪提供了丰富的固体物质来源。随着经济的发展，人类往往对山区进行了掠夺性的开发，滥伐森林、开垦坡地、烧山开荒，导致山地裸露、环境恶化，削弱了天然拦蓄径流的作用。山区采矿弃渣，且少有防护处理措施，一遇暴雨，将使山洪加剧。山区土建忽视山坡稳定性，也增大了滑坡、崩塌的危险。

山洪具有很高的水位和很大的流量，冲击是山洪主要的破坏形式，对城镇、居民点、工业、农业、水利交通设施、通信设备、生态环境造成巨大的直接损失，尤其对人的生命安全构成的巨大威胁是难以想象的。山洪携带的大量泥沙堵塞下游河道，通过淤埋、冲刷、撞击、堵塞等作用对山洪所到之处造成极具破坏性的灾害。

这种大流量、高浓度含沙量、涨落迅猛的山洪，因其发生范围广泛和频繁，因而在整体上的破坏性极大。在我国每年洪灾的死亡人数中，占首位的是山洪。我国 2100 多个县级行政区中有 1500 多个在山丘区，约 7400 万人不同程度地受到山洪及其诱发的泥石流、滑坡灾害的威胁。2004 年，湖南省共发生较大山洪灾害 64 起，山洪灾害造成直接经济损失 54.76 亿元，占洪涝灾害总损失的 84.1%。全省因洪涝灾害共死亡 54 人，其中 49 人死于山洪灾害，占 90.7%。2004 年长江流域因山洪灾害死亡人数占洪灾死亡人数的一半。2005 年 6 月 10 日，黑龙江省牡丹江地区宁安市沙栏镇因特大山洪泥石流灾害造成 92 人遇难，17 人失踪。国外有些国家的山洪灾害也很严重。例如，美国每年山洪造成的经济损失约 10 亿美元，在美国，有 1.5 万多个社区和娱乐区被国家洪水保险署确认为山洪易发区。

我国是山洪灾害发生十分频繁的国家，据长江水利委员会的研究，在全国山洪灾害防治区中，受山洪及其诱发的泥石流、滑坡直接威胁的区域（简称山洪灾害威胁区）面积约为 48 万 km²，占整个防治区面积的 10.3%，占我国陆地面积的 5%。

激发山洪的高强度暴雨大致有个临界值，据成都山地灾害研究所的研究，在我国川西地区，达到每小时 30mm 的雨强即具备激发山洪的动力条件。这样的雨强在我国是普遍发生的。图 6.1 为中国 60min 最大雨量均值等值线图，图上 30mm 等值线从东北小兴安岭→燕山、太行山东侧→秦岭→四川盆地西北边缘→滇西北，贯穿中国大陆。

该线以东，最大平均雨强超过 30mm/h，其中，华北广大地区一般可达 40～50mm/h，华南可达 50～70mm/h。该线以西，最大平均雨强小于 30mm/h。均值的重现期相当于 2 年一遇，表明中国广大中东部地区处处存在经常发生山洪的暴雨潜力。

根据调查统计，2000 年，全国山洪灾害威胁区内共有人口 7408 万人，占整个防治区的 13.3%；耕地面积 8250 万亩，占整个防治区的 13.2%；国内生产总值 3670 亿元，占整个防治区的 13.1%；工业总产值 3302 亿元，占整个防治区的 13.2%；农业总产值 1078 亿元，占整个防治区的 11.3%；粮食产量 1862 万 t，占整个防治区的 13.7%。

我国洪涝灾害导致的人员伤亡，主要发生在山丘区，山洪是造成我国洪涝死亡人员最多的灾种。据资料分析，1950—1990 年间因洪涝灾害死亡人数为 22.5 万人，其中山丘区死亡人数 15.2 万人，占总死亡人数的 67.4%，年均死亡人数 3707 人。在 1992—1998 年间，全国每年因山洪灾害死亡人数约为 1900～3700 人，约占全国洪涝灾害死亡人数的 62%～69%；1999—2002 年山洪灾害死亡人数虽下降为每年 1100～1400 人，但占全国洪涝灾害死亡人数的比例却略有提高，达到 65%～75%；2003 年全国先后有 18 个省（自治区、直辖市）因山洪灾害造成人员伤亡，累计死亡 767 人，占全国因灾死亡人数（1551人）的 49%；2004 年全国共有 22 个省（自治区、直辖市）发生了导致人员死亡的山洪灾害，死亡 815 人，占全国洪涝灾害死亡总人数的 76%。由此可见，因山洪灾害造成的死亡人数占全国洪涝灾害死亡人数的比例大致呈逐年递增趋势。目前山洪灾害造成的财产损失年均约 100 亿元，严重制约着我国山丘区经济社会的发展。

据长江水利委员会分析，山洪泥石流灾害有以下特点：

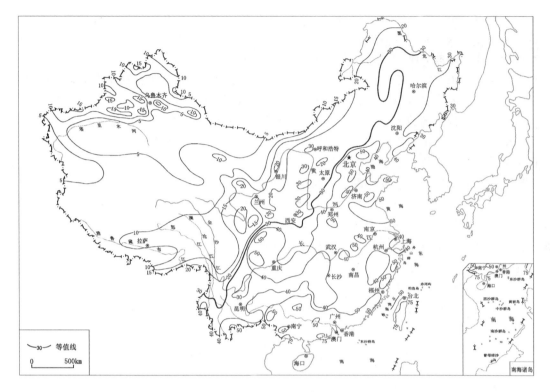

图 6.1 中国最大 60min 雨量均值等值线图

（引自王家祁《中国暴雨》，2003 年）

（1）分布广泛、数量大，以溪河洪水灾害尤为突出。据典型调查估计，全国有溪河洪水灾害沟 18901 条，发生灾害 81360 次；泥石流灾害沟 11109 条，发生灾害 13409 次；滑坡灾害 16556 处。

（2）突发性强，从降雨到山洪灾害形成历时短，一般只有几个小时，短则不到 1h，很少达到或者超过 24h。

（3）成灾快，破坏性强。山丘区因山高坡陡，溪河密集，洪水汇流快，加之人口和财产分布在有限的低平地上，往往在洪水过境的短时间内即可造成大的灾害。

（4）季节性强，频率高。我国的山洪灾害主要集中在 5—9 月的汛期，尤其是 6—8 月主汛期更是山洪灾害的多发期。

（5）区域性明显，随机易发性强。我国西南地区、秦巴山地区、江南丘陵地区和东南沿海地区的山丘区山洪灾害集中，暴发频率高，随机易发性强。西北地区和青藏高原地区相对分散，暴发频率较低。

6.2.2 城市洪水风险的社会属性

6.2.2.1 城市发展诱发洪水风险

1. 城市向河谷平川扩展

山丘地区城市按照地形一般都有高程上的分布差异，即所谓的垂直分布。从城市的产生看，山丘城市往往一开始建在高处，高出水面很多。即使河流洪水位变幅很大，受洪水淹没的地方，也主要是沿江沿河地带。城市的主城区只要不建在沿河地带，洪水对城市的威胁就不会很大，城市没有多少防洪任务。例如，广西柳州市长久以来沿江并不设防，临水街道只建有一些简陋房舍，洪水一来，居民随即撤离，将能够搬动的财产往楼上搬移，对财产不会带来太大损失。洪水退后，对房舍、街道加以清扫，很快也就恢复了生产与生活。这类山丘城市自古以来已积累了一套行之有效的防洪对策：水来人去，水去人归，人与自然和谐相处。随着人口的增加与经济发展需求的增长，有的山丘城市逐渐向河边拓展，继而要求对城市加以防护，首选的措施就是修堤。修堤在保护城市的同时，也侵占了行洪通道，抬高水位，进而再加高堤防。例如，陕西省延安、府谷等山丘区城市，原来都坐落在较高的阶地上，本来并没有多大的洪水威胁；近些年来，由于城市向河滩上扩展，为了防洪就修堤，又怕标准不够，于是设防标准从 5 年一遇提高到 10 年一遇。如果不修堤，或者堤修得很矮，并不会给城市带来太大的灾害，反而会因高含沙量洪水而逐渐淤滩刷槽；但是，由于修了堤，而且不断加高，这样就会逐渐形成悬河。被保护对象非但没有相应淤高反而形成洼地，一旦遇到超标准洪水，就可能带来毁灭性灾害。

2. 新开发区防洪建设滞后

有一些城市新开发区，或工矿企业，建在城市郊区或城乡结合部，往往防洪建设滞后，排水基础设施跟不上，防洪标准相对较低，容易遭受洪涝灾害。例如，河南省焦作市，高新技术开发区位于大沙河与新河之间，两河皆无完整堤防，主要靠漫滩行洪，防洪工程设施建设较滞后，洪水风险较大。

3. 在水库下游修建城市或扩建城市

有些山丘城市建成后，在其上游修建了水库，减少了下游城市的洪水威胁，城市遂逐渐向沿河滩地发展，一旦水库运行方式改变，城市的防洪压力随之增加。例如，浙江省富春江上的建德市，在其上游修建了新安江水库，水库建成后 40 年都处于低水位运行中，下游流量不大，大大减少了建德市的洪水威胁。建德市遂向江边发展，沿江一带修建了大量建筑物。据调查，在 50 年一遇洪水位以下已建有房屋 23 万 m^2，5 年一遇洪水位以下的房屋也有 4.3 万 m^2。自 20 世纪 90 年代初起，新安江水库改变为高水位运行，泄流加大且频繁，洪水风险加大，建德市的防洪形势突然严峻起来。

反之，上游水库建成后，水库下游兴建了城市，城市防洪对上游水库的调度运行方式提出了新的要求，致使水库与其下游城市的防洪矛盾协调起来十分困难。例如，湖南省湘江支流东江水库建成后，其下游资兴城市的发展对东江水库提出了防洪要求就是如此。

6.2.2.2　城市堤防引发洪水归槽加大洪水风险

洪水归槽是城市化后，沿河城市，特别是沿河的山丘城市因处处建堤设防，导致洪水归槽，增大洪水风险。在天然条件下，洪水有向两岸泛滥的空间，河流对洪水的调蓄能力相对较大，从而抑制了洪水强度。然而，随着城市的发展，沿河上下游城市陆续修建了大量堤防，而且标准越来越高，致使一般洪水甚至中等洪水都被约束在两岸堤防束窄的河道内。行洪道的缩小，必然抬高洪水位。例如，珠江流域筑堤防洪始于千百年前，但直至新中国成立以前均未形成规模，堤防的防洪能力十分有限，流域洪水几乎未受堤防的约束。新中国成立后，特别是 1994 年 6 月大水后，浔江、西江沿岸的城市及其他保护区修建了大量堤防工程，在显著提高河道防洪能力的同时，河道两岸滞蓄洪水的能力亦随之缩小，下游河段的洪峰流量明显加大。例如，西江 1998 年 6 月洪水，浔江上游的大湟江站洪峰流量 44700m³/s，由于浔江两岸堤防很少溃决，洪水基本归槽下泄，致使梧州站洪峰流量高达 52900m³/s，相当于天然情况下的 100 年一遇标准。突显出堤防束水聚集效应增大洪水风险的作用。

6.3 山丘地区城市防洪减灾对策

山丘性河流洪水陡涨陡落，水位涨差大，洪水历时相对较短，洪峰流量大，但洪量相对较小。因此，山丘城市防御洪水的主要方略原则上应当"挫其锐、避其势"，具体对策可概括为：对于一般山区性河流，堤库结合，整治疏浚河道，采取蓄泄兼筹、以泄为主的方针，拦蓄和疏导洪水；同时，改造城市建设以与自然和谐。对于山洪，采取"以防为主""防治结合"的方针，避开山洪水势。

现在的山丘地区城市，因适应社会经济发展的需要，城区已大都延伸到河谷平原地带。不过，这种河谷平川或所谓的"坝子"，一般都比较狭长、窄小，和江河下游的平原完全不同。由于是山区性河道，河面不宽，河槽蓄量相对较小，洪水陡涨陡落，城市若无堤防保护，只要洪水漫槽，洪水随即进城，而且一淹就是几米；不像下游平原地区河道，洪水涨幅较小，两岸滩地又有一定调蓄能力，水势较缓，水位涨幅不大。例如，安徽省黄山市，属中低山丘陵城市，新安江、阊江、青弋江三大水系流贯该市。由于上游河道比降大，又缺乏控制性工程，洪水涌向河谷平川，极易造成洪灾。20 世纪 40 年代以来，较大洪水有 21 次。1942 年洪水，水位陡涨 10m，街道水深 2.2m；1969 年洪水，水位陡涨 7m，街道水深 1.2m；1996 年洪水，水位陡涨 7～8m，将近 50％的街面被水淹没，屯溪老城街道水深 2m，水淹两昼夜尚未退尽。又如广西柳州，当柳江水位达到 81.5m，沿街街道即进水，水位超过 84m，即发生严重洪涝。1996 年大洪水时，柳江水位从 74.41m 涨至 90.91m，涨幅 15.78m，柳州市酿成重大洪灾。要防御洪水水位超过城市地面数米乃至十来米的洪水，单凭修建堤防是不适宜的。这不仅像一堵高大的城墙把城市紧紧包住，影响市容，特别是旅游城市，如黄山、桂林等，更不允许这样。而且，防洪墙越高，洪水风险越大。因此，山丘地区城市，应尽量在河道上游修建水库，或开辟蓄滞洪区，拦蓄部分洪水；或开辟分洪道、撤洪沟，分泄部分洪水，以减轻下游城市防洪压力，降低城市堤防高度。广西等地称之为"堤库结合"，是一种很理想的蓄泄兼筹的措施，是国内许多有条件的山丘地区城市防洪对策的首选。

所谓有条件的山丘地区，特指是否具有修建水库、蓄滞洪区的地址，包括防洪（蓄水）库容不能过小，库址位置适宜等。蓄洪库容太小无助于有效减轻下游城市防洪压力；库址位置不合适，拦洪效果就差一些。事后总结规划效果是有益的，不可能事事都能做到未卜先知。例如，海河流域太行山区修建了多座大型水库，控制了山区 85％的集水面积；但由于水库位置偏于暴雨中心上方，仍未能十分有效地控制 1963 年特大暴雨洪水，这是在 1963 年型暴雨发生前所难以估计到的。因此，1963 年大水后，需要在"堤库结合"的基础上，考虑其他防洪对策措施，如整治河道，扩大行洪能力；开辟分撤洪道，使洪水分流等等。

6.3.1　堤库结合蓄泄兼施

在有条件的城市上游兴建水库，以拦蓄洪水；同时修建必要的城市堤防保护城市安全，但不宜过高，以减少堤防工程风险。

6.3.1.1　上游具备修建控制性工程条件

长江流域上游城市比较分散，洪水发生时，沿江两岸阶地随即被淹没，洪水过后很快就出露，这与中下游城市集中成片，一旦受淹，范围很广，而且淹没时间很长有很大区别。因此，对于这类山丘城市可以修水库调节洪水水势为主，并辅以一定标准的堤防，扩大河道行洪能力。这种"堤库结合"的城市防洪措施是有成效的。

位于长江上游三峡工程库尾、长江与嘉陵江交汇处的重庆市，主城区三面临水，长江、嘉陵江把主城区分隔成渝中区、江北片区和南岸区三大片区。城区江河岸线长，洪枯水位变幅大，重要基础设施和工矿企业多分布在沿江一带。2006 年末，重庆市总面积 8.2 万 km^2，其中市辖面积 2.6 万 km^2，建成区面积 $631km^2$。全市总人口 3198.87 万人，市区人口 1510.99 万人；全市非农业人口 845.43 万人，占全市总人口的 22.3%；市区非农人口 596.69 万人，占市区人口的 39.5%。全市国内生产总值 3491.57 亿元，其中市区 2484.03 亿元。

重庆市的致灾洪水，主要是来自长江、嘉陵江上游各时段暴雨形成的过境洪水，尤其是上游川西峨眉山一带和川东大巴山南麓著名的两个暴雨中心影响较为严重。此外，三峡工程对城市的回水影响以及山地灾害也很严重。

根据城市规划，重庆市域中心城市重要工程建筑设施的重要河段防洪标准近期不低于 100 年一遇，一般河段防洪标准不低于 20 年一遇。如果完全依靠修建堤防把山城重庆团团保护起来，城市堤防将修成大坝那么高大，不仅不经济、技术上也要冒很大风险；既不美观、人居环境也将遭到很大的破坏，这是不现实的。

经过仔细规划，重庆市区防洪将采取工程措施和非工程措施相结合的综合整治方案，即在长江干流上游和嘉陵江上游兴建水利枢纽工程，拦蓄洪水；在市域市中心，长江、嘉陵江沿江两岸实行以护岸为主的综合整治；部分河段修建防洪堤（墙），以保护重要工矿企业和交通干线；地势低洼地段修建排涝工程；拆迁 10 年一遇洪水位以下居民住宅和工矿企业单位等的全部建筑，充分体现蓄泄兼施，"堤库结合"的理念。

又如，湖南省郴州市，位于湖南省东南部南岭山脉北麓，耒水、东江之滨，城区有新老部分之分。郴江流贯老城，新城主要有东江及其支流。两岸地势较平坦。郴州市为基本不设防城市，郴江上有许多阻水建筑物，源头亦少有水库，沿河滩地多为城市建设占用，山地过渡垦殖，造成大量水土流失。经常发生洪水进城酿成水灾。城市防洪采取的对策有：对于老城区，近期主要改造和新建堤防、河道裁弯取直、拓卡、清淤清障；远期在郴江上游支流修建防洪水库，改变某些水库的运用方式。对于新城区，除在支流上游修建水库外，对支流河道进行整治疏浚，减少修堤工程。

6.3.1.2　修建水库与蓄滞洪区以减少防洪压力

淮河流域上游是山区，下游为平原河流，鉴于这种特殊的地形及洪涝风险，拦蓄洪涝水不仅要靠水库，还要设置蓄滞洪区，才能有效地减轻下游城市的防洪压力。城市防洪规划布局通常采取山丘建设大中型水库，拦蓄山区洪水，或在山前平原设置蓄滞洪区以蓄洪滞涝，减少山丘区洪水因抢占下游河道而对下游沿岸造成的排水困难。如在洪汝河上游除用板桥、石漫滩、薄山、宿鸭湖水库拦蓄洪水外，还利用杨庄、老王坡、蛟停湖滞洪区滞蓄洪水，以降低淮河干流水位，缓解"关门淹"，减轻沿淮城镇的洪涝威胁。

6.3.1.3 依靠水库拦蓄洪水以大大降低城市堤防高度

如果条件许可，在城市，特别是旅游城市上游修建水库拦洪应当是很好的选项。例如，广西桂林市，位于广西东北部山丘地区的漓江河畔，是中国著名的旅游城市。2002年，城市人口 69.09 万人，非农人口 53.49 万人，建成区面积 58km²，国内生产总值127.8 亿元。

由于城市防洪能力很低，仅 10 年一遇，1998 年漓江大水，城市受淹。城市防洪规划结合地形，考虑发展旅游、美化环境的要求，采取渠、堤、库相结合的措施，并以分洪为主，堤防设计高程较低。近期先建标准不高的防洪堤和排涝闸、排涝泵站，使防洪能力提高到 20 年一遇；然后分别在漓江与桃花江兴建分洪渠，使城区防洪标准提高到 50 年一遇。远期在上游兴建两座中型水库，使桂林市区防洪能力达到 100 年一遇。

又如，位于河北省东北部的承德市，是中国著名的历史文化名城，市区内有中国最大的皇家园林——避暑山庄。2002 年，市区总人口 44.76 万人，非农人口 33.0 万人，建成区面积 38km²，国内生产总值 67.7 亿元。洪水威胁主要来自流经市区的河流，现有城市防洪体系为标准 10～20 年一遇的防洪堤，城市防洪规划采取蓄泄结合、以排为主的方针，计划在武烈河上游兴建 2 座中型水库，并加固加高培厚现有堤防，新建少量堤防，进行河道清障，扩大河道行洪能力；以提高承德市的防洪标准，近期达到 50 年一遇，远期达到100 年一遇，见图 6.2。

再如，安徽省黄山市，考虑到黄山市为国际旅游城市，防洪标准定为 100 年一遇。但为了不影响旅游观光，城市堤防要和城市道路、景点相结合，只能修建不高的堤防；因此，要求新安江干流屯溪河段的安全泄量为 20 年一遇，而要达到黄山规划的防洪标准100 年一遇，则必须在上游兴建防洪水库。

6.3.2 宣泄洪水以泄为主

有些河流上游缺乏修建控制性防洪工程或开辟蓄滞洪区的条件，采取主要依靠修建水库拦洪或用蓄滞洪区蓄滞洪水都是不现实的。例如，长江支流湘江虽然洪水峰高量大，但却是缺乏修建控制性工程或开辟蓄滞洪区蓄滞洪水条件的一级支流。湘江支流耒水茶陵、攸县，潇水的道县，浏阳河的浏阳县，在其上游虽可修建水库，但水库所能控制的洪水并不能使其下游城市达到要求的防洪标准，因此，城市防洪必须修建一定标准的堤防，并采取其他措施宣泄洪水。

为了减轻下游城市的防洪压力，可以开辟分撇洪道，分流洪水，这也是山区城市常用的防洪对策。如山西省长治市，位于太行山麓上党盆地东缘，四周环山，城区东依太行山，西临浊漳河南源，是长治市主要洪水来源，属于山区性暴雨型河流。除修建一定标准堤防外，还开辟了城南、城东两条排洪渠以分水势。河南省洛阳市位于河南省西部黄河中游豫西黄土丘陵地区，城市三面环山，伊河、洛河是主要洪水来源。考虑到洛阳市洪水风

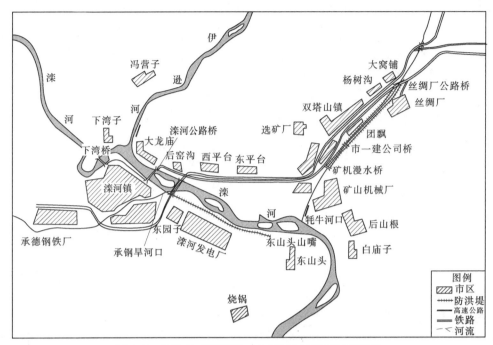

图 6.2 承德市（双滦区）城市防洪工程规划布置图

险特点，规划决定除加高加固现有堤防外，还对河道进行清障，并整治拦截坡水的撇洪沟，分段截排入下游河道，分流山水。又如湖南省吉首市，位于湖南省中部资水与邵水交汇处，丘陵地形，资、邵两水河床浅，两岸阶地地势低，河谷有较开阔的平川。防洪规划采取修建保护圈堤将中心城区保护起来的对策，一般城区也以筑堤泄水防洪为主。此外，采取河道整治、疏浚、拓卡、清淤清障，并相机修建水库拦洪。再如河南省焦作市，位于太行山前冲积平原的缓冲地带。南受沁河，北受太行山洪，西受丹河、大沙河洪水威胁。市区内有 8 条河穿过。各河上游多为峡谷，两岸山体陡峭，以河槽泄洪为主；河流出山进入山前冈丘区，复入平原后，以滩槽行洪为主，洪水陡涨陡落。城市防洪规划选择以排为主的对策，即开辟截洪沟拦截坡面径流，截洪沟与各河平交，建闸控泄入各河；较高区间地面径流，通过城区排水管道排入河道；部分低洼地区径流和外河洪水位较高而无法自排入河道的滞留径流，都靠泵站抽排入河。将流经高新技术区的新河改道直接汇入大沙河，上游则开辟撇洪沟，导水入主沟，并开挖截洪沟汇集支沟洪水，同时扩挖下游河道。

6.3.3 整治河道通畅行洪

长期以来，不少山区滥伐林木、毁林开荒，森林植被遭到破坏，造成水土流失，降低水土涵养能力，泥沙俱下，淤抬河床，降低了河道行洪能力。另外，城市向河道任意倾倒生活与工业垃圾，致使河道淤堵，行洪不畅，也造成环境污染。因此，应当疏浚整治河道，以扩大河道行洪能力。特别在缺乏修建水库、蓄滞洪区条件，且开辟分洪道也不适宜的河流，城市更应整治疏浚河道。例如，山东省泰安市，河流上游缺乏修建水库条件，故采取中疏下排，整治疏浚河道的措施，增大河道行洪能力。莱芜市区牟汶河、孝义河、莲河源短流急，且河道淤积严重、河道堆放垃圾，过洪能力锐减，加之牟汶河顶托，城市洪涝严重。因此，采取整治疏浚河道，加大行洪能力，通畅排洪。

6.3.4　避让洪水适应自然

早先的山丘城市，大都建在高地、阶地上，基本没有河水泛滥成灾的问题（山洪泥石流除外），随着社会经济的发展，城市多向河谷平川发展，防洪问题日显突出。解决城市防洪问题之道有二：一则从增强城市防御洪水能力着眼，加强城市防洪建设，提高防洪标准；二则改造现有洪水风险的城市，以减免洪灾损失。前者已被普遍采用，后者也开始在一些城市实行。这些城市在思考对城市如何进行改造，才能适应城市洪水风险加大的特点。这是从减少城市承灾体脆弱性方面着眼，减少自身损失的防洪对策，值得借鉴。

例如，浙江省在1960年建成新安江大型水利枢纽后，由于水库低水位运行，蓄水拦洪，调洪库容较大，泄洪机遇极少，大大减轻了水库下游的洪水风险。昔日被水淹没的河滩地长久暴露在人们的眼前，激发出人们的安全感。位于浙江省新安江下游的建德市，沿江进行开发利用，先后修建了近30万 m² 建筑物。偶尔当新安江水库泄流时，下游建筑物的安全已给水库调度造成了极大的困难。特别是，1998年改为高水位运行后，水库加大了泄量，更使洪水风险大增，城市处于洪水威胁中，下游滩地建筑物的防洪安全成了突出问题。由于防洪标准很低，新安江水库每次大流量泄流都要求下游紧急搬迁，往往因搬迁工作量大、历时长，因而延误了水库泄流的时机，使水库调度日益困难，甚至由此而逼高库水位，被迫加大泄流，造成下游更大的洪水灾害。

为妥善解决防洪问题，建德市没有采取单纯的修堤提高城市防洪标准的传统做法，而是主动搬迁沿河已建成的部分建筑物，给洪水让路，以适应自然。

规划拆迁50年一遇洪水位以下18.7万 m² 的建筑群，抬高就地重建的建筑物高程26.5万 m²。通过对城市建设的改造，解决了城市防洪问题，实现了与自然和谐相处的目的。

6.3.5　"以防为主"治理山洪

6.3.5.1　防治山洪灾害的总体思路

山洪灾害的防治必须针对山洪灾害的特点，坚持以人为本，全面、协调、可持续的科学发展观，确定防治山洪灾害的总体思路：

1. 坚持"以防为主，防治结合"的原则

鉴于山洪灾害具有突发性、随机性、烈度大等特点以及我国经济发展的实际情况，当前应以减少人员伤亡为首要目标，防治措施应坚持"以防为主，防治结合"的原则，立足于非工程措施与工程措施相结合，但以非工程措施为主，采取避开山洪的对策。非工程措施中最重要的是编制山洪风险图，建立超短期山洪预警预报系统和制定可行的以撤退、救灾为主要内容的应急预案，从居民点的规划建设到居民的安全保障，都要避开山洪频发地区。

通过对山洪与山洪灾害的实地调查，对文献记载的查询和对水文资料的分析，将山洪发生的地点、范围、暴雨洪水量级、灾害损失情况，编制成山洪风险图表，作为规划山区土地利用和生产建设的重要依据。

制定以人员撤退、救灾为中心的应急预案是十分必要的。山洪来势凶猛，猝发性很强，要千方百计获悉山洪发生兆头，争取时间，所谓觉察于青萍之末，防微杜渐是极端重要的。目前的短期天气预报技术尚难准确预测短历时高强度的暴雨，因此，需要科学技术与群众经验相结合，如收集流传在民间的谚语是很有意义的。预警山洪贵在及时，争取黄金时间至关重要。一旦发出山洪预警预报，便可立即启动应急预案，组织人员向安全地区转移，并组织抢险、救灾，这是避免人员大量伤亡与减少财产损失很重要的非工程措施。

2．坚持"突出重点，兼顾一般"的原则

坚持"全面规划，统筹兼顾，标本兼治，综合治理"和"突出重点，兼顾一般"的原则。根据各山洪灾害分区的特点，做出全面规划，并与改善生态环境相结合。注重依靠法律、法规约束人类的不合理行为和生产活动方式，制止对行洪场所的侵占。在有条件的地区，设法使群众撤离山洪频发区，加快以尽量减少人员伤亡为目标的防灾体系建设。

6.3.5.2　防治山洪的经验

我国山洪发生频繁，且分布很广，各地都有一些防治山洪的经验。根据长江水利委员会、成都山地灾害研究所以及其他有关流域机构的经验，提炼出一些值得参考的防治山洪的经验，除采取堤库结合、疏浚河道、分撒洪水、搬迁避险等措施外，可以认为编制洪水风险图是很有效的防治山洪措施（其中尤以划分危险区和编制人员撤退与救灾预案最为重要）。

1．划分危险分区

松花江流域山洪灾害发生比较频繁，损失较大，死亡人数较多。新中国成立以来，在山丘区修建了一些防治山洪灾害的工程设施，但现存工程数量少、建设标准低、工程质量差、不配套、工程老化失修严重、病险工程不断增多。遍布于山丘区的中小城镇、林业局、农场和大小村屯，大多数位于平川谷地，基本处于无设防状态，缺乏有效的工程措施，一旦暴发山洪，迅即成灾。针对山洪特性和自然地理条件，松花江辽河水利委员会在编制防治山洪规划时，强调划分危险分区，为制定土地利用和城镇建设规划提供指南，为人民生命财产安全和经济社会可持续发展提供保障。共划分三个分区，即：

（1）危险区。是指山洪灾害发生频率较高，直接造成规划区内房屋、公共设施严重破坏以及人员伤亡的区域。该区为受 10 年和小于 10 年一遇山洪及其诱发的泥石流、滑坡威胁的区域。在危险区，严禁人员居住和开发利用。

（2）警戒区。是指介于常遇山洪和稀遇山洪影响范围之间的区域。该区域山洪灾害发生频率相对较低，在此居住和修建房屋必须要有防护措施，以减轻山洪、泥石流、滑坡灾害的危害。警戒区为危险区以外，受 100 年和小于 100 年一遇较稀遇发生的山洪及其诱发的泥石流、滑坡威胁的区域。

（3）安全区。是指不受稀遇洪水影响，地质结构比较稳定，可安全居住和从事生产活动的区域。安全区也是危险区、警戒区内人员避灾场所。安全区为不受 100 年一遇以上山洪及其诱发的泥石流、滑坡威胁的区域。

2．编制撤退、救灾预案

为了避免人员伤亡和财产损失，应在山洪频发地区编制防灾预案。山洪灾害防御预案是为预防山洪灾害，事先做好防、救、抗各项工作准备的方案。具体包括：建立山洪灾害防御组织方案、山洪灾害预报预警方案、避险和人员转移方案、抢险方案、抢险物资筹备方案、灾民安置方案和灾区卫生防疫方案等。抢险救灾措施主要包括：组织抢险救灾队伍，落实抢险救灾物资，确定避险、抢险和人员紧急撤离措施，做好灾后的抢护与生产自救工作，落实补偿和保险措施等，包括明确人员与财产转移路径、临时避难所，并事先告示广大群众，做到家喻户晓；人员转移组织工作要安排具体可行；灾中抢险、救援工作要明确责任人，救援队伍，做到职责分明、措施得当；灾后救济要有一套包括灾情调查、评估、赈灾政策等在内的救济行动计划，确保防洪预案顺利启动与高效实施。

3. 因地制宜采取工程措施

对于河流洪水，根据山洪沟的分布、类型、危害程度，结合实际情况，充分发挥已有工程的作用，对不同类型的山洪沟治理因地制宜地采取工程措施，包括兴建规划水库、堤防、坡水处理、河道整治、排洪、病险水库除险加固等。

对于泥石流，采取的工程措施主要包括排导工程、拦挡工程、沟道治理工程和坡面治理工程等，因地制宜，做出工程措施规划。

排导工程有排导槽、渡槽、急流槽、停淤场、导流堤、束流堤等；拦挡工程主要有拦沙坝和格栅坝等；沟道治理工程有谷坊、护坡、护底、排洪渠道等；坡面治理工程有梯田建设、削坡、挡土墙、坡面排水系统等。

对于山体滑坡，根据山洪滑坡灾害的特点，其防治方法划分为搬迁避让、监测预警、工程治理三种类型。工程治理：受山洪影响不稳定或潜在不稳定，对人民群众生命财产安全构成重大威胁，工程治理可行且其效益大于搬迁避让的滑坡。具体的滑坡治理工程措施有：排水、削坡、减重反压、抗滑挡土、抗滑桩、锚固和预应力锚固、抗滑键。

4. 鼓励采取非工程措施

（1）编制非工程措施规划。建立监测、通信及预警系统，可提前预见山洪灾害的发生，有效减少或避免山洪灾害导致的人员伤亡和财产损失。

监测系统包括气象监测系统、水文监测系统、泥石流监测系统和滑坡监测系统。在对各省（自治区、直辖市）气象水文、地形地质条件、灾害特点及规律进行广泛调查的基础上，充分利用现有的气象站网、水文站网、地质灾害站网、水情自动测报系统进行监测点规划布局。

通信系统将为监测点与各级专业部门之间、各级专业部门与各级防汛指挥部门之间的信息传输、信息交换、指挥调度令的下达、灾情信息的上传、灾情会商、山洪警报传输和信息反馈提供通信保障。通信系统可根据各省（自治区、直辖市）的实际情况，采用电话交换网、GSM/GPRS、短波、超短波、卫星等信道或信道组合。

预报是预警的基础，分为山洪气象预报、山洪水文预报和山洪地质预报，此三类预报侧重点、精度要求各有不同，应加强协调配合，为预警预报提供决策依据。应在充分利用现有预报系统的基础上，按专业监测与群测群防相结合、微观监测手段和宏观监测手段相结合的原则，分层次地建设预警系统，包括气象预警系统、水文预警系统、地质灾害预警系统。

（2）加强政策法规建设。包括风险区控制政策法规和风险区管理政策法规建设，前者是指拟定有效控制风险区人口、村镇、基础设施建设方面的政策、法规，后者是指对风险区日常防灾工作的管理，维护防灾设施的功能，规范人类活动，有效地减轻风险区的山洪灾害的政策、法规。

　　目前，我国还没有制定专门针对山洪灾害的法律、法规，但在水土保持、生态环境保护、防洪减灾、地质灾害防治、资源利用等方面的相关法律、法规中不同程度地涉及了山洪灾害防治问题，应尽快从山洪灾害风险区划定、山洪灾害预防、山洪灾害救灾实施办法、山洪灾害治理条例、补偿及重建扶持等政策方面着手制定相应的山洪灾害防治法律、法规。

第7章　平原地区城市防洪减灾对策

本书在第1章已对城市的分类做了阐明，在第5章对城市防洪减灾对策的总体思路做了详细论述。本章将专门就平原地区城市防洪对策措施的有关问题做进一步探讨。城市分类是确定城市防洪减灾对策的基础，城市分类主要考虑的是两方面因素：一是城市的自然地理环境与区位条件，二是城市的洪水风险。因此，本章将着重论述平原城市的洪水风险特征，在此基础上讨论确定平原地区防洪减灾对策措施的依据，并用实例加以说明。

7.1　平原地区城市的统计特征

7.1.1　城市的地区分布

截至2010年年底，我国有防洪任务的地级及以上城市共计287座。其中，平原城市为116座，占40.4%，基本情况见表7.1，分城市情况详见附表3。

表7.1　　　　　　　　全国平原类型地级以上城市基本情况表（2010年）

项　　目	城市个数	城市人口 /亿人	城市面积 /万 km²	建成区面积 /万 km²	GDP /万亿元
总数	116	1.81	23.95	1.49	12.19
占比/%	40.4	46.5	38.1	46.7	49.6

由表7.1可知，116座平原城市的城市面积为23.95万 km²，占287座地级及以上城市总面积的38.1%。城市的人口为1.81亿人，占287座地级及以上城市人口的46.5%。GDP为12.19万亿元，占287座地级及以上城市GDP的49.6%。在116座平原类型城市中有41座位于东部地区，40座位于中部地区，12座位于东北部地区，23座位于西部地区。

7.1.2　城市的社会经济统计特征

1. 人口分布

至2010年年底，全国总人口为13.40亿人，全国城镇人口为6.70亿人，全国地级及以上城市总人口为3.89亿人。在地级及以上城市中，有1.41亿人口集中在山丘城市，占地级及以上城市人口的36.3%；有1.81亿人口集中在平原城市，占地级及以上城市人口的46.5%；另有0.67亿人集中在滨海城市，占地级及以上城市人口的17.2%。

2. 国内生产总值（GDP）分布

2010年年底全国实现国内生产总值40.12万亿元。全国有287座地级及以上城市共实现国内生产总值（GDP）24.58万亿元，占61.3%。其中，平原城市GDP达12.19万亿元，占地级及以上城市 GDP 的 49.6％。人均 GDP 6.73 万元。

7.2　平原地区城市的洪水风险特征

我国平原地区城市众多，城市自然地理条件不同，洪水风险特征迥异，广大平原城市的防洪问题和洪水风险显示出很大的差异，所采取的防洪减灾对策也就不尽相同。本节将首先论述平原城市洪水风险的一般特征，然后，根据平原城市与河流、湖泊的相对位置，以及城市洪水风险的来源和特征，将平原城市分为四种类型，并按照这四种类型，分别讨论其风险特点。

7.2.1　平原地区城市洪水风险的一般特征

7.2.1.1　洪水位居高不下，洪水风险持续时间期漫长

许多平原城市都位于江河中下游，地面高程大多位于洪水位以下，主要的洪水风险是河道的泄流能力与上游来水很不适应，洪水位居高不下，而且持续时间很长，无论大江大河中下游，还是三角洲平原城市，都有这种洪水风险特点。现以长江中下游平原、淮河中下游以及太湖流域平原水网区为例予以说明。

1. 长江中下游平原

长江中下游 14.1 万 km^2 的保护区，是在历史长河中由长江干支流泥沙淤积形成的"冲积平原"。它承泄着长江上游和中下游支流的来水来沙，经过水沙的长期作用和人类活动的干预，逐步演变成今日的平原区。但平原区的地面高程低于河湖水位数米至十数米，洪水期主要靠 3 万余公里的堤防防御洪水。沿岸常住非农人口 200 万人以上特大城市有 4 座（武汉、南京、无锡、上海），100 万～200 万人口的大城市有 5 座（长沙、南昌、苏州、常州、合肥）。

长江中下游的洪水来量远远超过各河段的安全泄量。1153 年以来，宜昌流量超过 8 万 m^3/s 的有 8 次。城陵矶以上干流和洞庭湖回水及区间来水的汇合洪峰流量，1931 年、1935 年、1954 年均在 10 万 m^3/s 以上，1998 年也超过 9 万 m^3/s。而目前长江中下游河段的安全泄量，上荆江段仅 60000～68000 m^3/s，汉口约 7 万 m^3/s，湖口（八里江）约 8 万 m^3/s。洪水来量大于河道泄洪能力不足的矛盾非常突出。三峡工程建成后，由于三峡工程的防洪库容仍然相对不足，同时中下游尚有 80 万 km^2 的集水面积，包括大别山区、湘西-鄂西山地以及江西九岭至安徽黄山一带等主要暴雨区，还有洞庭湖水系、清江、汉江等主要支流汇入，洪水量大，组成复杂。遇 1954 年型洪水，中下游干流仍将维持较高水位，估计约有 350 亿～400 亿 m^3 超额洪量，对中下游平原城市长期构成威胁。

2. 淮河中下游

淮河干流中下游河道坡度平缓，是我国七大江河坡度最小的干流河道，中游自洪河口至洪泽湖出口的中渡，全长 490km，水面落差仅 13m 左右，平均洪水比降 1/40000，河道行洪能力为 5000～9000 m^3/s，使用行洪区后，泄洪能力仍不足 9000～13000 m^3/s，中渡至三江营为淮河下游，全长 150km，地面落差 6m，比降约 1/25000，河道行洪能力约 12000 m^3/s。

淮河干流的洪水特性是洪峰持续时间长，水量大，正阳关以下洪峰历时一个月左右，每当大暴雨时，淮河上游及两岸支流山洪汇集后在正阳关形成洪峰，由于洪河口至正阳关河道弯曲、平缓，泄洪能力小，河道水位迅速抬高。洪水经两岸行蓄洪区调整后至正阳关，洪峰既高且胖。正阳关以下洪水位高于地面，由于中游坡度小，行洪不畅，即所谓的"中游梗阻"，形成漫长的洪水风险期。例如，1954 年全流域大洪水，正阳关洪峰高达 12700m³/s，蚌埠 11600m³/s，都大大超过相应的河道行洪能力。

3. 太湖流域平原水网区

太湖流域位于长江三角洲南翼，地形周边高、中间低，中东部平原约占总流域面积的80％。太湖流域河道总长 12 万 km，河道密度达 3.25km/km²，河道纵横交错，湖泊星罗棋布，是著名的水网区。位于其中的重要城市有 7 座，即上海、杭州、苏州、无锡、常州、嘉兴、湖州，其中上海、杭州属于沿海城市，其余均属于平原城市。

造成流域洪涝的灾害性天气主要是梅雨和台风暴雨，梅雨历时长、范围广、总量大，可危及全流域；台风暴雨雨强大、历时短、范围较小，对局部地区破坏性大。

灾害性的梅雨期很长，如 1931 年、1954 年、1991 年、1999 年的梅雨期，分别为47d、62d、55d、43d。大量的梅雨量，使河湖水位大幅度上涨，而且退水缓慢，太湖与河网水位居高不下，造成城市排洪排涝困难。

太湖流域平原地区平坦，洪水流速小，入江出海口又受潮汐顶托，洪涝水外排不畅。太湖平原洪水风险的主要矛盾在于：流域泄洪与区域排涝的矛盾。太湖最高水位是流域洪水形成的主要标志，而这一般要一个月以上的时间，如 1999 年为 30d。根据太湖降雨的特点，太湖流域梅雨期内，各分片地区一般都降大雨，区域涝水亟待排出，正好与太湖行洪形成矛盾，这是形成洪涝的根本原因。另一方面，流域河网流路紊乱，行洪不畅，水位攀高阻塞更加重了洪涝矛盾。

7.2.1.2 围堤内外洪涝交织

平原地区城市常采用修建围堤的办法防御外洪，实现所谓的包围圈。无论是珠江三角洲的联围，还是长江三角洲的圩堤，在保护圩内城市安全的同时，由于缩小圩堤外河网水面积，而使城外水位抬高，加上圩内抽排涝水入外河水网，更使外河水位升高。据太湖流域管理局分析，到 20 世纪末，太湖流域平原地区共修建圩子 7600 多座，包围面积14542km²（不含滨江地区圩子），占平原地区面积的 51％。被围水面 1268km²，占太湖流域总水面积的 23％，减少流域整体蓄滞洪容量 20 多亿 m³，相应抬高河湖水位 0.23cm。圩区防洪能力提高了，但圩区内涝加重了。为解决圩区排涝，全流域共修建固定排涝站3.8 万座，动力达 110 万 kW，排涝模数达到 0.34m³/(s·km²)。若是圩内水位平均降低0.5m，则有 55 亿 m³ 的水量进入圩外河网，将抬高外河河湖水位 1.3m。这是平原水网地区城市十分尖锐的防洪风险矛盾。无圩与破圩地区，洪涝水混杂；未破圩地区，受外河持久高水位影响，圩内排水受到限制，因洪致涝，同样成灾。珠江三角洲所谓"围外河道、围内冲沟"也是这种景象。平原水网地区城市就处在这种特殊的洪水风险中。

7.2.1.3 现代城市水灾风险日趋明显

随着城市化进程的快速发展，城市环境的变化越来越大。现代城市建筑替代了大片农田，在相同量级暴雨洪水条件下，现代城市这个承灾体变得日趋脆弱，灾害风险的性质发生了根本变化。现代城市水灾的景观主要表现为：在暴雨袭击下，地面交通瘫痪、汽车损失激增、地下设施进水，一旦计算机网络遭到破坏，有可能引发一系列大范围的金融、科技、商贸、工业企业的停滞、紊乱，使经济社会遭受无法估量的损失。

例如，2004年7月10日北京突降暴雨，2h高强度暴雨后，使北京市城区41条道路、8处立交桥下严重积水，积水最深达2m，56处平房、地下室、地下人防工事进水，局部交通一时中断。2012年7月21日北京暴雨成灾。据介绍，北京市受灾面积为1.6万km²，受灾人口约190万人，其中房山区80万人。道路桥梁多处受损，主要积水道路63处，路面塌方31处；民房多处倒塌，几百辆汽车损失严重。

2004年7月10日下午，哈尔滨市暴雨如注，全市19处交通严重阻塞，地面积水最深达1.5m，4h后才恢复交通。

被称为城市生命线工程的供水、供电、供气、供热等工程，其安全保障已成为现代城市很重要的任务，这些生命线工程一旦遭到水灾损失，其对城市的影响将是十分严重的。即便很现代化的国外城市亦无法避免暴雨成灾的后果。以停电为例，由于气候及技术等原因，美国曾多次发生过大面积停电事故。1965年11月9日，美国东北部的7个州，数十个城镇的电力供应突然中断，包括纽约、马萨诸塞、宾夕法尼亚、缅因等州的8万mile²❶（平方英里）的广大地区陷于一片黑暗。停电使这些地区的工业生产停顿、电信交通瘫痪、商业活动终止，9000万人口的正常生活受到严重影响。据估计，这次供电中断造成经济损失达1亿美元。加拿大第一大城市多伦多2013年7月8日傍晚遭遇特大暴雨袭击，致使约30万用户停电。直到9日中午，多伦多市西区5万用户仍然没有恢复供电。一家专为多伦多市供电的电站依然浸泡在6～9m的水中。部分地铁和城际火车路线持续停运。

7.2.1.4　地面下沉加大城市洪水风险

平原地区城市大量开采地下水，导致地面下沉，从而降低了城市防洪能力，给城市带来更大的洪水风险。例如，海河流域中东部平原地下水超采，引起地面下沉，至1988年已形成7万km²的地下水降落漏斗区，占平原面积的55%。天津市地面普遍下沉，局部最大下降2.8m，海河干流堤防也相应下沉，导致滞洪能力大幅度下降。又如太湖流域，自20世纪80年代以来，苏南及杭嘉湖地区地面下沉范围已达3000km²，最大地面沉降0.8m，苏、锡、常地区中心沉降达0.6m。地面下沉，堤顶高程下降，城市防洪标准相对降低。其后果类似海平面上升对沿海城市的影响。

7.2.2　四种类型平原地区城镇的洪水风险特征

根据城市地形和城市与河湖的相对位置，可大体将平原城市划分成四种不同类型，包括江河中下游滨河城市、河湖交接地带平原城市、平原水网地区城市、山丘平原过渡带城市。四种类型平原城镇的洪水风险特征如下。

7.2.2.1　江河中下游滨河城镇

这类城市主要受江河洪水和当地局部地区洪水的影响，外洪是这类城市的主要洪水威

---

❶　1mile²（平方英里）＝2.58999×10⁶m²。

胁，因此，城市防洪的主要任务是防御外河洪水进城，首先是防御城市的主要外河洪水。如哈尔滨市的主要外河是松花江；武汉三镇的主要外河是长江和汉江；蚌埠市的主要外河是淮河；南宁市的主要外河是郁江，它们均属于这类城市。

7.2.2.2　河湖交接地带平原城镇

这类城市除受支流洪水、当地局部地区洪水的威胁外，还往往遭受下游湖泊、干支流交汇顶托的影响。例如，位于湖南省洞庭湖四水尾闾的长沙、益阳、常德市、鄱阳湖赣江尾闾的南昌等属于这类城市。

7.2.2.3　平原水网地区城镇

这类城市主要受流域洪水和区域暴雨洪水的威胁，水位涨幅虽然不大，但涨落历时很长，城区排水困难，城市水灾严重。例如，太湖水网区的无锡、苏州、嘉兴市，珠江三角洲水网区的广州、中山、顺德市等属于这类城市。

7.2.2.4　山丘平原过渡带城镇

山前平原因其特殊的地形条件，来自山区的洪水突然流进平坦的平原，地势虽缓，但水势仍猛。这类城市虽位于平原地区，但大多在河流出山口附近下游，地势低平。这种山前平原过渡带，支流分散，但同处一个暴雨地带，具有山区洪水特征：源短流急，洪峰高，历时短，流速快，洪水陡涨陡落，山水难以控制，许多支流洪水汇集到平原，在平原边缘可以形成很大的流量。在 1963 年大水中，越过京广铁路的洪峰流量之和高达 4 万 m^3/s；1996 年滏阳河中游十几条支流同时发水，各河穿过京广铁路的叠加流量亦达 1.7 万 m^3/s。山水冲击构成该地区城市的主要威胁。例如，位于海河流域太行山前平原地区的石家庄、邯郸、保定、邢台市等城市。此外，盆地周边平原城市亦属于此类型，如四川盆地的成都、内江市等城市。

7.3　平原地区城镇防洪减灾总体对策思路

虽然都属于平原城市类，但因平原城市的地形特征、地理位置以及洪水风险的差异，平原城市在制定防洪对策时，应因地制宜地确定城市的防洪方略。例如，位于大江大河中下游沿岸平原城市，由于洪水峰高量大、高水位历时很长，应采取"蓄泄兼筹，以泄为主"的防洪方略，以控制洪水位；位于洪涝交织的平原城市，应采取"蓄泄兼筹、洪涝兼治"的防洪方略；现代水灾比较严重的平原城市应采取扩大城市调蓄能力的防治洪涝方略；位于多沙河流沿岸下游的平原城市，应采取"水沙兼治、稳定河势"的防洪方略，等等。我国广大平原地区，习惯上多采取建立围堤将城市等保护区保护起来，但围堤的规模却差异很大。例如，珠江三角洲的五大堤围、长江中游湖南省的重点垸以及太湖流域水网地区的圩区，从形式上看，都是围堤，但是，围堤的规划与规模却有很大差异。一般来说，珠江三角洲的堤围和湖南省的重点垸，规模范围都比较大，而太湖流域的圩区，规模范围都比较小，主要原因在于洪水风险的差异。珠三角和长江中游洞庭湖地区，洪水的主要威胁来自珠江与长江干流的流域洪水，峰高量大，所建围堤必须满足防御这种洪水的需要，而且围堤建设规划必须服从建设流域防洪体系的总体要求。太湖流域水网地区的圩区，则主要用以防御地区暴雨形成的区域洪涝，因此，圩堤堤身不要求太高太宽。鉴于太湖流域水网地区，泄洪与排涝的矛盾尖锐，圩堤建设规划必须服从"洪涝兼治"的原则。

不过，由于都属于平原河道这一大类，毕竟共性还是主要的，虽然强调平原城市间的区别，主要还是为了在制定防洪治涝措施时，除考虑共性措施外，还需要注意不同平原城市的洪涝源差异，采取更有针对性的措施。

7.3.1 "蓄泄兼筹、以泄为主"控制江河洪水位

"蓄泄兼筹、以泄为主"对策适用于江河中下游滨河城镇，例如，处理长江中下游洪水必须遵照"蓄泄兼筹、以泄为主"的方针，这是因为长江中下游防洪突出的矛盾是河道的泄洪能力与上游来水不相适应。长江中下游干流河道有较大的泄洪河槽，一般洪水可以经过河槽泄入东海，但遇到大洪水，受两岸堤防约束的河道，其安全泄量远不能满足要求。为使大洪水安全下泄，如果全部依靠堤防，根据长江水利委员会计算，对 1954 年洪水，中下游堤防要普遍加高 2m 以上。而目前堤防已经较高，再加高，风险很大，一旦失事，后果不堪设想；同时，还需重建、改建成千上万个各类涵闸、泵站、桥梁，花的代价很大。因此，对于长江中下游洪水，首先是以堤防为基础，利用河道，将大部分洪水泄入东海，这就是"以泄为主"。与此同时，还应"蓄泄兼筹"，即兴建水库和开辟分蓄洪区。即是说，要建立长江中下游防洪体系，采取综合措施，即以堤防为基础，三峡工程为骨干、干支流水库、蓄滞洪区、河道整治相配套，结合封山植树、退耕还林，平垸行洪、退田还湖、水土保持以及其他非工程防洪措施组成防洪体系，长江中下游沿岸的大中小城市则以该防洪体系为依托，建立城市自保防洪体系。

7.3.2 "蓄泄兼筹、洪涝兼治"协调处理洪涝矛盾

某些地处我国大江大河中下游平原城镇，洪涝矛盾十分突出，必须采取"蓄泄兼筹、洪涝兼治"措施处理洪涝问题，现介绍以下两例。

7.3.2.1 淮河流域中下游城镇

淮河流域因其独特的地形条件以及历史上黄河长期夺淮的影响，致使淮河水系大量淤积，水系紊乱。淮河干流中下游坡度极缓，形成中游梗阻。王家坝以上洪水来量远大于中下游安全泄量，洪水历时长，水位居高不下。针对淮河中下游洪水风险的特点，建立淮河流域防洪工程体系，必须采取"蓄泄兼筹""洪涝兼治"的方针。在上游修建必要的水库工程与中游临淮岗控制工程，开辟并调整行蓄洪区，加高加固淮河大堤，扩大河道行洪能力，并扩大入江与入海水量。针对中游梗阻，"关门淹"造成两岸洪涝矛盾的问题，一方面加强排涝建设；另一方面还应调整种植结构，以适应积涝环境。

淮河中游沿淮洼地约 6800km² 在中小水时，水位就高出地面，历时往往长达 2~3 个月。防洪涵闸虽可拒外洪倒灌，但抽排能力有限，内水外排困难，经常因洪致涝、洪涝并发，往往形成所谓的"关门淹"。这种沿淮两岸因"关门淹"而出现洪涝不分的局面将长期存在。"洪涝兼治"是方向，对于这类地区，应在低洼处保留一定的蓄水面积，在沿湖周边洼地，实行退耕还湖，并进行产业结构调整，发展湿地经济；在地形条件允许的地区实行高水高排，疏浚沟通，新建、加固圩区堤防，扩建涵闸，适当建设排涝泵站，这类地区治理标准不可能定得很高。

7.3.2.2 太湖流域平原水网区城镇

太湖流域平原水网区最突出的洪水风险矛盾在于平原水网区流速小，河网蓄量有限，入江入海口又受潮汐顶托，洪水出路未能很好解决，行洪排涝同步，洪涝矛盾突出。太湖流域水网地区的洪涝矛盾必须依靠排洪排涝出路的解决，太湖泄洪通道若依然与区域排水矛盾重重，河网水位居高不下，单纯依靠圩堤建设是无法解决城市防洪问题的。因此，妥善安排太湖泄洪出路与区间排涝出路是实施该水网地区"洪涝兼治"方针的主要方向。只有在妥善解决流域与区域洪涝矛盾的前提下，城市防洪采取的自保措施才能发挥高效作用。在解决水网地区洪涝排水出路的大格局下，有条件的城市，亦可采取垫高城市地面的方法解决现代城市水灾问题。例如，江苏省苏州市新加坡工业园区，方圆 $70km^2$，为解决城市涝灾问题，将主城区地面平均垫高 1.5m，经过 1999 年苏南地区大暴雨的考验，在周边城镇遭受水灾的情况下，新加坡工业园内几乎未见积水，社会生活秩序井然。不过这种垫高地面的措施可以解决局部城市水灾问题，却难以在大范围内实施。这是因为一则工程浩大，更主要的原因是大部分水网地区城镇涝水外排入河网，普遍抬高河网水位，将形成新一轮的城市水灾水源，城市治涝终究无法解套。

7.3.3 调蓄积涝减轻现代城市水灾

现代城市因暴雨而发生积涝的现象甚为普遍，为防御与减轻现代城市水灾，国外采取了增强城区调蓄暴雨积涝能力的措施，如挖掘蓄水池；采用有孔地砖铺地以增加地面渗透能力、减少产流量、增加地下水补给；利用屋顶承接雨水，建设包括引水管道、蓄水池在内的雨水回收系统以及建设地下蓄排系统等。

7.3.4 水沙兼治，控制河势，疏通多沙河流流路

多沙河流防洪必须以控制河势为首要任务，治水必须首先治沙。因此多沙河流沿岸的城市必须充分注意水沙兼治的目标。例如，西辽河岸的通辽市，黄河下游的郑州、济南等城市。特别是黄河下游南北两岸的淮河流域与海河流域广大平原上有多座平原城市，黄河安危对这些城市的安全关系重大。

泥沙是影响西辽河和辽河中下游地区城市防洪安全的一个突出问题，上游水土流失，使西辽河成为一条多沙河流。该河段比降比较平缓，大约有一半泥沙淤积在此，致使河段河床抬高、塌岸频繁，严重影响西辽河沿岸城市的防洪安全，虽然水土保持是治理泥沙的根本出路，但不能在短期内奏效，因此西辽河的"水沙兼治"必须立足于"远近结合、标本兼治"的原则。治理泥沙近期采取"拦蓄为主"的方针，即充分利用相应水库分洪分沙，充分利用泡沼等滞洪区加大分洪分沙能力，同时加大水土保持治理力度。

黄河水少沙多，水沙失调，下游河势游荡不定，对防洪造成极大威胁。黄河的洪水总是和泥沙相伴而行，黄河难治，关键在泥沙，必须"水沙兼治"，按照"上拦下排、两岸分滞"的方针控制洪水；并按照"拦、排、放、调、挖"的原则综合处理和利用泥沙。"上拦"即针对黄河洪水陡涨陡落的特点，修建水库削减洪峰；"下排"即利用河道滞洪；"分滞"即利用蓄滞洪区分滞洪水。"拦"主要靠水土保持和扩建干支流骨干工程拦沙；"排"即通过河道将泥沙输送出海；"放"指两岸放淤；"调"指调水调沙，以适应河道输沙特性，排沙入海；"挖"即挖沙淤背，加固黄河干堤。通过水沙综合治理，塑造一个相

对窄深的主槽，控制多变的河势，逐渐使黄河下游河床稳定。

7.3.5　疏导洪水缓解山前平原城市的洪水压力

山前平原过渡带支流分散，但同处一个暴雨地带，源短流急，洪峰高，历时短，具有山区洪水特征。这种洪水对于地处平缓地区的平原城市威胁很大，山水难以控制，只能疏导、分撤洪水，保护城市安全。例如，太行山麓京广铁路沿线的北京、保定、石家庄、邯郸等城市。

威胁保定市防洪安全的是三大水系中的 14 条中小河流，即北部漕河水系，西部与南部界河与清水河水系以及穿过市区的府河水系。由于保定市地处太行山东麓山前平原，而太行山洪水控制问题尚未很好解决，一遇山前大暴雨，山洪直泻而下，对城市造成极大威胁，因此，城市防洪必须自成系统，以御外洪。主要是"分割水势、导水外流"，以挡为主，撤开洪水，拒洪水于市区以外。

又如，四川省省会成都市，位于四川盆地西缘、川西平原的东南部，中心城区处于成都平原水网区腹部地带，境内河渠纵横，均属岷江内河水系，主要河流有府河、南河、清水河、沙河、东风渠、西郊河和模底河等，除东风渠外，均在中心城区南部汇入府河。

成都市地处鹿头山暴雨区和青衣江暴雨区的过渡带，暴雨洪水频繁，洪涝灾害严重。成都市针对暴雨洪水来源及水系、地形特点，采取上蓄、中疏、下排的方针，即开展外围洪水调度，向走马河、毗河排洪；建设紫坪铺水库，限制外围洪水进入市区；整治排水河道，扩大河道行洪能力。

7.4　不同类型平原城市的防洪减灾对策示例

以下所列事例由于时间稍久，有些情况可能与现实有些出入，因此，读者无须和城市现状比对，而注重对策的遴选即可。

7.4.1　江河中下游滨河城市

位于江河中下游沿岸的城市，地面高程一般都在江河洪水位以下，深受江河洪水风险的威胁；往往还有支流交汇，干支流洪水交织更对城市造成危害。对于这类城市，外洪是主要威胁，城市防洪的主要任务是防御外河洪水进城。位于江河中下游沿岸的平原城市，其洪水问题一般很难自行解决，而要采取"靠"的方针，即依靠城市所在河流水系的防洪减灾体系，辅之以城市自保措施，加以解决。

7.4.1.1　哈尔滨市

1. 基本情况

哈尔滨市，位于松嫩平原中南部，松花江中游江畔，属平原城市，是黑龙江省政治、经济、文化中心。市辖道里、南岗、道外、香坊、呼兰、阿城、松北、平房等 8 个区，代管五常、双城、尚志 3 个县级市和宾县、巴彦、依兰、延寿、木兰、通河、方正 7 个县。

哈尔滨市主城区在松花江南岸，人口密集、商贸发达的道里、道外和太平区以及现正开发建设的群力地区，地面高程较低，直接受洪水威胁。松北新区是哈尔滨未来三五十年发展的主要城区，地面高程多在 118m 左右，地势低平，全在洪水威胁之下。估计 2010

年市区国内生产总值达 1200 亿元，城市建设用地 205.81km²。其中松北新区城区人口达到 20 万人，城市用地 20～22km²。

流经市区的河流除松花江外，内河有库扎河、何家沟、马家沟、阿什河、信义沟等河流，松北新区东北有呼兰河汇入松花江。

哈尔滨现有城区堤防 9 段，总长 42.8km。其中 6 段为松干堤防，分别为顾乡、道里、道外、港务局及河口横堤、东大堤、太阳岛围堤。江南主城区堤防 26km 可达 50 年一遇洪水标准；现有市郊堤防长 71km，目前多数为 5～10 年一遇洪水标准。

城区堤防的主要问题是：

（1）防洪标准低。松南群力堤原按 20 年一遇设计标准，仅从双口面修至四方台，以下段还没封闭，主城区 26km 堤防也只是 50 年一遇洪水标准（考虑道里 4.1km 防洪墙挡水作用）；松北及其他城郊堤为 5～10 年一遇洪水标准。

（2）堤线不合理。由于堤防修筑于不同的历史年代，缺乏统一规划，平面布置不合理，堤线曲折不顺，堤距忽宽忽窄，市区最窄处仅 1.0～1.5km。

（3）河道建筑物阻水严重。现有 3 座公路、铁路桥阻水严重，一些单位侵占滩地修筑建筑物，构成行洪障碍。

（4）河道淤积严重。两座铁路桥附近沙洲逐年淤积扩展，影响行洪。

（5）堤防工程质量差。堤防基础多为河漫滩，堤身也多为砂性土；市区穿堤建筑物多有险工隐患。

2. 主要洪源及洪涝灾害

主要洪源为来自松花江的洪水。自有水文记载以来的 101 年间，哈尔滨市发生超过警戒水位 117.8m 的洪水有 29 次，其中 1932 年、1956 年、1957 年和 1998 年发生特大洪水。1932 年洪水受灾面积达 8.77km²，死亡 2 万人；1956 年、1957 年大洪水因堤防整修加固未造成大的灾害；1998 年哈尔滨市发生了超历史记录的特大洪水，经还原计算重现期为 300 年一遇。由于上游嫩江堤防溃决分流及十几万军民的奋力抢险保证了大堤安全。

3. 城市防洪减灾对策措施

松花江中下游洪水峰高量大，哈尔滨市现状防洪体系，由松花江干流堤防和二松白山、丰满水库构成，现状防洪标准为 70 年一遇，是典型的"堤库结合"的防洪减灾体系。

规划防洪体系，仍然依靠"堤库结合"，即由堤防和白山、丰满、尼尔基、哈达山水库和胖头泡蓄滞洪区组成"蓄、滞、泄"合理的防洪工程格局。通过堤防加高加固、河道疏浚、河道滩岛整治等措施保证松南主城区堤防安全泄量达到 17900m³/s，相当于近 100 年一遇标准，上游尼尔基水库、胖头泡、月亮泡蓄滞洪区建成后提高到 200 年一遇标准。不过，由于胖头泡滞洪区位于松花江支流嫩江上，距离哈尔滨市较远，要使胖头泡滞洪区对哈尔滨市防洪发挥作用，可能要求洪水预见期长达 6～7d，这将给水文预报提出很大的挑战。

7.4.1.2 蚌埠市

1. 基本情况

蚌埠市，安徽省直辖市，是国家防汛抗旱总指挥部 1987 年首批确定的全国 25 座重点防洪城市之一，位于淮河干流中游，安徽省东北部。上距正阳关 141km，下离洪泽湖边的盱眙县 161km。市区横跨淮河两岸，除淮上区（面积 231.53km²）位于淮河北岸外，其他 3 区（面积 369.97km²）均位于淮河以南。

2006 年年末，全市总面积 5952km²，其中市区面积 601km²，建成区面积 83km²。全市总人口 352.47 万人，其中非农业人口 93.97 万人；市区人口 91.43 万人，其中非农业人口 63.58 万人。全市国内生产总值 359.02 亿元，市区国内生产总值 184.33 亿元。

蚌埠市老市区及规划发展新市区主要分布在淮河南岸，地面高程 18～23m。市区内河自西向东分布有天河、八里沟、席家沟、龙子河等河沟洼地。

根据蚌埠市城市总体规划，2010 年建成区面积为 80km²，城市人口为 95 万人。

2. 主要洪源及洪涝灾害

蚌埠市濒临淮河，除直接受淮河干流洪水的威胁之外，还受龙子河、席家沟等支流洪涝的影响，主要洪源来自淮河干流洪水。

新中国成立后，虽然防洪设施逐步完善，但 1950 年、1954 年、1956 年、1965 年、1972 年、1991 年和 2003 年洪水均造成了较为严重的洪涝灾害。

3. 防洪减灾对策措施

蚌埠 1947 年设市，至 1949 年，市区尚无完整的防洪堤圈，仅在铁路桥的东侧沿淮有一小段堤防，但标准很低。1954 年汛后至 1957 年，按顶宽 10m，堤顶高程 25.43～24.93m 设计断面加高整修圈堤。现状防洪标准约 40 年一遇左右。席家沟以西城区至今无堤防。

根据蚌埠市城市经济的重要性、人口增长等因素，城市规划防洪标准为 100 年一遇。

规划对现有老城区圈堤进行除险加固，西区修筑防洪圈堤，并修建席家沟、八里沟防洪闸，完善蚌埠市的防洪工程体系。

龙子河、席家沟等内河现状排涝标准不足 10 年一遇，规划治涝标准采用 20 年一遇。

7.4.1.3　武汉市

1. 基本情况

武汉市，湖北省省会，位于江汉平原东部，地处长江、汉水交汇处，长江、汉水纵横交汇穿过市区，形成武昌、汉口、汉阳三镇鼎立的格局。武汉市为全国重点防洪城市，素有"九省通衢"之称。武汉市现辖武昌、青山、汉阳、江汉、江岸、硚口、洪山、汉南、蔡甸、江夏、黄陂、东西湖、新洲 13 个区。

2006 年年末，全市总面积 8494km²，其中建成区面积 425km²。全市总人口 818.84 万人，其中常住人口 519.08 万人。市区总人口 818.84 万人，其中常住人口 519.08 万人。全市国内生产总值 2590.76 亿元。

武汉市总的地势是北高南低，以丘陵和平原相间的波状起伏地形为主。

2. 主要洪源及洪涝灾害

武汉市的主要洪源来自长江与汉江，其较大灾害年有 1931 年、1935 年、1954 年和 1998 年。1931 年洪水淹没全城，淹水时间达 100 余天，受灾面积 321km²，受灾人口 78 万余人（死亡 3.26 万人）；1935 年淹没时间 90d，受淹面积 11.3km²，被淹房屋 8570 间，受灾人口 11.6 万人；1954 年武汉地区 5—7 月降雨量比常年同期降雨量多 1 倍半，其中 7 月份降雨量为 567.91mm，为历史上同月份之最大降雨量。当年洪水受灾人口 8.5 万人；

1998年，长江发生自1954年以来的又一次全流域大洪水，汛期历时长达93d，受灾人口177.7万人，直接经济损失41.26亿元。

武汉市渍涝灾害也十分严重，从1948—1998年50年中，严重渍涝有18年，以1959年、1982年和1998年为最重。1959年个别地区积水深度在1~1.5m左右；1982年受灾人数42.4万人，直接经济损失近5亿元；1998年全市渍水面积60km²，渍水深度0.5~1.2m，渍水时间2~4d，受灾人口约123万人，直接经济损失10多亿元。

3. **防洪减灾对策措施**

武汉市位于江汉平原东部，地处长江、汉江出口交汇处。由于长江与汉江洪水都是峰高量大，全靠城市堤防是无法解决武汉防洪问题的，而必须依靠以"蓄泄兼施"为核心的长江中下游防洪体系。堤库结合是有效的防洪对策。对于长江洪水，"蓄"主要靠三峡枢纽蓄洪，超过1954年的更大洪水，则要运用荆江分洪区分蓄洪水；对于汉江洪水，"蓄"主要是运用丹江口水库蓄洪，利用杜家台滞蓄洪区滞蓄洪水。在此基础上，根据武汉三镇的洪水风险特征，采取修建城市防洪堤实行自保的措施，即将市区分为汉口、武昌、汉阳三片，独立形成三大防洪保护圈。规划实施后，三片圈堤堤防标准达到20~30年一遇，依靠长江中下游防洪体系可防御1954年实际洪水（汉口最大30d洪量约200年一遇）。

按长江中下游总体防洪规划，拟以防御长江1954年洪水作为武汉市城市防洪标准。保护圈堤堤防按1954年武汉市最高洪水位29.73m、堤顶超高2m进行设计。规划加固武汉市城区堤防总长195.77km。

市区排涝亦分为汉口、汉阳、武昌三大片区，形成22个排水系统，现有排水管道总长1160.5km（管网普及率62.43%），排水泵站58座，总抽排能力377.12m³/s，排涝标准低，雨水管网的重现期仅0.25~0.33年一遇。

市区共分38片雨水系统进行排涝规划。主城区汇水面积397km²，由城区雨水泵站抽江的汇水面积约为174.6km²，其余汇水面积222.4km²的雨水分区自排入湖，由郊区泵站抽排。

7.4.1.4 芜湖市

1. **基本情况**

芜湖市，是安徽省直辖市，为全国31座重点防洪城市之一。芜湖市位于安徽省东南部，长江下游右岸、青弋江、水阳江、漳河的入江口处，距长江口约500km。辖鸠江区、马塘区、新芜区、镜湖区，代管芜湖县、南陵县、繁昌县。市政府驻镜湖区。

芜湖市地貌属长江中下游冲积平原，境内河流纵横交错，水网密布，青弋江、漳河、水阳江穿境直接入江。青弋江下游河道自东西向横穿市区，将芜湖市区分成南、北两片。城北片位于青弋江北岸芜当联圩内，属长江下游冲积平原，市区内大部分地带地势低洼，平均地面高程8~10m（吴淞高程）；城南片位于青弋江南岸城南圩内，西临长江、漳河，南与芜湖县三联圩隔河相望，东接岗冲洼地，北依青弋江，圩冲积平原，地势平坦，平均地面高程8~10m，其防洪由城南圩圈堤承担。

2006年年末，全市总面积3317km²，其中市区面积720km²，建成区面积117km²。全市总人口229.03万人，其中常住人口111.68万人；市区人口为104.32万人，其中常住人口95.34万人。全市国内生产总值479.72亿元，市区国内生产总值349.17亿元。

2. 主要洪源及洪涝灾害

芜湖市城市洪涝灾害来自暴雨洪水，暴雨和洪水时空分布特点如下：①长江干流与洞庭湖、鄱阳湖水系洪水相遇，致使长江中下游水位不断上涨，芜湖河段水位居高不下；②青弋江、水阳江、漳河三条主要内河上游连续大到暴雨，山洪暴发，陈村水库泄洪，导致内河水位暴涨；③青弋江、水阳江、漳河洪水受长江高水位顶托造成入江受阻，加上内河河网调节能力有限，导致内河水位不断增高，易使长江和内河形成"龙虎斗"态势。其中尤以第三种组合洪水类型造成的洪涝灾害最为严重。

芜湖自 1426—1949 年的 523 年间，遭受重大水灾 53 次，平均每十年一次。新中国成立后，1949 年及 1954 年发生了大洪水，特别是 1954 年芜湖长江水位在警戒水位以上的时间长达 100 多天，堤防大部分溃决，市区主要马路水深 2～3m，经济损失惨重。1983 年长江洪水，洪水位与堤顶齐平，城市防洪形势十分紧张，城市已准备转移，但通过各级党委、政府努力，城市堤防勉强度过汛期。1995 年、1996 年、1998 年、1999 年几个大水年由于长江堤防经过多年建设，多处险工得到整治，城市基本没有遭受洪灾损失。

3. 防洪减灾对策措施

依靠长江中下游防洪体系并修建城市堤防防御长江洪水，以防御 1954 年洪水作为芜湖市的防洪标准。防御长江洪水，根据地形、水系和圩口情况，以青弋江为界。对于三江（即青弋江、水扬江、漳河）洪水风险，除依靠三江各自的防洪体系，减少洪水对芜湖的威胁外，主要依靠建设城市堤防防御三江洪水。以 20～50 年一遇洪水为三江防洪标准。

芜湖市城区防洪治涝工程系统划分为城北和城南两片。

（1）城北片。该片位于青弋江河口北岸，目前主要依靠芜当联圩的江堤和河堤防洪。

（2）城南片。该片位于青弋江河口南岸，其北部 1.6km² 的三角线原是芜湖市老城区的一部分，由城南防洪墙，由挡水防洪。

芜湖市现有城区排涝系统分为南片，北片，各成体系，雨水、污水通过合流制管渠利用泵站抽排（汛期高水位时）或自流入江。

7.4.1.5　南宁市

1. 基本情况

南宁市位于广西的西南部，南宁盆地的中部，是广西壮族自治区的首府，郁江自西向东将市区分成南北两片。南宁市辖 6 个城区，代管 6 个县。

2006 年年末，全市总面积 22112km²，市区面积 6479km²，城区面积 170km²。全市总人口 671.89 万人，其中常住人口 181.75 万人；市区人口 254.86 万人，其中非农业人口 130.81 万人。全市国内生产总值 870.15 亿元，市区国内生产总值 624.61 亿元。

南宁市主要河流均属珠江流域西江水系，较大的河流有郁江、右江、左江、武鸣河、八尺江等。郁江在南宁市和邕宁县境内称邕江，全长 116.4km，邕江的上游分别为右江和左江。邕江自西向东穿越市区，将市区分成南北两片。市区除邕江外，较大的支流有10 条，较大的湖泊有南湖，面积 1.2km²。

2. 主要洪源与洪涝灾害

南宁市的主要洪水威胁来自郁江，防洪保护区分为江北、江南和城郊三片，现状防洪完全依靠堤防工程，江南和江北城区已基本达到 50 年一遇的防洪标准。

洪涝灾害最严重、最典型的年份为 2001 年。该年暴雨由 0103 号台风"榴莲"及其外围环流形成。南宁市邕江洪水，由崇左（左江）、下颜（右江）及区间来水组合而成。市区内涝严重，有 159 条街道进水，北面洪水围困 9.65 万人，撤离转移人员 14.43 万人。企业停工停产，农作物成灾面积 53490 hm²，绝收面积 21240hm²。铁路、公路中断，路基毁坏。通信、输电线路损坏，水利设施遭受严重破坏。

3. 防洪减灾对策措施

由于西江上游尚未修建控制性防洪工程，南宁市现状防洪工程主要为堤防。市区堤防由于存在许多隐患，其防洪能力仅约 20 年一遇，郊区堤防尚不具备防洪能力。南宁市的主要防护对象集中分布在江北、江南、和郊区三片，现状防洪完全依靠单一的堤防工程，市区防洪能力约为 20 年一遇，郊区尚未设防。现状治涝工程主要为防洪闸、涵 23 座，排涝泵站 10 座。

防洪规划近期采用"堤库结合"的方针，重点防护区达到 50 年一遇设防标准。一般防护区按 20 年一遇设。远期仍采用"堤库结合"的方针提高防洪能力，把一般防护区堤防标准提高到 50 年一遇。兴建老口水库，可使南宁市防洪能力超过 100 年一遇（约 140 年一遇）。远期建成老口水利枢纽后，将下楞河蓄滞洪区调整为防洪保护区，并可用于防御超标准洪水。治涝规划方针为上拦下蓄及抽，实行雨污分流。根据城区排水现状及规划，共设 15 座防洪排涝闸，14 座排涝泵站。

治涝规划标准：防洪排涝闸为排泄 50 年一遇 24h 暴雨洪水；排涝泵站按抽排 20 年一遇的最大 24h 暴雨洪水。

7.4.2 河湖交接地带平原城市

位于江河尾闾且临近大湖的城市，除受河流洪水、当地局部洪水的威胁外，还往往遭受下游湖泊、干支流交汇顶托的影响，致使江河行洪不畅，水位壅高，对附近平原城市构成严重威胁。位于江河尾闾且临近大湖的城市，除尽量依靠城市上游修建水库、蓄滞洪区拦蓄洪水外，主要是采取修建城市堤防等自保措施以提高自身的防洪能力。

7.4.2.1 长沙市

1. 基本情况

长沙市为湖南省省会，位于湖南省东北部，湘江下游，为全国防洪重点城市。全市辖芙蓉区、天心区、岳麓区、开福区、雨花区 5 个区，代管长沙县、望城县、宁乡县 3 个县及浏阳市。

湘江是长沙的母亲河，流经长沙市境约 25km。长沙市城区位于地区中部，湘江南北贯穿，将城市分成东、西两部分。长沙市河流大都属湘江流域，少数外流河属南洞庭湖水系。境内较大的一级支流有浏阳河和捞刀河。

2006 年年末，全市总面积 11819km²，市区面积 556km²，建成区面积 155km²。全市总人口 631.0 万人，其中常住人口 225.65 万人；市区人口 214.6 万人，其中非农业人口 179.89 万人。全市国内生产总值 1798.96 亿元，市区国内生产总值 1066.64 亿元。

2. 主要洪源与洪涝灾害

长沙市汛期多发洪水，容易成灾。产生洪涝灾害主要成因是：①降雨量年内分配不均，雨水过于集中，易引发山洪，江河陡涨；②受湘江洪水威胁，主城区位于沿河地势低平的堤垸，极易受湘江上游洪水威胁；③洞庭湖洪水所造成的湖盆高水位顶托；④浏阳河、捞刀河、靳江、龙王港洪水遭遇。同时，还可能存在以下三方面的不利组合：①湘江上游近 9 万 km² 集雨面积带来的威胁，即"南水"；②洞庭湖高洪水位的顶托，即"北水"；③境内小河流的洪水，即"山洪"。

历史洪涝灾害情况，从 1917 年至 1997 年的 81 年间的不完全统计，长沙市共发生较大洪涝灾害 14 次，平均 5～6 年一次。较大洪涝灾害年有：1954 年 7 月，长沙水位站最高洪水位 35.7m，市区由下水道倒灌进水，受灾人口 4.56 万人，直接经济损失 3490 万元。1964 年 6 月，市区普降暴雨，加上湘江中、上游洪水暴发，长沙水位站最高洪水位达 34.85m，持续 4d 之久，受灾人口 4.52 万人，直接经济损失 3917 万元。1976 年 7 月，长沙水位站最高洪水位 36.09m。市区内被淹，受灾人口 10.1 万人，直接经济损失 12619万元。1992 年 7 月，受灾人口 1.12 万人，直接经济损失 2389 万元。1994 年 6 月，受灾人口 44.42 万人，直接经济损失 78352 万元。1998 年 6 月，由于湘江中上游普降暴雨，中、上游部分大中型水库相继开闸泄洪。与此同时，出现下游南洞庭湖西水（资水、沅江、澧水）洪水顶托，加上与本地浏阳河、捞刀河洪水相遇，使 6 月 27 日长沙站出现历史最高洪水位 36.90m。全市 109 个乡镇、186.18 万人受灾，受损 47.2 亿元。据统计1950—1969 年的 20 年间水灾平均每年损失 755.4 万元，而 1970—1992 年的 22 年间平均每年损失增加到 1296.2 万元，比 1950—1969 年 20 年间的水灾平均损失增加 72%。

3. 防洪减灾对策措施

湘江流域面积达 94460km²，全长 856km，是洞庭湖水系中最大河流。由于湘江缺乏修建控制性工程的条件，因此，无法采取"堤库结合"的防洪对策，而主要依靠修建堤防和疏浚河道，扩大行洪能力，降低洪水对长沙市的威胁。

1954 年大水后，长沙市区沿河低洼地带开展了几次大规模的防洪除涝工程建设，至今已初步形成了以防洪堤、防洪墙、排水闸、撇洪渠、电排站为主的防洪排涝体系。

但是，沿江一带地面高程在 30～33m，低于常年洪水位，目前市区依靠堤防可安全下泄湘江洪水 2 万 m³/s。由于河床和洞庭湖泥沙淤积，以及洪障增多，使湘江下游的过洪能力有所降低，市区下水道与外河相通，低洼地区街道几乎年年受淹。现有防洪标准：中心城区约 15～20 年一遇，非中心城区约 11～15 年一遇现有治涝标准：中心城区 7～8 年一遇，非中心城区约 6～7 年一遇。

防洪规划根据自然地理条件和干支流河堤现状，采取结合河道整治（或裁弯）、新修、加固围堤，形成多个自成系统的防洪保护圈的防洪对策。中心城区河东与河西圈近期提高到 100 年一遇防洪标准，相应的堤防按长沙 100 年一遇 39.95m 的控制水位加高加固，远景逐步提高到 200 年一遇；非中心城区近期达到 30 年一遇防洪标准。

城区除涝方面，规划自排入湘江的集水面积为 144.31km²；抽排入湘江的集水面积为252.86km²。根据滞涝设施少的特点，采取电排为主，闸排、撇洪、蓄涝相结合，排雨水与排污废水相结合，城建区与农业区相结合，工程措施与非工程措施相结合，综合治理的除涝原则进行规划。除涝标准，中心城区自排为 10 年一遇 12h 暴雨 12h 排干；电排采用排水闸闭闸期 10 年一遇 12h 暴雨 11h 排干。非中心城区的非稻田区采用 10 年一遇 1 日暴雨 22h 排干，电排采用排水闸 10 年一遇暴雨 22h 排干；稻田区采用排水闸闭闸期 10 年一遇 3 日暴雨 3 日末排至水稻耐淹水深 50mm。

7.4.2.2 常德市

1. 基本情况

常德市位于湖南省西北部，地处长江中下游洞庭湖水系沅江下游、澧水中下游以及武陵山脉、雪峰山脉的东北端。辖武陵、鼎城 2 个区，代管津市和桃源、汉寿、石门、澧县、临澧、安乡 6 个县。

2006 年年末，全市总面积 18190km²，市区面积 2749km²，建成区面积 65km²。全市总人口 607.75 万人，其中常住人口 142.18 万人；市区人口 139.32 万人，其中非农业人口 50.31 万人。全市国内生产总值 723.84 亿元，市区国内生产总值 325.27 亿元。

常德城区坐落在武陵山东间与洞庭湖西缘平原相接的沅江下游。距城区 5～10km 的西、南、北三面，由雪峰山间丘陵和武陵山东间丘陵所环绕，东北和东南部为广袤的西洞庭湖平原所铺垫，为西洞庭湖沉积平原。

常德市境内水系发育，河流众多。流域面积在 10km²、河长在 5km 以上的河流有 432 条。其中长江向洞庭湖分流的 7 条支流就有 6 条，湖南四水就有沅江、澧水流经全市。常德湖泊密集，大小湖泊有近 200 个。

2. 主要洪源与洪涝灾害

常德市不仅要接纳沅、澧两水，而且要承纳长江三口来水，尤其是长江三口多年平均来水量达 629 亿 m³，占全市来水总量的 53.2%。在流经常德市的诸水中，沅江流域面积达 8.3 万 km²，在湖南四水中排第二位，沅江洪峰流量在四水中居第一位。三水（湘、资、澧水）洪峰在西洞庭湖区遭遇的几率较大，往往造成全区性洪灾。另外，由于长江和沅江、澧水洪水多发生在 6—8 月，当外河高洪水位时，内江内河也同时上涨到警戒水位之上，使内渍雨水及城市污水无法及时排出，导致内涝灾害发生，市城区内涝灾害平均 3 年一次。

二十世纪六七十年代的围湖造田和近年的城市扩张，常德市内湖面积不断减少，调蓄能力逐年降低，增加了内涝的几率和程度。

位于沅江流域下游的常德市，自西晋迄今的 1723 年中，共计发生大小洪灾 274 次，平均 6 年一次。新中国成立后的 50 多年中，共发生洪涝灾害 24 次，平均 2～3 年一次。

常德市最严重的洪涝灾害出现在 1954 年、1996 年、1998 年。1998 年是常德历史上极不平凡的一年，该年发生了历史罕见的特大洪涝灾害，常德市主要江河澧水洪水超历史最高，沅江洪水仅次于 1996 年，为新中国成立以来第二大高洪。西洞庭湖区最大组合入湖流量比 1954 年偏多，为新中国成立以来第一位。1998 年，全市共溃决大小堤垸 50 个，全市共溃口 101 处 10605m，9 个区县（市）210 个乡镇受灾受灾人口 248 万人，直接经济损失 91.4 亿元。

3. 防洪减灾对策措施

湖南省自 1998 年开始实施"四水治理"城市防洪建设，建立各城市的防洪防护圈，并确定各防护圈堤防的防洪标准。常德市防洪规划分为 3 个独立的防洪圈。其中江北城区防洪圈设防标准为 100 年一遇，总长 70km。江南防洪圈规划标准为 50 年一遇，大堤总长度为17.28km，其中沅江一线大堤长13km，隔堤4.28km。德山防洪圈规划标准为50年一遇，大堤总长度为14.087km。

7.4.2.3　九江市

1. 基本情况

九江市位于江西北部，长江中游下段南岸。辖浔阳、庐山2个区，代管瑞昌市及九江、武宁、修水、永修、德安、星子、都昌、湖口、彭泽9个县，九江、共青2个开发区。

2006年年末，全市总面积18823km²，市区面积598km²，建成区面积68km²。全市总人口472.67万人，其中常住人口125.71万人；市区人口59.81万人，其中非农业人口46.98万人。

九江市主城区位于长江岸边，市辖区地形呈马鞍形，地势四周高，中间低，市区平均海拔20m。辖区内江河湖泊水系发达，长江于瑞昌市的帅山入境，途经九江市城区流向安徽境内。长江水系主要有瑞昌市的长河，彭泽县境内的太平河、浪溪河等。

鄱阳湖位于该市腹地，境内最大的河流修水横贯西东，修水在永修接纳其最大的支流潦水后，由吴城入鄱阳湖。

2. 主要洪源及洪涝灾害

九江市主城区位于长江岸边，灾害类型以江河洪水威胁为主。

该市降雨按成因分有锋面雨、台风雨、热雷雨和地形雨四类。锋面雨是该市降雨的主要成因，台风雨为其次。

每年4—7月，鄱阳湖流域经常发生连续性暴雨或特大暴雨过程，一旦与长江中上游的暴雨洪水同步发生，遭遇叠加，加之长江中下游江河底水过高和风暴潮的共同影响，则长江全流域的大洪水不可避免地形成。对于地处长江中下游岸边的九江市来说，洪涝灾害也随之来临。此外对九江市影响最大，威胁最大的就是洞庭湖、鄱阳湖地区自西向东，连续遭遇特大暴雨袭击。洞庭湖流域形成的洪峰骑着长江干流的底水，在九江附近遭遇鄱阳湖暴涨的洪水，两水相交，互为掣肘，造成长江九江段洪水流动受阻，不易消退，加上河湖不断萎缩，河道的槽蓄作用和湖泊调蓄洪能力降低，由此形成的复杂水势和紊乱的流态，对江岸及堤防带来严重的冲击和破坏。

造成九江市水灾主要原因有以下3种：①江湖洪水造成的外洪，这种受长江、鄱阳湖全流域集中降水的影响，形成的江河洪水，对九江防洪威胁巨大；②江湖水位高时，由当地的暴雨造成堤内涝灾；③山区河流由于当地短时大暴雨造成的山洪灾害。

九江主城区洪涝灾害的特点：降雨集中强度大，洪水范围广，遭遇恶劣，洪水位高洪量大，洪水起涨快消退慢，高水位持续时间长，灾情重。

历史洪灾以1954年及1998年特大洪水为例。

1954年4月进入汛期后，长江流域中下游各省不断降雨，超过常年的一倍以上，九江5—7月降水量达1336.2mm，为平常年份全年降水量。7月16日，九江水位涨到22.08m的历史最高值，超警戒水位2.58m。洪水过程中，境内除湖口黄茅大堤和九江城区的兴中纱厂堤尚存外，各类圩堤先后全部溃决。九江20m以上的高水位持续百余天。市区80%的街道被淹，浸水时间达110d，自西门口至八角石均可通舟楫。淹没房屋5004

栋，占市区所有房屋的 80.7%。淹没土地 7.4 万 hm²，冲毁水库 37 座。受灾人口达 129355 人，死亡 259 人。

1998 年长江又一次发生了全流域性的特大洪水。出现 7 月降水量超历史、鄱阳湖出入湖流量超历史、20m 以上水位日涨幅超历史、各站水位极值超历史、高水位持续时间超历史的"五超历史"的特异汛情。表现出"气候异常，雨量集中；来势汹涌，两度复涨；洪峰叠加，八次袭扰；外淹内涝，灾重面广"的洪灾特点。继而造成江新洲圩堤和九江城防堤局部相继溃决的重大损失。

6 月 12—27 日全市平均降水量达 409.6mm，7 月下旬长江流域出现"二度入梅"的罕见气候。进入 8 月，长江上游连续形成 8 次洪峰，一个接一个地向下游推进，导致九江水位居高不下，九江站超过警戒水位时间长达 94d，超历史水位持续时间长达 40d。据不完全统计，主汛期该市共发生各种险情近万余次（处），188 座百亩圩堤、63 座千亩圩堤、5 座万亩圩堤、3 座万亩血防工程漫顶或溃决，其中属江新洲圩堤和九江城防堤溃决造成的影响最严重。全市直接经济损失达 114.7 亿元。

3. 防洪减灾对策措施

1990 年，九江市被国家防总列为全国 31 座重点防洪城市之一。新中国成立初期，九江城区还没有完整的防洪大堤和排涝设施，无法抗御较大的洪水侵袭。1966 年经国务院批准九江城区开始建设长江防洪体系，经过近 30 年的努力，特别是 1998 年大水以后，城区的防洪体系经历了从无到有、除险保安、综合治理和加固整治 4 个阶段，即从低级到高级逐步完善。城区的防洪工程体系主要由堤防和排涝工程组成。综合防洪能力达到 50～100 年一遇的标准。

（1）城区长江堤防。九江城区长江堤防上自新开河闸，下至乌石矶，全长 17.46km。九江城区长江干堤可防御 1954 年型洪水。

（2）城区内湖堤防。包括向阳堤，全长 3080m；八里湖堤，全长 3520m；八赛隔堤，全长 1600m；新开河东堤，全长 1100m。其中向阳堤和八里湖堤基础未做处理，未达标。

（3）城区排涝工程。包括八里湖排涝工程，龙开河排涝工程及死水港排涝工程。这些工程减轻了外洪对城区的威胁以及当地的内涝威胁。

九江市的城市防洪有以下方面主要经验教训：1998 年长江发生全流域性的大洪水，由于当时堤防标准低，江堤基础遭受长时间高洪水位浸泡，出现决口。目前，长江堤防虽经大修，但由于堤线长，情况复杂，存在的问题难以彻底根除，大洪水时期必定还会产生险情，防汛形势仍不可乐观。尤其是长江主泓南移的势头还未遏止，必须加快整治；城市排水及内湖排涝设施标准还不高。当长江还在维持高水位，城区再遭强降雨时，市内街道极易形成内涝，内湖水位也频频告急，反映出城市规划设计和建设方面还存在滞后现象，必须高标准、全方位统筹规划改造；大规模围湖造田，开荒种地，导致湖泊面积萎缩，调洪能力减弱，森林植被遭破坏，江河水道被淤积，造成小流量高水位，人为提高了洪水标准。

7.4.3 平原水网地区城市

平原水网地区城市多由圩垸保护，这类城市主要受流域洪水（如太湖洪水）和区域暴雨洪水（体现在水网水位升高上）的威胁，水位涨幅虽然不大，但涨落历时很长，城区排水困难，城市水灾严重。为解决水网地区城市洪涝问题，太湖流域防洪规划对解决太湖洪水与外河水网洪水出路做了细致的安排，并在这种大的排泄洪水格局下，城市采取圩垸防洪对策。

7.4.3.1　无锡市

1. 基本情况

无锡市，江苏省辖地级市，地处长江三角洲中部，江苏省的东南部。北依长江，南濒太湖，西连常州，东邻苏州，京杭运河和沪宁铁路横贯市区。无锡市辖市区 7 个区和江阴、宜兴 2 个县级市。市区中北部低、东南部高，地形高低起伏，受境内河网分割，沿河筑堤，形成小圩区。市区西南部为低山丘陵剥蚀构造区，东北部为堆积平原区，地势低平，地面高程大多在 3.0～5.0m。境内河网密布，水系发达，京杭运河由西北向东南横贯市区，两侧有多条支流向外辐射，北有锡澄运河、白屈港、北兴塘河与长江相通，东有九里河、伯渎港流入望虞河，南有梁溪河、直湖港等与太湖连接。

无锡市是全国 15 个经济中心城市之一，跨入了全国城市综合实力 50 强、投资环境 40 优的行列，已成为区域经济中心。

2006 年年末，全市总面积 4788km²，市区面积 1623km²，建成区面积 198km²。全市总人口为 457.8 万人，其中常住人口 331.04 万人；市区人口为 232.3 万人，其中常住人口 218.63 万人。全市国内生产总值 3300.59 亿元，市区国内生产总值 1892.20 亿元。

2. 主要洪源与洪涝灾害

无锡市属长江下游太湖水网区，京杭运河穿城而过，并与锡澄运河在此交汇。主要河道有京杭大运河、锡澄运河、锡北运河等。无锡属长江流域太湖水系，城市西南面的太湖，为我国四大淡水湖泊之一，而横穿市区的京杭大运河，是我国有名的古迹和重要的运输水道之一。京杭运河经梁溪河与太湖相通，经锡澄运河及北兴塘河（锡十一圩线）与长江相通。在此水系下，锡北运河、京杭运河入长江并流向苏州。来自京杭大运河、锡澄运河、锡北运河的水主要通向太湖和泄向运河下游。与无锡城市关系密切的多为京杭运河和太湖来水。

由于无锡城区地势低洼，上游客水压境，下游排泄不畅，无锡市城区易受洪涝灾害。

与城市防洪关系密切的主要来自京杭运河洪水和太湖来水。该市长历时的梅雨，是造成无锡市外河水网水位经常居高不下的根本原因。如果流域前期水位较高，暴雨中心又位于无锡市或其附近地区，台风型暴雨就可能造成全市的严重洪涝灾害。

除了暴雨洪水成因以外，由于无锡市上接常州客水，下游望虞河又在高水行洪时，阻滞区内洪涝水排泄，也是造成该市洪涝灾害的原因。

据统计，1121—1996 年的 875 年间，无锡市共有 372 年为洪涝灾年，平均 2.35 年发生一次。近 10 多年来洪涝灾害更为频繁，运河南门水位超过 4.00m 以上由过去 3 年一次发展到现在的近 1 年一次，洪水重现期由明显缩短的趋势。

3. 防洪减灾对策措施

目前城市防洪主要依托流域和区域防洪工程体系。市区现有防洪能力约 20～100 年一遇。

根据市区中北部低，东南部高，地形高低起伏，又受境内河网分割的特点，采取建圩防洪的对策，目前已建成 16 个重点圩区，40 个排水片区，81 座泵站，43 座节制闸，116km 防洪堤岸组成城市防洪体系。现状防洪能力约 20 年一遇。

无锡市规划防洪保护区面积 570km²，城市中心区面积 156km²，防洪标准为 200 年一遇；其他城区防洪标准为 50～100 年一遇；山洪防治标准为 10～20 年一遇。除涝标准为 20 年一遇。

工程布局以流域和区域防洪工程为基础，防御太湖、长江洪水以及湖西高片、澄锡虞高片来水。运东片地势低洼，圩区密布，为达到 200 年一遇防洪标准，在现有小包围的基础上，实施大包围，按两级控制设防。运西片大部分地势较高，圩区面积较少，维持现有圩区布局，并通过加高加固圩区堤防达到防洪标准。西南部山丘区修建截洪沟，疏浚河道。

7.4.3.2 苏州市

1. 基本情况

苏州市，江苏省辖地级市，位于长江三角洲中部，太湖东北部，属阳澄淀泖区、太湖区。苏州市地处太湖下游，是长江三角洲重要的中心城市之一，由苏州古城和中国与新加坡合作开发的苏州工业园区以及国家级苏州高新技术开发区组成。苏州市下辖市区及常熟、张家港、昆山、吴江、太仓五个县级市。

苏州地形西高东低，除西南部的南阳山、天平山、灵岩山和七子山外，其余均为平原地区，地面高程 3.2～4.5m，局部低洼地区不足 3.0m。京杭运河、胥江、元和塘、西塘河、娄江和吴淞江等构成城区骨干河网，主要湖泊有太湖（部分）、石湖、独墅湖、金鸡湖、阳澄湖、白荡等。苏州古城区现状河网构成和格局为环绕古城的外城河、三横三纵内城河以及进出外城河 14 条河道所组成。这些河道和湖荡相互连接贯通，构成了一个典型的平原河网地区。

至 2006 年年底，全市总面积 8488km²，其中市区面积为 1650km²，建成区面积为 215km²。全市总人口 616.08 万人，其中常住人口 321.42 万人；市区总人口 230.15 万人，其中常住人口 150.14 万人。全市国内生产总值 4820.26 亿元，市区国内生产总值 1946.55 亿元。

2. 主要洪源与洪涝灾害

苏州市地处长江、太湖下游，大运河绕城而过，城区源水来自运河及太湖，水流经十字洋河、山塘河、上塘河、胥江进入城内河道，由西北向东南从娄江、相门塘、葑门塘、运河入海。因此，无论是运河还是太湖发生水灾，苏州市均是洪水必经之路。苏州市水网稠密，地势低洼，洪涝灾害频繁，梅雨和台风暴雨是造成洪涝灾害的主要原因，市区受京杭运河、太湖来水及西部山区洪水的三重威胁。

苏州市洪涝灾害直接与太湖流域洪水有关。太湖流域洪水分为两种类型，即梅雨型与台风雨型。前者，梅雨型总量大、历时长、范围广，如 1954 年、1991 年、1999 年洪水，后者，台风雨型雨强大、历时短、范围相对较小，如 1962 年阳澄淀泖区、杭嘉湖区洪水。

苏州市属平原水网区，洪水与涝水之间无绝对界线，上游洪水流到下游与当地径流混合，洪涝不分，河湖不分，内涝灾害较重。1991 年洪水，主要是客水入侵和泄水不畅。

1999 年洪水，由于上游洪水下泄峰高量大，加上本地暴雨产水，而下游洪水出路严重不足，形成了外洪内涝、洪涝夹击的局面。

3. 防洪减灾对策措施

苏州市规划防洪体系的格局是依托区域防洪，根据地形水系、现有防洪设施及综合利用要求进行分区治理。

城市中心区 80km²（其中包括 14km² 的古城区）沿京杭运河、苏嘉杭高速公路、沪宁高速公路，修建堤防及控制建筑物，按 200 年一遇标准建立大包围。

苏州高新开发区，局部低洼处设 4 个圩区，其余河道敞开。

苏州工业园区填土抬高地面和建立两个包围圈。

吴中区石湖以西除蒋墩圩及茭白荡圩外，其余河道敞开。石湖以东设大包围。相城区设 3 个包围。浒关区除浒墅关镇实施运东、浒北、浒南 3 个小包围外，其余河道敞开。

根据洪水来向拟在胥江、澹台湖上建设两个防洪枢纽工程，控制大运河和太湖洪水涌入苏州。市区以内河水系和城市道路划分成古城、山塘、河东新区、胥江盘溪、城南、城东、城北、吴县新区及觅渡桥小区共九个排涝片，保护 52km²。

现状防洪标准：苏州市中心区和苏州高新开发区的防洪标准为 50 年一遇，苏州工业园区防洪标准已达 100 年一遇。

规划防洪标准：苏州市中心区建大包围后，防洪标准将达 200 年一遇；苏州工业园区规划防洪标准为 100 年一遇。

本市地处太湖之滨，水网稠密，地势低洼，洪涝灾害频繁，梅雨和台风暴雨是造成洪涝灾害的主要原因，市区受京杭运河、太湖来水及西部山区洪水的三重威胁。

已形成了设立包围圈、分片防洪排涝的工程格局。1991 年洪涝灾害后，加大了城市防洪基础设施建设的力度，城市抗御洪涝灾害的能力有了明显提高。目前城市中心区防洪能力约为 50 年一遇，工业园区局部已达 100 年一遇，其他地区普遍为 20 年一遇。

近期规划防洪保护区面积 338km²，城市中心区面积 74km²，防洪标准为 200 年一遇；新区、工业园区、吴中区、相城区、浒关区均为 100 年一遇。排涝标准为 20 年一遇 24h 雨量一日排出。

控制建筑物：新建控制建筑物 130 座，船闸 4 座。泵站：新建排涝泵站 58 座，总设计流量 702m³/s。

河道拓浚、整治：新开、拓浚河道 526km；新建、加高加固护岸 1156km。

7.4.3.3　嘉兴市

1. 基本情况

嘉兴市是浙江省省辖地级市，位于长江三角洲南翼，浙江省的东北部，京杭大运河以东，北邻太湖流域。嘉兴市东北紧邻上海市，北接苏州，西连杭州，东南濒临钱塘江、杭州湾。嘉兴市辖城区 2 个区，代管海宁、桐乡、平湖三市和嘉善、海盐二县。嘉兴市地面高程除沿海一带外，大部分地势低洼，尤其是西北、东北部地区，地面高程在 1.2～1.8m 左右，部分地区不到 1m。嘉兴市是杭州塘、新睦塘、苏州塘、三店塘、嘉兴塘、平湖塘、海盐塘、长水塘等区域主干河道的交汇点，也是引水、排水及交通航运的枢纽，水面率

7.8%，河网密度 3.1km/km^2。

2006 年年末，全市总面积 3915km^2，市区面积 968km^2，建成区面积 66km^2。全市总人口 335.55 万人，其中常住人口 115.99 万人；市区人口 81.4 万人，常住人口 37.17 万人。

2. 主要洪源与洪涝灾害

嘉兴市历史上属洪涝灾害多发地区。新中国成立 50 多年来，嘉兴共发生较大的洪涝灾害 24 次，平均每 2 年就有一次涝灾。主要洪水威胁来自钱塘江、杭州湾洪潮以及太湖洪水和本地暴雨。由于区域主干河道汇集于城区，境内汛期水位直接受上下游的影响。

1954 年嘉兴地区东部遭受特大梅涝灾害 5—7 月。该年梅汛早、雨期长、降雨多、受灾面积大。长期阴雨致使上游东西苕溪多次山洪暴发，而太湖及黄浦江下游水位居高顶托，排泄受阻，使广大平原水位长时间停留在警戒水位以上。运河水位嘉兴站有 126d 超过警戒水位，造成严重的内涝灾害。嘉兴东部农业经济损失 1480 万元。1999 年 6 月 30 日特大洪水，嘉兴站最高水位仅次于 1954 年，全市洪涝面积达 292 万亩，成灾农田面积 191.09 万亩，在成灾农田中有 88.28 万亩农作物绝收。全市直接经济损失为 39.55 亿元。

目前存在的问题是：现有堤防只能保护现状建成区面积的 17.4%；地面低洼，排涝设施不足，造成部分城区积水；由于长期过量开采地下水，市区地下水位急剧下降，并形成漏斗。洪涝灾害历来是嘉兴市发生最频繁、造成损失最严重的自然灾害之一。

3. 防洪减灾对策措施

嘉兴市位于浙江省杭嘉湖平原水网地区，地势平坦、低洼，河网密布。市区地面平均高程 4.0m（吴淞基面），境内汛期水位受控于周围河网水位。因此嘉兴市的防洪建设要在太湖流域洪水出路总体规划安排与杭嘉湖地区排水规划的格局下，采取"堤、闸、站、疏"相结合的方针，形成独立的封闭式防洪体系。市区防洪标准为 100 年一遇，排涝标准为 20 年一遇。包括新建和加高加固防洪堤（墙），拓浚河道、修建防洪闸，增设排涝站，加快城市低洼地区住房改造等。圩区治理服从流域与区域规划，圩区排涝动力与区域性排水骨干河道的排水能力相适应，并遵循"洪涝兼治"的原则，在城市发展规划区外围通过筑堤、建闸构成大包围圈，利用泵站抽排，控制市河最高水位；利用已建和续建的小包围圈抵御一般高水位。通过两级运用，减少大包围圈关闸排水时间，降低运行费用。但要严格控制联圩并圩，不得将湖荡等大水面围入圩内，不得减少圩外河道行洪能力。

7.4.4　山丘平原过渡带城市

这类城市虽位于平原地区，但大多在河流出山口附近下游，是一类地势低平，却有山丘洪水特征的城市。这些地区，河流往往源短流急，流速快，洪水陡涨陡落，山水难以控制，山水冲击城市是主要威胁。如太行山前京广铁路沿线城市北京、石家庄、邯郸等城市。盆地周边平原城市亦属于此类型，如四川盆地的成都。这类城市一般很难依靠水库等工程解决自身的防洪问题，主要依靠开辟分洪道分泄上游洪水，并疏浚河道以畅通行洪通道。

7.4.4.1　北京市

1. 基本情况

北京市位于华北北部，西靠太行山余脉西山，北依燕山山脉军都山。北京市地形西北高，东南低。属山前平原区地域类型，东南部为平原，北部和东北部为山区，高程一般在 90～15m 之间。

2006 年，北京市总面积 1.64 万 km²，其中市辖区面积 1.22 万 km²，建成区面积 1226km²。全市总人口 1197.6 万人，其中市辖区人口 1126.9 万人；全市常住人口 905.38 万人，占全市总人口的 75.6％；市辖区常住人口 879.28 万人，占市辖区人口的 78％。国内生产总值 7870.28 亿元，其中市区 7737.41 亿元。

北京市境内有 5 条河流，从东到西分布有沟河、潮白河、北运河、永定河、拒马河，分别属海河流域的蓟运河、潮白河、北运河、永定河、大清河五大水系。其中北运河是北京城近郊的主要排水河道。市区有通惠河、凉水河、清河、坝河等四条排水河道及 30 多条较大支流，大部分由西向东南汇入北运河，总流域面积 1255km²。

2. 主要洪源与洪涝灾害

流经北京市境内的主要河流为永定河、北运河、潮白河、沟河和拒马河。均属海河水系。其中，对北京市防洪安全影响最大的是永定河和潮白河。永定河居高临下，流经北京市西南部，构成很大的洪水威胁。潮白河上段温榆河是承泄流经北京市区诸河的排洪河道，直接影响北京市和两岸人民的防洪安全。

纵观北京城区几百年的洪涝灾害史，其成因既有来自城市上游的洪水入侵，又有本地区暴雨洪水以及城市下游河水顶托所致。致灾洪水主要有以下来源。

(1) 永定河洪水。永定河历史上称为无定河。地处城区西部，地势居高临下，洪水暴涨暴落，对城区威胁最为严重。从金代 1115—1949 年的 835 年间，共决口 81 次，漫溢 59 次，改道 9 次，其中多次在卢沟桥附近决口，洪水冲入城中及城市周围地区，造成严重灾害。造成大灾情的有 49 次，严重侵袭北京城区的有 10 次。

(2) 西山洪水。发源于北京西部山区的通惠河、清河、凉水河、坝河，由西向东穿越城区汇入北运河及温榆河，是城区和郊区的行洪、排涝河道。城区上游西山一带也是北京地区暴雨多发区之一，由于突发暴雨，致使洪水暴发，入城成灾，如 1546 年。

(3) 城区暴雨洪水。城区暴雨也同样造成涝灾，由于城区内暴雨洪水过大，使河道漫溢，积水成灾。如 2004 年 7 月上旬北京市发生一场特大暴雨，降雨量集中在城区、天安门、天坛和连花桥 4 处，历时短、强度大，最大 10min 降雨达 22mm，天安门日雨量为 122mm，玉渊潭达 150mm，因而造成城区大面积积水，严重积水路段有 41 处；人防地下工程进水，水深达 1m 左右；造成停电事故有 47 处跳闸，1 处漏电；进水房屋有 4698 间，倒房 5 间。

3. 防洪减灾对策措施

为防御永定河与北运河洪水，北京市现已初步建成与河系防洪工程相结合的城市外河防洪体系，包括"蓄""泄""分"等。针对永定河洪水，"蓄"即利用官厅水库拦洪，1954 年建成的官厅水库，基本上控制了永定河上游的洪水，特别是 20 世纪 90 年代进行扩建、除险加固后，已达到了防御可能最大洪水的校核标准。"泄"即加固、加高永定河三家店至卢沟桥段堤防和卢沟桥至梁各庄河段堤防，扩大河道行洪能力。对北京市防洪安全至关重要的三家店至卢沟桥段堤防左堤，经多次对左堤进行加高、加固，目前已达到防御可能最大洪水标准，构成了北京市西南部的防洪屏障。三家店至卢沟桥段堤防右堤，目前也达到 50 年一遇的防洪标准。卢沟桥至梁各庄河段，经过险工综合整治和堤防加固，基本可以承担 2500m³/s 的泄洪任务。"分"即修建分洪、滞洪设施，以减轻永定河官厅水库山峡段洪水对北京市的威胁。卢沟桥防洪枢纽控泄工程，可分泄永定河洪水，再经大宁水库调节后，向小清河蓄洪区分洪，使永定河达到 50 年一遇的现状防洪标准。针对北运河，主要是按 50 年一遇标准进行整治及堤防加高加固，北关闸枢纽除险加固，榆林庄闸和杨庄闸扩建及其他综合治理工程；对存在质量隐患或未达到部颁安全标准的 9 座中型、44 座小型水库进行除险加固。

7.4.4.2 石家庄市

1. 基本情况

石家庄市，位于河北省中南部，市辖 6 区、5 个县级市及 12 个县。

2006 年年底，全市总面积 15848km²，市区面积 456km²，建成区面积 175km²。全市总人口 939.5 万人，市区人口 231.35 万人，其中常住 231.35 万人；全市国内生产总值 2026.63 亿元，市区国内生产总值 804.69 亿元。

流经石家庄市的河流分属海河流域的子牙河水系，主要行洪道有 6 条，北部的沙河、磁河木刀沟属大清河水系，中南部的滹沱河、洨河、槐河等属子牙河水系，见图 7.1。

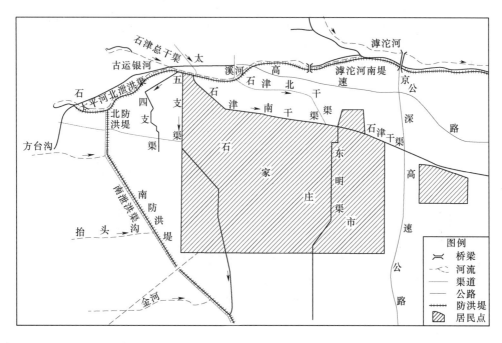

图 7.1　石家庄市防洪工程示意图

2. 主要洪源及洪涝灾害

石家庄市处在河北省太行山前山丘与平原的过渡带，暴雨频繁，山区小河众多，容易形成多条小河并发的山洪。石家庄市属山前平原型城市。主城区位于滹沱河南岸，城区西部、西北部的太平河和洨河洪水正面袭击石家庄市区。特殊的地理位置和气候条件，使石家庄市主城区在汛期经常面临外洪内涝的威胁。其洪涝灾害的成因和特点是：汛期降雨强度大，历时短，时空分布不均；洪水陡涨陡落，预见期短；河流险工多，市区北部滹沱河属多沙型游荡性河流，河势紊乱，行洪时险象环生；堤防标准低；市区排水系统尚不完善。

自 1505 年至今，有历史记载的较大洪灾发生了 47 次，20 世纪的 1939 年、1954 年、1956 年、1963 年、1996 年，石家庄市遭受较大的洪水灾害，使人民生命财产造成极大损失。1963 年 8 月 4—9 日，市区西部丘陵山区出现罕见的特大暴雨，太平河发生 50 年一遇洪水，洪水入市与内沥水汇在一起。市区积水，房屋倒塌，直接经济损失 4.5 亿元。1996 年 8 月 3—5 日，市区西部丘陵山区普降暴雨和特大暴雨。流域最大 1 日暴雨 448mm，大于 300 年一遇，太平河发生 100 年一遇洪水，市区外围交通、电力、通信中断，市区积水，交通中断，路面塌陷，供水水源井被淹、被毁，直接经济损失 8.07 亿元。

3. 防洪减灾对策措施

针对石家庄城市外河众多小河洪水并发的特点，该市主要依靠建立城市防洪自保体系进行防洪，而不能依靠流域水系防洪体系。石家庄市防洪主要受滹沱河、北泄洪渠以上的太平河、古运河及南泄洪渠以上的金河、洨河三个水系影响。因此采用外阻滹沱河、太平河、洨河等洪水入市，内排涝水出城的对策。城市防洪工程体系由外围南、北防洪堤，南、北泄洪渠，市内排水管网、明渠等组成。

此外，还编制了预防黄壁庄水库溃坝的预案。采取了加固水库坝体、增加泄洪设施，使水库达到万年一遇校核标准等措施。

石家庄市现状防洪标准为 50 年一遇。城区规划防洪标准近期按 100 年一遇、远期按 200 年一遇。

现状排水工程设施主要有排水管网 60km、排水明渠 7 条及排水泵站 29 座。规划城市排水体系，为雨污分流制。

河、渠清障规划，除滹沱河按防御 50 年一遇标准的洪水规划治理外，太平河、古运河和北泄洪渠均按 20 年一遇洪水标准整治；南泄洪渠按 5 年一遇洪水标准治理；洨河按 20 年一遇洪水标准整治，见图 7.1。

7.4.4.3 保定市

1. 基本情况

保定市，位于河北省中部，地处华北平原的西北腹地、太行山北部东麓，有北京南大门之称，与京津构成京津保三角区，具有极重要的战略地位和经济地位。保定市辖有新市区、北市区、南市区 3 个区和 1 个高新技术产业开发区，代管 18 个县和 4 个县级市。

2006 年年末，全市总面积 20584km²，市区面积 312km²，建成区面积 100km²。全市总人口 1106.08 万人，其中常住人口 296.08 万人；市区人口 105.23 万人，其中常住人口 92.75 万人。

2. 主要洪源与洪涝灾害

保定市洪灾主要是暴雨洪水。主要特点是暴雨强度大，洪水突发性强。洪水发生时间集中在 7 月下旬至 8 月上旬的 20d 时间。河流上游源短流急，洪水汇集快，下游河道坡度平缓，泄洪能力差。保定市境内河流多发源于太行山迎风坡，按是否汇入白洋淀分为南、北两支，呈扇形发布于市内。直接影响城区防洪安全的河流有 14 条，分为三个系统，即北部漕河系统，西部、南部界河、清水河系统和穿过市区的府河系统。保定市为平原城市，市区洪涝灾害主要是外围洪水的侵袭，以及城市排水能力差造成内涝。

市境内河流上游均源短流急，每遇暴雨，洪水迅速汇集，进入平原后，坡度急剧变缓，泄洪能力明显下降。另外受地形影响，境内河流还常常遭到北部永定河、南部滹沱河的洪水侵袭，造成中间梗塞、下口顶托，加重河流泄洪难度。

保定市区受到界河、清水河、府河、及漕河流域洪沥水的综合影响。这些河流都具有山区洪水的特征，源短流急，无法得到控制。

（1）漕河。发源于保定市西北山区，出山后自西向东在刘口附近汇入白洋淀的藻杂淀，中间无支流汇入。

（2）界河、清水河。发源于保定市西北山区，始称界河出山后改为南北走向在京广铁路桥以上先后有蒲阳河、七节河、曲逆河、运粮河从右侧汇入，至铁路以东改称龙泉河，下游又有发源于平原的九龙河、新开河从右侧汇入，以下称清水河，至东石桥村汇入唐河。

（3）府河。发源于市区以外西部平原的三条支流——一亩泉河、侯河、百草沟，在市内人民公园西侧汇流后称为府河，在市区又有向北环行的护城河在刘守庙汇入，至市外有黄花沟、环堤河、金钱河相继汇入，下游经安新县建昌入藻杂淀。

新中国成立前的 920 年间（1028—1948 年），保定遭较大水灾 38 次，其中 5 次水淹城区。新中国成立后的 1954 年、1956 年、1963 年、1964 年保定城区遭受较重的洪涝灾害，尤以 1963 年灾害严重。1963 年 8 月 3—10 日连续降雨 504mm，市区西部的界河由于刘家台垮坝，洪水直逼城区。市区北部的漕河受龙门水库和马连川泄洪影响，出山口处流量达 4000m³/s，相当于漕河正常泄量的 10 倍多，洪水南下直奔市区。经过市区的府河，受降雨影响，水位猛涨，水淹市区多处。8 月 8 日，城区上游各河从北、西、南三面灌入市区，整个市区除东关一带高地外皆被水淹。经济损失达 2999.2 万元。

3. 防洪减灾对策措施

城市防洪设施主要是环绕市区的防洪大堤，1963 年 8 月洪水后新建的环绕市区的防洪大堤由北防洪堤、西防洪堤和南防洪堤构成的环形闭合圈，全长 47.7km。堤防高出地面 1.5～3m，顶宽 5～12m，北堤系利用黄花沟的右堤扩建，西堤和南堤结合取土开挖了护城新河；防洪大堤与各河交叉处修建了节制闸；修建了界河左堤（玉山店—方顺桥）等。防洪大堤建成以来，市区未遭遇外围洪水的侵袭，对城市防洪安全起到了重要作用。

由于洪水来源于外围，特别是山区，因此，规划的总体布局是：以防洪大堤为城市防洪的屏障；市内骨干河道进行治理配套，外围河道进行整治。这样形成的水流水势是：低标准洪水沿河道下泄，高标准洪水大体以保满公路、铁路为界分为南北两股，于防洪大堤外向下游漫溢，市内相应雨水从管网集于府河下泄。工程标准：防洪大堤按 100 年一遇进行整治、加固、完善，堤外环堤河、黄花沟按 10 年、20 年一遇不同标准整治方案；漕河、界河（包括下游清水河）、市外小河（一亩泉、侯河、百草沟）、府河市外段按 10 年、20 年一遇标准整治方案；府河市内段按 50 年、20 年一遇标准整治方案，见图 7.2。

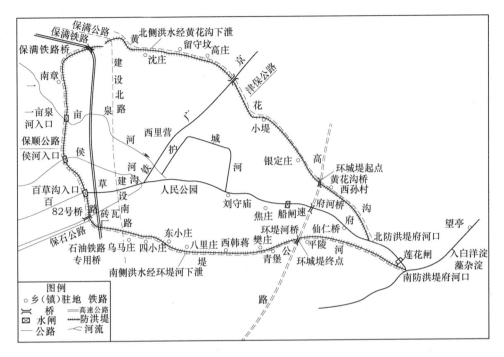

图 7.2　保定市防洪工程示意图

7.4.4.4　成都市

1. 基本情况

成都市是四川省省会，西南地区重要中心城市，同时也是国家的重点防洪城市之一。成都市位于成都平原中心，市辖青羊、锦江、金牛、武侯、龙泉驿、青白江、新都和温江9个区，代管4市6县。

2006 年年末，全市总面积 12390km²，市区面积 2176km²，其中建成区面积 397km²。全市总人口 1103.40 万人，其中常住人口 571.50 万人；市区人口 497.15 万人，其中常住人口 380.28 万人。全市国内生产总值 2750.48 亿元，市区国内生产总值 1923.49 亿元。

成都市全市地势差异显著，自西北向东南微倾斜，呈阶梯状，高低悬殊。可分为东部低山丘陵区、中部平原区、西部山区。由于成都市地势东西高低悬殊，因此出现东暖西凉两种气候类型并存的格局，市域内气候随海拔的变化而变化，垂直差异显著。

成都市境内河渠纵横，水网密布，有大小河流 50 多条，水域面积 700 余 km²，河网密度高达 1.22km/km²。西南部以岷江水系为主，东北部跨沱江水系，互有联通，属不闭合流域。与城市密切相关的河道主要有府河、南河、沙河、清水河、江安河等 20 条河渠，均属岷江、府河水系。岷江于都江堰渠首处分为内外二江，进入平原。市境内还有岷江较大支流西河及南河。

2. 主要洪源及洪涝灾情

成都市域岷江、沱江二流域之中，平原区水系发育成网，洪水主要来源是暴雨。其西部有青衣江暴雨中心，北部有鹿头山暴雨中心，周边又处于山区过渡到平原丘陵的地带，具有易产生洪涝的自然条件。市域成灾洪水大致有以下类型：

（1）上游山区暴雨洪水。沱江上游的三大支流都在著名的鹿头山暴雨区内，因此沱江干流洪水多具有峰高、量大、持续时间长的特点。岷江上游的汶川县至都江堰市是一个多雨中心，其支流的西河、南河，以及沱江支流湔江也在暴雨区内。这几条河的洪水，多源于上游山区的暴雨。由于受宝瓶口节制，内江成灾小，外江成灾大。

（2）平原区暴雨洪水。平原区水网密集，城镇林立，因河道比降不大，泥沙及垃圾入河沉淀，造成行洪断面趋于狭窄，泄流不畅。加上近年人类活动影响，城市绿地面积减少，遇到暴雨强度稍大，河水泛滥就在所难免。

（3）融冰化雪形成的桃花汛。岷江、沱江上游高山积雪，入春后如升温较快，再有降雨发生，则易形成成灾洪水。这类洪水发生时间无规律可循。

（4）突发型洪水。一种是岷江上游山崩堰塞后溃决形成洪水，又称为地震洪水，文献记录曾发生过多次。另一种是水库溃决失事，形成溃坝洪水。

（5）山区洪水与平原区暴雨洪水相遇，两者叠加的结果将发生一种洪灾。过去虽然发生的几率不多，但其危害性特别严重。如1981年7月发生的洪涝灾害，其淹没范围之广、损失之大是历史上少见的。

成都市地处鹿头山暴雨区和青衣江暴雨区的过渡地带，暴雨洪水发生频繁。有多条中小河流流经市区，包括府河、南河、清水河、沙河、东风渠、西郊河和磨底河等；除东风渠外，均在中心城南郊区汇入府河。其中，流经市区的府河、清水河、沙河等河流是主要洪源。府河洪水主要源于区间暴雨。50年来，区间暴雨13次。府河洪水的组成与都江堰水系洪水调度关系密切。从岷江流进府、南河的水量约占望江楼站洪水的20%，给府河形成丰富的底水，洪水过程一般肥胖，涨率较大，为其他平原河流洪水所罕见。1911—1949年间，发生洪涝灾害12次，大灾10次，其中以1947年洪灾最为严重，是年7月，府河望江楼站岸上水深0.8m，城区低洼地带及四川大学均遭水淹，部分街道可行舟，新南门处沿岸民房多被冲毁，灾区40余处。1949年以后的50多年里，发生13次较大洪灾，其中以1981年洪灾损失严重，成都市东、西城区198条街道被淹，水深1～1.5m，受灾居民2.7万户，毁房2500间，停产企业525个，重灾企业525个。市区与近郊区损失2.8亿元，此外，死亡31人。1995年和1998年洪水均给成都市造成了巨大经济损失。

3. 防洪减灾对策措施

成都市位于四川盆地的西缘，中心城区处于成都平原水网区腹部地带，境内河渠纵横，无法形成外洪控制体系，故采取上蓄、中分、下排的综合措施。"上蓄"，即在岷江上兴建紫坪埔水库调控洪水；岷江经紫坪埔水库调蓄后，可将100年一遇洪水（6030m³/s）降低到10年一遇下泄，大大提高外河金马河防洪标准，从而彻底解除金马河洪水对成都市的威胁。"中分"，即通过都江堰宝瓶口石堤闸分流，在宝瓶口至成都市中心城区区间采取洪水排泄措施，把岷江中上游的洪水分别引入徐堰河、江安河、毗河和金马河。石堤堰枢纽则在汛期把柏条河、徐堰河及其区间暴雨洪水全部排入毗河。另外，还在都江堰总体规划中规划了21条区间排洪河道，把走马河中上游的洪水分别引入徐堰河、江安河，再分别排入毗河和岷江。"下排"，即疏导整治与城市排洪有关的河渠，提高其安全行洪能力。通过疏导整治，实现水系连通，排水通畅的工程体系。同时，市区排涝工程结合市政基础设施同步建设，修建专用的排涝雨水管道，雨水排入城市河道，以消除城市内涝。

目前，建成区一环路以内 28.3km² 防洪标准达到了 200 年一遇，其他绝大部分建成区由于中小河道未进行整治，防洪标准只能达到 10 年一遇左右，市区现状各行洪河道难以满足排洪的需要。

规划拟定成都市中心城区的府河、清水河、沙河的防洪标准为 200 年一遇，江安河、磨底河的防洪标准为 100 年一遇，其他支流（排洪渠）为 50 年一遇。

第8章 滨海地区城市防洪减灾对策

我国大陆海岸线全长有 1.8 万 km 以上。通常意义上的"滨海城市",指的是地理上距离海岸近的城市。本书所谓的滨海城市,与通常地理意义上的滨海城市不完全相同。此处定义的滨海城市,系指距离海岸较近的感潮城市,不仅要考虑城市的自然地理环境,且需突出城市洪水源的特点。距海岸较近,但不受风暴潮影响的城市,本书并不认定为滨海城市。根据第 1 章所述的城市分类原则,从洪水风险看,滨海城市不仅有江河洪水风险,还有风暴潮风险;从洪水防御看,滨海城市不仅要防御江河洪水,还要防御风暴潮。在我国 287 座地级及以上城市中,这样的滨海城市有 33 座。这 33 座城市北起辽宁省丹东,南至海南省三亚,分布于我国东南沿海 11 个省(直辖市)的滨海地区,其中最集中地区分布在浙江、福建和广东省。

本章根据第 5 章"城市防洪减灾对策总体思路"着重讨论滨海城市的洪水风险,并就防御对策措施的依据做较具体的讨论,最后用实例加以说明。

8.1 滨海城市的统计特征

8.1.1 城市的地区分布

截至 2010 年年底,我国有防洪任务的地级及以上城市共计 287 座。其中,滨海城市为 33 座,占 11.5%,基本情况见表 8.1,分城市情况见附表 4。

表 8.1　　　　　　　　全国滨海类型地级及以上城市基本情况表(2010 年)

类　　型	城市个数	城市人口 /亿人	城市面积 /万 km²	建成区面积 /万 km²	GDP /万亿元
总数	33	0.67	6.42	0.62	6.56
占比/%	11.5	17.2	10.2	19.4	26.7

由表 8.1 可知,33 座滨海城市面积为 6.42 万 km²,占 287 座城市的 10.2%。33 座城市中有 28 座位于东部地区,2 座位于东北部地区,3 座位于西部地区。

8.1.2 城市的社会经济统计特征

1. 人口分布

我国 287 座地级及以上城市总人口共 3.68 亿人,其中,33 座滨海城市人口为 0.67 亿人,占 287 座城市的 17.2%。

2. 国内生产总值分布

2010 年全国实现国内生产总值 40.12 万亿元。全国 287 座地级及以上城市共实现国内生产总值 24.58 万亿元，占 61.3%。其中，滨海城市实现 GDP 6.56 万亿元，占地级及以上城市 GDP 的 26.7%。人均 GDP 9.79 万元。

8.2　滨海城市的洪（潮）水风险特征

滨海城市濒临海洋，从洪水（潮）风险看，不仅具有与其他类型城市相同的江河洪水风险，同时还具有独特的由台风引发的风暴潮风险。

8.2.1　台风暴潮

1. 台风暴潮的影响范围

我国是世界上发生台风最多的地区之一，也是世界上受台风影响最严重的国家之一。据近 50 年统计资料，在我国登陆的台风、热带气旋共 416 个，平均每年 7 个，最多时达每年 12 个，最少每年 3 个。登陆最多的是广东省，几乎占全国的一半。但登陆的强台风以台湾省、福建省为首，占 60% 左右。台风在我国登陆后，平均深入内陆约 500km，最远可达 1500km。台风给沿海城市带来的严重自然灾害主要是暴雨、洪涝灾害、风暴潮灾害以及极具破坏力的强风灾害。因此，只要有台风登陆或途经的沿海城市都会遭受风暴潮的袭击。

2. 台风暴潮的形成条件

风暴潮是由台风、温带气旋、冷锋的强风作用和气压骤变等强烈的天气系统引起的水面异常升降现象。风暴潮周期从几小时到几天不等。通常把风暴潮分为温带风暴潮和热带风暴潮两类。温带风暴潮由温带气旋引起，多发生在春秋季节，中纬度沿岸各地都可见到。热带风暴潮由热带气旋引起，屡见于夏秋季节。凡有热带风暴影响的沿海地区，均有发生。

8.2.2　洪（潮）灾害

我国东南沿海是台风风暴潮的多发地区，与风暴潮相伴的狂风巨浪，可引起水位暴涨、堤岸决口、农田淹没、房屋倒塌，酿成严重灾害。如果风暴潮与天文大潮遭遇，则可形成所谓的海岸洪水，造成更大的洪潮灾害。

1. 风暴潮灾

台风暴潮引起的灾害是严重的，1994 年 17 号强台风登陆前后，温州机场实测最大瞬时风速大于 55m/s，温州市区实测最大瞬时风速大于 38m/s。温州地区 12 级风力以上持续 3~4h 到 11h 不等。该次台风登陆时，正值农历 7 月 15 日大潮，台风产生的风暴增水正好与天文高潮碰头，温州、瑞安一带沿海出现特高潮位，尤其是温州市最高潮位达到 7.43m，（此前最高潮位为 6.75m），造成直接经济损失达 100 多亿元。

2. 洪潮灾

洪潮灾亦即海岸洪灾，一般由风暴潮、天文潮和江河洪水组合形成。例如 1997 年 8 月 18 日 11 号台风，登陆时亦恰遇 7 月 16 日天文大潮，台风增水与天文高潮位叠加，浙江以北及钱塘江河口实测潮位超过历史最高潮位 0.25~1.05m，台风期间，100mm 以上降雨区达 5 万 km²。除 1994 年 17 号台风以后新建的标准海塘外，一线海塘几乎全线崩毁。仅浙江、江苏海堤就被冲毁 1130km，直接经济损失 200 亿元。

3. 洪潮涝灾

有时沿海城市还有涝灾的威胁。这是因为，在洪水和风暴潮的夹击下，河流入海口水位壅高，江河水位攀升，又恰逢暴雨来临，城市雨水外排受阻。再加上海潮入侵，使沿海城市的内涝问题更为突出。洪潮水型的涝灾，大致有以下三种情况：一是洪潮水位较高，浸淹泄水涵闸，使涵闸损坏或失去泄水作用，当堤内有较大降雨，积水不能正常排泄，而形成涝灾；二是外水倒灌；三是堤围受洪（潮）水的冲击，溃决或漫顶，前期为洪（潮）水灾害，在洪（潮）水退落后，由于排水系统遭受破坏，积水不能排泄，浸淹历时延长，因此后期变成涝灾。广西浔江桂平、平南河段的积涝多属于"洪（潮）水型"。

沿海城市位于我国东部及南部地区，其地理位置处于我国经济发展最快、国民经济地位最重要的地带。而这些地区恰恰是遭受洪涝灾害最频繁、最严重的地区。随着沿海地区经济的快速发展，我国沿海风暴潮灾害的直接经济损失呈上升趋势，由 20 世纪 50 年代的每年几亿元，增加到 80 年代平均每年几十亿元，1989—1998 年的 10 年中，累计直接经济损失高达 1207 亿元。

以上海市为例，上海市常受台风、高潮、暴雨和洪水影响、侵袭，近 20 多年来，尤其是最近 10 年，沿杭州湾、长江口、黄浦江高潮位一再突破历史记录。黄浦江黄浦公园站自 1981 年以来，共 9 次出现 5m 以上特高潮位。并以 1997 年 8 月 19 日潮位最高，当时沿杭州湾、长江口、黄浦江干流全线大幅度突破历史记录，其中黄浦江黄浦公园站实测潮位达 5.72m，仅比 1984 年水利部、上海市批准的 1000 年一遇潮位低 0.14m（与原历史记录抬高 5m 相比）；米市渡站潮位达 4.27m，比原分析的 10000 年一遇水位还高 1cm，经全市军民全力抢险，才保基本安全。

从历史洪潮灾害的成因分析，上海市洪水主要有台风暴潮型、太湖洪水遭遇型和地区暴雨型 3 大类。

（1）台风暴潮型。每年 5—10 月，特别是 8—9 月，上海市常受台风（指热带风暴、强热带风暴、台风，下同）影响或侵袭，平均每年 2 次。汛期黄浦江黄浦公园站大汛期间（农历初三、十八前后）天文潮位一般在 4.0m 以上，最高 4.4m，如恰遇台风影响或侵袭，就有可能出现特高潮位，若再遭遇地区大暴雨、或太湖洪水下泄，将会出现"灾难性"特高潮位。据实测资料分析，凡黄浦公园站出现 4.80m（吴淞站为 5.10m）以上高潮位均系台风影响所致。1949 年以来几次特高潮位中，黄浦公园站增水达 0.70～1.49m，吴淞站增水达 0.77～1.58m。

台风暴潮型洪灾是上海市出现次数最多、威胁最大、损失最严重的自然灾害。1470年以来，因台风暴潮，"水高丈余，死人上万"的特大灾情共发生过 10 次，平均 50 年 1次，最近一次出现在 1905 年 9 月 2 日。20 世纪以来，较大洪潮有 15 次，其中 1949 年以来发生 10 次，有 2 次造成严重灾害，3 次发生一般灾害，其余为局部轻灾。

（2）洪水与大潮遭遇型。太湖洪水经黄浦江下泄，由于其历时在半个月以上，故必然与天文大潮遭遇，会对青浦、松江、金山等新市区产生较大影响；若与地区暴雨、大暴雨遭遇，会造成较严重后果；若太湖洪水经黄浦江下泄与台风高潮、地区暴雨遭遇，全市将出现"灾难性"汛情。1949 年以来，因太湖大洪水经黄浦江下泄，与地区暴雨和天文大潮遭遇共出现 3 次（1954 年、1991 年、1999 年），都对黄浦江上游青浦、松江、金山等区造成严重危害。

（3）地区暴雨型。上海市 6—9 月多暴雨，据 1959—1983 年统计，平均每年有大暴雨 4 次，其中特大暴雨 3 年出现 1 次，多为热带气旋影响或雷暴雨所造成。市区西、北部地区，因距黄浦江较远，内河狭窄，水面积少，泄、蓄洪能力不足，沿河又有大量城市雨水经泵站排入，常使内河水位超出地面 0.5m 以上；如遇支流河口水闸关闸挡潮，或因部分内河防汛墙简陋，可能使部分地段防汛墙漫溢或溃决。1975 年以来，市区内河部分地段出现漫溢、溃决先后有 10 余次，其中较严重是 1977 年、1991 年和 1997 年。

8.3　滨海城市防洪（潮）减灾总体对策

滨海城市除了有江河洪水风险以外，还受到风暴潮威胁，尤其是当江河洪水与天文大潮及台风暴潮交织发生时，造成的灾害与单纯的江河洪水相比，其破坏力要大得多，造成的经济损失更加严重。因此，滨海城市的防洪减灾对策具有其特殊性和重要性。

滨海城市的防洪减灾对策应在分析滨海城市洪（潮）水风险特征的基础上，选择恰当的工程措施与非工程措施，二者相辅相成，不可或缺。

根据城市分类的原则，滨海城市除考虑距离海岸远近的因素外，还要考虑造成这些城市洪涝灾害的主要风险，即要突出城市自然地理环境与洪水源结合的特点。在定义的我国 33 座地级及以上滨海城市中，从风险成因看，有些城市的洪水风险主要来自洪潮交织，即由江河洪水、天文大潮以及台风暴潮相遇而成；有的主要来自风暴潮。从地形看，大多数城市位于平原，少数位于丘陵。从城市与河流的相对位置看，有的城市濒临江河，有的城市有中小河流穿城而过，有的城市则傍依独流入海的河流。从城市规模看，有的是经济十分发达的大都市，也有一般的中小城市。这些因素构成了滨海城市的两种风险类别：一类是洪潮交织型，另一类是风暴潮型。不过，风险类别的划分不是绝对的。以风暴潮为主要威胁的滨海城市，也不是完全没有江河暴雨洪水的威胁；而受洪潮交织威胁的沿海城市，江河暴雨洪水和风暴潮威胁也可以交替发生，并可以有不同的组合。所以，上述风险分类仅仅表明城市主要风险的属性。

8.3.1　洪（潮）水风险特征

受洪潮交织威胁的滨海城市，是指那些既受江河洪水影响，又经常受到台风暴潮威胁的滨海城市。这类洪潮交织型的城市，有时以江河洪水威胁为主，有时以台风暴潮威胁为主，最为严重的是二者遭遇在一起时发生的洪潮灾害，对滨海城市的破坏力极强。

滨海的大中城市较多属于洪潮交织威胁型。这类城市位于大江大河的入海口附近，如上海市、杭州市等；有的是位于几条大支流的交汇处，如广州市位于珠江支流东江、西江、北江汇合处以下。一方面，由于城市上游是大江大河，集水面积大，因此，流经这些滨海城市时，河道要承泄很大的径流量，在汛期，大江大河峰高量大的洪水对滨海城市的防洪造成很大的防洪压力。另一方面，这类大中型滨海城市海岸线长，海岸附近往往有密集的建筑物或建有经济开发区。台风暴潮导致潮位猛增，并伴随破坏力极强的巨风。因而引起的潮水入侵及风灾给这些滨海城市带来巨大的经济损失。

地处大江大河下游的滨海城市同时发生洪潮遭遇的机会也比较多。因为入海口附近的大江大河集水面积大，洪水峰高量大，一次洪水过程时间长，有时洪水由几次连续暴雨造成，一次洪水历时可长达1～2个月，因此遭遇台风暴潮的机遇相对较多。洪潮遭遇时由于河流水位居高不下，城市涝水难以外排，低洼地带形成内涝，使城市处于洪、潮、涝夹击的局面。

以风暴潮为主要威胁的滨海城市以滨海中小型城市为主，地理位置濒临海岸或海湾。城市内有若干河流穿越，河流较短小，汇水面积不大。有的城市内有部分山区，具有山溪性河流暴涨暴落特性。入海口受海潮顶托，影响河道行洪能力。

由于这类城市河流径流量较小，相应的河流洪水不是很大。这类城市因受热带气旋频繁活动影响，经常受到台风暴潮的袭击，城市的主要洪水威胁是来自台风暴潮。

8.3.2 防洪（潮）减灾对策思路

洪潮交织型滨海城市的防洪减灾措施由江河防洪、海堤工程及内河排涝工程组成。江河防洪包括城市江河防洪堤的修建、加固，但更重要的是与流域水系的综合治理相结合，即城市防洪对策措施规划整体格局中突出"靠"。例如，依靠城市上游江河的防洪枢纽工程，修建大型水库控制上游洪水，在适当地段开辟蓄滞洪区分洪等。即在以城市所在流域水系防洪体系为依托的基础上，再在城市重要河段，修建达标的堤防，用作抵御海潮和洪水的屏障。

防御海潮入侵，主要是采用"挡"的措施，就是修建海堤和挡潮闸阻挡海潮，或修筑丁坝、护岸抵御海潮对堤岸的冲刷，其中修建海堤是最主要的措施。在修建或加高加固沿海堤塘，使其达到规定的标准，更好发挥已有海堤的防潮作用方面，地方上有些好的经验。例如，浙江省的沿海和城市，按照修建年代，将堤塘分为海塘、支塘和围堤三类。海塘建于明清或更早年代，支堤则分新中国成立前已有和新中国成立后加固的老堤，围堤是近20年来围海造田新建筑的堤防。由于历史的原因，随着滩涂的围垦和逐步发展，有的地方的海堤形成一线、二线和三线堤防。围垦滩涂后建的称为一线海堤，原先建的海堤就自然退居成为二线或三线海堤。在新建了一线海堤后，宜保留原来的二线、三线海堤，因为一线与二线、三线海堤之间的开阔地带成为削减入侵海潮破坏力、坦化潮位的缓冲地带，可以作为防御风暴潮的天然屏障。

滨海城市城区排涝工程主要有疏浚城区排水河道，市区河道也用以市区涝水排泄，增强向外河抽排涝水力度，扩建排水泵及排水闸，开挖排水涵洞，形成分片防洪排涝体系，这就是"疏"和"排"。另外，有的城市结合绿化，建城市绿地，在市区修建人工湖，用以调蓄城市涝水。

以风暴潮型风险为主要威胁的城市防洪措施，多采用在通过市区的河流上游修建水库，控制相当部分的河流径流。水库下游的市区河流则修建一般标准的堤防。采用这种库堤结合的治理方针，基本上控制住河流洪水的威胁。对受到山洪影响的山区地形的滨海城市，也是依靠库堤结合对策治理。例如，山东省青岛市、日照市，广西壮族自治区的北海市等城市均采用库堤结合的措施。

这类城市防御风暴潮威胁的措施，主要依靠建海堤以及在河流入海处修建挡潮闸防御海潮入侵。由于城市经济实力的限制，海堤的高度标准并不要求很高，但是重要地段的海堤强调提高海堤质量，以经得住强风大浪的冲击，经得住海水漫堤而不垮堤。浙江省在总结屡遭风暴潮损坏海堤的经验教训基础上，加快标准海塘的建设步伐。按照省定标准加固海塘，加固后的海塘称为标准塘。标准塘在历次台风暴潮中经受住了考验，例如，1990年 23 号台风在台州登陆，该区沿海最高潮位出现概率达 50 年一遇以上，经调查 228.4km海塘中，不同程度损坏有 100.4km，占 43.9％。而经加固的标准海塘 48.5km，遭轻度损坏的 6.7km，占 13.7％，由此可见这些标准塘经受了浪潮的考验。

　　有些滨海城市因位于台地上，相当长的海岸线上不修建堤防，即保留开敞式海岸。

　　由于潮水入侵以及受潮水顶托影响市区河道排水不畅，都会造成城市积涝成灾，故城市排水泵、闸等排涝设施的修建，是这类沿海城市防洪减灾的重要组成部分。

8.3.3　工程措施

　　本书第 5 章总结了城市防洪减灾"十字"对策措施：即"靠、泄、疏、围、避、蓄、挡、排、垫、管"。滨海城市防洪减灾和其中的靠、泄、疏、蓄、挡、排等"六字"对策更加密切。

　　1. 靠

　　滨海城市的"靠"是针对我国主要江河尾闾大中型沿海城市而言的。指滨海城市防洪减灾要以城市所在流域水系防洪体系为依托。这些滨海城市位于江河入海处，但同样是流域水系中的一个点。由于滨海城市所在的江河，要承泄来自上游全部集水面积的大洪水，其防洪减灾必须依靠流域水系的水库、堤防、蓄滞洪区等工程设施才能得以解决，才具备可能达到城市要求防洪标准的基础。不过，对于那些独流入海小河流的沿海小城市，与大流域水系没有直接的联系，则无法依托流域水系的防洪体系，而要另选他途。

　　例如，广州市，地处珠江三角洲东、西、北江汇合处，地势低洼，洪水威胁主要来自西、北江与流溪河，台风暴潮也是洪涝灾害的主要成因，市区河道属感潮河道，东江洪水对市区河道起顶托作用。广州市三江汇合处以上流域集水面积 426870 km^2，占全流域面积的 94.1％。广州市防洪压力非常之大，如果仅仅依靠城市自保措施，是无法使广州市达到防洪、防潮标准的。

　　目前，由于东江新丰江、枫树坝和白盆珠三座水库以及北江飞来峡水库的建成，削减了东江、北江下游洪水，使广州遭受东江、北江大洪水的威胁程度大为缓解。广州市外围，防御西北江洪水的北江大堤已按 100 年一遇的防洪标准逐步加固达标，飞来峡枢纽及滞洪区、分洪道的联合运用，可使广州市免受北江 300 年一遇洪水的侵击。日后待西江龙滩、大藤峡枢纽建成，联合飞来峡水库的运用可基本解除西、北江 1915 年型洪水对广州市的威胁。广州城市防洪（潮）堤则按 50～100 年一遇标准建设。这样，在流域（区域）防洪系统的保障下，并依靠城市自保措施，可使广州市防洪、防潮标准达到 200 年一遇。

　　2. 泄

　　沿海城市的江河洪水必须依靠河道宣泄入海。"泄"的工程措施主要依靠修建堤防来实现，如上海浦东滨江大道堤防。

　　3. 疏

　　对沿海城市来说，"疏"主要是疏浚整治城市排水河道，以便于由于暴雨洪水或风暴潮水入侵引起的涝水排到外河。

4. 蓄

沿海城市的"蓄"是指在穿越城市的河流或独流入海河流上修建水库,与河流堤防相结合,构成库堤结合的防洪措施,减少洪水威胁。

5. 挡

"挡"是沿海城市最重要的防潮对策。"挡"的措施主要就是在海岸修建海堤(塘),或在入海河道建防潮堤,在入海河口段建挡潮闸,以阻挡海潮入侵,如上海苏州河闸桥工程及龙泉出海闸(既挡潮又排洪)。

6. 排

沿海城市的"排",是指利用沟渠自排或泵站抽排等方式,将小区雨洪或入侵海潮排入城内排水河道,最后排出城外,以减轻城市涝灾。

不同的沿海城市,将根据城市的具体情况,侧重采用上述六种防洪减灾工程措施中的一种或几种。

8.3.4　非工程措施

沿海地区和城市的洪涝台灾害防范与降低是一项系统工程,包括预防、抗灾实施与灾后恢复等三方面内容。对沿海地区和城市而言,由于台风暴潮灾害的突发性很强、破坏力巨大,所以,以下三方面的非工程措施都非常必要。

1. 灾害预防

这是一项长期性的工作,应采取永久性的控制措施,并在灾前实施。包括灾害的危害评估、损失评估及灾害预防措施。例如,法规、救灾组织、水文气象观测、研究、统计等。

2. 抗灾实施

这是一项短期性工作。应事先做出规划并在紧急情况下采用。包括水文、气象的实时预报、警报、抢险抢救转移措施的实施准备,应付突发事件所采取的措施准备等。命令指示系统对快速传递正确情报、充分发挥沿海地区洪水预警措施的作用,规划并组织好撤离和安全转移,避免人员伤亡及重大财产损失有着十分重要的作用。

3. 灾后恢复

这是灾后的善后工作,至少要使受灾团体和个人在短期内恢复到灾前的生活水平。灾后恢复包括修复水毁工程设施,给灾民发放贷款,重建家园,保险理赔等。

8.4　滨海城市防洪减灾对策示例

8.4.1　广州市

1. 基本情况

广州市位于广东省中部,地处珠江三角洲的中北部,东江、西江、北江在此汇合,濒临南海,毗邻香港和澳门。辖南沙、越秀、荔湾、海珠、天河、萝岗、白云、黄埔、番禺、花都 10 个区,并代管增城、从化 2 个市。

2006 年年末,全市总面积 7434km²,市区面积 3843 km²,建成区面积 780 km²。全市总人口 760.72 万人,其中非农人口 526.4 万人;市区人口 625.33 万人,其中非农业人口

490.95 万人。全市国内生产总值 6073.83 亿元，市区国内生产总值 564.39 亿元。

广州市地势北高南低，北部有罗浮山-帽峰山脉，呈北东方向延伸。其余除少部分是丘陵和台地外，均为珠江三角洲与海冲积形成的低平原，水网交织，河汉纵横，地势低洼，又称珠江三角洲河网区，地面海拔一般 2～4m。

广州市境内河流众多，均属珠江水系，主要有北江、西江下游水道和珠江广州河道汇流交织而成的河网。北江与西江蜿蜒于市区西北，两江在思贤滘相通，北江大堤将北江与白坭河、芦苞、西南涌隔开，形成市区外围防洪屏障。市区内河道纵横分布，主要河流有珠江广州河道、流溪河以及虎门、蕉门、洪奇门三大入海口门等。广州市位于西江、北江、东江下游河道和珠江广州河道汇流交织的网河区，属城市平原区，江河洪水是主要威胁；南部濒临南海，又遭受风暴潮洪水的影响。

2. 主要洪源及洪涝灾害

广州市洪水有三方面来源，即江河洪水、暴雨内涝及台风暴潮。

西江、北江洪水是广州市洪水威胁的主要来源。西江流域面积大，洪水峰高量大，历时长，多发生在 6—7 月，对北江洪水有顶托；北江流域面积小，洪水峰高而量相对小，历时也较短，多发生在 5—6 月。西江、北江发生洪水，特别是两江同时发生洪水，严重威胁着广州市西北面的防洪屏障——北江大堤的安全。两江洪水汇入思贤滘后在此重新组合分配，然后经马口西江下游水道、三水北江下游水道进入三角洲河网区。同时，西江下游水道的部分洪水和北江下游水道的洪水进入三角洲河网区后通过番禺区的沙湾水道、蕉门水道、洪奇沥水道，分别出虎门、蕉门、洪奇沥门入海。

珠江广州河道和番禺区众多水道，上有西江、北江部分洪水和流溪河全部洪水的入侵，下受东江洪水和潮水的顶托，加之本地暴雨径流，防洪压力较大。

暴雨内涝。市区地势低洼，高程在 3.0m 以下的面积为 582km²，占城区总面积的 40.3%。汛期若突降暴雨，再遇洪潮水位顶托，常造成"水浸街"。

台风暴潮。汛期特别是在珠江口附近沿海地区登陆的台风造成的灾害最大。台风除自身带来的灾害外，更表现由它带来暴雨、风暴潮所形成的洪涝灾害。

洪涝灾害。自 1644 年至 1949 年止，发生洪灾 89 次，受灾范围最大且损失最严重的是 1915 年洪水。1949 年至 2003 年共发生洪灾 10 次，以 1994 年 6 月洪灾最为严重。

1994 年 6 月，西江、北江上游和中游普降暴雨，局部特大暴雨，整个暴雨过程覆盖的面积约为 30 万 km²，占全流域面积的 68%，是西江、北江发生 20 世纪以来仅次于 1915 年的第二位特大洪水，洪水量级为 50 年一遇。沙湾水道三善滘水道洪峰水位超 300 年一遇。北江大堤及市区白坭河、珠江河网围堤多处出现管涌、漫顶、滑坡、塌方等险情。番禺区鱼窝头围溃堤百余米，10 个自然村被淹。全市受淹农田 2.15 万 km²，（主要是内涝）受灾人口 3.7 万人，直接经济损失 5.02 亿元。

1983 年 9 月 9 日 9 时，8309 号台风在珠江口附近的珠海市登陆，登陆时恰遇大潮期高峰涨潮时段，南沙站最高潮位高 0.63m，为建站以来最高潮位。万顷沙农场气象站实测，12 级风力持续 4 个多小时。风挟潮涌，势不可挡，冲决堤围 30.3km，沉船 49 艘，冲坏冲毁水利工程 170 座，仅番禺市直接经济损失已超过 1 亿元。

3. 防洪减灾对策措施

广州市外围，防御洪水的北江大堤已按 100 年一遇的防洪标准逐步加固达标，飞来峡水库已建成投入使用，广州抵御北江洪水的能力已达 300 年一遇的标准；但广州市区截至 2010 年有 7 区防洪（潮）堤防的标准仅 5～10 年一遇，而且未形成封闭体系。

城市防洪规划范围包括 8 个区，面积 1443.6km²，其中重点为 2010 年前发展的建成区 385km²，防洪标准为 200～300 年一遇，除涝标准要求发生 20 年一遇暴雨且当外江发生平均年最高潮位（2.02m）时，市区不受淹。

根据珠江洪水峰高量大、历时长的特点，采用堤库结合、泄蓄兼施、以泄为主的对策，即立足于提高防洪区堤防洪能力，同时在西、北江上、中游修建一些控制性工程解决西北江三角洲和广州市的防洪问题。市区内的珠江干流、流溪河下游、白坭河下游两岸建设高标准堤防，其中市区珠江干流防洪（潮）标准达到 200 年一遇，其余河段达到 100 年一遇。城市防洪规划还在北江、西江下游安排了临时分、滞洪区以处理超标准洪水。

广州市积涝成灾的情况十分复杂，为此，治涝规划按照市区地形特点和不同的要求，采取不同的治涝措施。例如，对于有一定调蓄能力的水网地区，充分发挥河网调蓄能力，辅之以改建自排设施，如海珠区的新滘围和共和围；对有不具备调蓄能力的水网地区，采取整治河道，改建排涝闸和排涝泵站，提高装机容量，如芳村区的一些围区；对于新扩城区，借助山丘地势自流排涝，有的地方增设排涝泵站，低潮自排，高潮抽排；对于旧城区，在有人工湖的地区保留原有的退湖自排，高潮时以人工湖蓄水为主，提排结合；在有自排能力的地区，尽量拓宽泄洪渠。此外，还普遍在地势低洼的地区采取垫高地面措施，尽可能进行自排。

8.4.2　杭州市

1. 基本情况

杭州市位于我国东南沿海、长江三角洲南翼，浙江省北部，杭州湾西侧，钱塘江下游，京杭大运河南端。北临杭嘉湖东部平原，杭州市城区地跨钱塘江南北两岸。杭州市辖上城、下城、江干、拱墅、西湖、滨江、萧山、余杭 8 个区，代管临安、富阳、建德 3 个县级市和桐庐、淳安 2 个县。市辖 8 个区中，钱塘江北岸的 6 个区中，西湖、江干两区跨越钱塘江和太湖流域，其余均属太湖流域杭嘉湖地区。钱塘江南岸的两个区（萧山、滨江）属钱塘江水系。杭州市区西南部为天目山的余脉，市中心有西湖，市区西北为东苕溪，京杭运河、钱塘江贯穿市区范围，形成杭州市的主要水系。

2006 年年末，全市面积 16596km²，其中市区面积为 3068km²，建成区面积为 327km²。全市总人口 666.31 万人，其中常住人口 309.78 万人；市区人口 414.18 万人，其中非农业人口 256.42 万人。全市国内生产总值 3441.51 亿元，其中市区国内生产总值 2737.77 亿元。

2. 主要洪源及洪涝灾害

杭州市属于洪潮交织型沿海城市，主要洪水来源包括：钱塘江洪潮、西部东苕溪山区洪水、腹部地区西湖水系及京杭运河洪涝水等。梅雨和台风雨为杭州市大洪水的主要成因，若大洪水时恰遇天文大潮，则因钱塘江极易出现特高水位，而使杭州市受到洪潮夹击的严重威胁。

城市东南的钱塘江和西侧的东苕溪对城市的防洪威胁最大。钱塘江上游兰江、浦阳江来水集中，过境水量多，区间水量大，河口地区又常受台风暴潮袭击。杭州市地处钱塘江河口段，受杭州湾潮汐的影响，是一个受潮汐和洪水共同影响的河段，水情形势复杂。

东苕溪属典型山区性河流，源短流急，河床狭窄，下游受太湖水顶托泄水不畅。东苕溪是太湖流域的重要水系之一，虽不属杭州市区范围，但与杭州市区防洪关系密切。东苕溪的山区洪水由右岸的西险大塘和导流东大堤导入太湖；洪水过大威胁堤防安全时，通过德清以下右岸沿途各分洪节制闸向东部平原分泄洪水。

西湖地处市区中心，水面面积 5.66km²，正常蓄水位 7.15m，正常蓄水库容位 923 万m³。西湖雨洪水通过圣塘闸经古新河泄入京杭运河。

京杭运河杭州段贯穿杭州市主城区，河长约 21km，是杭州市区排水的骨干河道。

1988 年 8 月 7 日第七号台风在象山县登陆，这次台风受灾最严重的是杭州市区，绝大部分供电线路遭到破坏，造成大面积停水、停电、停产。杭州市至各地通信线 34 条受阻，51 条公交线路有 47 条停开，飞机停航，西湖景区有大批树木被吹倒。据统计，直接经济损失达 4 亿元。

1996 年 6 月 30 日—7 月 3 日，杭州市东苕溪流域普降大雨，局部地区遭特大暴雨，发生特大洪水。青山水库经 37 次调洪，总拦洪量 9500 万 m³，削减洪峰 75%。动用北湖滞洪区和南湖滞洪区蓄洪，以及上南湖、潘板、张堰、长乐等圩区进水。西险大塘因长时间洪水浸泡，乌龙涧地段 50m 堤塘发生大塌坡。据统计，全市直接经济损失 40.95 亿元。

1997 年 7 月 9 日暴雨洪灾。7 月 6—11 日，杭州市连降大到暴雨，钱塘江上游和浦阳江上游也普降大到暴雨，多日暴雨，致使钱塘江干流水位暴涨，发生了暴雨洪灾。钱塘江发生遇潮大汛顶托影响，加上江口淤积严重，行洪不畅，造成钱塘江、富春江水位居高不下，多处出现险情，局部地段决口。据统计，全市直接经济损失 23.47 亿元。

3. 防洪减灾对策措施

杭州市历来是一个洪、涝、台、潮频发的城市，防洪任务繁重，杭州市城市防洪的主要设防对象为钱塘江和东苕溪，形成东西两道防洪御潮屏障。杭州市防洪减灾体系主要由以下防洪工程组成：

(1) 钱塘江防洪工程片。钱塘江防御洪潮流域性工程主要为新安江水库、富春江水库和钱塘江两岸堤塘。钱塘江北岸堤塘长 64.40km，南岸堤塘长 103.90km。沿钱塘江两岸修建高标准海塘，形成抵御钱塘江海潮和洪水的屏障。规划标准如下：中心城区白塔岭至三堡船闸，海塘标准为 500 年一遇，三堡船闸至下沙段及南岸滨江段为 100 年一遇，九溪闸以上南北塘段为 50 年一遇。

杭州市现有的钱塘江堤塘由海塘、支堤、围堤三类构成。目前杭州市的防洪封闭线主要由海塘和支堤组成。

(2) 东苕溪防洪工程。用于防御浙西山区洪水。东苕溪防洪工程主要由青山、四岭、水涛庄等大中型水库，南北湖蓄滞洪区以及西险大塘和德清大闸等一系列防洪工程设施组成，防洪工程体系比较完整。西险大塘位于杭州以西，位置险要，对西险大塘进行加高加固及防渗处理，修建上游水库与中游滞洪区，并进行河道整治，使东苕溪西险大塘成为保护杭州市免受浙西山区洪水影响的屏障。

（3）西湖防洪工程。主要对西湖水域进行疏浚，规划平均疏深 0.5m，以增加西湖的蓄水容量。扩建圣塘闸并全面拓浚古新河，以增加西湖的泄水能力。

（4）主城区采取"北控、中疏、外排"综合治理措施，"北控"即修建防洪路堤形成防洪闭合圈，防范北部高水位顶托影响；"中疏"即保留并疏浚城区排水河道，使之保证遇洪能排、通畅输水；"外排"即优先沿钱塘江扩建水闸，东北面沿和睦港东岸筑堤挡水，并加大涝水向钱塘江抽排的力度，同时对局部阻水或过水能力不够的河道进行疏浚。

通过以上措施，使杭州市防洪体系整体防洪标准提高到规划要求的标准。目前，钱塘江北岸海塘中，钱塘江大桥上游段大堤正按 50 年一遇标准实施，中心城区段已达 200 年一遇标准，其余均为 100 年一遇。但是现有堤防堤身质量差，有的堤段只能达到 20 年一遇标准。西险大塘，现状总体防洪能力在 20 年一遇左右，近几年先后完成一期加固工程。沿海海塘现状标准在 20 年一遇以上，其中大部分达 50 年一遇。

规划实施后将达到的标准如下：

（1）主城区、下沙片和滨江区规划防洪标准为 100 年一遇。其中中心城区为 500 年一遇。

（2）上泗片规划防洪标准为 50 年一遇。

（3）西湖规划防洪标准 50 年一遇。

（4）东苕溪西险大塘规划防洪标准为 100 年一遇。

治涝标准现状约 5 年一遇，规划标准：建成区及规划城区达到 20 年一遇 24h 暴雨当天排出不成涝；农业保留区达到：20 年一遇 3 天暴雨 3 天排出。

8.4.3 温州市

1. 基本情况

温州市位于浙江省东南部，东临东海，北临瓯江，西靠群山，南连平原河网，温瑞水系贯穿市区。主城区高程 5.5～6.0m。温州市辖鹿城区、龙湾区、瓯海区，代管瑞安市、乐清市和永嘉县、文成县、平阳县、泰顺县、洞头县、苍南县。

2006 年年末，全市总面积 11784km²，市区面积 1187 km²，建成区面积 153 km²。全市总人口 756.48 万人，其中常住人口 156.98 万人；市区人口 140.56 万人，其中非农业人口 64.58 万人。全市国内生产总值 1837.50 亿元，市区国内生产总值 778.50 亿元。

温州市市区中心片地势平坦，河道纵横，属于瓯江下游冲积平原。境内主要河流根据地形和河网分布，可划为三个基本独立的流域，即戍浦江流域、温瑞塘河流域和永强塘河流域，昔日 3 个独立的流域已被 3600m 长的曹平岭隧洞和 403m 长的茅竹林隧洞所沟通。

瓯江是温州市第一大河，浙江省八大水系之一，全长 388km，温州市境内 78km，属于感潮河段。瓯江海区属于正规半日潮地区，本海区为强潮区，同时为强潮流区，大潮期间多数地方流速可超过 1.0m/s，最大地方可达 2.0m/s。

2. 主要洪源及洪涝灾害

温州市暴雨、洪水、洪涝灾害的成因复杂多样，台风暴潮是温州市城区洪涝灾害的主要成因。温州市洪涝灾害具有频率高、突发性强的特点。

另外，与气候变化异常、地理条件不佳、河道被侵占、防洪设施脆弱等因素有关。例如，温州市北侧瓯江有大量客水流经，下游河道多瓶颈河段，洪水宣泄不畅加上潮水顶托，极易造成洪涝灾害。西南三溪片面积 152.8km²，占中心片面积 49.6%，又是温州市区的暴雨中心，暴雨产生的大量洪水经温瑞塘河外排瓯江，加重了城市内涝。另外，城市内部排涝标准较低，沿江御潮江堤尚未形成整体，标准亦较低。河道人为侵占，过水断面被挤占等，均加剧洪涝灾害。

洪涝灾害。新中国成立至 2005 年台风灾害达 198 次，平均每年 3.5 次，造成大的灾害有 41 次，平均 3 年 2 次。其中 20 世纪 90 年代 10 次，年均 1 次。最典型的台风灾害为 9417 台风和 1999 年 9 月暴雨。

9417 号台风期间，瓯江江心站最高潮位达 7.35m，超过 100 年一遇。市区受淹，平均淹没水深 0.47m，受淹历时 10h。全市受灾人口 534.18 万人，死亡 1123 人，重伤 5000 多人，农田成灾 158 万亩，冲毁海塘 290 多 km，直接经济损失 91.4 亿元。1999 年 9 月 4 日，从凌晨 4：00—8：00，4h 降雨量高达 400mm，其中最大 3h 降雨量 317.8mm，为 500 年一遇。暴雨期间市区受淹十分严重，全市共 158 个乡镇，2012 个村庄受灾，受灾人口达 302 万人，成灾人口 107 万人，农作物受灾面积 73476hm²，毁坏耕田 2913hm²。公路、桥涵、输电线路、通讯线路等损坏，防洪堤损坏 152km，渠道决口 120.3km，损坏水闸 21 座，水电站 29 座。死亡人数 149 人，受伤人数 2874 人。直接经济损失 29.58 亿元。

3. 防洪减灾对策措施

温州市防洪体系包括江堤、水库、内河及出江出海水闸。温州市区沿瓯江南岸分布，自西向东共有江堤 51.4km，其中 100 年一遇标准的有 18.67km，50 年一遇标准的有 27.18km，低标准的 5.55km 正在落实建设中。温州市区共有 29 座水库，其中中型 2 两座，小（1）型 7 座，小（2）型 20 座。温州市区位于温瑞平原上，河网纵横交错，其主要的内河温瑞塘河洪水通过出海出江水闸排水。市区无大型水闸，中型水闸有 7 座，总设计排水量 1145m³/s。

瓯江堤防、东部沿海海塘以及内河排涝工程的规划按中心片、西片与东片分片单独进行。其中，中心片与西片作为一个独立的防洪体系，范围共 350 km²，相应的除涝规划则按鹿城、三洋、状元、三溪以及沿江小片等 5 个排涝片分别进行，防洪除涝工程体系包括：

（1）瓯江堤塘。按 100 年标准建设、尽量与现有滨江堤线结合，加高加固。

（2）排涝片的外围堤及控制闸。对上述 5 个排涝片采取不同的排涝标准。其中鹿城、三洋、状元三片现状标准为 5 年一遇，三溪及沿江小片标准为 10 年一遇。规划兴建必要的外围堤与控制闸，同时在暴雨中心的三溪片建设排涝隧道与卧旗水闸，直接引三溪山洪入瓯江，从而使鹿城、三溪片排涝标准达到 30 年一遇。

（3）沿江水闸改建。根据市区有一定坡降的地势，对市区涝水采取高水高排的对策，通过沿江水闸排入瓯江，而不另建泵站。

（4）内河整治。加深加宽内河、裁弯取直，充分利用河网的蓄水功能，减轻洪涝水对市区的压力。

（5）利用仰义中型水库调蓄山洪，提高沿江小片排涝标准，达到 50 年一遇。

东片主要是加固加高海塘，使沿江、沿海堤防达到 100 年一遇，灵昆岛达到 50 年一遇。此外，还需改建沿江主要排水闸，整治内河水系。

8.4.4 青岛市

1. 基本情况

青岛市位于胶东半岛西南部，东北与烟台相邻，西面与潍坊接壤，西南与日照相连。青岛市辖市南区、市北区、四方区、李沧区、崂山区、城阳区、黄岛区 7 个区，代管胶南、胶州、即墨、莱西、平度 5 个县级市。

2006 年年末，全市总面积 11175km²，市区面积 1411km²，建成区面积 227km²。全市总人口 749.35 万人，其中常住人口 458.16 万人；市区人口 271 万人。全市国内生产总值 3206.58 亿元，市区国内生产总值 1784.03 亿元。

青岛是海滨丘陵城市，市区为崂山余脉构成，海岸线曲折迂回，形成海湾岬角，陆上山间小平地连绵起伏，老市区地势东高西低。青岛市区横跨胶州湾，胶州湾东西宽约 27.8km，南北长约 33.3km。青岛近海潮汐，受黄海潮波控制。

青岛市区河流主要分三片入海：其一，胶州湾东岸河流，西入胶州湾；其二，黄海北岸河流，南入黄海；其三，黄岛区河流东入胶州湾。胶州湾东岸河流主要有海泊河、李村河、楼山河、白沙河，是青岛市的主要河流水系。各河流均为季节性河流。

2. 主要洪（潮）源及洪涝灾害

青岛市河流大部分在市区内，汇水面积小，河流流程短，且中上游坡度大，汇流快，水量集中，洪峰形成快，消退也快。到了下游，地势平坦，坡度小，水流速度减慢，再加上海潮顶托以及泥沙淤积等因素影响，使河道行洪能力降低，表现为典型的上切下淤型地貌。

因全市地处海滨，且跨胶州湾，其洪涝灾害往往是台风、大暴雨、巨浪及天文大潮叠加造成的综合性灾害，往往损失巨大。

青岛市洪涝灾害主要来源于风暴潮的袭击。青岛市的风暴潮属于台风暴潮类型。台风暴潮的特点是风力大、涨潮快、落潮历时长，高潮维持 1～2h。由于台风暴潮增水大，潮差大，范围大，持续时间长，因此造成损失惨重。例如，8509 号、9216 号、9711 号台风都酿成了巨大经济损失。1985 年 8 月 19—20 日，8509 台风袭击青岛，阵风 12 级以上，降雨 256.6mm。交通、通信严重中断，城市部分地区供水一度中止。树木大量倒折，登陆、桥梁、河堤、海堤多处被毁，房屋大批倒塌、损坏。作物大面积倒伏被淹，水果蔬菜全部受损，船只沉坏，直接经济损失 5 亿多元。1992 年 8 月 31 日，9216 台风袭击青岛，风速 28.8m/s，风暴潮冲毁虾池及海涂养殖场，毁船 800 余只，摧毁码头 5 座、拦海堤 7000 余 m，海水浸淹农田，直接经济损失近 4 亿元。1997 年 8 月的特大风暴潮灾，使青岛港出现历史最高潮位 3.12m，最大波高 7.1m，青岛栈桥栏杆、灯杆被海浪打断。损坏房屋 15.74 万间，倒塌 8.15 万间。通信、供电、交通系统受损较重，直接经济损失 2.17 亿元。

3. 防洪（潮）减灾对策措施

青岛市为抵御风暴潮的侵袭，修筑了大量的沿海构筑物和防洪设施，沿海构筑物包括防波堤、堤坝、码头等，总长近 30km（老市区段）。

青岛市海岸线自与烟台海阳市交界的即墨市起，向南经崂山区、四方区、李沧区、城阳区、胶州市，至日照市宋家岭，全长 730km，至 1999 年已建防潮堤长 216km。其中即墨市 57.6km；崂山区 1.13km（因为该区大部分为石崖，不再需要修建防潮堤）；四方区和李沧区 54.95km，主要用于保护青岛市区；城阳区 41.6km；胶州市 18.9km；黄岛区 15km；胶南市 27.17km。

青岛市已建防洪潮闸 10 座，分别位于各条入海河流河口处。

由于青岛市海岸线长，受财力限制除了港务部门所建的防洪潮堤标准较高而外，其他已建防潮堤标准低、堤线短、质量差，抗御风暴潮能力低，形不成整体防御能力。堤防大部分为土堤，无防护，少部分临水坡采取干砌和浆砌块石防护，一般堤防标准不足 5 年一遇。

作为非工程措施之一，制定城市防风暴潮预案。风暴潮发生前，制定落实避险措施以及人员、物资安全转移方案。发布台风紧急警报时，立即按方案全面布置和行动。风暴潮灾害过后，部署进行抢险救灾工作。

8.4.5　日照市

1. 基本情况

日照市位于山东省东南部，濒临黄海之滨，与日本、韩国相望，西依沂蒙山区。日照市辖东港区、岚山区，代管莒县、五莲县，市区位于市域东部。

2006 年年末，全市总面积 5310km²，市区面积 1915km²，建成区面积 61km²。全市总人口 282.4 万人，其中常住人口 93.16 万人；市区人口 121.26 万人，其中非农业人口 59.84 万人。全市国内生产总值 505.87 万人，市区国内生产总值 299.79 万人。

日照市地势西北高，东南低，由内陆向海洋倾斜。北部有丝山，海拔 412m，西部黄山高 243m，南部奎山高 230m。其余大部分地区地面高程在 10～15m 之间，地形坡度一般在 3% 左右。日照市属淮河流域的滨海水系，海岸线长度 94.94km。市区内较大的河流有 8 条，市区内河流呈枝状分布。由于市区地形西北高，东南低，客水量较小。

2. 主要洪（潮）源及洪涝灾害

日照市建成区是在东部沿海南北伸展的基础上，并向傅疃河下游两岸不断伸展，所以日照市防洪安全主要受傅疃河洪水和海洋风暴潮、台风的威胁。

日照市黄海沿岸入海河道多为中小型河道，发源于山区丘陵区，源短流急，集水面积小，径流量不大，洪水暴涨暴落，洪水历时较短。河道洪水主要集中发生在 7—8 月，是由于台风暴潮造成的暴雨而引发的洪水。

日照市主要洪涝灾害来源于热带风暴引起的台风暴潮。台风暴潮造成的灾害严重，往往为特大灾害。

洪涝灾害。如 1981 年、1985 年、1992 年、1997 年均发生特大风暴潮灾害。1992 年受 16 号热带风暴影响，8 月 31 日—9 月 1 日，日照市发生大暴风雨和特大海潮。全市平均降雨 119mm，风力 10 级，持续 10h。房屋倒塌、电力、通信线路损坏，所有海堤遭不同程度损坏。直接经济损失 3500 万元。1997 年 8 月，受 9711 号台风影响，黄海最大风力 12 级，黄海南部沿岸风力 9～10 级，日照最高潮位 3.18m，最大增水 0.74m，日照市降大暴雨，遭受特大风暴潮袭击，遭受新中国成立以来的最大自然灾害。直接经济损失 8.7 亿元。

3. 防洪（潮）减灾对策措施

日照市防洪体系主要由入海河道堤防组成。现有海堤长 120km，其中临海一线防潮堤 55.6km，入海河口防潮堤 64.4km，日照港务局和岚山港务局堤坝标准最高，其他堤防标准较低。市区西北部有两座水库，分别是大型水库日照水库，中型水库马陵水库。

入海河口防潮堤分为两部分：一是面临大海的河道入海喇叭口段堤防，这部分河道受到风暴潮的影响；二是河道喇叭口以上的河道堤防。

由于一般堤防标准较低，在许多入海河口段的堤防需要复堤加固。复堤的长度按设计高潮位和河道设计洪水位时的潮区界的长度决定。如果入海河道上设有挡潮闸时，复堤长度为挡潮闸以下至入海河口段的长度。在临近入海口河道上修建挡潮闸，兼具拦蓄淡水和防御海潮入侵的作用。除了已有的挡潮闸外，根据日照市海堤建设规划，在东港区、岚山区各河距入海口 2km 左右处，均规划新建 1～2 座挡潮闸，并在闸下入海河口段，按标准新建数千米堤防。

防潮堤的修建，影响了原排涝体系。为解决内涝出路，及时排出防潮堤排涝沟积水，规划新建和加固接长穿堤涵闸。

8.4.6 烟台市

1. 基本情况

烟台市地处山东半岛中部，烟台市北临黄海，南至莱山。城区位于烟台市东北部。烟台市辖福山、牟平、莱山 4 个区，代管龙口、莱州、莱阳、蓬莱、招远、栖霞、海阳 7 个县级市及长岛县。

2006 年年末，全市总面积 13746km²，市区面积 2726 km²，建成区面积 179 km²。全市总人口 649.98 万人，其中非农业人口 298.9 万人；市区人口 178.91 万人，其中非农业人口 128.31 万人。全市国内生产总值 2405.75 亿元，市区国内生产总值 963.33 亿元。

城区沿海为带状海积平原即山前倾斜平原，呈东西向分布，长约 50km，宽 5～25km 不等。其南为构造剥蚀丘陵山地，河流沟谷发育，均为山溪雨源型河流，河流河床比降大，源短流急。主要水系有黄金河、柳林河等，流向自南向北注入黄海，共有中小型河道 11 条，其中流域面积大于 300km² 的河流有 6 条。

2. 主要洪（潮）源及洪涝灾害

烟台市受独特的天气、地形、气象等自然条件影响，降水量年内变化很大，全年降雨量的 70% 以上集中在 6—9 月，是造成洪涝灾害的主要原因。烟台市河流为山区性独流入海河道，洪水急流直下，下游河槽宣泄不及，极易造成堤防决口。受潮水顶托影响，洪水与风暴潮频繁遭遇，加剧了洪涝灾害。

洪涝灾害。烟台市是历史上洪涝灾害多发的地区，水涝约每 10 年发生 3 次，台风影响市区的次数平均每年 1.5 次，8 级以上大风每年平均 42.7d。

1985 年 8 月 17—19 日，烟台遭到第九号台风的猛烈袭击，台风中心掠过招远、长岛时，最大风速达 40m/s。全市普降暴雨，局部特大暴雨，招远、黄县、蓬莱等县，其最大 3d 降雨量超过 100 年一遇，点雨量以招远县栾家河乡最大，达 646mm，全市所有河道全部行洪。

3. 防洪（潮）减灾对策措施

烟台市共有大小水库塘坝 13 座。13 座水库、塘坝及 18 条分洪河道总干管构成了市区整体防洪系统。城区主要防洪工程有：各型水库 9 座，其中大型水库 1 座，中型水库 1 座，小（1）型水库 7 座。大型水库位于福山区城南 10km 的内夹河上，该水库建成以后，在防洪方面发挥了重要作用。在这些水库中，达到水库防洪标准的有 3 座。

与青岛、日照市同样，烟台市的防潮工程也是在入海河道建防潮堤，在入海河口段建复堤加固，在临近入海口河道上建挡潮闸。

非工程措施，包括通过测潮站观测潮位（烟台市有 3 个观测站），以及建立预报、预警、通信设施，包括电话、电台、卫星云图接收系统、无线电话等。这些设施对于防御风暴潮有着至关重要的作用，使人们能够较早地进行风暴潮的防御和撤离，使各部门不受损失或将损失降到最低水平。

8.4.7　舟山市

1. 基本情况

舟山市地处浙江省东北部，长江口南侧，杭州湾外缘，是长江中下游的重要海港。舟山群岛是我国最大的群岛，舟山群岛诸岛中以舟山岛为最大，是我国第四大岛。舟山市是全国唯一以群岛设立的地级市，舟山市区位于舟山岛东南部，辖定海、普陀两区以及岱山、嵊泗两县。

舟山市域总面积 2.22 万 km²，其中陆地面积 1440km²（含潮间带滩涂 183km²），市政府所在的舟山本岛面积 502km²。2006 年年末，城市建成区面积 34km²。全市总人口 96.58 万人，其中常住人口 35.18 万人；市区人口 69.19 万人，其中常住人口 26.95 万人。

2. 主要洪（潮）源及洪涝灾害

舟山市位于强台风区，受天文高潮、风暴潮双重威胁。主要洪灾来源为台风暴潮袭击，城市河道的暴雨洪水也是由伴随台风而来的暴雨所造成。由于原城市防洪潮堤标准偏低，建设质量差等，城区河道排洪能力不足，当遭遇台风暴雨侵袭常易造成决口、漫堤、内涝，加重洪涝灾害的损失程度。

目前，舟山市海塘标准低，除联勤海塘等新建标准海塘达 50 年一遇防潮标准外，其余防潮标准均在 20 年一遇以下。定海、沈家门等建成区尚未形成防潮御浪闭合圈。城区河道断面偏小，淤积严重，排洪能力不足。在外海潮位顶托情况下，排水闸、泵站等措施不足内涝严重。

新中国成立以来，舟山市发生洪涝灾害 30 余次。由于台风过境或外围影响带来集中降水，并引起异常高潮位，致使排水入海不畅而发生内涝。台风过境，造成海塘缺毁，船只损沉，房屋倒塌，水利及公共设施损失巨大。

1997 年 9711 号台风，风、雨、潮三碰头，最大风速 44m/s，过程最大降雨量 118.4～277.2mm，沿海各站潮位均超历史最高潮位。大量海水倒灌，4 个县城全部进水，定海城区最深为 1.5m，普陀沈家门最深达 3.0m，损坏海塘 272 条，其中 21 条海堤全线崩溃。损失达 25.68 亿元，是新中国成立以来最严重的一次台风暴潮灾害。

2000 年 0014 号台风"桑美"，最大风速 38m/s，过程最大降雨 140.8～358.2mm，定

海最高潮位 2.96m，超警戒水位 0.66m，为建站以来第二大高潮位。县（区）城镇发生海水倒灌，最深处达 1m 以上。房屋倒塌 1150 间，海塘受损 319 条，其中缺口及挡浪墙被冲垮 71 条。船只损坏，农田受灾，公路损坏，工厂、仓库被淹，电力线路损坏等等。全市直接经济损失达 14.69 亿元。

2005 年 0509 号台风"麦莎"，12 级以上大风持续 38h，台风过程伴有特大暴雨，过程最大降水量 205.5～534.8mm，定海和沈家门站最高潮位分别超警戒水位 0.14m 和 0.34m。定海城区遭遇暴雨袭击，半数以上区域受淹，大部分受淹时间超过 10h。舟山全市受灾人口 67.5 万人，其中成灾人口 6.8 万人。直接经济损失达 19.12 亿元。

3. 防洪（潮）减灾对策措施

舟山市城市防洪（潮）的主要设防措施是一线海塘（含城防堤）、水库、闸门、河道及泵站排涝设施。舟山市城市防洪堤，西起岑港镇的望海嘴，东至沈家门东港开发区（一期）。截至 2004 年年底，新建加固防潮堤 29.38km，防潮堤总长 50.6km，防洪标准达到 50 年一遇。河道整治自 1999 年开展试点至 2005 年年底，共完成 38 条 92.43km（其中城区河道 7 条 15.41km），治涝标准达到 20 年一遇。

防御处于强台风区的沿海城市的防洪、防潮，最好是建立闭合的防潮堤防线，才能有效地将风暴潮抵御于堤防之外。舟山市防洪抗灾的规划总体方案中，指出舟山市需新建和加固海塘，形成五个闭合的防潮御浪防线，整治拓浚河道，结合海塘建设改扩建出海排水闸，提高排水能力；结合城市建设，适当抬高地面及设置泵站，以提高城市防潮制涝能力。

防洪工程包括以下内容：

（1）堤防工程。新建及加固防潮堤 50.6km，其中新建 29.38km，这些堤防分布在五个防潮闭合圈中。

（2）水闸工程。新建及加固水闸 80 座，包括一线挡潮闸和内河节制闸的新建、扩建、维修和加固，分别位于市直管区、定海区、普陀区。

（3）泵站工程。新建泵站 22 座，分别位于市直管区、定海区、普陀区。

（4）河道整治工程。河道拓浚整治 96km，分别位于市直管区、定海区、普陀区。

8.4.8 台州市

1. 基本情况

台州市位于浙江省中部沿海，地处我国海岸带中段。台州市位于椒江下游，东临东海。台州市辖椒江区、黄岩区、路桥区，代管温岭市、临海市和玉环县、天台县、仙居县、三门县。

椒江及其支流永宁江流贯台州市区，是影响市区的主要河流。

2006 年年末，全市总面积 9411km²，市区面积 1536km²，建成区面积 114km²。全市总人口 564.66 万人，其中常住人口 99.8 万人；市区人口 150.2 万人，其中非农业人口 29.77 万人。全市国内生产总值 1463.31 亿元，市区国内生产总值 547.20 亿元。

2. 主要洪（潮）源及洪涝灾害

台州市防洪主要来自台风暴潮。由于台州市位于椒江入海口，当台风正面登陆时，风暴潮、天文大潮、大风大雨容易相遇，对城市江堤、海塘威胁极大。

另一方面，自长潭水库建成后，落潮流量锐减，大量泥沙淤积在江道上，致使过水断面缩窄变浅，每次台风带来较大降雨时，黄岩区的头陀、北洋涝灾相当严重。

洪涝灾害。近 20 年来，台州发生数次大洪水。1997 年 8 月 18 日，9711 号台风在温岭石塘登陆，全市沿海海堤尽数毁损，海潮入侵。椒江、黄岩城区淹水 3～4d，水深 1.5～3m，受灾人口 38.2 万人，直接经济损失 8.6 亿元。2003 年 9 月 13—15 日，台州市区降特大暴雨，台州市三区面平均降雨量 220.1mm，最大降雨量 404.4mm。路桥站水位涨幅 1.33m，路桥、黄岩城区水深过膝。2004 年 8 月受"云娜"台风影响，市区平均降雨量 408mm，造成黄岩、路桥城区积水 0.6～1m，受灾人口 120 多万人，直接经济损失 50 多亿元。

3. 防洪（潮）减灾对策措施

第 9 个五年计划以来，台州市共投入 13.7 亿元构建堤、闸、河、库为主的防洪工程体系，以应对主要由台风暴雨引起的洪涝灾害。

依靠路桥、椒江、黄岩沿海的 61.7km 50 年一遇高标准海堤（其中椒江有 4.5km 达到 100 年一遇标准）防御海潮。排涝方面，在永宁江出口建有大型水闸（即永宁江闸）挡潮排涝，永宁江闸共 10 孔，总净宽 80m，最大泄量 1389m³/s。在金清水系入海口建有大型水闸（即金清新闸），金清新闸总净宽 84m，现有泄量 1446m³/s，主要承担金清水系（包括路桥城区）837km² 的排涝任务。另外，椒江城区建有栅浦闸、岩头闸、葭芷闸排涝挡潮。水库拦蓄洪水主要依靠长潭水库、秀林水库、佛岭水库，水库在黄岩城区上游拦洪、滞蓄洪水，对削减城区洪峰方面起着重要作用。

8.4.9 广西北部湾沿海城市（北海市、钦州市、防城港市）

1. 基本情况

广西北部湾沿海城市主要有北海市、钦州市、防城港市三个地级城市。北部湾广西境内岸线长 1083km，沿海地形地貌，大致可分为平原台地和山地丘陵两种类型。该三城市 2006 年总面积分别为 3337km²、10843km²、6181km²；市区面积分别为 957km²、4767km²、3359km²；建成区面积分别为 37km²、34km²、19km²。三市总人口分别为 152.06 万人、348.56 万人、82.21 万人，其中常住人口分别为 46.68 万人、39.15 万人、21.86 万人；市区总人口分别为 56.92 万人、124.85 万人、49.13 万人，其中常住人口分别为 27.98 万人、19.99 万人、13.87 万人。三市国内生产总值分别为 199.64 亿元、245.07 亿元、119.61 亿元；市区国内生产总值分别为 122.62 亿元、122.39 亿元、82.30 亿元。

2. 主要洪（潮）源及洪涝灾害

这些城市的沿海诸河，均为独流入海河流。沿海诸河的洪水特点：上游为山区，洪水暴涨暴落；中下游地势较平缓，河口受潮汐的干扰，暴雨间歇时间短，中下游往往坦化了上游洪水过程，峰形较胖。

北海市最大的自然灾害是台风暴潮。市区无较大河流穿越，只有两条小河流（冯家江、七星江）在市区东南侧和东北侧流过，遇暴雨局部积水，暴雨后 1～4h 积水即退，洪涝灾害相对于风灾、潮灾要轻一些。钦州城区发生的较大洪水，主要由流域内连降大暴雨所致。由于距出海口近，钦江下游为感潮河段，常受风暴潮和天文大潮袭击，既受江河洪水威胁，又受风暴潮洪水的影响。防城港城区洪涝灾害受防城河影响很大。若遇大暴雨往往城区受淹水深和范围加大，灾情加重，故洪涝灾害的程度，取决于防城河的洪水位。当防城河发生大洪水，又与天文大潮或强台风造成的山洪遭遇，将明显抬高城区河段的水位，增加城区受淹水深和范围。

北部湾处于我国沿海的西端，潮汐主要由西太平洋的潮波传入南海，经湾口进入北部湾而形成。广西岸段的风暴潮往往在热带气旋中心过境后发生。沿海岸段均受风暴潮的袭击。热带气旋诱发风暴潮，也带来大暴雨，内河造成洪涝灾害，两者灾害混淆在一起。1992年9204号台风造成钦州市、防城港市的直接经济损失7000多万元。1996年9615号台风造成北海市直接经济损失25.55亿元，其中市区损失3.28亿元。2001年、2003年北海市遭受的风、潮灾害直接经济损失均达5亿元以上。防城港市2001年7月受台风影响，遭受洪涝灾害直接经济损失达亿元以上。

3. 防洪（潮）减灾对策措施

广西北部湾沿海城市防洪体系包括水库工程、堤防工程、排洪（挡潮）闸，排涝泵站、分洪排涝渠等工程措施及洪水预警预报系统等非工程措施。其中最主要的是以堤防为主，堤库结合的措施。工程中既有新建工程，又有扩建、改建及加固工程。

至1999年，广西滨海地区现有海堤504处，保护人口72.3万人，保护现有农田4.9万hm²，海堤总长898.3km，其中迎海面堤长664.1km，感潮河段堤长234.2km。在北海市、钦州市、防城港市已建堤防中，保护666.7hm²以上围堤工程有18个，保护333.3～666.7hm²围堤工程有11个，保护333.3hm²以下上围堤工程共475个。现有的防潮海堤，6.7hm²以上围堤有493个，保护人口35万，保护耕地3.55万hm²，分别占广西沿海地区总面积13%和21.3%。普遍存在的问题是防潮海堤绝大部分堤身低矮单薄，工程质量较差，海堤防潮能力与当地经济发展形成较大反差，因此海堤工程的达标建设是重点任务。

广西滨海在历年的海堤建设中，也积累了一定的经验。例如，按照海堤的迎风坡坡度可将海堤分为斜坡式海堤、陡墙式（包括直立式）海堤及直斜复合式海堤。北海市、钦州市、防城港市根据具体情况采取了上述不同堤型。并且，根据堤围的不同迎风条件采用不同结构的堤型。例如，面对大海的强迎风堤段采用堤高身厚而且结构坚固牢靠的堤型；非迎风面和感潮河段的堤段由于风浪爬高较小，坝高也相对低些，堤型和护面结构也相对简化。这样既可节约投资，又可达到良好的运行效果。

第9章 城市涝灾防治对策

随着城市的发展，城市化水平越来越高，城市环境发生了根本性的改变，往日雨后大片农田积涝的景象，在现代化城市已很难见到了。如今，取而代之的是以地面交通瘫痪、汽车损坏激增、地下设施进水、财产受损严重为主要特征的现代城市水灾情景。造成城市洪涝灾害的致灾因子日益增强，承灾体变得日益脆弱。城市水灾性质上的变化引起了城市防洪除涝对策思路的改变。本章将在9.2节剖析城市涝水成因与涝灾特征与成因的基础上，阐述城市水灾的防治对策思路，并用典型城市的除涝规划经验，相关对策思路做具体诠释，供读者参考。

9.1 城市涝灾防治对策的思路

根据本书第2章关于城镇洪涝灾害形成的特殊性分析，现代化城市水灾与广大农田涝灾的明显区别在于二者形成的水文条件的差异。在产流方面，城区不透水面积远远大于农田，因而城区下渗远远小于农田。在汇流方面，城市马路纵横交错，给城市暴雨积水提供了十分便捷的流路，一旦径流强度超过地面排水沟道和地下管网排水能力，雨水将很快向低处汇集，像城市立交桥下这种地带正是积水汇集的去处，暴雨后不久城市多是水漫金山，由于雨水有汇流动力条件，且有多条马路交汇，因而积水过程一般较快。于是汽车熄火淹堵水中，行人淌水举步维艰。广大农田则无这种汇流条件，即使大面积普遍积水，积水过程一般也较缓慢。

城市雨水具有独特的汇流动力条件，与天然流域不同，形成不了较大的洪峰过程。

为何同样强度的暴雨，若降在城市，形成快速积水，但不会形成较大洪峰；而相同量级的暴雨降落在同样大小、同等坡度的天然流域上，就可能形成洪水？主要原因是汇流条件的差异。城区马路交错，四通八达，暴雨降下，有的顺地下管网排走，有的则沿多条马路四处流窜，是一种多输入/多输出汇流模式，自然形成不了一般流域在一个出口（outlet）处出现的洪峰过程。而一般的天然流域，只有一个出口，流域内降雨，扣除下渗损失，统统向出口汇集，是一种多输入/单输出汇流模式，因而可以在流域出口形成集中的洪峰过程。

根据以上对城市水灾形成过程的动力分析，可以认为解决城市水灾，应建立洪涝兼治的除涝体系，既要识别城市洪涝矛盾的主要方面，解决城市所在流域水系的洪水出路，亦要加强城市自身涝灾防治与管理工作，增强城市雨水的调节功能，创建良好的城市排水环境，以提高应对突发性暴雨的能力。为此，应着重建立健全以下三个系统。

9.1.1 建立洪涝兼治的城市所在流域水系防洪系统

城市所在流域特指受流域水系影响的城市环境与流域，简称城市环境流域，其洪涝兼治防洪系统的特点在于突出"治涝"二字，即要突出解决城市所在流域或地区影响城市排水的外河洪水出路问题。例如，浙江省杭嘉湖水网地区，如果单纯为了防洪（即防太湖洪水）可以有多种方案，如加高太湖堤防让太湖多拦蓄部分洪水；进一步扩大望虞河、太浦河泄洪能力，多排洪水入长江；开辟吴淞江等新的排洪通道等等。如果要突出解决杭嘉湖平原地区城市的排水问题，则以扩建加大排水入杭州湾的南排工程较好。又如淮河中游干流两岸存在"关门淹"，致使沿淮城市涝灾严重，为解决这一问题，有专家建议结合引江济淮工程开挖连接城西湖、城东湖、瓦埠湖等蓄洪区的人工河道，使沿淮的淮南洼地涝水，通过引江济淮工程排入长江。

9.1.2 建立健全城市自身涝灾防治工程系统

建立健全城市自身涝灾防治系统，主要包括健全水土保持系统、疏浚与扩大城区排水河道、建立健全城市地下排水管网系统、建设有一定标准的排涝泵站、恢复与扩大城区水面率、建设城区蓄滞雨水设施等，目的在于排除与蓄留雨水，减轻水灾。

9.1.3 建立健全城市涝灾防治管理系统

建立健全城市涝灾防治管理系统，要着重制定能迅速启动、高效可行的水灾防治应急预案，以最大限度地减少城市水灾损失。

9.2 建立洪涝兼治的城市所在流域防洪除涝体系

9.2.1 城市洪涝的主要症结

我国城市绝大多数位于江河湖海之滨，不同程度遭受江河洪水和内涝积水的威胁。在各级政府和领导的高度重视下，城市防御江河洪水的能力明显提高。根据国家防总办公室的统计数据，目前全国现已建成城市堤防 2.2 万 km，保护了 7 万 km^2 的城区面积，各直辖市、省会城市和全国重点防洪城市的主体防洪工程基本达到了规划的防洪标准，3/4 的城市编制并审批了防洪预案。

但是面对城市化进程的不断加快，城市规模不断扩大，城市人口不断增加的新形势，我国城市防洪排涝设施建设仍相对滞后，城市洪涝造成的灾害损失越来越大。一些城市虽然防御主要江河洪水的工程已经达标，但相对于外河防洪标准而言，城市涝灾的防治显得比较薄弱，城市防洪排涝体系建设滞后于城市建设发展。如何避免因降雨积水形成内涝已成为现代城市发展中亟待解决的难题。因此，在城市建设进程中，统筹考虑防御外河洪水的城市建设防洪堤和解决城市排泄内涝的地下管网系统，城市排涝与堤防防洪建设标准并重，构建一个完整的城市防洪除涝体系，已成为当务之急。

城市防洪堤防与城市排涝设施是城市防洪体系不可或缺的组成部分，但是它们之间也存在着相互影响和相互制约的因素。例如，外河堤防保护城市免受外河洪水的侵袭，然而城市也因江河堤防致使城市雨水外排困难而致涝，或使涝灾加重。所以，制定城市防洪除涝对策，必须建立在识别城市洪涝主要矛盾的基础上，才能使治理对策具有针对性。城市洪涝的主要症结有以下四个方面。

9.2.1.1 外河宣泄不畅、洪涝不分

有些城市水灾主要因"洪涝不分"引起。不仅在一个地区洪涝水相互干扰，而且在一个城市中，外洪阻碍内涝排水，酿成涝灾，都算作洪涝灾害损失。以太湖流域为例，1991年以来在太湖流域规划治理中，安排望虞河与太浦河为排泄太湖洪水的主要通道。但在1999年汛情中发现，当超标准洪水来临时，这两条通道排洪力度不够，主要因为：①望虞河河道西线口门没有完全封闭，致使内地涝水大量涌入河道，在一定程度上影响了排泄太湖洪水的速度；②太浦河南北两岸的封闭工程都没有全部建成，两岸涝水抢占河道；③加上位于下游的拦路港、红旗塘河道没有拓浚，关键时刻不得不延误太浦闸开闸泄流时间；④1999年梅雨期间，雨强大的地方恰好在太湖的东南部，低洼地区的积涝与太湖洪水争抢河道，造成涝水阻挡洪水的被动局面。

城市修建防洪堤，有的形成封闭圈，城区暴雨径流，往往因排泄不及而积水成涝，这是城市堤防带来的问题。有些不得不修堤防的城市，堤防修得越高、越封闭，如果治涝措施跟不上，城市就越容易受涝，城市越大，涝的问题越突出。例如，1991年淮河、太湖大水后进行的洪涝灾害调查结果提供了明证。1991年淮河流域涝灾约占总灾害面积的80%左右，1998年浙江省受灾的开化县城关镇、常山县天马镇、衢州市城区、龙游县龙游镇、江山市城区（表2.13），其洪涝损失比重为4∶6。

9.2.1.2 洪潮涝相互交织

有些城市水灾主要因洪潮涝交织引起。沿海有些城市往往发生洪、潮、涝交织的水灾，如上海市黄浦江两岸发生的水灾。黄浦江目前还是一条开敞式的、洪潮不分的河道。它既受长江口潮汐、风暴潮的影响，又承受太湖洪水过境的威胁。当洪水与天文大潮或风暴潮遭遇时，潮水沿河口上溯，阻挡洪水下泄，既抬高了河道洪水位，又延长了河道高水位的持续时间，造成黄浦江很大的防洪压力。此时，若恰遇暴雨，将产生大面积水灾。

例如，中国水利水电科学研究院曾对上海市在洪、潮、涝交织可能产生的水灾景象做了模拟，模拟条件为：黄浦江发生 $520\mathrm{m^3/s}$ 洪水，下游遭遇100年一遇潮位，又恰遇500年一遇特大暴雨，上海浦东地区可能积涝的范围及水深分布，见图3.5。

要想有效地改变黄浦江洪潮不分的现状，就需要比较彻底地解除天文大潮及风暴潮对黄浦江洪水的顶托与干扰。近年来多方提出在黄浦江河口修建挡潮闸的方案，借以实现洪潮分治。对于上海这样一个国际化大都市，实行洪潮分治，将是减轻上海市洪涝灾害的重要途径。

9.2.1.3 城市排水力不从心

大多数城市水灾主要因暴雨积涝引起，现代化城市暴雨积涝十分普遍。例如，2003年7月10日，北京市突遭大暴雨袭击，城区许多路段积水成河，交通一时中断。广州市2009年5月份暴雨造成全市多条道路积水阻塞交通……这样的案例国内外每年均频繁出现，关键在于积水持续时间长短。若能短时间内将积水排除，则对城市生活及运转影响不大，反之，将产生较严重的影响。

暴雨酿成水灾的主要原因是：随着城区的扩大，过去防洪排涝标准较低的农田变为城区，排水设施建设跟不上；城市建设填埋了大量蓄水坑塘与排水通道，城市新区排水能力很低；城市不透水面积增加，城市雨洪强度加大。城市外洪及内涝治理目前大多分属不同

的行政管理部门，尽管城市洪水风险集中表现在城市外河洪水溃堤淹城和城区暴雨排水不及而积涝等两方面。然而，长期以来由于管理体制上的原因，城市的这种洪涝风险，并未得到统一的、有效的管理。这是因为水利部门编制的城市防洪规划大都主要是防御外河洪水，只有少数城市考虑了除涝；而城区排水和除涝，若仅由城建部门负责，则在治理洪涝问题上，可能显得有些力不从心。

城市洪涝关系十分密切：对防洪来说总希望城市堤防高一些为好，将城市封闭起来，把洪水拒之城外；然而，这样一来，城区排水就发生困难了，从而加重了涝灾。尤其是今后城市化程度将越来越高，对城市排水的要求也越来越高。但随着城市的发展，城市防洪标准更会逐渐提高，而不会因考虑除涝要求而降低防洪标准，所以在提高城市防洪标准的同时，必须健全完善城市排涝系统，包括地下管网的逐步完善，泵站排水能力的提高等。同时还要有切实可行的有效应急措施，以减轻城市的涝灾。

9.2.1.4 城市建设与自然地理规律相悖

1. 城市规划与城市自然地理格局不协调

史培军认为"城市规划不尊重自然地理格局"是形成城市涝灾的主要原因。他认为城市本身并不存在一圈、两圈、摊子越摊越大的环路型的自然地理格局。而城市规划却缺乏远见，不尊重和没考虑到大城市布局和原来自然地理格局间的协调。

以北京城为例。屡次遭受积水之苦的莲花桥，本来就是原来的河网，是相对地势低洼的地段。而今，却建立了下沉式的立交桥，逢雨必涝就不足为奇了。

城市规划间的衔接不佳也是导致城市内涝的深层原因。我国的规划由宏观到微观大体可以分为：国土规划、区域规划、城市总体规划、控制性详细规划（简称详规）、修建性详细规划（简称修规），最后才是建楼等具体建设。

做区域规划的人不了解详规和修规，控制能力弱，而做详、修规的人，也没有上层规划者对国家政策的认识高度。不同规划阶段衔接不佳，或理解不准确。这在城市规划业内多遭诟病。

例如，有的城市在总体规划中，将洼地规划为工业区，接下来的详细规划只为这一区域排水负责，再接下去的建筑更不会考虑这一区域的定位，最后的结局是：工业区可能排水不成问题，但工业区附近的居民楼、道路却难免无辜受难。

有的城市总体规划盲目建设宽马路或立交桥，没有留出城市绿地廊道，也就阻碍了城市地表径流和生物迁徙。如此案例不胜枚举，为城市内涝埋下隐患。

2. 城市建设破坏了城市蓄水功能

城市防涝系统由城市内河、内湖、水面、道路和调节构建物等组成。然而由于快速城市化的进程挤占填埋了不少河湖，使昔日北京的河湖风光不再，调蓄功能大大下降，城市之肾不能正常代谢，遑论防涝功能。

北京并非个案，在我国正在消失河湖功能的城市不在少数。"千湖之城"的武汉已屡屡成为城市内涝的"明星"，原本河湖发达的广州市也很难逃脱内涝的纠缠，长江沿线的杭州、南昌等城市，内涝几乎已经是生活的一部分。

每一次内涝过后，这些城市的管理者都表示要下力气加强地下排水系统建设，解决内涝问题。2003年开始，南昌市先后投入20多亿元，改造城区地下排水系统；2005年，又投资10亿元启动了1000多条小街小巷地下排水系统改造工程，然而，仍难逃脱内涝困境。

城市排涝系统涉及河道排水、城市内河和内湖蓄水等多方面，是一个复杂的系统工程。花费巨资仅仅改造地下，即便城内的排水能力提高了，承接排水的河道能力不足，遭遇强降雨时，城市积水也仍然可能排不出去。城市湿地乃城市之肾，忽略系统内河湖等自然湿地系统的调节，城市的水代谢不畅，内涝自然如影随形。

3. 城市绿化带高出地面难以滞蓄雨水

在北京，城市绿化覆盖率达到44.4%，可暴雨雨水却没能流进占北京总面积近一半的绿地。为了突出城市景观，北京市几乎所有的绿地都高出地面。

为何要这样设计？答案在于落后的园林绿化思想。城市绿化建设者一直在过分强调园林绿地的观赏性，为保证所谓的"四季有绿，三季有花"，城市绿化大量采用外来植物、冬绿植物（如北京城市中到处可见的油松），而不使用乡土植物。这些植物不仅需要大量浇水，还需要良好的排水条件，因此绿地都高于路面。设计得不科学，根本原因乃是重观赏、轻实用的观念，是对绿地生态系统不全面的认识。

国外绿化的理念不同于我国，例如，日本的东京和大阪，街头的小型公园、绿地和广场无一例外地采用"沉降式"，绿地比周围地面低0.5～1m，雨水可以轻易在此汇聚并渗入地下。

9.2.2 探索解决兴建和改造城市排水系统困难的途径

我国城镇众多，目前，市级城市已逾660余座，随着城镇化快速发展，人们对地下空间的利用将越来越多，从交通隧道到大型公共设施，从少量排水暗管到状如网络的地下排水管道，城市地下空间的开发利用所占的比重越来越大。城镇化进程已凸显对扩大城市空间容量的需求与城市土地资源紧缺的矛盾。

如果说19世纪是"桥"的世纪，20世纪是"高层建筑"的世纪，那么，21世纪，将是"地下建设"的世纪。中国工程院院士王光远预计"21世纪必将是城市地下空间建筑蓬勃发展的世纪"。已建城镇一般都建有不同排泄雨水能力的地下排水系统。除极个别城镇雨水排水系统排水能力较高外，绝大多数城镇的排水系统都无法满足排泄雨水的要求，一遇稍大强度降雨，城镇就普遍积涝成灾，严重影响城镇居民生活，百姓苦不堪言，积水成涝已成为现代化都市的痼疾。大量兴建排水系统工程量大、投资巨；而改造既有排水系统更是困难重重。主要原因是以往地下排水工程建设大都缺乏前瞻性，致使既有的排水系统排水能力有限，无法满足城市发展的需求；就地扩大改建，牵涉地面已有建筑物的处理，或拆迁，或改造，工程浩大，问题复杂，往往"牵一发而动全身"。城区排水系统改造已成为障碍城市化进程的瓶颈。如何妥善处理地下排水工程建设与地面已有建筑物相互影响的矛盾，已成为亟待解决的难题。百姓问责政府，政府往往也苦于无奈。笔者曾调研了一些城市，查阅了大量文献，以冀从中得到一些兴建或改建城区排水系统难题的启示和经验。

本书认为流域防洪规划一定要密切注意城市化的发展，要考虑规划地区未来城市发展的布局，包括新建的城镇位置，城市规模、防洪除涝特殊性以及对交通、供水、供电、供气等生命线工程的需求。在计划兴建或改造城市排水系统时，首先需要编制全面而具有前瞻性的排水规划，在人力、物力和财力条件允许的情况下，理性提高排水标准，修建大型地下排水管网，尽量减少日后改造排水管道带来的麻烦，以适应城镇未来数十年发展的需求；适应未来城镇发展新趋势，采用地下施工新科技，修建或改建地下排水管网，妥善处理地下工程施工对原有排水管网和地面已有建筑物的相互影响；健全法制，依靠法律手段解决建筑物拆迁引发的社会矛盾。需要说明的是，这里所谓"理性提高排水标准，修建大型地下排水管网"中的"理性"，意指在规划城镇排水系统时，需要统筹考虑蓄排雨水兼施的问题，即在尽量蓄存雨水的情况下，扩大排水标准，而非提倡"以排为主"。

据 2014 年 7 月 7 日新华每日电讯报道，武汉规划拟在沿江地区修建大型深层"地下排水走廊"，目前相关部门正在进行前期论证，其中武昌地区预计明年开建。武汉的城市排水管网现有 7000 多 km，大部分按照"一年一遇"暴雨标准设计，且老化严重，下暴雨，大管通小管，造成渍水。据介绍，深隧比起浅隧，就像"大动脉"对上"毛细血管"，排水能力将大为增强。此前，武汉一般排水管道的深度在地下 3～8m，深隧可达到地下 40m；一般排水管道直径为 1m，深隧直径或达 3～4.8m，可以跑汽车。据悉，武汉计划率先开建武昌地区的深隧建设，待这一区域建设成功后，将在汉口、汉阳尝试建设深隧大口径排水管道，以彻底解决城市内涝问题。

这则消息令人鼓舞，表明政府部门已开始着手解决多年令人苦恼纠结的城市积涝难题。不过在规划时需要科学解决地下深达 40m 的深隧排水问题。

另一则消息也同样令人鼓舞：青岛市城区一条被填埋近 20 年称之为"杭州路河"的河道旧址，其上建造的 30 余处店铺正陆续拆迁。城市恢复、营造蓄水空间不仅有助于控制内涝，而且展现了人类治水的新理念。

9.2.2.1 编制具有前瞻性的城镇排水规划

目前，我国城镇排水能力普遍偏低，以北京市为例，北京的城市排水系统是 20 世纪五六十年代参照苏联的经验建设发展起来的。苏联根据当地降水特点设计的管道直径只有 1m 左右，相对较细，埋藏在地下 5～10m，也相对较浅。中国大部分城市的现代排水系统设计均脱胎于此。北京市最初建设标准定为仅可承受 0.3～0.5 年一遇的大雨，经过几十年的改造升级，如今除了天安门广场、奥林匹克公园等几处重点地区的排水标准可以排泄 10 年一遇的暴雨外，大部分地区排水标准仅可排泄 1～3 年一遇的降雨。国内其他大城市的排水标准大多 1 年一遇。上海市排水标准不足 40mm/h。相比国外，巴黎的标准是 5 年一遇，东京为 5～10 年一遇，纽约则是 10～15 年一遇。这些城市比中国大多数城市因暴雨而发生内涝的几率小很多。因此，我国城镇排水标准应当适当普遍提高。地下排水管网应当普遍加大加粗。以下经验值得借鉴。

1. 在资金允许情况下修建大型地下排水管道

有的专家主张根据城镇经济社会发展趋势，确定城镇排水工程规模。这种想法很好，若能较准确地估计未来城镇几十年的发展规模，据此修建排水工程，将是比较适宜的。问题在于对经济社会规模的预测存在较大的不确定性，据此确定城镇排水规模具有相当难度。在此情况下，笔者倾向于在统筹考虑城镇蓄排雨水条件下，修建较大型地下排水管道，一次性地解决问题，避免日后反复翻修。例如，青岛建设中的"共同沟"经验就值得借鉴。所谓"共同沟"其实就是"地下城市管道综合走廊"（图 9.1），共同沟建在高新区主干道的绿化带下，沟宽 3.35m，高 2.6m，总规划为 64km，目前已建成 50km。两边整整齐齐地摆放着不同颜色的8种管道：例如，电力、电信（有线电视）、给水、中水、热力、交通信号等管线；附属设施包括用于正常运行的排水、通风、照明、电气、通信、安全监测系统等。这种综合性管道的最大优点是任何管线出了问题，工人即可下沟维修，地面不用"开膛破肚"，影响地面既有建筑物的安全。

图9.1　青岛修建的"共同沟"

其实，青岛早就有了这种粗大的管道，如距离青岛栈桥东侧50m，一条不显眼的百年暗沟通往老城区。暗沟2m多高，四五米宽，青岛百姓说"这条暗沟里可以跑汽车"。

青岛这次新建的下水道，是经过精心设计的，在高新区主干道的路面上没有一个下水道井盖，井箅子整齐地排在路边。外部只能看到这些井箅子，下水道井盖安排在绿化带内，主管径1200mm，基本可以应对50年一遇的大暴雨。而这些井箅子在某一路段的排放密度，都经过精心计算。如果某个地点的年均降雨量高，出现积水的概率大，那里的井箅子就多，下水管道也较粗。

不过，建造大型地下管道的主要问题不是技术困难，而在于建设资金筹措。据了解，青岛修建中的"共同沟"估计投入20亿元左右，斥此巨资，一般城市是不易做到的。

2. 新建或改造排水管道应当事先科学评估下水管道排水能力

无论改造或新建地下排水系统都应当事先做好排水能力评估计算，达到预期排水效果，而不能盲目建设，导致日后工程返工。北京市修建奥运中心前就进行过当地排水能力的估算。

由于城市雨水系统的复杂性和系统性，在进行雨水系统改造方案设计的时候，需要进行全面系统性的考虑，以尽量减少对既有工程系统的影响。由于进行雨水系统改造的工作量很大，利用传统计算方法难以进行有效计算。目前，随着计算机技术的发展，城市雨水系统模型日益成熟，基于雨水系统模型，可以有效地模拟分析城市雨水系统及城市下垫面情况，这将有助于进行市区雨水系统改造方案的编制和比选。

合理编制雨水系统改造规划的基础是建立合理准确的城市雨水系统模型，从而对可能的积水情况以及城市雨水系统现状、最大排水能力进行准确的分析预测。目前国外有一些比较成熟的城市雨水排泄模拟模型可以参考使用，如美国国家环保署组织开发的

SWMM、丹麦 DHI 的产品和英国 Wallingford 的产品等；设计暴雨包括设计暴雨量和设计暴雨的时程分配，需要根据模拟区域的降雨特点进行构造；模型参数率定是在初步建立系统模型后，利用实际监测的数据对模型参数进行修正，以控制模拟结果的误差在要求的范围内。

例如，北京奥运中心区，通过模型模拟计算，对未来地下管网的排水能力进行了评估，得到以下结果：①模型反映了雨水系统运作情况，并对可能的积水情况以及雨水管道实际排水能力情况进行了评估分析；②在对积水情况和管道实际排水能力分析的基础上，制定了有效的雨水系统改造方案；③通过模型模拟可以有效地反映雨水系统改造工程的实施效果，并以此为基础对工程进行适当改进，保障雨水系统改造方式的合理性和有效性。

9.2.2.2 妥善处理地下工程建设与地面既有建筑物的相互影响

为了避免大量拆除地面建筑物，目前的技术发展方向是地下施工，修地铁是最具有代表性的例子。城市地下空间的开发利用，一般是以 1863 年英国伦敦建成第一条地下铁道为标志的。1865 年伦敦又修建了一条邮政专用的轻型地铁，至今仍在使用，长度已发展到 10.5km。1875 年，伦敦又开始建设下水道系统。进入 20 世纪以后，一些大城市普遍陆续建设地下铁道，日本从 1930 年开始建设地下商业街。第二次世界大战结束以后，全世界的经济快速增长，尤其是从 20 世纪 50 年代后期起，许多发达国家大城市因城市发展产生的矛盾而出现了对原有城市进行更新改造的客观要求。到 20 世纪 60 年代和 70 年代城市地下空间的开发和利用达到了空前的规模。随着城市地下空间越来越多地被开发利用也引起了一系列的环境问题和安全问题。尤其是岩土环境中的地表沉降问题。城市地下空间的利用是在岩土体内部进行的，无论其埋深大小，开挖施工都不可避免地会扰动地下岩土体，使其失去原有的平衡状态。对于浅埋地下工程，这一范围波及地表，形成施工沉降槽。施工沉降槽可能导致地面的沉降和塌陷，从而导致道路路面破损、地下已有管道破坏以及建筑物、地表建筑物的损坏，这些问题严重影响人民生命财产安全。

城市地下工程大多修建在人们集中居住的中心街道的下面，这里一般有很多建筑物，尤其有很多高层建筑。地下工程施工过程引发地表沉降，会使邻近建筑和地下管线发生倾斜、扭曲等，当地层变形超过一定范围时，会严重危及邻近建筑物和地下管线的使用安全，对地表既有建筑物造成损害，严重的地表沉降还会导致房屋倒塌，对高层建筑物的影响尤为明显。南京地铁 1 号线一期工程 TA12 标施工过程中，曾发生过中央路上一幢房屋变形开裂，最大裂缝宽度达 2mm。上海轨道交通 4 号线的施工事故，导致中山南路 847 号一幢 8 层楼房裙房坍塌，靠近事故现场的 20 多层临江花园大楼出现明显沉降，最大累计沉降量达到 15.6mm，此次事故中还造成了董家渡路段长约 30m 的防汛墙倒塌。

如何在保证工程自身稳定的同时，有效地控制地下工程周围土体移动引起的地面变形对地表建筑的影响，成为地下工程发展的首要问题。目前已有许多学者在这个领域开展了卓有成效的研究，有了相当丰富的成果可供参阅，本书不拟详述。

9.2.2.3 依靠法律解决既有建筑物拆迁引发的社会问题

改造地下排水系统往往需要拆迁地面建筑物，从而引发一些社会矛盾，处理不好，可能产生严重的社会问题。为了妥善解决因拆迁而引发的社会矛盾，在做好民事调停的同时，必须紧紧依靠法律手段解决群众纠纷，尽量避免强行拆迁，激化矛盾。虽然拆迁法规中设立了行政执法和司法救济途径，但目前不少法院不愿直接受理城市房屋拆迁纠纷案件，致使缺少良好的拆迁司法环境，拆迁双方达不成协议的，不能直接进入民事诉讼，必须先经过行政裁决，每个程序都有着最低诉讼要求，一起拆迁纠纷的处理从行政裁决到强制执行，需要半年时间，因而严重影响拆迁进度。在诉诸法律的过程中，有时司法救助途径不畅，程序繁琐，另外，司法判决前以调解为主，最终结果是拆迁人在经济上让步，拆迁政策的一致性遭到破坏。为此，有专家建议，为了畅通拆迁救助渠道，司法机关应及时、有效地介入城市拆迁纠纷以化解矛盾。

然而，近年来，随着城市建设步伐的加快，一栋栋高楼大厦拔地而起，城市环境和形象大大提升；与此同时，因房屋拆迁而引发的各类信访、上访、起诉以及重大群体性案件也呈上升趋势，法院介入拆迁纠纷并不很顺利，甚至陷入尴尬的境地，媒体对此也反映强烈，需要从法院司法实务的角度，探讨当前城市房屋拆迁纠纷的法律困境及其根源，提出相关对策与建议。为此，应尽快研究出台强制拆迁执行过程中突发恶性事件的统一处理规则程序，以保障法院工作有章可循，保证纠纷解决的质量和效果，真正实现阳光拆迁、和谐拆迁。我国当前风起云涌的城市房屋拆迁纠纷是社会现代化、城市化发展进程中出现的问题，各种多发和复杂激烈的纠纷使得社会的承受能力和处理能力，特别是司法机制解决拆迁纠纷的能力面临着极大的考验。在这种情况下，法院应始终站在服务大局的高度，依法妥善处理好拆迁纠纷案件，为国家建设、人民安定和社会和谐不懈努力。

9.2.3　妥善解决流域水系洪水出路

解决洪涝矛盾的重要途径之一是建立健全流域防洪体系，妥善解决流域水系的洪水出路，降低河道洪水位，以利城市内涝外排，尤其是水网地区的城市，更应如此；反之，城市外河洪水出路未能很好解决，水位居高不下，排除城区积涝将十分困难。

9.2.3.1　全面实施江河防洪规划

城市涝灾初看是个局部问题，却与周边大的水环境密不可分。防洪规划，特别是区域防洪规划，一般都从大的水环境出发，安排洪水出路，并统筹解决洪涝问题。如果城市周边洪水出路解决不好，要想很好地解决城市涝灾，是相当困难的。

例如，淮河下游里下河地区，总面积为 $21342km^2$，涉及盐城、泰州、扬州、淮安、南通。里下河地区排水虽相对独立但地势低洼，中间低周边高，自流排水极为困难，抽排能力又有限。里下河圩内排水到圩外的能力虽达到 10 年一遇，但外河网水位控制的除涝能力只有 5 年一遇。为提高里下河地区整体的除涝标准，其除涝工程规划布局为"上抽、中滞、下排"，并开辟新的入海通道。"上抽"即充分利用江都抽水站，并沿里下河周边结合江水东调、南水北调工程，兴建高港站、大汕子站，进一步扩大外排能力；"中滞"即在中部河湖洼地加强滞涝措施，恢复湖荡的滞涝能力；"下排"即在下游区整治四大港，进一步增加自排入海泄量。随着里下河地区除涝标准的整体提高，盐城等五城市的内水外排条件有望改善。

9.2.3.2 扩大河道行洪通道

扩大河道行洪通道，是解决流域水系洪水出路的重要举措。

例如，浙江省杭、嘉、湖地区排水出路问题，历来是太湖流域洪涝矛盾的焦点和解决的难点。在过去的防洪规划中，杭、嘉、湖的洪水向北排入太浦河、向东排入黄浦江、向南排入杭州湾。但是，近些年来，由于暴雨洪水条件发生了变化，太浦河在排泄太湖洪水与杭、嘉、湖排涝的运用上存在的矛盾日益尖锐。经分析计算与方案比较，认为扩大排入杭州湾的南排通道，对于排除杭、嘉、湖地区涝水的效果比较明显。例如，在1999年暴雨中心位于南部，在暴雨频率为100年一遇、造峰期为30d的设计洪水条件下，扩大后的南排排入杭州湾的洪水量，将比现状工程多排3.7亿 m^3，嘉兴日均最高水位可望降低24cm。与此同时，减少向北排入太浦河洪水量0.9亿 m^3，从而在一定程度上缓解了太浦河行洪与杭、嘉、湖排涝的矛盾。

9.2.3.3 清淤、清障增加河道行洪能力

河道往往因淤积、设障、建桥等原因而减少了行洪能力。例如，海河水系下游出海水道除滦河口外，都属于泥质河口，其形态受潮汐与河道径流等综合作用的影响。由于海河流域水资源严重匮乏，上游大量引水，入海水量很少，河口主要受潮汐动力控制。河口两侧海滩泥沙源丰富，潮汐挟带海滩泥沙进入尾闾河道与河口，潮波变形，泥沙落淤，使尾闾河道与河口严重淤积。据海河水利委员会21世纪初分析估计，海河干流、独流减河、子牙新河（主槽）、永定新河和漳卫新河五个河口的总淤积量已达9490万 m^3。

海河下游的人工河道多为窄槽宽滩型，滩地担负较大的行洪任务，河道设计原按"一水一麦"考虑，秋季种矮茬作物，其滩地糙率系数一般采取0.033，而实际上，群众"保麦争秋"，秋季照常种玉米、高粱等高秆作物，糙率系数要增大50%。此外，行洪河道内还有许多芦苇、护麦埝与生产堤等阻水建筑物。

凡此种种，已使海河出海水道行洪能力锐减，据海河水利委员会21世纪初分析估计，海河入海水道行洪能力已平均减少40%。

海河水利委员会已在新一轮海河流域防洪规划中制定了清淤、清障整治河道措施。例如，滏阳河干流自磁县铁路桥至邯郸市张庄桥节制闸全长46.63km，为解除邯郸市的洪水威胁，采取了加高加固堤防、扩挖主槽、清淤开卡、改建或新建小型排灌建筑物等措施。又如永定新河，全长62km，是以深槽行洪为主的复式河槽。永定新河自开挖以来，由于径流很少，河槽受潮汐水流影响，造成海相泥沙淤积。1989年在东堤头大桥下游建挡潮埝，埝下河道淤积严重。1999年后，一方面向下游清淤，另一方面又在下游建挡潮埝。规划拟对全河道进行清淤扩挖，加固加高两岸堤防，并在河口建挡潮闸，以恢复永定新河的行洪能力，缓解周边永定河、潮白河、蓟运河的洪水对天津市的威胁。

9.2.4 建设城市涝灾防治系统

解决洪涝矛盾的另一重要途径是建立健全城市本身的涝灾防治系统，包括涝灾防治工程系统与涝灾防治管理系统。城市除了要提高城市排水标准外，特别要从就地消化与调蓄雨水方面找出路。将消化雨水和雨水利用紧密结合起来，既减轻涝灾，又增加水资源，还能改善城市生态环境，"一举三得"，这是国外发达国家的成功经验，值得借鉴。城市要治

理涝灾，必须洪涝兼治，为此，应做好以下几方面工作。

9.2.4.1　理性对待排水工程系统建设

城市地面沟渠与地下管网以及水泵抽排水系统是城市的重要基础设施，城市建设应根据城市排水规划安排落实。不过，城市新开发区排水系统建设，相对简单，旧城区排水系统改造则要复杂得多。旧城区排水系统改建往往相对滞后，甚至长期得不到解决。由于这类基础设施建设工程量大、投资多，如果标准定得过高，城市建设负担过重，经济上可能无法承受。因此，必须理性对待城市排水系统建设。我国目前的排水标准一般只有 1～2 年一遇，甚至更低，需要适当提高。但仅仅依靠排水工程系统除涝是远远不够的；而应考虑城市允许承受的涝灾风险，并采取其他的措施，增强雨水调蓄功能。城市排水标准何以远低于河道防洪标准？可以从汇流条件的差异得到解释。

同样大小的中小流域和城市，在相同暴雨强度条件下，由于城市的径流系数大于自然流域，产流量自然大于流域的产流量。可是，中小河流的防洪标准大致为 20～50 年一遇；而城市的排水标准却只有 2 年一遇左右。河流防洪标准何以远大于城市排水标准？有人认为，这是因为城内不可能修建堤防，排水泵站的排水能力也不可能很高，因而只好降低排水标准，其实这是一种误解。河流防洪标准和城市排水标准之所以有如此大的差异，并非排洪、排水硬件条件的差异，而主要是暴雨径流汇集特征的不同，天然流域是多输入/单输出，而城市是多输入/多输出，从而使相同集水面积、相同暴雨强度条件下，天然流域洪水流量自然远大于城市暴雨流量，前者要求高的防洪标准以策安全，而后者只需相对较低的排水标准就够了。

9.2.4.2　增强城市雨水调蓄功能

增强城市雨水调蓄功能对于解决城市水灾是很有效的。若干年以前的城市一般都留有许多池塘、湖泊，沟道，城内的坑塘洼地也很多，地面没有那么多的水泥铺面，城市的雨水调蓄能力很强。下雨之后，大量雨水渗入地下或存蓄于低洼之中，路面积水不多。这种天然的雨水调蓄功能，随着城市化进程已逐渐丧失了。增强城市的雨水调蓄功能，保持城市一定水面率，调蓄城区雨洪；利用停车场、运动场、坑塘临时滞蓄雨水，是现代化城市治理城市涝灾很重要的措施，也是实现城市洪涝兼治的重要方面，应当受到足够的重视。

城市水面率是调蓄城区雨洪、临时消化雨水、抑制城市河网水位抬升、减少城市排入外河水量、整体降低城市外河洪水压力十分重要的举措。特别是处在水网地区的城市，城市水面率的大小更与城市河网水位的高低具有密不可分的关系。例如，上海市浦东新区环境保护和市容卫生管理局和上海市水务规划设计研究院，综合考虑河道、水闸、不同泵站规模及不同水面率组合条件，对各种排水除涝方案效果进行模拟计算，得出多幅河网最高水位分布图。在相同排涝标准条件下，水面率越小，河网水位越高，反之亦然。图 9.2 表示当水面率为 10%、排涝标准为 20 年一遇、最大 24h 面雨量 204.6mm 时，浦东新区河网最高水位分布图。这种洪水位分布图凸显了城市不同水面率、不同排涝标准条件下，城区内河河网最高水位的空间分布，定量地给出了水面率调蓄河网水位的功能，为城市防洪除涝、城市建设提供了重要依据。

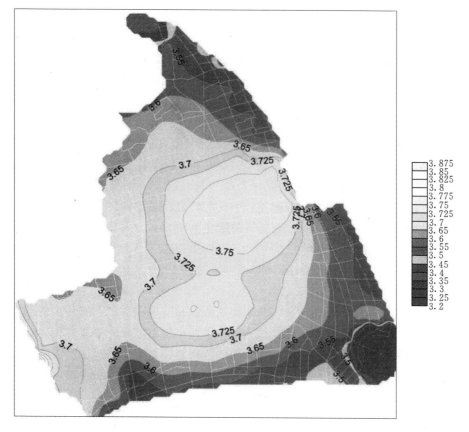

图 9.2　上海市浦东区水面率为 10％时最高水位分布图
（排涝标准为 20 年一遇、最大 24h 面雨量 204.6mm）

城市除保持一定水面率，增强雨水调蓄能力外，还可利用停车场、运动场、公园空地以及坑塘洼地临时滞蓄雨水，以延缓地面雨水的汇集，减轻积涝程度。美国、日本、德国、英国等发达国家很重视这种"自我消化雨水"的做法。在这些国家的城市，可以发现许多停车场、运动场和公园空地的进口高程大都低于街道路面高程，以便路面雨水流入，从而起到雨水分流、滞蓄的作用。有的城市在建设规划中，刻意让城区路面、房基高出于大片的绿地，好让雨水流进绿地渗入地下，达到减少地面径流的效果。据文献报道，若以壤土为主的绿地比周围地面低 10cm，则绿地的径流系数将由 0.59～0.68 减为 0。我国近年来也重视这种做法，例如，北京市利用立交桥下低洼地区建立蓄水池，对减少积水并充分利用雨水，收到了很好的效果。

9.2.4.3　建立雨水利用系统

就地消化雨水、利用雨水，减轻洪涝强度，并结合开发利用雨水资源，是现代城市建设又一重要方向，国外的下述经验值得借鉴。

1. 增加地面渗透能力，减少产流量并增加地下水的补给

国外成功的经验是采用透水地面，这是一种用新型环保材料制成的高透水、高强度混凝土路面砖，具有以下特点：

（1）良好的透水、透气性能，可使雨水迅速渗入地下，补充土壤和地下水，保持土壤湿度，改善城市地面植物和土壤微生物的生存条件。

（2）吸收水分和热量，调节地面局部空间的温、湿度，对调节城市小气候，缓解城市热岛效应有较好的作用。

（3）减轻城市排水和防洪压力，并对防止公共水域污染和污水处理有良好的效果。

（4）雨后不积水，雪后不打滑，方便市民出行。

欧洲一些城市大量采用透水地砖，例如，德国，地面很少积水，在人行道、步行街、自行车道等受压不大的地区，采用透水地砖，砖与砖之间填以透水性材料；在自行车存放地和停车场，选用有孔的混凝土砖，以利杂草生长，使 40% 的地面达到绿化。居民区、公园和街头广场等地方，选用实心砖铺路，但砖与砖之间留出空隙，空隙间留有泥土，天然的草可以在其中生长，这样可以形成 35% 的绿化面积。在行人较多的步行街，采用细碎石或鹅卵石铺路，不仅透水，还不长杂草。城市街道的主要路面则用有孔砖加碎石铺设，即在带孔的地砖孔中撒入碎石，不仅雨水可以顺利渗透，且可大大降低地面的热反射。

2. 利用屋顶承接雨水，并建设包括引水管道、蓄水池在内的雨水回收处理系统

现代城市雨水利用已不再是狭义的利用雨水资源和节约雨水了，它还包括减轻雨水洪涝和减缓地下水位下降，控制雨水径流污染，改善城市生态环境等多重作用。其内容涉及城市雨水资源的科学管理、雨水径流的污染控制、雨水作为中水等杂用水源的直接收集利用、采用各种渗透设施将雨水回灌地下作为地下水间接利用、城市生活小区水系统的合理设计以及生态环境建设的综合利用等多方面，这是一项涉及面很广的系统工程。目前，在发达国家，城市雨水利用技术已逐步进入标准化和产业化阶段。例如，德国，在 1989 年就出台了雨水利用设施标准，对住宅、商业和工业领域雨水利用设施的设计、施工和运行管理，并对过滤、储存、控制与监测四个方面都制定了标准，1992 年"第二代"雨水利用技术问世。又经过 10 年，目前已发展成"第三代"雨水利用技术设备的集成化，即从屋面雨水的收集、截污、储存、过滤、提升、回用到控制都有了一系列的定型产品和组装式成套设备。

近几十年来，美国致力于采取回收雨水措施，如美国加利福尼亚富雷斯诺市兴建了"渗漏区"地下回灌系统，芝加哥兴建了地下隧道蓄水系统等。还在许多城市修建了由屋顶蓄水池、井、草地、透水地面等组成的地表回灌系统。科罗拉多州、佛罗里达州、宾夕法尼亚州还制定了"雨水利用条例"，规定新开发区实行强制性的"就地滞洪蓄水"。

近年来，北京市在回收暴雨积水方面业已取得初步成效。例如，北京市水务局从 2005 年开始建成了通州通惠灌区、大兴凉风灌区和潮白河灌区 3 个雨洪蓄滞区。城区雨洪经排水河道引入 3 个雨洪蓄滞区，2005 年拦蓄雨水 7000 多万 m^3。另外，北京市根据汛期立交桥深槽路段容易积水的状况，立交桥旁一般设有泵站以便及时排除积水。至 2006 年，北京市已有 4 座立交桥的深槽路段集雨工程投入使用，今后计划再建若干个，既可缓解了暴雨积水灾情，又可利用暴雨水造福于民。

3. 建立地下蓄排系统

例如，在土地利用已近极限又无扩充余地的城市，建设了地下水库和地下河道，以增大城市蓄排能力。

4. 注重建筑物的竖向建设

抬高建筑物基面以防雨水入侵，是有效的措施。例如，为防止雨洪进入地下商场、人防、地铁等设施，造成地下涝灾，而将这类设施的进口垫高。据悉，上海市第一期地铁经过几年运行，很少出现水淹地铁的事故；而第二期地铁则常被水淹。究其原因，原来第一期地铁，在进口安置了门槛，而第二期地铁却忽略了防淹措施。

韩国首尔一栋"防水大楼"成为互联网热议话题。该大楼在进入大楼地下停车场的通道上设立了一个不锈钢防水门，长 10m，高 1.6m。平时车辆出入时，防水门折叠在地面上，雨水多时或夜间就将其竖起，同时起到防水和路障的作用。在 2011 年 7 月 27 日首尔遭遇 104 年一遇的大暴雨中，周围车辆被水淹没，而该大楼却安然无恙。

9.3　建立与健全城市涝灾防治管理体系

涝灾防治管理体系，对于防御城市暴雨积涝以及应急处理暴雨对城市造成的危害具有很重要的意义。这是一种有备无患、事半功倍的非工程措施，应给与足够的重视。

9.3.1　灾害预警、预报系统

1. 信息监测与报告

收集城市及其附近地区的水情、雨情、工情、灾情，按照早发现、早报告、早处置的原则，明确信息交流与报送的渠道、时限、范围、程序、监管等要求。建立常规数据监测与临时测报点、网。

2. 预警、预报

明确预报、预警、报告的部门、工作要求与程序。明确预警的方式、方法、渠道和落实情况与监督措施。

3. 预警级别发布

根据汛情分级，确定警报发布程序和发布单位，一般（Ⅳ级）、较严重（Ⅲ级）、严重（Ⅱ级）和特别严重（Ⅰ级）预警，依次用蓝色、黄色、橙色和红色表示。

9.3.2　城区暴雨积涝应急处置方案

鉴于城市会经常遭受突发性的暴雨袭击，为了减轻灾害损失，有必要事先编制城区积水应急处置方案，一旦发生突发性暴雨，则能迅速启动方案，做到有备无患，将损失减少到最低限度。

城区积水应急处置方案一般包括以下主要内容：

（1）分析历次城区大暴雨强度、总量、历时与空间分布，从历史资料中了解本城市的暴雨特性。

（2）明确城区易积水的路段、小区（特别是严重影响交通及行车安全的地点）、不同雨强下的积水深度和分布以及积水历时等积涝特性，为应对城市可能发生的涝灾提供依据。

（3）建立雨情及地面积水信息实时监视、监测、巡视、传递、通信与报告网络，为防汛指挥调度决策提供支持。

（4）编制应急排水方案，危漏房屋抢修、抢险方案，交通临时管制与疏导方案，主要干道抢修方案等。明确实施各项方案的负责单位、责任人以及实施时限与实施范围等。

（5）明确重要保护对象、地下设施（如地铁、人防）抢险方案及实施方案的负责单位、责任人、实施时限。

（6）明确重要基础设施抢险方案，主要指重要管道（水、电、气、热）、电信线路、重要桥梁的维修与抢修方案，负责单位、责任人与实施时限。

9.4　若干典型城市涝灾治理对策示例

9.4.1　北京市

据北京市城区几百年的洪涝灾害史记载，洪涝成因既有来自上游的洪水入侵，又有本地暴雨洪水所致，还有城市下游洪水的顶托。致灾洪水主要有以下三个来源，即永定河洪水，西山洪水及城区暴雨洪水。永定河是北京市城区防洪安全的大患，经过历代治理，终以束堤将摆动不定的"无定河"控制成现今的"永定河"。北京城市河湖已具防洪排水系统的雏形。城市积涝原因主要因雨水排除设施不能满足城市建设发展需要，雨水管网的发展远落后于城市发展的需要，如城西北的五道口地区和白石桥一带，均因排水设施不配套，雨季经常积水。雨水管道老化失修，排水能力降低，城区现有的 187km 排水管沟，目前只有 1/3 旧沟经维修管理，尚能够勉强使用，其余几乎全部丧失排水能力。即使是 20 世纪 50～60 年代建造的雨水管，标准也偏低，绝大部分排水能力不足。市区河道排水尾闾不畅，造成逐级河道水位顶托或河水漫溢，并使雨水管道排水受阻，经常造成多处积水。另外，河道排水和蓄水的矛盾、城市化发展引起水文情势变化等，也是加大城市洪涝灾害的原因之一。

新中国成立以后，北京地区进行了大规模水利建设，大幅度地提高了抗御洪涝灾害的能力。按照"以蓄为主，蓄排结合，兴利除害"的方针，山区修建了官厅、密云等大中型水库 85 座，总库容约 93 亿 m³，控制了北京以上山区流域面积 60% 以上，疏浚河道 720km，新建和整修堤防 830km。为解决山区排水出路，先后治理了清河、坝河、凉水河、通惠河及护城河系，形成了较为完整的防洪、供水和排水工程体系，为首都的安澜提供了防洪保障。

从新中国成立初期一直到 20 世纪 90 年代后，在不同阶段对与城区排水密切相关的内城河湖及护城水系进行了疏浚、全面整治及提高各河道排水标准，使城市排水及环境状况逐步得到改善。

与北京市城市排涝关系密切的雨水排泄系统，在 1949 年时，市区共有下水道 314km，但大部分坍塌毁坏，能正常使用的只有 20 余 km，1949 年后利用 3 年时间，恢复了旧下水道 220 余 km。第二个五年计划期间，为迎接国庆 10 周年，配合人民大会堂等十大建筑的建设，修建了天安门广场、人民大会堂西侧路、北京站站前广场等排水系统。为修建地铁工程的需要，将前三门护城河、西护城河和东护城河改为暗沟。1976 年后，随着城市建设的发展，市区雨水管道建设也加快了步伐，陆续将青年沟、农大排水沟等明沟改为暗沟，并对部分雨污合流管道进行分流改建。1990 年，配合亚运会工程，修建了一批雨水管道，在团结湖等小区修建了雨水管道。但即使如此，现有市政排水设施和雨水管道建设仍欠账太多，不能与城市建设同步进行，远远落后于城市发展的需要。现状条件下，即使降雨强度不大，每年还有基本积水点 52 处，如遇较大强度降雨，积水点达到 58 处。进一步完善市区雨水管道系统，是 21 世纪初期北京防洪工作的重要任务之一。

北京市在建集雨工程留住雨水方面，有些值得借鉴的思路和做法。北京市水务局从 2005 年开始建成了通州通惠灌区、大兴凉风灌区和潮白河灌区 3 个雨洪蓄滞区。城区雨洪经护城河汇集后，向东经坝河、亮马河、通惠河、凉水河等排水河道引入 3 个雨洪蓄滞区，2005 年共拦蓄雨水 7000 多万 m³。北京市有大小湖泊 20 多个，总面积 600 余万 m³，这些湖泊汛期都可以收集雨水，以补充平时景观用水的不足。北京城区的公园比较多，利用园林湖泊、绿地等收集雨水作为园林杂用，是北京多年来一直在做的工作。例如西城区的万寿公园，为了收集雨水，在公园新建雨水渗水井 5 个，建成了雨水回灌利用系统，并且利用 400 m² 的景观水池收集雨水，用于浇灌花草树木。过去万寿公园每年绿地养护用水需要 3.6 万 m³，现在每年只用 2.2 万 m³。

汛期立交桥深槽路段容易积水，立交桥旁一般设有泵站以便及时排除积水。北京丰台铁路大桥泵站"变废为宝"，将道路积水收集起来，建起了每天可用水 5000 多 m³ 的洗车房，每天用雨水可洗车 100 辆，同时还可以给草坪绿化供水 1 万多 m³，临近的 3000 m² 绿地也全部用收集的雨水浇灌，多余的水还可以供其他单位使用。这样的雨水处理成本每吨只要 1 元。至 2006 年，北京市已有 4 座立交桥深槽路段集雨工程投入使用，今后计划再建 12 个。既缓解了暴雨积水的问题，又造福于民。北京市防洪除涝工程见图 9.3。

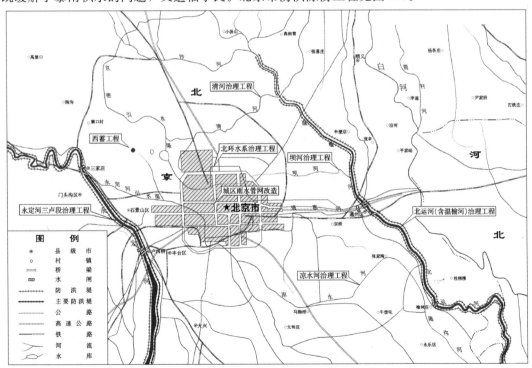

图 9.3 北京市防洪除涝工程

9.4.2　上海市

上海市两面临海，一面靠江，是典型的潮汐河口型城市。全市河网均处于潮流影响感潮区。黄浦江贯穿全市，市内河流纵横，但河网密度疏密不均，郊县密度高达 6.7km/km²，城区河道密度则很低，如蕴南片 0.8km/km²，苏州河以南老市区几乎无河道。全市现状片内河网水面率约 8.2%，但因城市建设，城市建成区的水面率仅为 2.5%，且呈现逐渐缩小趋势，而且许多河道蜿蜒弯曲，水流不畅。

上海市的洪涝灾害是多方面的，在临海面有潮汐、风暴潮，特别是台风暴潮。在长江口汇集的大量洪水，有太湖流域的洪涝，有时还发生上述两方面洪水遭遇的洪涝。1962 年以前以潮灾为主，1962 年 8 月 2 日黄浦江出现特高潮位。市区沿河沿江，潮水漫溢，淹没了大片市区，损失严重。1962 年后，在市区黄浦江江岸修筑堤防，提高了防洪防潮标准，潮灾不再是上海市的多发性灾源。另外，由于中心市区地面下沉、河道淤塞、填堵、河滩被占、市政排水能力不足等原因，造成内河淤浅变窄，泄洪能力不足，常使内河水面超出地面 0.5m 以上，如遇下游高潮顶托或降暴雨，可能造成内涝灾害。暴雨积涝已成为市区的主要水患。

上海市在开埠前，境内沟浜纵横，黄浦江、苏州河及其境内密布的其他支流成为雨、污排泄的载体；开埠后，开始建设排水管道。随着列强租界的不断扩张，排水管道建设也得到一定发展，但管道铺设各自为政，设计原则与标准都有不同。列强霸占的上海，留下了畸形的排水设施。到 1949 年，全上海仅有排水管道 531.5km，排水泵站 11 座，排水能力仅仅 16m³/s。新中国成立后，上海市大力发展市政排水建设，至 1995 年，全市已有雨水管道 1390km，雨水出口泵站 152 座，排水能力已达 1006.2m³/s。

但是，由于上海市的中心城区是一个由租界发展起来的老城，租界分割，基础设施显得陈旧，系统零乱。新中国成立后随着上海市的发展，排水基础设施明显滞后，目前已有的设施远远不能满足城市发展的需要，特别是新建住宅区市政管网不能及时配套，一遇暴雨就积涝成灾。据 1980—1993 年上海市区积水情况调查，发现市区积水路段积水与住宅进水关系密切，积水路段数越多，进水住宅户数也就越多。

短历时暴雨强度大小是制约市区积水程度的重要因素。目前，上海市市政排水规划以每小时雨量 36mm 作为设计标准（据分析相当于 1 年一遇）。然而，根据实测资料统计，每小时 36mm 雨强的出现机会有增多的趋势。从 1875 年至 1950 年的 76 年间，1h 等于或大于 36mm 的雨强在上海出现过 14 年，平均 5.4 年一次，而 1969—1993 年 24 年间，有 8 年出现 1h 等于或大于 36mm 的雨强，平均每 3 年出现一次。高雨强的频次增多，说明城市热岛效应改变设计暴雨的重现期。这是造成上海市积水增多的气象原因。

随着上海市的发展，市区排水设施建设跟不上城市发展的要求，小区排水设施不完善、不配套，而且改造旧排水管网的难度极大。另一方面，抽取地下水引起地面沉降，市内众多沟浜被填平，15 年内市区水面积减少了 10%（约 68.7km²），河道的淤积量达到正常水位槽蓄量的 1/4~1/3。例如，在 1997—2000 年汛期，虹口港和杨树浦港等区域，多次因外河涨潮，内河承受不了众多泵站的排涝水量，而造成防汛墙局部崩塌，河水漫溢而强行关泵。目前，像杨树浦港、虹口港、沙泾港、俞泾浦、彭越浦、新泾港、漕河泾港等市区内河普遍窄小、淤塞、环境差，调蓄能力很低，又缺少二级翻水泵站，当暴雨与高潮相遇时，市区排水矛盾十分突出，严重影响沿河排水泵站的排水。特别应当指出的是城市骨干河道泄水能力不够，且拓浚难度很大。区域河网水系及骨干河道过水断面不足，暴雨期间排水受到制约，影响区域排水。又因河道两岸地带多为密集建筑占据，河道整治、拓宽以及建设外围二级翻水泵站的用地都有困难，也无拓宽河道的可能。这是市区暴雨积水的城市内在因素。

综上所述，导致上海市区暴雨积涝的因素是多方面的，即包括外河风暴潮顶托排水、内河萎缩排水能力锐减、水面率减少削弱调蓄雨水能力、地面下沉易于积涝成灾、都市化发展不透水面积增加从而加大暴雨径流等因素，也包括市政排水建设滞后、设施不配套、管理不到位等因素。随着城市化进程，城市暴雨积涝问题，将会日益突出。在上述诸多因素中，一方面要依靠大的改善，如在黄浦江口建闸，控制外河风暴潮，以使洪潮分开，采取措施控制地面下沉；拓浚内河，以使水流畅通；关注海平面上升对防洪除涝的影响等等。另一方面，则要大力提倡在城市建设规划中安排增强城区调蓄雨水功能和提高消化雨水能力的有效措施，以减少城区暴雨径流的强度，如恢复水面率，减少不透水面积等。

在区域治涝方面，根据太湖流域综合治理规划，上海地区初步形成了 14 个水利分片治理区，其中青松大控制片等 9 片已初步封闭，发挥了防洪、挡潮和排涝作用。淀南片等 3 片尚未封闭，正在实施。浦南西片、商塌片为开敞片，属上游洪涝的泄洪通道地区。这 14 个水利分片是本市防洪、挡潮和排涝的重要调控手段。在市区排水方面，确定了"围起来，打出去"的防汛排水原则。全市规划雨水排水系统 361 个，至今已建成 216 个，排水能力 2290m³/s，服务面积 423km²。

结合 2010 年上海世博会对城市防汛的要求，上海市在 2009 年完成了 11 个排水系统的建设与改造，城市中心区已投入 7.9 亿元，完成了 79km 的排水管网改善任务。到 2010 年年底，上海市泵排能力提高了 500m³/s，外环以内 800 多平方千米的地面排水能力达到 2550m³/s。为提高世博会期间防汛排水能力，上海市新建和完善了虹桥枢纽、万航、大光复等 11 个排水系统，新增排水能力 200m³/s。投入 3.6 亿元，完成了 73 条路段 32km 的道路积水点改造工程。上海专门定制了 16 辆防汛排水移动式泵车，如遇突发事件，16 台排水设备能在 1h 内排除相当于 6 个标准泳池的积水。上海市还实施下水道养护大会战，2009 年清捞出污泥 16.7 万 m³，2010 年上半年清出 7.4 万 m³，既使排水通畅了，也减少了对河道的污染。通过以上整治已初见成效，2010 年入汛以来，上海市未发生大面积的道路积水和居民小区进水现象，城市运行正常，世博园区运行平稳有序。上海市区防洪除涝工程示意图见图 9.4。

9.4.3　广州市

广州市地处北江、西江、东江三江汇合处，地势低洼，且濒临南海，外洪威胁主要来自西江、北江，时而遭受台风暴潮的侵袭。西江洪水主要是锋面雨造成，由几次连续暴雨形成的洪水峰高量大、历时长，一次洪水平均历时 36d。北江洪水主要也是锋面雨造成，洪水涨落较快，峰型较为尖瘦，峰高而量相对小，一次洪水平均历时 14d。此外，以流溪河为代表的流经市区的河道，承泄上游山洪以及市区本身雨洪，也是广州市主要洪水威胁来源之一。其特点是洪水涨落快，峰型尖瘦，一次洪水平均历时 5d。东江洪水基本上已不对广州市构成威胁，主要对市区河道水位起顶托作用，伶仃洋的潮汐作用更为明显。

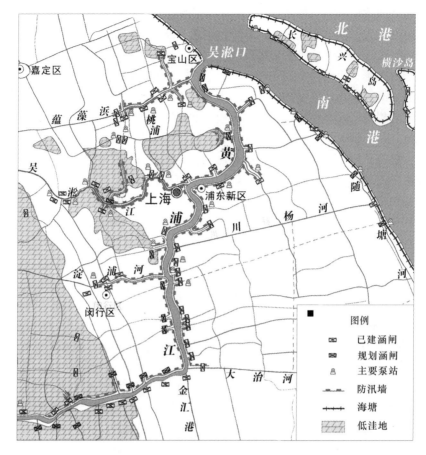

图 9.4　上海市区防洪除涝工程示意图

西江、北江在思贤滘互相贯通,西江、北江发生大的洪水均影响广州,若西、北江洪水遭遇,对广州市影响最大。1915—1998 年间,西、北江洪水遭遇的情况有 13 年,占总年数的 17%。

广州市除暴雨洪水外,台风暴潮对市区的影响也很频繁,若在大潮期遭遇西、北江洪水和珠江风暴潮,即使市区未降大雨,也会导致潮涝。

此外,三角洲河网区的堤防普遍经过多次较大规模的整修加固与联围筑闸,不适当地占用河滩,堵塞支涌,三角洲淤积,出海口门变化,束水归槽,河道行洪断面及纳潮容量减少,遭遇洪潮,市区水位明显上升而遭受洪涝灾害。

广州城市防洪体系与东、西、北三江流域防洪体系密切关联。总的方针是库堤结合,以泄为主。

东江由于新丰江、枫树坝和白盆珠三座流域骨干水库的建成,以及东江堤防加固工程的完成,使东江洪水得以控制,基本解除了东江洪水对广州市的威胁。北江上游已建成飞来峡水库,上游洪水通过水库调度,必要时启用潖江滞洪区,并依靠按 100 年一遇标准加固的北江大堤泄洪,库堤结合,北江水系防洪能力可达防御北江 200 年一遇洪水。

西江洪水目前成为广州市外洪的主要威胁。因为西江现在尚未建成控制性工程,上游的百色、龙滩与大藤峡水库有的正在建设中,有的还在规划中。位于西、北江第一个汇合点的思贤滘水利枢纽工程也还在规划之中。西江大堤现状防洪标准约为50年一遇,故西江大洪水没有得到根本性的控制。西江是东、西、北三江中水量最大的河流,洪水峰高量大,防御西江的洪水威胁是广州市防御外洪的关键。西江大洪水的防洪问题有待上游水库枢纽工程建成之后,依靠库堤结合的策略才能得以解决。

广州市内河洪水和风暴潮的防御主要依靠堤防工程。另外,广州市各濠涌及流溪河支流上建有100万 m^3 以上的中小型水库16座,控制面积 88.7km²,占市区面积总数的6.14%。这些小水库群,对其下游地区削减洪峰,减少涝水起到一定作用。

广州市内各区建有防御洪潮堤防,但尚未形成完整、闭合的防洪堤系统,标准也低,广州市防洪治涝工程见图9.5。

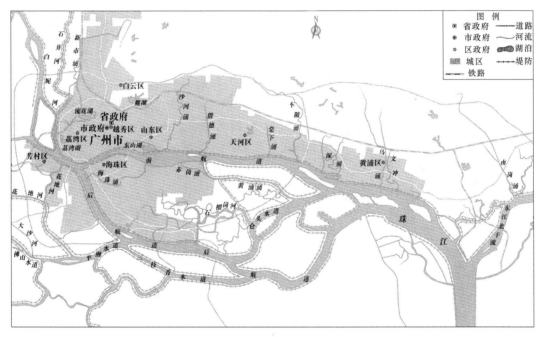

图 9.5 广州市防洪治涝工程示意图

为解决广州市低洼地带的内涝问题,修建了大量的治涝工程,主要包括排水渠道,排涝泵站,雨水泵站,各类防洪(潮)闸门,结合城市绿化,在市区修建人工湖,可以用于调蓄涝水。珠江两岸流经市区的河涌有100多条(老城区的濠涌大部分改为暗涵),也承担着市区涝水的排泄。2009年,广州市投资9亿元对城内200多处易浸地点进行改造。2010年5月7日的暴雨之夜,改造过的地点未出现严重水浸。

如何做好涝水的相机排放,是很有讲究的。例如,针对广州市积涝成灾十分复杂的情况,治涝规划按照市区地形特点和不同的要求,采取不同的治涝措施。对于有一定调蓄能力的水网地区,充分发挥河网调蓄能力,辅之以改建自排设施,如海珠区的新滘围和共和围;对有不具备调蓄能力的水网地区,采取整治河道,改建排涝闸和排涝泵站,提高装机容量,如芳村的一些围区;对于新扩城区,借助山丘地势自流排涝,有的地方增设排涝泵站,低潮自排,高潮抽排;对于旧城区,在有人工湖的地区保留原有的退潮自排,高潮时以人工湖蓄水为主，提排结合；在有自排能力的地区，尽量拓宽泄洪渠。此外，还普遍在地势低洼的地区采取垫高地面措施，尽可能进行自排。

9.4.4　长沙市

长沙市汛期多发洪水，容易成灾。产生洪涝灾害主要成因是：①年降雨量分配不均，雨水过于集中，易引发山洪，江河陡涨；②受湘江洪水威胁，主城区位于沿河地势低平的堤垸，极易受湘江上游洪水威胁；③洞庭湖洪水所造成的湖盆高水位顶托；④浏阳河、捞刀河、靳江、龙王港洪水遭遇。

同时，还可能存在以下三方面的不利组合：①湘江上游近 9 万 km² 集雨面积带来的威胁，即"南水"；②洞庭湖高洪水位的顶托，即"北水"；③境内小河流的洪水，即"山洪"。

湘江流域面积达 94460km²，河道全长 856km，是洞庭湖水系中最大河流，长江第二大支流。由于湘江缺乏修建控制性工程的条件，因此，无法采取"堤库结合"的防洪对策，而主要依靠修建堤防和疏浚河道，扩大行洪能力，降低洪水对长沙市的威胁。

1954 年大水后，市区沿河低洼地带开展了几次大规模的防洪除涝工程建设，至今已初步形成了以防洪堤、防洪墙、排水闸、撇洪渠、电排站为主的防洪排涝体系。但是，沿江一带地面高程在 30～33m，低于常年洪水位，目前市区依靠堤防可安全下泄湘江洪水 2 万 m³/s。由于湘江河床和洞庭湖泥沙淤积，以及洪障增多，使湘江下游的过洪能力有所降低，市区下水道与外河相通，低洼地区街道几乎年年受淹。

长沙市防洪规划根据自然地理条件和干支流河堤现状，采取结合河道整治（或裁弯）、新修、加固围堤，形成多个自成系统的防洪保护圈的防洪对策。

城区除涝方面，规划自排入湘江的集水面积为 144.31km²；抽排入湘江的集水面积为 252.86km²。根据滞涝设施少的特点，采取电排为主，闸排、撇洪、蓄涝相结合，排雨水与排污废水相结合，城建区与农业区相结合，工程措施与非工程措施相结合的综合治理的除涝原则进行规划。

除涝标准，中心城区自排为 10 年一遇 12h 暴雨 12h 排干；电排采用排水闸闭闸期 10 年一遇 12h 暴雨 11h 排干。非中心城区的非稻田区采用 10 年一遇 1 日暴雨 22h 排干，电排采用排水闸 10 年一遇暴雨 22h 排干；稻田区采用排水闸闭闸期 10 年一遇 3 日暴雨 3 日末排至水稻耐淹水深 50mm。

长沙市防洪除涝工程示意图见图 9.6。

9.4.5　成都市

成都市境内河渠纵横，水网密布，有大小河流 50 多条，水域面积 700 余 km²，河网密度高达 1.22km/km²。西南部以岷江水系为主，东北部跨沱江水系，互有连通，属不闭合流域。与城市密切相关的河道主要有府河、南河、沙河、清水河、江安河等 20 条河渠，均属岷江、府河水系。岷江于都江堰渠首处分为内外二江，进入平原。市境内还有岷江较大支流西河及南河。

成都市域在岷江、沱江二流域之中，平原区水系发育成网，洪水主要来源是暴雨。其西部有青衣江暴雨中心，北部有鹿头山暴雨中心，周边又处于山区过渡到平原丘陵的地带，具有易产生洪涝的自然条件。市域成灾洪水大致有以下类型：

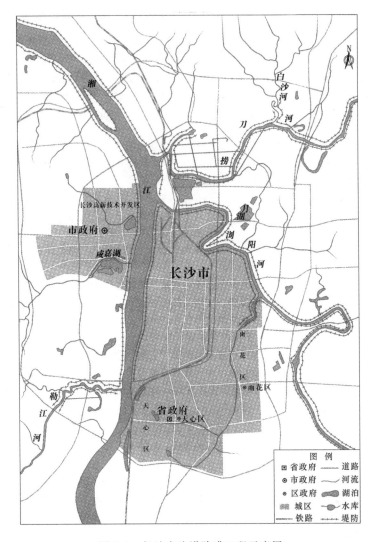

图 9.6 长沙市防洪除涝工程示意图

（1）上游山区暴雨洪水。

（2）平原区暴雨洪水。

（3）融冰化雪形成的桃花汛。

（4）突发型洪水，即岷江上游山崩堰塞后溃决形成洪水，以及水库溃决形成溃坝洪水。

（5）山区洪水与平原区暴雨洪水相遇，两者叠加的结果将发生洪灾。

成都市地处鹿头山暴雨区和青衣江暴雨区的过渡地带，暴雨洪水发生频繁。有多条中小河流流经市区，其中，流经市区的府河、清水河、沙河等河流是主要洪源。府河洪水主要源于区间暴雨。

成都市位于四川盆地的西缘，中心城区处于成都平原水网区腹部地带，境内河渠纵横，无法形成外洪控制体系，故采取上蓄、中分、下排的综合措施。"上蓄"，即在岷江上兴建紫坪铺水库调控洪水；岷江经紫坪铺水库调蓄后，可将 100 年一遇洪水（6030m³/s）

降低到 10 年一遇洪水下泄，大大提高外河金马河防洪标准，从而彻底解除金马河洪水对成都市的威胁。"中分"，即通过都江堰宝瓶口石堤闸分流，在宝瓶口至成都市中心城区区间采取洪水排泄措施，把岷江中上游的洪水分别引入徐堰河、江安河、毗河和金马河。"下排"，即疏导整治与城市排洪有关的河渠，提高其安全行洪能力。通过疏导整治，实现水系连通，排水通畅的工程体系。同时，市区排涝工程结合市政基础设施同步建设，修建专用的排涝雨水管道，雨水排入城市河道，以消除城市内涝。

作为成都市防洪工程措施之一的城市排水干网建设，结合城市道路和堤防建设，成都市先后兴建了以一环路、二环路、三环路、人民路、蜀都大道、内环线为骨干的城市排水系统，从而大大提高了中心城区的排涝能力。

成都市在长期抗洪排涝实践中得出经验之一是应当提高排水设计标准，增大城市排涝能力。由于成都市特有的地形、水文条件，天然河道大约具有 10 年一遇的安全行洪能力，如采用筑堤设泵的途径，固然可以大幅度提高防洪治涝能力，但排涝泵平均 10 多年启动一次，使用几率很低，并且泵站建设投资巨大，日常维护费用很高，经济合理性差，所以应致力于提高排水设计标准，增大安全行洪能力，实现城市雨水直流外排。

另外，成都市地下停车场的排水设施到位。地下车库的防洪，主要依靠抽排水系统的正常运行以及成都市排水系统的畅通。在一些写字楼的地下停车场入口处，都堆着七八个沙袋，除本来就有的地面和地下排水沟，还准备了各种应急器材。一些写字楼地下停车场排水泵上端直接连着市政排水管道，下端则深入到一个约两三米深的水池子内。池中汇集的都是从排水沟流入的雨水，雨水上升到一定的高度，水泵就会自动开启向外抽水。排水泵同时配有自动报警器，水位达到一定高度，就会自动报警。

9.4.6　南昌市

南昌市地处赣江、抚河、信河、潦河及锦河五河下游滨湖尾间区，水系发达，河网密布。五河过境南昌后汇入鄱阳湖进入长江。赣江为南昌市境内主要河流，自西南向东北穿城而过，形成"一江两岸"，即昌南、昌北隔河相望的城市布局。南昌市属于以江河洪水威胁为主的平原型城市，主要受赣江洪水威胁，鄱阳湖湖盆高水位对赣江南昌段有明显顶托作用，瀛上河及抚河故道的清丰山溪对南昌市的防洪威胁也很大。

南昌市城区地势低洼，城区 80% 的地区低于赣江 20 年一遇洪水位以下 2～4m。汛期为防止赣江洪水入侵，城区自排闸关闭，城区雨水、污水无法直流排出，易形成内涝积水。赣江南昌段水位的高低直接影响南昌市城区内涝积水的排放。赣江南昌段高水位一般出现在 4—7 月，8—9 月受鄱阳湖洪水顶托水位也较高。在赣江高水位的情况下，如遇暴雨，则城区内的雨水、污水不能通过排水闸自排入江（河），只有靠电排站抽排，由于城区现有排涝装机不足，造成城区内涝积水。

经过历年城市防洪工程建设，尤其是 1998 年以来加大了城市防洪建设力度，南昌市已基本形成了依赖堤防、泵站等水利工程保护的各自独立的昌南、昌北城市防洪工程体系。昌南城区防洪工程主要由赣江右岸的防洪堤（墙）、城区南面的朝阳洲堤和胡惠元堤以及城区东面尤口至罗家集一线的自然高地构成的完整、独立的防护圈，保护昌南城区 177km² 面积范围。昌北城区是近年来新开发的城区，现有防护工程设施的防洪标准较低。目前已建的防洪工程有江堤、圩堤、路堤等，以水系划分形成多个相互独立的小防护圈。

城区治涝工程，昌南治涝（排水）分为青山湖、象湖、艾溪湖三片。现有治涝设施主要有 5 座电力排涝站，2 条防内涝堤及 10 座排水闸。昌北城区排水排涝系统主要根据地形特点，交通干道及堤防分布进行布置和划分，昌北目前的治涝设施主要是 5 座电力排涝站，当前在建的排涝设施还有前湖电排站，主要解决昌北红角洲前湖片的涝水。

在已建的电排站中，青山湖电排站位于富大有堤 2+2000 处，由新站、老站组成担负着昌南城区 85% 面积的排涝任务，以确保不淹主要建筑物，为全省第一大泵站，自动化水平达到全国一流水平。新洲电排站位于上滨江路堤，主要担负南昌抚湖、朝阳洲地区 40km² 的排涝及象湖、抚湖公园景观水位和水质的调度。该两电排站被列为省内防洪精品工程。近年来，随着城区一批防洪排涝工程的相继建成，城市地下排水系统的进一步完善，城区的防洪排涝能力大幅提高，城内积水地区大幅减少。

在解决城市排水设施方面，早在 2003 年，南昌市就做出了"一年基本解决积水，两年根治城区内涝"的决定，当年就投入 14.22 亿元。经过改造，城区排水能力从 10 年一遇提高到百年一遇，建立起比较完备的排水体系。2005 年，南昌市又启动了 1000 多条小街小巷地下排水系统改造工程，投入 10 多亿元资金，使居民告别了"逢雨必淌水"的日子。南昌市防洪治涝工程见图 9.7。

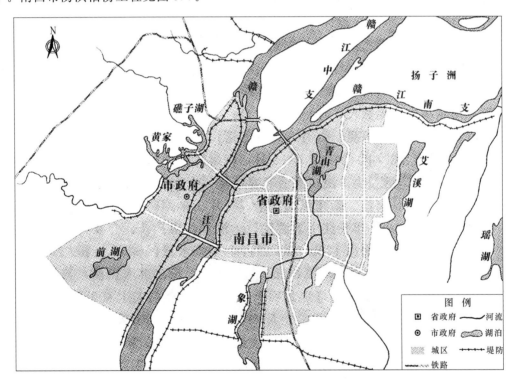

图 9.7 南昌市防洪治涝工程示意图

9.4.7 合肥市

合肥市地处长江流域，巢湖水系，境内有南淝河穿城而过。造成合肥市洪涝灾害的主要原因有以下几方面：合肥梅雨季节雨量集中，在短历时强暴雨和长历时暴雨的情况下，合肥极易发生洪涝；合肥易受巢湖高水位顶托倒灌影响，造成市区内涝成灾，大面积受淹；南淝河是条山丘性河流，河源距市区仅 40km，源短流急，上游洪水来势较猛；因受资金财力限制，工程措施跟不上，导致防洪设施标准低，抗洪能力不够。

防洪治涝措施包括水库工程、南淝河干支流堤防工程及排涝工程设施。其中排涝工程包括排涝泵站和管网设施。合肥市城区现有各类泵站 31 座，230～2000mm 管径各类排水管道 400km，市区排水管网基本完善。

为了增建消除内涝设施，合肥市投入巨资启动"治涝一号工程"采取增建箱涵、雨水调蓄池、扩建雨水泵站以达到近期消除内涝、远期雨污分流的目标，对老城区一些死角进行改造。经过治理，合肥防洪排涝能力得到极大改善。

防洪排涝设施存在的问题。合肥市城区堤防在 50 年一遇标准范围内的主要险工段是南淝河右岸淮河路桥至长江路桥段（长约 80m）和合裕路与唐桥河交叉处（长约 60m），日常均为交通要道。在汛期，必须按照预案分别筑一道临时防洪堤（坝），否则，洪水将直接进入老城区和城东工业区，使整个城市安全受到严重影响。在排水设施方面，20 世纪 80 年代中期建造的排涝泵站设备老化，老城区原有的排水管网远远不能满足城市建设发展的需要，而且因管径小，淤塞严重，极易造成短时间积水内涝。合肥市防洪治涝工程示意图见图 9.8。

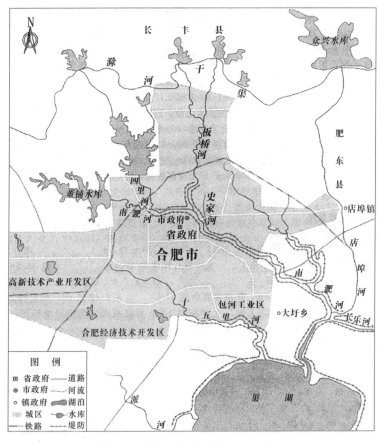

图 9.8 合肥市防洪治涝工程示意图

9.4.8 济南市

济南市发生的主要洪涝灾害为市区积水，引起的主要原因为：济南市地处泰山北麓与华北平原交界的斜坡上，南部为山区，坡度较大，北部有地上悬河黄河阻隔，中间为小清河洼地。地势南高北低，高差极大。遇有大暴雨后，短时间内南部山区及主城区汇流形成的大量洪水形成道路行洪，引起山区积水。例如，2007 年 7 月 18 日，济南市遭遇超强特大暴雨，市区主要排洪河道小清河最大行洪流量是 1987 年 "8·26" 特大暴雨行洪流量的 1.6 倍。突如其来的暴雨造成了济南市低洼地区严重积水，部分地区受灾，大部分路段交通瘫痪。

济南市城市防洪治涝可分为黄河防洪体系和小清河防洪体系。

黄河防洪体系以黄河大堤作为济南市重要的防洪屏障。黄河上不论多大的洪水，只要黄河大堤不发生决口现象，对济南市就没有影响。因此，确保了黄河防洪工程的安全，也就是确保了济南市的安全。

小清河在济南市境内河长 18.34km，流域面积 329km²。由于济南市南部为山丘区，北部受地上悬河黄河的阻挡，小清河成了市区唯一的排水出路，进入城市的所有水流最后都必须通过小清河排走。因此小清河对济南市排涝有着十分重要的影响。其防洪体系主要以防御济南市区南部山洪为主，以安全排泄支流洪水，保证城市安全和交通畅通为基本目标。目前小清河市区段的防洪能力，在金牛闸以上河段略大于 20 年一遇标准，金牛闸以下河段接近于 20 年一遇标准，距离对国家重点防洪城市的要求差距很大。在小清河综合治理规划中，通过实施腊山分洪、小清河干流治理、小李家滞洪区及南部山区水土保持治理等 4 项措施，缓解南部山区洪水对市区造成的压力。以上工程实施后，将对提高城市防洪减灾能力，发挥显著作用。

市区防洪除涝工程方面，通过对城区排洪河道按相关防洪标准进行治理，增大、加大雨水收水口、实施雨污分流工程等措施提高防洪排涝能力。2010 年济南市启动雨污分流改造工程，预计 2016 年，实现主城区市政道路雨污分流；到 2020 年，实现绕城高速以内建成区范围内小区雨污分流，从而实现主城区范围内的污水全收集。

对重点路段进行专项治理，以保证排水畅通。济南市文化西路与趵南路交叉路口往北到源大街这一段，被人们称为"山水沟"，通过一系列整治工程，将文化西路与趵南路交叉路口的路面抬高了 80cm，并在地下建了宽 13.1m、长 40m 的溢洪桥梁，收集黎明坝的溢流洪水。如果黎明坝漫溢，水也不会流到马路路面上，而是通过桥梁流走。同时趵南路机动车道路下面新建了两孔 2m×4.5m 泄洪箱涵（设计流量 50m³/s），洪水通过这两孔箱涵经地下泄洪管道排入护城河。济南市区防洪工程示意图见图 9.9。

济南市近年来着力完善雨水情监测系统，新建城区雨量遥测点 30 处，设立视频监测点 100 余处，对铁路立交桥、泵站出水口、低洼地区、主要道路等汛期积水情况进行实时监测，并配置大型城市防汛指挥车、移动视频监测车，为城市防洪提供及时、准确、全面的信息支持，取得了较好效果。

9.4.9 兰州市

兰州市境内主要河流是黄河，流经全市 152km，其他还有大通河、湟水河、庄浪河、宛川河等，均为黄河水系。市区处于柴家峡与桑园峡之间的葫芦状盆地内。

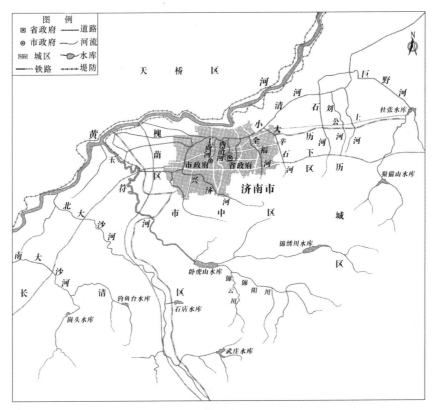

图 9.9　济南市区防洪工程示意图

复杂的地形、地貌条件及气候特征造成兰州市区暴雨洪水及滑坡、泥石流灾害频繁。因此，兰州市的洪涝灾害主要是来自黄河洪水的威胁，以及受山洪、泥石流和内涝的威胁。防御黄河洪水威胁，措施是修建、加固黄河堤防，兰州市将防洪工作作为市政建设的重点，采取"堤路结合、以路带堤"和防洪建设与市政建设相结合等方法，加快采取河道、洪道防洪治理。在打通南北滨河路和建设百里风情线的过程中，将道路建设、景点建设、堤防工程、河道整治有机结合，新建和加固黄河堤防约 20km，疏浚治理崔家大滩、雁滩等排洪道，河沟沿岸植树造林，绿化草地。实现防洪效益与经济效益、社会效益和谐统一。

在新时期防洪对策方面，今后几年重点抓好"一线"建设，"三道"整治、重点洪道综合治理和南山防洪过程建设。"一线"建设就是围绕南北滨河路拓建和百里风情线建设，切实搞好黄河河堤建设，力争在 3 年内建成 13.7km 达标河堤，使黄河市区段 95km 河岸线全部建成达标河堤。"三道"整治就是要在今后 5 年内多渠道投资 27 亿元，整治好雁滩、崔家大滩、马滩南河道，使其既成为分洪泄洪的重要通道，又成为市区靓丽的景观带。重点分洪通道综合治理就是要逐年投入，对汇入黄河和南河道的南部山区 12 条分洪通道、北部山区 30 条分洪通道逐步实施综合整治。同时统一规划、分期实施南山防洪排洪工程，完善城市防洪排涝体系。

在排水工程改造方面，兰州市把老城区的排水设施改造定为"一号工程"，提升了部分路段的排水功能。由于进行了污水雨水管道改造工程，位于白银路安定门至中山林路段"下雨路成河"的尴尬现象在 2010 年不再出现。这个路段长约 800m，该路段的雨水管网改造已经完成，雨水管道的管径较大，除了少数管径为 500mm 外，大多数管径均为 600mm，汇集的雨水能及时排走。兰州市防洪治涝工程示意图见图 9.10。

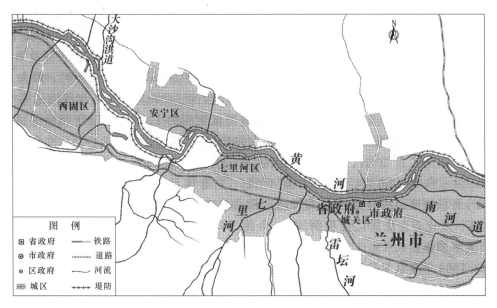

图 9.10　兰州市防洪治涝工程示意图

9.4.10　乌鲁木齐市

乌鲁木齐河把乌鲁木齐市分成东西两块，全市 7 个区中有 5 个区都分布在乌鲁木齐河干支流两侧。所以乌鲁木齐河的洪水是乌鲁木齐市防洪安全的最大威胁。此外，乌鲁木齐市区两侧还有十几条小河和山洪沟流向或流经市区，夏季发生暴雨洪水时也对乌鲁木齐市造成威胁。

乌鲁木齐市的涝灾，是由于城市两侧丘陵区的山洪和市区融雪与降水所产生的地表径流量大于城市排水能力所致。城市中心涝灾的形成主要是降水产生的地表径流不能及时被城市排水系统排泄。自 20 世纪 50 年代以来，城市发展很快，建成区面积从原来的 $10km^2$ 增加到 2002 年的 $165.45km^2$，而且发展区主要集中在河谷中部滩地和冲积扇前缘地带，地势较低。这一地区建筑物密集，人口稠密，由一般暴雨形成的局部地区积水几乎年年都有，现有排水能力不足，暴雨来袭时城市道路成为排洪渠，涝灾造成的危害较大。

2010 年，乌鲁木齐市加大水网改造、供排水改造的力度，对大湾南社区、明华街、碱泉街、二道湾等片的巷道进行施工改造。至 2010 年 7 月底，乌鲁木齐中心城区 19 条巷道排水改造疏通工程已全部完成，区域改造工程正在有序进行中。

9.5　城市排水计算

9.5.1　水利与城建部门排水计算的差异

1. 选样方法不同

（1）水利部门采用年最大值选样法。水利部门按照水利部门规范对不同历时雨量每年选一个最大值组成统计系列，称为年最大值选样法，统计年限一般要求 30 年以上。

（2）城建部门采用非年最大值选样法。城建部门按照城建部门规范，对不同历时雨量每年选出前 6～8 位雨量，将其按大小排序，再从中选出资料年数的 3～4 倍的前位雨量，组成统计系列，称为年多值取样法，或非最大值法。

2．采用的频率曲线不尽相同，重现期的概念也不同

水利部门采用年最大值系列，用皮尔逊 III 型频率曲线对其经验点据进行适配，求得的重现期为年，最小重现期为 1 年。

城建部门的非年最大值系列，用皮尔逊 III 型频率曲线或指数分布曲线对其经验点据进行适配，求得的重现期虽亦称作（年），但与水利部门重现期（年）的概念并不相同。

3．城建部门计算的最大流量无法参与水利部门的河道洪水过程计算

城建部门规范规定的排水流量计算公式只给出某种频率的最大洪峰流量，而水利部门在推算河道排水流量时往往要计算整个洪水过程。因此，城建部门算出的地面沟渠与地下管道的排水最大流量无法参与河道洪水计算。

4．水利部门没有地上地下管网计算之分

目前，水利部门在协调骨干河道洪水计算与城区地表、地下管渠排水计算时，基本上是将城市当成一个整体，原则上不分地上、地下排水计算；个别城市，如上海，给定某种设计雨量要求多少时间排出，但这仅仅是一种简单处理。

为了协调地上、地下排水与河道洪水计算，必须设法求得地上、地下管渠的流量过程，而不仅求出一个最大流量。在这方面，国外已建立了多种城市暴雨径流模型，国内有的单位也有一些应用研究，功能较强也具有实用性的是美国环保局研制的 SWMM 模型。

9.5.2　城市排水计算（SWMM 模型简介）

SWMM 模型可以模拟完整的模拟城市降雨-径流-污染物的运动过程，包括地面径流和排水系统的水流，雨洪的调蓄/处理以及受纳水体模式，并用于评价水质影响。模型输出可以显示系统内和受纳水体中各点的水流和水质情况。

9.5.2.1　模型结构

SWMM 模型包括 5 个主要的计算模块：

（1）径流模块。根据输入的降雨过程、土壤前期条件、土地利用状况和地形特征，计算出地表径流，并以排水管系统进口处的流量过程线和污染过程线的形式储存其计算结果。

（2）输送模块。将输入过程线经排水管系统向下游演算。

（3）扩展的输送模块。可以模拟回水作用、回路型下水道和超载时出现的有压流等特殊的水力情况。

（4）调蓄/处理模块。模拟调蓄/处理设施的运行对水量、水质的影响，并计算选定方案的投资和运行及维修费用。

（5）受纳水体模块。计算出对受纳水体的效应。

在运算中，输送模块、扩展的输送模块和调蓄/处理模块，可接受除受纳水体模块外的任何其他模块的输出，各模块的输出过程除径流模块外还可以再次输入到任何其他模块（包括自身中，但受纳水体模块不能将其输出作为任何模块的输入），见图9.11。

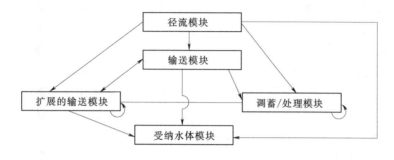

图 9.11　SWMM 模型结构

9.5.2.2　SWMM 的主要特性

1. 适用范围

（1）城市化城区。

（2）一般的城市化地区。

2. 输入资料的要求

（1）实测的或人工生成的降雨过程，逐月蒸发率等。

（2）地面部分。面积、不透水面积百分比、地表坡度、洼蓄深、透水及不透水地表的糙率，以及 GREEN - AMPT 和 Horton 公式的下渗参数。

（3）沟渠/排水管部分。形状、坡度、长度、糙率、堰、泵、涵洞、调节池等的几何和水力参数。此外，扩展的输送模块还需要地面高程和管底高程，以及检查井和其他构筑物的蓄水容量。

（4）当只应用单个模块时，所需资料数量远少于应用整个模型所需的资料数量。通过集总处理各子流域和排水管系统，也可大大减少输入的资料数量，这尤其适用于连续模拟。

3. 计算时段要求

（1）单次暴雨事件或连续降雨过程，对时段数无限制。降雨可以任意步长（一般为1～15min），对连续模拟，一般为 1h 为宜。

（2）输出步长，可以是输入的时间步长或以输入步长的倍数。输入步长的倍数，即为间隔输出。

（3）扩展的输送模块中，时间步长的大小决定于稳定性准则，可以小到几秒钟。

4. 计算模块特征

（1）数学特征。

1）SWMM 模型是一个确定性的模型。若只要输入参数是精确的，只需稍加率定，就可有效地模拟出整个降雨径流过程。

2）地表流量计算。迭代求解连续方程、曼宁方程以及 GREEN - AMPT 和 Horton 方程的积分形式。

3）地表边沟/排水管。用非线性水库方法，假定水面平行于底坡。

4）沟渠/排水管演算。

a. 在输送模块中，以隐式有限差分法求解改进的运动波方程。

b. 在扩展输送模块中，以显式有限差分法求解复杂的圣维南方程组。稳定性要求计算步长取得较短。

（2）数学方法：

1）从降雨中扣除洼蓄、截留、下渗、蒸发等损失，计算出地表径流量。

2）用非线性水库（联立求解曼宁方程和连续方程）方法进行坡面流的演算。

3）沟渠/排水管的流量演算。

a. 对径流模块的沟渠/排水管采用非线性水库公式，包括传输和衰减作用。

b. 输送模块中用运动波方法进行流量演算，但不能模拟回水等复杂的水流现象。

c. 在扩展输送模块中，求解复杂的圣维南方程组进行水力演算，以模拟回水、超载、有压流、回路型下水道等。

d. 下渗和旱季径流可进入以上两个输送模块中的任意一个的排水管。

4）使用修正的玻尔（Puls）方法进行调蓄演算，其出口包括泵、堰、涵洞等类型。

5. 空间特性

（1）可以模拟从小到大的多个流域。

1）地表。对地面水流集中模拟，总共可包括 200 个子流域和 6 个雨量站，在径流模块中，可用非线性水库方法模拟演算 200 条边沟/排水管。

2）沟渠/排水管。在输送模块中可模拟 159 条沟渠/排水管单元，扩展的输送模块中，则可模拟 187 个单元。

3）对于面积较大的流域，可将流域面积分块，并按顺序模拟。

（2）可以独立地模拟调蓄/处理设施，它们接受来自上游演算的输入。

6. 经济分析

确定控制单元的投资、运行及维修费用。

7. 模型的输出内容

（1）输入资料的归纳清单。

（2）系统中任何地点的流量过程线和污染过程线。

（3）超载水量及所需的泄流能力。

（4）对连续模拟，输出逐日、逐月、逐年和总的统计数值，以及最大 50 场降雨径流。

（5）对连续（或单次事件）输出，进行频率分析和矩的计算。

9.5.3　SWMM 模型在中国的应用

SWMM 模型集水文、水力、水质过程的模拟于一体，程序采用模块式结构组合，对输入输出资料在时间和空间尺度上的要求可粗可细，对计算成果要求的精度可高可低。

模型既可用于预报管理，计算实际暴雨条件下的雨洪过程；还可用于规划设计，模拟设计暴雨条件下的雨洪过程和水质过程。

模型在模拟具有复杂下垫面的地区时，可以将流域离散成多个子流域，分别考虑各子流域的地表性质进行逐个模拟。这样可以充分考虑产汇流特性不均匀的城市流域雨洪模拟。

　　模型不仅可用于一次雨洪事件的短期模拟，而且还具有连续模拟多次雨洪事件的功能，并统计分析出有关参数逐日、逐月、逐年的数值大小，进行频率分析。

9.5.3.1　模型的应用实例

　　海河干流汇流区包括天津市区、东郊、西郊、南郊、北郊及塘沽市区、塘沽郊区的部分地区，汇水面积 1320km²，见图 9.12。

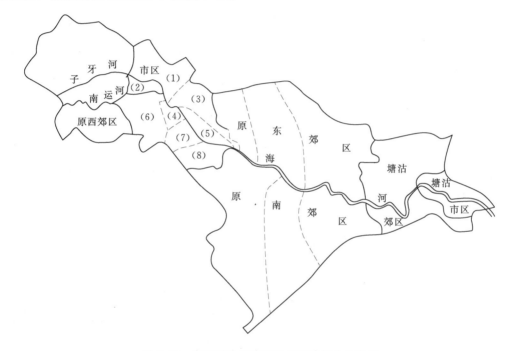

图 9.12　海河干流汇流区及子流域划分示意图

　　为了对模型作适应性检验和模型参数率定，必须选择具备雨洪资料以及详尽的流域排水系统资料的小流域或实验区进行试验性计算，以便选择适用的产汇流参数。由于海河干流汇流区的面积大，而且区域内情况比较复杂，模型应用于海河干流汇流区适应性的检验需从情况单一的小区到面积较大、情况相对复杂的区域进行雨洪分析，然后再应用到整个干流汇流区。

9.5.3.2　模型的适应性检验

　　1. 王顶堤小区的雨洪计算检验

　　王顶堤小区位于天津市西南部，汇水面积为 103hm²。小区以住宅为主，另有部分公共建筑和绿化地，小区不透水面积为总面积的 70%，地表平均坡度为 0.5%，土壤为黏土。小区下垫面情况单一，雨水管道系统完善，是有控制出口的小区。小区非自由出流，无出口断面的流量过程，排水资料主要依据泵站记录和通过蓄水池蓄水变量进行反调节计算求得。根据小区管道及地表情况将小区分成 12 个子流域，见图 9.13。

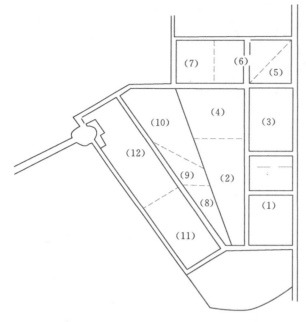

图 9.13　王顶堤小区及子区域划分示意图

王顶堤小区 1988 年有实测的降雨和排水记录，SWMM 模型适应性检验就从王顶堤小区开始。推求各子流域的产流过程，选用 Horton 公式进行下渗计算。根据土壤类型及前期湿润情况，参考用户手册中下渗参数的推荐值，并经多次试算调整求得三个下渗参数：初始下渗率 $f_0 = 76.2 \text{mm/h}$，稳渗率 $f_x = 3.81 \text{mm/h}$ 和下渗衰减系数 $\alpha = 0.0006$。

试算分析分别求得不透水地表洼蓄深为 0.38mm、透水地表洼蓄深为 1.52mm。

根据下垫面情况，透水区和不透水区的地表糙率分别取为 0.030 和 0.015。

1988 年三次雨洪的计算的径流总量和实测径流总量见表 9.1。

表 9.1　　　　　　　　王顶堤小区径流总量计算值与实测值比较

暴雨日期	计算径流总量/m³	实测径流总量/m³	相对误差/%
1988 - 07 - 15	72928	68660	6.2
1988 - 07 - 21	85581	84370	1.4
1988 - 08 - 13	38789	39960	-2.9

由表 9.1 可见，径流总量的计算值与实测值比较接近，可以看出模型在王顶堤小区的应用情况是良好的，能够满足计算的各项要求。

2. 模型在纪庄子试验区的检验

为检验模型在更大区域的适应性以及率定适合海河干流汇流区的产汇流参数选择天津市南部的纪庄子试验区做试验性计算。纪庄子试验区以纪庄子闸为控制，控制面积 27.3km²，区内有排涝骨干河道 12.45km。

根据试验区下垫面的地区特性，可以将流域离散成多个子流域，分别考虑各子流域的地表性质将试验区分 17 个子流域，见图 9.14。各子流域的水先汇入到该子流域内的主下水道中，由泵站抽排入下游下水道或明渠中，最终到达出口断面纪庄子闸。

考虑试验区面积较小，在模拟计算时降雨资料统一采用苏堤路雨量站 1991 年汛期两次大暴雨（910728、910901）的降雨过程。

下渗计算采用 Horton 公式，根据土壤类别及前期湿润条件，下渗参数经调试后取用 $f_0 = 71.5 \text{mm/h}$，$f_x = 3.80 \text{mm/h}$，$\alpha = 0.006$；不透水地表和透水地表平均洼蓄深分别为 0.76mm 和 3.04mm，地表糙率则分别为 0.015 和 0.030。

由 SWMM 模型计算出的两场降雨形成的峰值和径流总量，其与实测值的比较见表 9.2。

由表 9.2 可见，SWMM 模型经参数调试后在纪庄子试验区的模拟情况是比较满意的。

9.5.3.3 子流域集总应用的研究

模型在王顶堤小区和纪庄子试验区的试验性计算中都是先将研究区分解成若干个子流域。模拟计算时需要逐个输入各子流域的地形参数和水文水力参数，若严格按照水文水力条件一致划分子流域，其面积小的只有十几公顷、大的也不过几百公顷，而海河干流汇流区的排涝面积达到 1300 多 km²，若子流域面积划分过小，其子流域数量过于庞大。

图 9.14　纪庄子试验区子区域划分示意图

现实也不可能搜集或量测到逐个子流域的所需资料。为此，需对不同尺度子流域作集总模拟效果的研究和对流域分解的最佳尺度研究，以寻求划分适当数目的子流域使计算的流量过程接近于多个子流域详细模拟所得的流量过程。

表 9.2　　　　　　　　　　　　　　　纪庄子试验区模拟值与实测值比较

暴雨日期	径流总量/万 m³		径流总量相对误差/%	峰值/(m³/s)		峰值相对误差/%
	计 算	实 测		计 算	实 测	
1991-07-28	118.70	118.68	0.02	20.25	20.20	0.23
1991-09-01	104.40	109.15	−4.35	28.92	24.70	17.09

（1）王顶堤小区，用表 9.1 中的三场暴雨径流进行集总模拟，即将整个王顶堤小区集总为一个子流域（只模拟小区中的排水干管），然后用 SWMM 模型计算三场暴雨的径流总量，与分解 12 个子流域的计算结果进行比较，见表 9.3。

由表 9.3 中可见，王顶堤小区两种子流域划分情况计算出的径流总量相差甚小。这说明，当只需要小区的次洪总量时，王顶堤小区作为一个子流域进行计算是可以满足要求的。

（2）纪庄子试验区，同样将纪庄子试验区集总为一个子流域，再用 SWMM 模型计算 1991 年两次暴雨产生的出流过程与分解为 17 个子流域的计算结果进行比较，结果见表 9.4。

表 9.3　　　　　　　　　　王顶堤小区子流域集总前后计算成果对照表

暴雨日期	计算径流总量/m³		实测径流总量/m³	相对误差/%	
	集总为 1 个子流域	离散为 12 个子流域		1 个子流域	12 个子流域
1988 - 07 - 15	72919	72928	68660	6.2	6.2
1988 - 07 - 21	84964	85581	84370	0.7	1.4
1988 - 08 - 13	38126	38789	39960	−4.6	−2.9

表 9.4　　　　　　　　　　纪庄子试验区子流域集总前后计算结果比较

暴雨日期	计算径流量 /(万 m³/s)		实测 径流量 /(万 m³/s)	径流量相对误差 /%		计算洪峰		实测 洪峰	峰峰相对误差 /%	
	1 个 子流域	17 个 子流域		1 个 子流域	17 个 子流域	1 个 子流域	17 个 子流域		1 个 子流域	17 个 子流域
1991 - 07 - 28	113.21	118.7	118.68	−4.6	0.02	24.69	20.25	20.26	22.2	0.25
1991 - 09 - 01	96.73	104.4	109.15	−11.4	−4.35	28.66	28.78	24.70	16.0	16.52

　　图 9.15 为纪庄子试验区 1991 年分别按集总为一个子流域和分解为 17 个子流域计算的出流过程线。

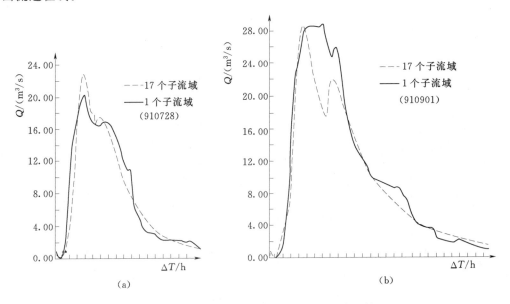

图 9.15　纪庄子试验区集总前后出流过程线比较

　　由表 9.4 和图 9.15 可见，纪庄子试验区在集总和分解情况下的洪水过程线，其误差比王顶堤小区要大，但仍在允许的精度范围内。因此，可以认为当流域内土地利用情况、排水管网分布、地形坡度没有显著差异的条件下，流域面积不大于 $30km^2$ 区域基本上可以作为一个流域进行计算，不必再做进一步划分。因此，对条件雷同的许多子流域都可以被合并成为一个集总的或等价流域。这种方法对排水管网缺乏的地区尤其实用，因为在这些地区不可能划分为多个子流域进行详细的模拟，即使对有足够资料的地区，当只要求出口断面的流量过程时，采用子流域集总的方法也可以大大减少工作量。据此，将用这种方法模拟海河干流汇流区进行设计排涝过程的模拟计算。

9.5.3.4 海河干流汇流区模拟计算

SWMM 雨洪模型经对王顶堤小区和纪庄子试验区的试验性计算后，又对子流域集总与分散模拟计算进行了比较分析，进一步显现模型的实用价值。与此同时还对市区进行了积水模拟，认为模拟结果基本吻合后，即对海河干流汇流区进行模拟计算。

模拟计算时，首先依据主要的排水线路和子流域集总的原则将海河干流汇流区划分为18 个子流域即：市区划分为 8 个子流域；郊区由于下垫面情况比较一致，分块的面积比较大，则根据海河干流二级河道的受水面积划分成 9 个子流域（东郊 3 个、北郊 1 个、南郊 3 个、塘沽郊区 2 个），塘沽市区为 1 个子流域。模型逐个计算各子流域产流、汇流过程，并逐步叠加后向下游演算，得到市区和海河干流各控制断面的流量过程。

产流计算中，参考《天津市防洪规划》，郊区各子流域不透水面积百分比取为 20%，塘沽市区取 40%，天津市区不透水面积为 60%～80%；不透水区和透水区的地表糙率分别为 0.015 和 0.030。

计算中采用 Horton 公式扣损，考虑前期土壤湿润情况各分区入渗参数 $f_0 = 80 \sim 120 \text{mm/h}$，$f_x = 2.00 \sim 3.00 \text{mm/h}$，$\alpha = 0.006$。

海河干流汇流区进行模拟计算的是 1965—1988 年段中 13 次实测大暴雨的雨洪过程。这 13 次大暴雨的雨洪编号分别是 840810、750730、730806、780809、830806、770802、690728、870819、810705、760820、860627、660828、800816（雨洪编号按降雨量大小排列）。

根据率定的模型参数模拟算得自由出流条件下的市区出口及海河闸的出口过程，结果见表 9.5。

由表 9.5 中模拟结果可以看出绝大部分洪水的径流系数、峰量大小与降雨量的大小及降雨历时长短是相应的，说明模型计算结果是合理。

在我国，城市化对雨洪影响的研究尚不普遍，但仅从上述模拟、分析中可以粗略地看出：①城市化发展对市区的暴雨频次、暴雨量均有明显的影响。②随着市区暴雨情势的变化和城区规模的扩大，市区的雨洪情势必然相应变大，城区的防洪问题也渐趋严重。③城市化是我国国民经济发展的必然结果，城市化引起的水文问题也日趋突出。

表 9.5　　　　　　　　海河干流汇流区十三次大洪水峰、量计算结果

洪水编号	降水历时	降雨量/mm	径流深/mm	径流系数	计算径流量	$Q_m / (\text{m}^3/\text{s})$	
						市区出口	海河闸
840810	8 月 9 日　6:00—8 月 10 日　7:00	288.8	98.1	0.34	1.18	327.3	739.4
750730	7 月 29 日　12:00—7 月 30 日　15:00	237.8	78.6	0.33	0.931	328.6	902.0
730806	8 月 6 日　0:00—8 月 8 日　14:00	149.5	51.9	0.35	0.637	239.0	356.0
780809	8 月 8 日　16:00—8 月 9 日　5:00	142.4	55.0	0.39	0.674	370.0	516.7
830806	8 月 4 日　23:00—8 月 6 日　8:00	135.4	56.9	0.42	0.660	324.7	427.1

续表

洪水编号	降水历时	降雨量/mm	径流深/mm	径流系数	计算径流量	Q_m/(m³/s)	
						市区出口	海河闸
770802	8 月 2 日　8：00—8 月 3 日　8：00	128.1	52.7	0.41	0.504	393.3	481.9
690728	7 月 27 日　3：00—7 月 29 日　11：00	126.9	38.3	0.30	0.474	110.0	220.0
810705	7 月 3 日　13：00—7 月 4 日　12：00	107.9	34.4	0.32	0.408	169.3	325.0
870819	8 月 17 日　22：00—8 月 19 日　9：00	99.7	33.7	0.34	0.410	253.2	316.0
760820	8 月 9 日　23：00—8 月 21 日　13：00	68.5	25.7	0.37	0.324	122.4	180.6
860627	6 月 26 日　23：00—6 月 27 日　17：00	86.1	27.3	0.32	0.303	215.1	274.4
660828	8 月 28 日　21：00—8 月 29 日　5：00	60.2	19.0	0.32	0.236	86.2	133.0
800816	8 月 16 日　6：00—8 月 17 日　7：00	48.2	19.8	0.41	0.244	137.7	132.5

第 10 章 小城镇防洪减灾对策措施

我国的小城镇在当前已成为乡村经济的重要载体，成为广大乡村的中心地、城乡之间的过渡带、农业人口向城市转移的纽带，是化解中国社会二元结构性矛盾、使广大农民脱贫致富的希望所在。乡村经济的崛起和迅速发展，促进了城乡经济运行的一体化，农业、工业、建筑业、运输业、服务业的并举和繁荣，形成了我国新农村产业结构的新格局。

近十多年来，中央一直十分关注我国小城镇的发展战略，1998 年党的十五届三中全会《关于农业和农村工作重大问题的决定》中指出："发展小城镇是带动农村经济和社会发展的一个战略，有利于乡村企业相对集中，更大规模地转移农业富裕劳动力，避免向大城市盲目流动""小城镇要合理布局科学规划，重视基础设施建设，注意节约用地和保护环境"。党的十六大、十七大都提出坚持工业与农业相互支持、城市与农村相互支持，大中小城市和小城镇协调发展，走中国特色的城镇化道路。

2012 年 11 月，党的十八大进一步提出推行积极稳妥的城镇化战略，发展小城镇必将出现强劲势头。根据中央关于发展小城镇要合理布局科学规划，重视基础建设的精神，本章针对小城镇数量多、分布广、个性强以及地处城乡结合部的区位特点，重点探讨了制定保障小城镇健康安全发展的小城镇防洪减灾对策。

10.1 小城镇的界定

10.1.1 小城市与建制镇

小城市与建制镇虽均属城市范畴，但它们的行政属性是有区别的，因此，本章论及的小城镇不包含小城市。按照《中华人民共和国城市规划法》规定：城市的范畴包括建制镇，建制镇的规划按城市规划法执行。

改革开放以来，我国建制镇总数，由 1978 年的 2176 座，发展到 2009 年的 19322 座，增加 7.9 倍（表 10.1）。从发展趋势看，1978 年到 2002 年前建制镇逐年增加，但以后又逐年略有减少，这是因为体制调整所致。建制镇包括县城镇和县城以外的建制镇；县城以外的建制镇，其发展速度远较县城镇的发展快。以 1983—2000 年为例：建制镇由 1983 年的 706 座，增加到 2000 年的 17892 座，增加了 24.3 倍；而县城镇由 1983 年的 2080 座增加到 2000 年的 2420 座，仅增加了 0.2 倍左右（表 10.2）。

建制镇有县辖、区辖、市辖之分。县城镇是县政府所在地的建制镇。按照《中华人民共和国城市规划法》，城市是指"按国家行政建制设立的直辖市、市、镇"。在这里市和镇（建制镇）统称为城市，而不统称为城镇，建制镇被列入城市范畴，因此，可以把建制镇当作小城镇考虑。

表10.1　　　　　　　　　　　　1978—2010 年全国建制镇数量　　　　　　　　　　单位：座

年　份	建制镇	年　份	建制镇	年　份	建制镇
1978	2176	2001	20374	2006	19369
1985	9140	2002	20601	2007	19249
1990	12084	2003	20226	2008	19234
1995	17532	2004	19883	2009	19322
2000	20312	2005	19522	2010	19410

表10.2　　　　　　　　　　　1983—2000 年全国建制镇数量构成　　　　　　　　　单位：座

年　份	建　制　镇	县城镇	县城以外建制镇
1983	2786	2080	706
1990	12084	1903	10181
1997	18316	1781	16535
2000	20312	2420	17892

10.1.2　建制镇与集镇

建制镇与集镇分属城市和乡。按国务院颁布的《集镇和村庄规划建设管理条例》规定："集镇是指乡、民族乡人民政府所在地和经县人民政府确认由集市发展而成的作为农村一定区域经济、文化和生活服务中心的非建制镇。"事实上，这样的集镇目前虽属非建制镇，但从发展的观点看，这类集镇随着城镇化水平的提高，乡镇企业的发展，常住人口转移等因素可能很快发展成为建制镇。县城镇与县城以外的建制镇均属建制镇，但两者是有区别的：县城以外建制镇是县级以下的地域中心，从发展看应属同一范畴。在建制镇数量中以县城以外的建制镇占大多数。

10.1.3　本书使用的小城镇术语

从防洪减灾需要出发，站在动态发展的角度，观察城镇化进程，分析城乡居民点层次、乡镇企业发展等因素，本书认为将小城镇界定为以建制镇为主体，包括将来可能发展成为建制镇的集镇，作为小城镇是比较合适的。因此，在研究防洪减灾对策时，本书使用的小城镇术语以建制镇为主，同时包括大的集镇。

10.2　小城镇发展现状

10.2.1　小城镇现状

改革开放以来，我国城市迅速发展，小城镇蓬勃兴起，特别是县城以外建制镇，更是大幅度成倍地增加。

我国行政上的城市有严格的行政等级。从低级到高级分别是建制镇、县、县级市、地级市、副省级市和直辖市。县级市在行政上不设区，其余各类市都设区、县，并且下辖数量不等的县级市。

县城镇与县城以外建制镇，虽属建制镇，但二者从性质职能、机构设置和发展前景来看截然不同，辐射影响的地域范围也相差悬殊，二者不是同一层次。

我国小城镇聚集效应逐步显现，目前已发展为以农业服务、商贸旅游、工矿开发等多种产业为依托各具特色的新型小城镇。与农村工业化的相伴而生的小城镇发展打破了城乡分割的体制，推动了我国城镇化发展。以江苏省小城镇发展为例，建制镇由 1983 年的 117 座，到 1997 年增加到 991 座，增加了 7.5 倍。随着乡镇规划的调整，2003 年后逐年减少，又从 2003 年的 1117 座减少到 2009 年的 911 座，减少了 22.6%（表 10.3）。

表 10.3　　　　　　　　　江苏省 1983—2009 年建制镇数量　　　　　　　　　单位：座

年　份	建制镇	年　份	建制镇	年　份	建制镇
1983	117	2004	1078	2007	946
1997	991	2005	1019	2008	930
2003	1117	2006	994	2009	911

镇与乡均是我国最基层的行政单位。随着农村经济的发展，很多乡级集镇在撤乡建镇后变为建制镇。

10.2.2　小城镇特点

1984 年国务院颁布了新的设镇标准，并且推行了"整乡设镇"和"镇管村"的体制。1993 年我国修订了 1986 年设市和设镇标准，增加了能反映当地经济水平的定量指标，促进了具有中国特色的城镇化进程，合理发展了各类城市，有序地建设了一批小城镇。因此1993 年后小城镇迅速发展。

我国小城镇具有数量多、规模小、内涵广、差异大等特点，在发展过程中发挥了小城镇的区位、经济、社会等多方面的优势，成为城乡之间联系的纽带。如上海市青浦县大盈镇充分发挥了本镇大盈鸭的饲养加工和烹调技术，以及香黏米的种植、食品加工升级及换代更新等特点，在镇区内设置了"盈鸭园""香黏园"，接纳了上海和苏州等地市民来本镇，致使大盈镇取得了经济、社会和环境的综合效益。

又如浙江省诸暨县的大唐镇，镇区面积 53.8km²，辖 38 个行政村、3 个居委会，人口约 7 万人，其中常住人口仅 3 万人。大唐镇建立于 1988 年，建镇初期镇区只有两个小村庄，人口不足 1000 人，全镇工农业总产值不到 5000 万元。经过多年经营发展，到2005 年工农业总产值达到 201 亿元，国内生产总值为 31.8 亿元，综合经济实力位列浙江省十强镇，全国百强镇，是国家小城镇建设试点镇、现代化示范镇、全国村镇建设先进镇、国家卫生镇。大唐镇根据所在地的地域位置，产业特征，交通条件，已形成以袜业为主导，机械、五金、纺织、家具四大产业共同发展的格局，大唐镇已成为全球最大的袜子生产基地。由于大唐镇的经济发展，目前已形成以大唐镇为中心辐射周边 12 个乡镇、吸纳就业人员达 20 余万人的小城镇。以镇带村，镇村结合，推进了城乡统筹发展，为农民富裕劳动力提供了进城务工的出路，为新农村建设起到了推动作用。2005 年大唐镇人均GDP 已达到 1 万多美元。大唐镇在经济快速发展的同时，各项社会事业也全面推进，基本形成经济与社会、城镇与农村、本地居民与外来务工人员和谐发展、协调互动的良性发展格局。

小城镇的发展，吸纳了当地和周边大量农村人口，对世世代代以土地为生的生产方式实行了变革，为破解我国二元社会结构矛盾闯出了一片新天地，为加速我国城镇化进程走出了一条新路，是我国社会主义新农村建设的方向。全国各行各业，包括水利建设、防洪减灾，必然要为其护航铺路。

　　事物总是有两面性的，发展小城镇也不例外，在推进城镇化的当今，不能不看到小城镇固有的弱点。中国的城市体系是有层级的，层级越高的城市支配的资源越多，层级较低的小城镇权限和可支配的资源都比较有限，这实际上就意味着产业很难被"分配"到那些需要它们的地方去。中国经济最发达，人口最多的城市是首都、直辖市，或省会和大都市，小城镇发展面临最大的挑战正是产业化与城镇化的偏差。这个偏差若不能设法缓解，即使在小城镇盖上一大批房屋，充其量只不过是房地产开发，我国并不需要这种没有生气、没有产业的"休眠式"城镇。党的十八大召开以后，提出了调整经济结构的要求，特别是扶持小微企业的政策，在我国城镇化的道路上，已显露出进一步推动小城镇发展的曙光。

10.2.3　小城镇的地区分布

　　我国小城镇的地区分布存在东、中、西和东北四大地区的差异。数量上东多西少，增长速度上东快西慢，平均规模东大西小（南北接近）。小城镇的建设质量与发育程度，沿海发达地区一般要高于内陆地区；东部沿海地区改革开放比较早，目前已形成了辽中南、京津冀、长江三角洲和珠江三角洲等大都市连绵带，促进了周边小城镇快速发展。例如，以上海市为中心的长江三角洲地区，和以香港、广州为依托的珠江三角洲地区，每平方千米面积拥有 0.74～0.75 座小城镇，小城镇的密度高于全国平均的 5 倍。中部地区由于中心城市得到快速发展，增强了城市对周边地区的辐射能力和竞争力，小城镇的发展已经起步。西部地区的经济开发和对外开放的步伐相对滞后，乡镇企业经济基础较差，因而小城镇的发展和建设，较东、中部迟缓一些。近年来在大力加快西部开发的方针指导下，西部经济快速增长，目前的重点是发展县城、工矿区和工贸城镇。东北地区是我国的老工业基地，要促进老工业基地和资源型城市的经济转型及产业振兴，以大中城市为主导，培育和发展辽中南城镇群。以 1998 年为例，全国建制镇数为 18800 座，其中东部占 43.8%，中部占 30.7%、西部占 25.5%，面积分别为 14.2%、29.2% 和 56.6%，见表 10.4。

表 10.4　　　　　　　　　　1998 年全国东中西部小城镇分布情况

项　目		全国	东　部		中　部		西　部	
			数量	占比/%	数量	占比/%	数量	占比/%
面积/万 km²		960	136	14.2	280	29.2	544	56.6
总人口/万人		124810	50739	41.2	44033	35.7	28510	23.1
设市数/座		668	300	44.9	247	37.0	121	18.1
其中	特大城市	37	18	48.6	12	32.4	7	20.0
	大城市	48	23	47.9	23	47.9	2	4.2
	中等城市	205	92	44.9	78	38.0	35	17.1
	小城市	378	167	44.2	134	35.4	77	20.4
建制镇数/座		18800	8240	43.8	5773	30.7	4787	25.5
设市密度/(座/10 万 km²)		7.0	22.1		8.8		2.2	
城镇化水平/%		30.4	38.5		28.1		23.4	

随着我国加大开发中、西部的力度，小城镇的地区分布格局，必然会有较大改变。

10.2.4 小城镇发展在防洪减灾中的战略地位

小城镇因其数量众多而且分散，因而防洪战线很长，提高小城镇的防洪能力，任重道远。另外从当前形势看，随着经济的迅猛发展，我国进行了县、市行政区划调整，有些小城镇并入市或县成为一个区，有些乡级集镇发展为小城镇，小城镇的管理部门应对小城镇的发展已感到力不从心，因而防洪减灾任务往往提不到议事日程，实施防洪减灾措施难度很大。

小城镇防洪除涝抗旱等措施，必须服从所在区域的流域规划、土地利用规划等的安排，如果忽视了流域内小城镇对所在地域的防洪减灾作用，将会给城市经济带来难以预料的损失。如位于浙江省湖州市的经济强镇——南浔镇，面积 50km²，人口 6.7 万人。它西接东苕溪，南承德清县北流之水，以及由西向南而来的洪水，均在南浔镇汇集，汛期两面夹攻，腹背受敌，防洪任务十分艰巨，而该镇的防洪标准较低，约 20 年一遇，所以在1999 年大洪水中损失惨重。但经过大洪水的考验，为修改东西苕溪防洪规划提供了有效根据。

注重解决水库下游小城镇开发与防洪减灾的矛盾是十分必要的。如位于浙江省建德市的新安江水电站，由于电站建成后的 40 年间一直处于低水位运行，因此当地政府认为新安镇的防洪不存在问题，所以加大了对新安镇的开发力度，占用新安江两岸的河滩地修建民房，影响了泄洪能力。据调查当地政府在约 5 年一遇流量 5500m³/s 时，修建民房面积约 4.3 万 m²，5 年一遇以下洪水时，修建民房面积约 23 万 m²，致使每年汛期调度难度加大。由于被迫加大水库泄洪，造成下游搬迁工作量增大、历时加长，洪涝灾害加大的局面。

位于山丘区的小城镇多受山洪和泥石流的危害。如位于赣江和东江上游的赣南地区，四周高山环绕，中部丘陵起伏，暴雨是主要灾害性天气之一。大暴雨造成大洪水给沿河小城镇带来灾害损失。如 2006 年 7 月 25 日江西上犹县的营前水、寺下水发生特大山洪，寺下水的安和水文站出现超历史最高洪水位 1.41m 的洪峰水位，山洪袭击沿河各乡镇，造成极大经济损失，这对于贫困山区的小城镇影响不容忽视。

总之小城镇在各项防洪除涝建设中，一定要注意不能盲目侵占河道、行洪滩地而加大洪水风险；堤、闸、桥、坝修建不能产生阻水或壅水；保持一定的水面率调蓄雨洪；小城镇在减轻洪涝灾害，保护环境，维持生态平衡，与水土和谐共处，能起到很大的作用，发展山丘区小城镇经济不能乱砍滥伐林木，破坏生态，加重泥石流灾害。

10.2.5 小城镇小、多、散的特点影响了小城镇防洪减灾能力的提高

小城镇是经济发展的产物，小城镇发育与经济发展水平息息相关。为了防止农村经济衰落和减轻大量农民拥向大中小城市的压力，因而鼓励发展非农产业，并在广大乡村地区积极发展小城镇，以便就近吸纳农村富余劳动力。这种像城又像乡的景况，代表着以发展小城镇为主的乡村地区城镇化的方向。在研究小城镇防洪减灾对策时，必须把握我国小城镇规模小且极度分散的特点。

我国的小城镇多位于城乡结合部和城乡融合的交会点，是一种上连市县下带村庄、兼

有城乡特点的基层城镇类型。因此，小城镇的防洪除涝规划，必须根据其自身特点和需要，纳入所在地区的市、县规划统一考虑。然而目前普遍存在的问题是市、县规划对小城镇的防洪除涝重视不足，不能同步规划、同步建设。如 1999 年 6 月太湖流域遭遇特大洪水，位于湖州市的南浔镇灾害损失极大，全镇的经济损失几乎占到湖州市总损失的 2/3 左右。南浔镇如果能以湖州市防洪减灾体系为支撑提高该镇的防洪标准，则将大大减少该镇的经济损失。

10.3　小城镇的防洪减灾特点

我国地域辽阔、河流众多，小城镇大多傍依在中小河流沿岸。据统计，我国流域面积在 10000km² 以上河流有 79 条，流域面积 1000km² 的河流约 2200 条，流域面积 100km² 河流有 2.3 万多条，而且集中于丘陵、平原与滨海。我国平原中的平地约 147 万 km²，大多位于江河洪水位以下，是洪水易发地区。位于这些地区的小城镇受洪涝灾害的影响十分严重。

我国是一个多山的国家，山丘面积约占全国国土面积的 70%，远远高出世界平均水平。流域面积在 100km² 的 2.3 万多条河流因受降雨、地形、人类活动等影响，经常发生山洪泥石流灾害。据 1997 年统计，全国山洪灾害造成的人员伤亡，占当年洪涝灾害伤亡总数的 69%。因受全球气候变化影响，近年来极端天气发生频率增加，我国山洪泥石流灾害对小城镇的危害加大，防洪形势十分严峻。我国大陆海岸线全长约 18000km，众多独流入海的中小河流除洪灾外，还有风暴潮灾害的威胁。影响范围内的小城镇必须加强防洪防台减灾建设。

全国 656 座城市中，有防洪任务的共计 642 座（2006 年年底），其中 90% 的城市位于江河支流与其他中小河流上，其防洪标准在不小于 100 年一遇的城市 45 座占 7%，50～100 年一遇的 153 座占 23.8%，20～50 年一遇的 233 座占 36.3%，10～20 年一遇 139 座占 21.7%，10 年一遇以下 72 座占 11.2%。由此可见，我国城市防洪标准整体上不够高，更不用说数以万计、分布面广而分散的小城镇了，它们星罗棋布般地镶嵌在众多防洪标准很低，甚至位于没有防洪能力的河道旁。小城镇的洪涝灾害既与一般城市的洪涝灾害具有相似性，另一方面又因小城镇自然地理环境、经济状况的差异而显示出特殊性。据统计到 2006 年年底，全国有防洪任务的一般城镇总数为 388 个中已编制防洪规划的有 263 个占 67.8%。对于常住人口不大于 20 万人的一般小城镇，规划防洪标准应达到 20～50 年一遇，目前达标数为 210 座，占总数的 54.1%。

10.3.1　洪水灾害特点

10.3.1.1　小城镇遭灾广泛

我国位于亚洲季风气候区，季风气候决定了我国降雨在年内高度集中。处于暴雨洪水频发区的小城镇，除受到大范围、长历时江河洪水威胁外，更深受短历时、高强度暴雨袭击的危害。一场局部短历时、高强度的暴雨一般不会造成大中城市的洪灾；然而对于小城镇而言，几乎稍大的局部暴雨都可能对小城镇的防洪安全构成威胁，而小城镇多、分布广，局部暴雨又很频繁，暴雨活动的地域性决定了小城镇遭灾范围的广泛性。

1998 年汛期我国长江、松花江、珠江、闽江均发生了特大洪水，造成特大洪涝灾害。长江发生了 20 世纪以来仅次于 1954 年的全流域大洪水。1998 年汛期广西西江地区特大暴雨，造成梧州站出现 20 世纪以来仅次于 1915 年的第二大洪水。珠江洪水造成珠江三角洲地区的洪水为"94·6"大洪水以来的又一次大洪水。1998 年汛期大洪水范围极广，从南到北遭受洪涝灾害的小城镇很多，洪灾范围很广。例如，松花江流域罕达罕河景星镇，1998 年 8 月 11 日 8 时最高洪峰水位达 101.24m，最大洪峰流量为 2400m³/s，超过 1993年历史最高水位 0.52m，是有实测资料以来的第一大洪水，致使景星水文站被冲毁。陕西省商洛地区，1998 年 7 月 9 日晚至 10 日晨，据可靠调查 6～7h 的暴雨量在双槽乡为1315mm、曲河乡为 1057mm，均超过世界最大纪录。

10.3.1.2　小城镇遭灾频繁

我国的洪灾主要由暴雨造成，暴雨的极值分布是东部大于西部，但东部地区暴雨的极值南北差异不大。由于暴雨活动的随机性，因而对于一个很小的局部地区而言，高强度大暴雨出现的几率可能很小；然而，就一个地区范围而言，同一量级的暴雨出现的机会就会很多。相应地，面上出现相同量级洪水的机会也就自然多于某特定地点出现该量级洪水的机会。这就是广大小城镇遭遇局部洪水袭击的机会，远远多于大江大河大洪水袭击大中小城市机会的自然因素。例如，在黄河支流泾河流域上发生在 10000km² 范围内任意一个50km² 面积上 20 年一遇的洪水，若发生在某指定点上的 50km² 面积上，其重现期约为 60年一遇。这表明小城镇这一群体（即一个大范围内许多小城镇）遭受洪灾的可能性要远大于大中城市，而小城镇的防洪标准却低得多，因此灾害损失也自然很大。

10.3.1.3　小城镇遭灾严重

由于较稀遇的局部洪水量级很大，而小城镇的防洪标准又很低，因此，小城镇一旦遭遇稀遇洪水的袭击，其灾害将是毁灭性的。1991 年 9 月 30 日，云南省昭通市盘和乡头寨沟发生山洪伴随山体滑坡，造成 216 人死亡，经济损失巨大。1999 年太湖流域特大洪水，位于杭、嘉、湖平原西侧的湖州市南浔镇，入梅 24d 遭遇 3 次强暴雨袭击，累计降雨量达742mm，超出常年梅雨量的 3 倍，7 月 2 日南浔水位达到 4.87m，超警戒水位 1.17m，全镇被洪水围困人口 44475 人，农田受淹面积 24679 亩，420 家企业停产，损坏堤防241km。又如 2001 年 9 月 18 日一场罕见的暴雨突袭四川绵阳、德阳及成都市青白江大同镇，造成多处低洼地被水淹没，大同镇 12000 亩良田变成了一片汪洋，其中 2300 亩油菜田彻底冲毁，1000 多亩未收获的水稻被大水冲倒，数十间民房垮塌，镇上一些企业进水，最深达 50cm，灾害损失严重。又如地处秦岭腹地的陕西省宁陕县，2002 年 6 月 8 日到 10日遭受一场百年一遇的特大洪水，6 月 8 日 23 时至 9 日 13 时，宁陕县平均降雨量75.5mm，而皇冠镇等局部地区 5h 降雨量高达 146mm，造成了严重的山洪泥石流灾害，宁陕县境内的甸河、汶水河、长安河等主要河流均出现了百年一遇的洪水，致使该县 14个乡镇全部受灾，经济损失超过亿元。

又如 1991 年太湖流域的大洪水，据江苏省调查，该次大洪水造成约 455 个建制镇（含县城）和集镇受灾。安徽省调查约有 52 个县城和 17 个建制镇遭受不同程度的洪灾；

其中安徽的三河、叶县、河口、正阳、双河、苏埠、方集、临淮关等 15 个建制镇受灾最为严重。另外，根据安徽省六安地区典型调查：1991 年建制镇的直接经济损失占全地区总损失的 24.2%，村镇直接经济损失占全地区总损失的 36.7%，表明小城镇的洪涝灾害损失所占的比重是相当大的。

10.3.2 小城镇是防洪除涝减灾的薄弱环节

10.3.2.1 防洪标准很低、排涝能力不足

据统计，小城镇的防洪标准一般为 20 年一遇，或 20 年一遇以下，有的城镇甚至不具备防洪能力，因此即使遭遇常遇洪水都会造成小城镇的灾害，小城镇处于防洪的弱势。

小城镇几乎都依河建城或河流贯穿其中，随着经济发展城区面积不断扩大，大面积地面硬化，暴雨产生的径流成倍增加，洪峰更加集中，加上外河水位顶托，城区内水排不出去，造成一些小城镇汛期年年受涝。例如，位于江西省信江与鄱阳湖交界处的江西省余干县瑞洪镇，常住人口近 2 万人，居民 90% 以上从事与商贸直接有关的产业。由于缺乏水利建设资金投入，长期饱受洪涝灾害之苦，该镇居民只能采取"游击"战术对待洪涝灾害。

10.3.2.2 山洪威胁严重

局部短历时暴雨引起的山洪地质灾害，给众多山区小城镇带来了极大的危害。小城镇范围小，其水灾源除江河洪水外，还有局地暴雨带来的灾害。2005 年 5 月 18 日江西省赣南地区信丰县新田、大桥、古陂、大阿、油山等乡镇遭遇了一场特大暴雨。新田镇 3h 雨量达 180mm 以上，造成 30 多个村庄被困，4000 多间房屋倒塌，5000hm² 农作物受灾，2000 多人被围困，3 万多人受灾的灾害损失。2010 年 7 月 13 日云南省昭通市巧家县小河镇发生山洪泥石流灾害，灾害主要原因是流域内水土流失严重。灾害造成 17 人死亡，38 人失踪。2010 年 8 月 8 日甘肃省舟曲县发生了震惊中外的特大山洪泥石流灾害，造成 1765 人死亡和失踪、大量房屋倒塌损坏，基础设施严重损毁，县城河床抬高形成堰塞湖，直接威胁下游 10 万余群众的生命安全。同年 8 月 13 日，四川省绵竹市清平乡境内 10 余条沟同时暴发山洪泥石流，持续时间超过 5h，600 万 m³ 的泥石流导致大量房屋被掩埋，街道被毁。清平乡位于汉旺镇山口上游 15km 的大山深处，这次的山洪泥石流灾害极其严重。

10.3.2.3 易遭受风暴潮袭击

位于滨海的小城镇还兼受风暴潮造成的灾害损失。如位于浙江省台州湾椒江口北岸的临海市上盘镇，面积 99km²，包括 39 个行政村，人口 5 万人以上，属沿海平原，镇内平原河道淤积严重，汛期若遭遇台风侵袭，由于降雨集中，洪水暴涨，如再遇天文大潮，极易酿成特大风暴潮灾害。该镇自 20 世纪 80 年代以来，平均每年发生一次风暴潮灾害，如 1997 年 9711 号台风造成全镇直接经济损失 4.96 亿元。又如 2006 年 7 月 25—27 日受台风"格美"的影响，福建省上犹县五指峰乡、营前镇、双溪乡、安和乡等乡镇雨量均超过 200mm，其中双溪乡 12h 雨量达 280mm，造成沿河各乡镇直接经济损失约 1.5 亿元。

10.3.2.4 小城镇多位于防洪薄弱的城乡结合部

按照国家规定，城市防洪工程建设由建设部负责，但在城市规划区内，城乡结合部小

城镇的水利建设属于当地水利部门负责规划管理，因而造成城市防洪在建设和管理上的矛盾。例如，1991 年太湖特大洪涝灾害最严重的地区，不是地势低洼的易涝区，而是位于城乡结合部的小城镇，据江苏省调查，位于无锡城乡结合部的杨市、钱桥、石塘湾等乡镇，耕地受淹比例分别达到 65％、54％和 48％，高于地势特别低洼的前洲、王祁等镇受淹的比例 40％。以上数据表明位于城乡结合部的小城镇是防洪薄弱的环节。

10.3.2.5 小城镇发展规划和所在地区的水利规划结合不够

根据《中华人民共和国城市规划法》第二十三条，"城市新开发区和旧区改造必须坚持统一规划、合理布局、因地制宜、综合开发、配套建设的原则。各项建设工程的选址、定点，不得妨碍城市的发展，危害城市的安全，污染和破坏城市环境，影响城市各项功能的协调"。小城镇所在地区的城市规划应按此方针进行。但实际上由于小城镇发展规划和所在地区的水利规划结合不够，甚至没有考虑水利规划，这是造成小城镇洪涝灾害频繁的原因之一。

小城镇众多，发展迅速，在土地利用价值日益增高的情况下，盲目侵占河道、占用行洪滩地和湖荡搞建设的现象十分严重。据调查，安徽省歙县徽州镇的鸿基、富资小区、徽州花苑等沿河开发区，由于占用了部分原有行洪滩地修建房屋，造成江河防洪标准只能达到 20 年一遇左右。大搞圈圩、围网养殖，致使湖荡面积大量减少。例如，淮河白马湖已变成白马河，里下河地区水情恶化，20 世纪 80 年代以前是"下一涨三"即降 100mm 雨量，兴化水位上涨 30mm；而进入 2000 年则是"下一涨七、涨八"，涝灾加剧。在交通建设中，桥梁阻水、壅水加重小城镇灾害的情况随处可见。

位于山丘地区的小城镇，随着经济的发展，与水争地的现象也较为普遍。如安徽某座城市有一条流域面积为 100 多 km² 的小河，穿城而过，原来沿岸小城镇不受暴雨影响。但在 20 世纪 90 年代由于该座城市为引进外资、发展经济，将该河道变成一条地下河，河道上面开发成一条商业区，因而造成两岸环境恶化，生态系统遭受严重破坏，给沿岸小城镇带来极大灾害损失。另外，山区小城镇缺乏合理的土地利用规划，大规模毁林开荒造成水土流失十分严重，加剧了山洪地质灾害的发生。如安徽歙县的城区主河道，由于上游大量开荒造田，1998 年年底比 1995 年以前的河床平均淤高 2m 多，河道纵坡变缓、过水断面减少，致使沿岸小城镇洪涝灾害加重。

上述例子说明在制定地区水利规划时，一定要把所在地区的不同类型小城镇考虑进去，严格按照《中华人民共和国城市规划法》第二十三条的要求，做好地区水利规划，保护土地、保护河道、保护森林、保护水环境等，提供有利于小城镇充分发挥各项生态功能的条件，减少洪涝潮灾害。

10.4 小城镇防洪减灾对策思路

目前，我国大江大河和重要支流已得到较好的治理，其相应的防洪标准以及主要大、中城市和国家重要基础设施基本达到了国家规定的防洪标准。但与大江大河相比，我国绝大多数中小河流缺乏有效治理。分布在中小河流两岸的大量县城和乡镇、集中农田的防洪标准仍然很低，广大小城镇深受洪水严重威胁，人民生命财产安全还没有得到有效保障，达不到国家规定的防洪标准，有些地方甚至不设防。据统计，中小河流水灾损失约占全国水灾损失的 80%，许多中小河流防洪标准仅 3～5 年一遇。

我国的小城镇众多、且分布广泛，自然环境和建设基础差异性大，经济发展程度很不平衡，防洪减灾能力薄弱，突显我国广大小城镇这一承载体的极度脆弱性，一旦遭遇较大暴雨洪水的袭击，小城镇将难以承受。中小河流一旦泛滥，必然波及位于沿河范围内众多小城镇的防洪安全。很明显，小城镇的防洪安全和中小河流治理息息相关。如果中小河流缺乏治理，防洪标准很低，经常泛滥成灾，位于中小河流周边的小城镇是不可能仅靠自身堤防自保的。而且，小城镇面积虽小，但因其为数众多，因而小城镇聚集起来的防洪战线就很长，设防难度也很大，不可能采取大中城市防洪的模式，把小城镇也一个个地用修建围堤的方法保护起来。

本书在第 5 章 "城市防洪减灾总体策略" 中提出了城市防洪一般对策是："城市防洪除需要以城市所在流域水系防洪减灾体系为依托，减少洪水压力外，还需要建造堤防将城市围起来，以防洪水入侵，实施自保"。这些对策主要是针对大中城市和少量重要小城市而言的，对于这类城市，采取的防洪对策，不仅要 "靠"，而且要 "围"。

然而，小城镇由于多、散、小的特点，如果也采用 "围" 的防洪对策，修筑城防堤将小城镇一个个地包围起来实施自保，那就不现实了。因为这种沿河处处建造围堤的办法，势必严重缩小中小河流的蓄滞洪水的能力，大大增加中小河流的治理难度，不符合治水原则；而且在经济上也很难承受。因此，对于广大小城镇，除少数重要小城镇外，绝大多数小城镇应主要依靠中小河流治理，并加强非工程措施建设，随着中小河流防洪标准的提高，达到保障小城镇防洪安全的目的。

另有一些小城镇除依靠城镇所在中小河流治理外，根据地理环境条件，亦可以将一些毗邻的小城镇用大的围堤圈起来，类似的做法如：珠江三角洲的五大堤围，保护着围堤内诸如肇庆、江门、佛山、中山等重要城市以及其中一些小城镇的防洪安全，围内城市防洪依靠的就是这种大的围堤，城镇本身不再建有防御外洪的城市堤防。又如湖南省洞庭湖地区圩垸也是如此。

10.4.1　合理确定小城镇防洪标准

《防洪标准》（GB 50201—2014）关于城市与乡村等防洪标准的规定，是确定包括城市防洪标准在内的、适用于国民经济各部门防洪设计标准的国家标准，具有法定效力；城市常住人口指户籍在城市辖区内、从事非农业的常住人口，而不包括流动的、暂住的务工人口（关于是否应将长年进城务工人员计入城市人口问题值得进一步研究）。党的十八大提出推行积极稳妥的城镇化战略后，媒体关于农民城镇化的呼声渐高，户籍制度改革已提到议事日程，因为这涉及城市防洪保障人员安全的决策和其他各方面政策。目前全国各省（自治区、直辖市）都出台了一系列的政策保护进城务工人员的合法权利；经济政治的重要性没有具体的量化规定，一般可以根据国内生产总值大小与城市的社会、政治地位考虑，如首都、直辖市、省城、地级市、县级市等。确定城市防洪标准均是按照城市常住人口数量和经济政治的重要性确定的。由于小城镇常住人口均在几万人以内，甚至更少。按照《防洪标准》人口少于 20 万人的一般城镇，防洪标准选择 20～50 年一遇，人口少于 20 万人的乡村保护区，防洪标准选择 10～20 年一遇，因此，一般几万人口的小城镇可以选择 10～20 年一遇。小城镇选择 10～20 年一遇的防洪标准是根据《防洪标准》确定的小城市防洪标准，该标准的主要问题在于确定原则仅仅考虑常住人口的数量，而对城镇所在区位的政治经济重要性，以及适应社会主义现代化建设可持续发展方面考虑不够。随着全国小城镇的发展更加趋于理性化，小城镇的质量和经济实力普遍会有较大提高，凝聚力将进一步增强，城镇人口的绝对数量会有较大幅度增长。因此小城镇防洪标准的确定，不能仅仅以常住人口的数量为依据，而应考虑经济可持续发展水平，和所在地区河流的防洪规划对该小城镇的要求等，科学确定其防洪标准。随着气候变化的影响，在极端暴雨洪水可能加大且发生频繁的地区，对于重要的建制镇，可以考虑有选择性地适当提高目前按照《防洪标准》制定的小城镇防洪标准。

本节关于城市防洪标准确定的原则，考虑了城市常住人口、农村户口数量，常住人口的常住概念是相对的，往往会发生变化；而且农村人口随着户籍制度改革也将成为历史名词。据从媒体了解，2016 年国庆期间，全国各省（直辖市、自治区）已取消农村户口规定。鉴于这些改变尚未见诸法定文件，因此，本书仍按照过去的规定论述，未作改动。

10.4.2　加强小城镇所在中小河流治理

小城镇多数分布在中小河流旁，目前中小河流一般的防洪标准大都是 10～20 年一遇，甚至更低，小城镇的防洪减灾任务十分艰巨。以湖南省为例：全省有 5300 多条中小河流，堤防标准低于 5 年一遇的河流占河流总数的 64%，5～10 年一遇的河流占河流总数的 30% 左右。湖南省郴州市，在全市 5800 余千米长的河道中，仅有 350km 长的河道有堤防，防洪标准大于 10 年一遇。张家界市全市有 235 条河流，其防洪标准小于 5 年一遇。又如江西省全省有 13 个县城和 615 个乡镇未设防，已设防的 41 个县城防洪标准基本在 5 年一遇以下。

根据近年中小河流洪灾损失的统计，一般年份中小河流洪涝灾害损失占全国的 70%～80%，充分暴露出中小河流已成为我国防洪重点薄弱环节。中小河流两岸分布的大量城镇、村庄、工矿及灌区的洪涝灾害损失严重影响了我国经济的可持续发展。为此，一是要做好编制紧密结合小城镇所在中小河流治理的小城镇防洪减灾规划，突出中小河流治理要求，统筹安排。规划要以提高人口密集的县城、乡镇、村庄和集中连片农田的防洪标准为目标，以河道堤防加固和建设、护岸护坡、河道清淤疏浚等工程措施为主，兼顾非工程措施。二是根据小城镇的防洪需要，对小城镇所在中小河流提出包括防洪标准在内的治理要求。三是加大投入，加快治理，重点加强洪涝灾害严重或发生超标准洪水的河流（河段）治理。

10.4.3　将山洪频发区的重点小城镇纳入山洪治理规划

我国山丘区面积约占国土面积的 2/3。在全国 2100 多个县级行政区中，约有 1500 多个分布在山丘区，占 71.4%。由于过去对山洪灾害的危害性认识不够，防治山洪泥石流的工程措施大都是建设标准不高，老化失修严重的工程。因此，一旦山洪暴发，造成的洪涝损失十分巨大，是我国造成人员伤亡和经济损失的主要灾害。据 1950—1990 年资料统计，全国洪涝灾害死亡人数中，山丘区占 67.4%；1997 年在死亡人数中，山丘区占 69%。据不完全统计，20 世纪 90 年代以来，我国平均每年因山洪灾害造成的人员伤亡超过 1000 人，年平均经济损失在 400 亿元以上。对于目前已开展或已完成编制山洪治理规划的地区，其中的小城镇应充分依靠山洪灾害防治规划中所规定实施的防治措施，而目前尚未开展编制山洪灾害防治规划的地区，其中的重点小城镇应按照编制山洪灾害防治规划的要求实施防治措施，受特殊的气候、地理环境及极端灾害性天气等共同影响，我国山洪灾害近几年呈现频发态势。2010 年我国山洪泥石流灾害十分严重，如甘肃舟曲特大山洪泥石流灾害、云南昭通巧家县小河镇和四川绵竹县清平乡汉旺镇等地的山洪泥石流灾害造成的灾害损失十分巨大。

散布于山丘区的小城镇和居民点，由于缺乏对山洪灾害认识，人们主动防灾避灾意识不强，以至于在河道边、山洪出口一带建住房、搞开发，不断侵占河道、乱弃、乱建、乱挖，河道不断淤塞，泄洪能力严重萎缩，进一步加剧了山洪灾害的发生。山区小城镇多位于平川谷地，防洪工程标准低、质量差，有的甚至处于无设防状态，一旦山洪暴发，损失巨大。山洪的突发性很强，洪水强度也很大，且伴随泥石流，其重现期一般很难科学确定。如 2003 年 8 月 28 日地处秦岭腹地的宁陕县遭遇特大暴雨，24h 降雨量达 347.8mm，超过千年一遇，造成该县城特大的山洪泥石流灾害。据统计，四川省水灾伤亡人数中的 60％都源于山洪。因此在制定小城镇防洪减灾对策时，要以人为本，采取有效防护措施保障人员安全。例如，在经常发生山洪泥石流的小城镇，要根据山洪风险图的地区分布，规划小城镇的选址，位于高风险区已建成的小城镇尽可能搬迁。应将有限的资金，投入居民危房改造和临时避难点建设，以及人员撤退道路的修建；要做好人员撤退预案，保证一旦发生重大雨情、水情，可迅速、安全地将人员转移出去，确保人民生命财产安全。

山丘区小城镇是社会财富相对集中的区域；铁路、公路、电力、自来水等是区域经济发展的重要基础设施。因此，对于山洪不必过分强调其重现期，关键是根据山洪风险图，使居民点与生产建设避开山洪频发地区，切不可严防死守。根据地区山区防治灾害规划，有效地控制小城镇居民点和基础设施的风险，加强预报预警等非工程措施，最大限度地减轻山洪灾害损失。

山丘区小城镇在编制防洪规划时，应将防治山洪内容作为重点加以考虑。尤其在山洪地质灾害频发的地区，必需编制山洪风险图，指导当地小城镇建设和人员安全保障措施建设。

10.4.4　将小城镇水利规划纳入社会主义新农村建设规划

建设社会主义新农村是党中央为新时期的社会主义建设作出的重大战略部署。随着中国城镇化建设的推进，部分处于城市边缘地带的郊区镇、村逐步被列入城市市区管理范围，农民变为市民，农村变为城市，存在着一系列社会问题有待解决。

早在 1998 年中共中央提出重点发展小城镇的方针中指出：发展小城镇必须与"三农"问题相结合。中央在 2004—2005 年连续两年的一号文件中强调解决"三农"问题的重要性。《中共中央　国务院关于推进社会主义新农村建设的若干意见》对于建设社会主义新农村的目标和要求可以概括为"生产发展、生活宽裕、乡风文明、村容整洁、管理民主" 20 个字。要坚持"多予、少取、放活"和"工业反哺农业、城市支持农村"的方针，提高农民生活质量，促使农村整体面貌出现较大的改观。为了贯彻中央一号文件精神，各省、区、市、县都要根据本地实际情况，做出相应的建设社会主义新农村规划。通过近几年的实践，全国各地出现了一批在新农村建设中，紧密结合水利工程的建设，提高了新农村防旱减灾能力，促进新农村建设顺利发展的典型实例，彰显水利规划在建设社会主义新农村过程中的巨大作用。如安徽省芜湖市 2006 年成立了社会主义新农村建设工作组负责制定全市新农村建设规划。要求完成全市万亩以上圩口堤防达标建设任务，增强防灾减灾能力，在推进城乡生态环境建设一体化中，要求全市绿化覆盖率达到 33% 以上，农村生活垃圾收集率和无害化处理率达到 70% 以上，卫生厕所普及率达到 90% 以上。又如江苏省常熟市支塘镇蒋巷村在新农村建设中，由于狠抓农田水利建设，经过多年努力，使一个"小雨白茫茫，大雨成汪洋"的穷山村变为富裕的新农村。致富的原因可以用蒋巷人的话来说明："水利开道，低圩改造；复垦复耕，土地扩增；绿化林园，生态平衡；农机操作，效率倍增；规模经营，两田分离；农林渔兴，造福后人"。蒋巷村人民的话充分说明，水利工作在建设社会主义新农村中的重要作用。

建设社会主义新农村，是党中央的重大战略部署，是我国现代化进程中的重大历史任务，也是贯彻落实科学发展观，统筹城乡发展，解决"三农"问题的重大战略举措。水利在建设社会主义新农村中起到重要的作用，水利工作要以促进农村经济社会和谐发展为目标，建立与社会主义新农村建设相适应水利保障体系，作好水利规划。

30 年来党中央就农业、农村、农民三农问题高度重视，先后发出十个"一号文件"。2008 年 10 月中共中央第十七届中央委员会第三次会议一致通过《中共中央关于推进农村改革发展若干重大问题的决定》是新形势下推进农村改革发展的行动纲领。近年来由于受极端气候变化的影响洪涝旱灾害频繁发生，严重影响新农村经济建设，尤其是山丘区小城镇经济发展。2011 年初，《中共中央 国务院关于加快水利改革发展的决定》文件出台，7 月 8—9 日召开了中央水利工作会议，全面阐述了水利工作在新时期发展国民经济的重大作用。水利作为国民经济和社会发展的公益性基础设施，水利为建设社会主义新农村提供和创造了必要的物质条件，今后水利工作的重点，将切实做好服务社会主义新农村建设的各项水利建设，为服务"三农"、保障民生和促进社会主义又快又好发展作出新贡献。

新农村建设为小城镇防洪建设提供了载体，将小城镇防洪规划紧密地与新农村建设规划结合，是历史的必然，机不可失，时不再来，小城镇防洪建设必须抓紧这个大好时机，奋力拼搏。

10.4.5　统筹小城镇防洪与中小河流治理

我国水利部门十分重视中小河流治理，根据水利部颁发的《全国重点地区中小河流近期治理建设规划》，要求将中小河流治理纳入流域防洪体系中，统筹考虑和安排，区域服从流域，局部服从整体。在确定治理标准时，首先要从流域整体防洪要求出发，充分考虑下游河段和干流洪水承受能力，避免洪水风险的转移，不能对下游河道防洪带来不利影响；其次要根据保护对象和经济社会发展水平，对不同的河段采取不同的防洪标准，有保有舍，对人口密集地区要尽早达到国家规定的防洪标准。在制定治理方案时，既要考虑到清淤疏浚等泄的措施，在有条件的地方也要适当考虑留足滩地、建设小型蓄滞洪场所和控制工程等蓄的措施；要处理好上下游、左右岸之间关系，合理确定堤线位置和工程措施，切忌只考虑局部利益，裁弯取直，挤占河道，造成新的水事矛盾。在确定建设时序时，要从整条河流治理需要和效果上考虑，原则上先对下游需要治理的项目优先安排建设，更好地发挥治理效益；既要考虑对点上迫切需要的项目优先安排建设，又要尽可能对整条河流集中治理，提高整体防洪能力。

中小河流治理的首要任务是提高防洪能力，保障人民生命财产安全。在确保防洪安全的前提下，要注重生态治理的理念，处理好防洪与生态的关系。在河道治理中，要突出堤防除险加固和河道的清淤疏浚，治险、治堵，提高河道堤防的防洪能力和标准；严禁侵占河道，尽量保持河流的自然形态，尽可能恢复河道功能，维护河流健康；河道裁弯取直，要与周围环境及生态景观相协调，积极营造亲水环境，促进人水和谐。堤防建设和护坡护岸要积极采用天然材料以及生态复合材料，切忌千篇一律搞河道"硬化、白化、渠化"；河道清淤疏浚要妥善处理好淤泥堆置问题，防止污泥的二次污染，有条件的地方要结合土地整理和圩堤建设，合理利用淤泥。在山丘区，河流洪水暴涨暴落，要加强护岸建设，合理布设堤防，减轻对生态环境影响；在平原河网地区，要加强河道的清淤疏浚，尽量采用植物措施护坡，保护湿地，同时要注重加强水系的连通，促进水体流动，改善水体环境，提高河道综合整治水平。在中小河流治理过程中，要避免与市政园林建设相混淆，生态措施只能放在护岸、护坡、堤防等河道内治理工程上，不宜用于绿化、靓化等市政园林工程。

10.4.6　针对小城镇发展的特殊性编制防洪减灾规划

小城镇规划应遵循："坚持大中小城市和小城镇协调发展，走中国特色的城镇化道路"的指导方针。大中小城市和小城镇协调发展是中国城镇化战略的核心，构筑开放、流动、有序、互补的中国城市体系，是解决中国"大城市能力不大、中等城市经济不活、小城市实力不强、小城镇总体不优"的根本战略举措，只有真正落实这一指导方针，才能走上具有中国特色的城镇化道路。

今后我国农村人口转变成常住人口的形式主要有二：一是直接进入城市；二是随着农村村镇布局调整，人口集聚而形成小城镇。后者将是我国小城镇发展的主要模式。小城镇是接纳农村剩余劳动力转移的主要渠道之一。

目前全国有很多省（自治区、直辖市）都在进行村镇调整规划，以适应经济发展。以江苏省为例，该省已正式部署全省村镇规划的编制工作，确定农村居民点的布局和数量。建设较高标准的居住集中区，这将大大节约农村用地，提高人居生活质量。例如面积为 1094km²、人口 104 万人（2004 年）的地级市常熟，目前有 10500 个自然村，其中小于 10 户的村占 20%，50 户以下的村占 80%，规划将这些自然村归并为 125 个居民点，从而可以节约耕地 10 万亩。又如湖南省长沙市在调整村级区划中，"坚持撤小并大、撤弱并强、撤穷并富"的原则，建制村总数由 2000 年前的 2962 个，合并为 1500 个，减少了 49.4%。其中长沙县太平镇 2001 年将原来 20 个村合并为 6 个村，花炮加工业由原来的 30 家发展到 92 家，太平镇财政收入由并村前的 2048 万元增加到 3404 万元，增加了 66.2%。如安徽省芜湖市自 2003 年以来，先后进行了村级、乡镇和市区三级区划调整，行政村由 663 个合并为 451 个，减少 32%；乡镇由 65 个调整为 23 个，减少 65%；乡镇平均规模由原来的 47km²、2.4 万人调整为 125km²、6 万人，面积扩大约 1.7 倍、人口增加约 1.5 倍；市区面积由 $230km^2$ 扩大到 $720km^2$ 增加 2.1 倍。农村镇村布局的调整必将逐步形成新的小城镇，这种由镇村调整到小城镇出现的发展趋势，从另一个侧面折射出我国未来城市的防洪战线越来越长，防洪基础设施建设任务日益繁重的局面。因此，在部署城市防洪规划编制工作时，必须针对小城镇因聚集、归并、"孤岛"式发展而导致防洪战线拉长的特点，考虑相应的防洪减灾对策。

附表1 全国城市数量、人口和国内生产总值发展表（1990—2010年）

附表1.1 中国东部地区城市数量、人口和国内生产总值发展表（1990—2010年）

地区	省（自治区、直辖市）	年份	城市数量/个			城市人口/万人			国内生产总值/亿元		
			总数	地级及以上	县级	总计	地级及以上市辖区	县级市	总计	地级及以上市辖区	县级市
东部地区	北京	1990	1	—	—	1035.71	699.51	336.20	500.82	438.48	62.34
		2000	1	—	—	1107.53	974.14	133.39	2478.76	2332.31	146.45
		2006	1	—	—	1197.60	1126.90	70.70	7870.28	7737.41	132.88
		2010	1	1	—	1189.11	1187.11	—	13904.41	13904.41	—
	天津	1990	1	—	—	870.46	577.10	293.36	300.31	245.57	54.74
		2000	1	—	—	912.00	682.05	229.95	1639.36	1392.88	246.48
		2006	1	—	—	948.89	777.91	170.98	4359.15	4024.87	334.28
		2010	1	1	—	807.02	807.02	—	8561.46	8561.46	—
	河北	1990	23	9	14	1481.31	683.84	797.47	351.18	251.95	99.23
		2000	34	11	23	2275.16	961.56	1313.60	2913.05	1584.73	1328.82
		2006	33	11	22	2534.70	1227.20	1307.50	6899.52	3901.73	2997.79
		2010	33	11	22	2662.12	1295.12	1367.00	—	6842.29	—
	上海	1990	1	—	—	1283.35	783.48	499.87	744.67	511.74	232.93
		2000	1	—	—	1321.63	1136.82	184.81	4551.15	4098.64	452.51
		2006	1	—	—	1368.08	1298.10	69.98	10366.37	10258.11	168.26
		2010	1	1	—	1343.37	1343.37	—	—	16971.55	—
	江苏	1990	26	11	15	2343.33	949.44	1393.89	724.83	436.57	288.26
		2000	41	13	28	3867.87	1207.97	2659.90	6282.57	2839.60	3442.97
		2006	40	13	27	4948.43	2417.03	2531.40	19695.18	11158.96	8537.22
		2010	39	13	26	5200.15	2785.19	2415.00	—	21274.33	—
	浙江	1990	25	8	17	1787.58	554.03	1233.55	463.94	236.33	227.61
		2000	35	11	24	2812.13	977.63	1834.50	4978.55	2316.49	2662.06
		2006	33	11	22	3111.75	1455.45	1656.30	12423.28	7394.33	5028.95
		2010	33	11	22	3190.82	1500.82	1690.00	—	12854.28	—
	福建	1990	16	6	10	738.43	326.05	412.38	202.15	127.72	74.43
		2000	23	9	14	1444.79	588.49	856.30	2709.91	1505.97	1203.94
		2006	23	9	14	1735.86	869.86	866.00	5429.08	3363.07	2066.01
		2010	23	9	14	1816.38	924.38	892.00	—	6429.52	—

续表

地区	省（自治区、直辖市）	年份	城市数量/个			城市人口/万人			国内生产总值/亿元		
			总数	地级及以上	县级	总计	地级及以上市辖区	县级市	总计	地级及以上市辖区	县级市
东部地区	山东	1990	34	11	23	3524.56	1401.57	2122.99	827.26	465.64	361.62
		2000	48	17	31	5020.89	2407.59	2613.30	6565.65	2856.60	2709.05
		2006	48	17	31	5279.97	2663.57	2616.40	17989.64	10551.43	7438.21
		2010	48	17	31	5398.08	2764.08	2634.00	—	18559.30	
	广东	1990	19	18	1	1534.65	1402.09	132.56	750.45	726.85	23.60
		2000	52	21	31	4909.47	1923.67	2985.80	9158.03	6383.62	2774.41
		2006	44	21	23	5436.19	3094.09	2342.10	24796.12	22460.37	2335.75
		2010	44	21	23	5810.28	3339.28	2471.00	—	39138.40	
	海南	1990	3	2	1	82.48	73.33	9.15	24.82	23.54	1.28
		2000	9	2	7	463.95	104.85	359.10	395.12	163.16	231.96
		2006	8	2	6	535.30	229.10	306.20	738.50	459.39	279.11
		2010	8	2	6	553.44	217.44	336.00	—	826.00	
东部地区合计		1990	149	68	81	13552.43	7450.44	6101.99	4540.42	3464.39	1076.03
		2000	245	87	158	23587.27	10964.77	12622.50	40826.71	26474.00	14353.71
		2006	232	87	145	26785.11	15159.21	11625.90	109991.71	81309.67	28683.04
		2010	231	87	144	27970.77	16163.81	11805.00	—	145361.50	—

附表 1.2　中国中部地区城市数量、人口及国内生产总值发展表（1990—2010 年）

地区	省（自治区、直辖市）	年份	城市数量/个			城市人口/万人			国内生产总值/亿元		
			总数	地级及以上	县级	总计	地级及以上市辖区	县级市	总计	地级及以上市辖区	县级市
中部地区	山西	1990	13	6	7	780.14	526.58	253.56	212.09	166.21	45.08
		2000	22	10	12	1210.45	804.55	405.90	1007.10	798.66	208.44
		2006	22	11	11	1318.45	923.65	394.80	2928.55	2183.14	745.41
		2010	22	11	11	1382.46	972.46	410.00	—	3850.41	—
	安徽	1990	18	9	9	1063.22	552.61	510.61	226.74	163.04	63.70
		2000	22	17	5	1925.04	1613.14	311.90	1418.94	1244.33	174.61
		2006	22	17	5	2182.95	1868.65	314.30	3662.60	3383.43	279.17
		2010	22	17	5	2294.18	1973.18	321.00	—	6714.48	—
	江西	1990	16	6	10	809.00	380.49	428.51	140.43	76.46	63.97
		2000	21	11	10	1357.68	752.78	604.90	981.63	758.16	223.47
		2006	21	11	10	1497.94	864.14	633.80	2516.72	1928.59	588.13
		2010	22	11	11	1568.74	898.74	670.00	—	3930.43	

续表

地区	省（自治区、直辖市）	年份	城市数量/个			城市人口/万人			国内生产总值/亿元		
			总数	地级及以上	县级市	总计	地级及以上市辖区	县级市	总计	地级及以上市辖区	县级市
中部地区	河南	1990	26	12	14	1471.00	746.23	724.77	327.54	227.12	100.42
		2000	38	17	21	3043.69	1459.69	1584.00	2680.82	1547.17	1133.65
		2006	38	17	21	3434.84	1789.24	1645.60	6797.33	3757.41	3039.92
		2010	38	17	21	3844.84	2134.84	1710.00	—	6572.48	—
	湖北	1990	30	8	22	2334.52	791.20	1543.32	439.41	240.43	198.98
		2000	36	12	24	3590.30	1609.30	1981.00	3308.02	2041.11	1266.91
		2006	36	12	24	3890.21	1903.71	1986.50	6322.52	4589.28	1733.44
		2010	36	12	24	3559.28	1542.28	2017.00	—	8524.28	—
	湖南	1990	26	8	18	1487.62	581.44	906.18	281.22	166.38	114.84
		2000	29	13	16	2179.78	1092.88	1086.90	1937.01	1405.11	531.90
		2006	29	13	16	2305.21	1201.11	1104.10	4273.23	3121.27	1151.96
		2010	29	13	16	2447.03	1287.03	1160.00	—	7059.35	—
中部地区合计		1990	129	49	80	7945.50	3578.55	4366.95	1627.63	1039.64	586.99
		2000	168	80	88	13306.94	7332.34	5974.60	11333.52	7794.54	3538.98
		2006	168	81	87	14629.60	8550.50	6079.10	26501.15	18963.12	7538.03
		2010	169	81	88	15096.5	8808.53	—	—	29592.08	—

附表 1.3　中国西部地区城市数量、人口及国内生产总值发展表（1990—2010 年）

地区	省（自治区、直辖市）	年份	城市数量/个			城市人口/万人			国内生产总值/亿元		
			总数	地级及以上	县级市	总计	地级及以上市辖区	县级市	总计	地级及以上市辖区	县级市
西部地区	内蒙古	1990	17	4	13	667.50	334.60	332.90	144.37	82.68	61.69
		2000	16	5	11	803.45	478.85	324.60	724.43	479.89	244.54
		2006	20	9	11	853.27	621.67	231.60	2713.12	2319.98	393.14
		2010	20	9	11	892.22	654.22	238.00	—	5591.68	—
	广西	1990	12	5	7	739.05	280.18	458.87	143.88	99.34	44.54
		2000	19	9	10	1401.01	792.91	608.10	985.87	736.87	249.00
		2006	21	14	7	1749.61	1274.61	475.00	2611.86	2322.18	289.68
		2010	21	14	7	1892.73	1373.73	519.00	—	4617.84	—
	重庆	1990	—	—	—	—	—	—	—	—	—
		2000	1			3091.09	896.49	2194.60	1589.60	786.20	803.40
		2006	1			3198.87	1510.99	1687.88	3491.57	2484.03	1007.54
		2010	1	1		1542.77	1542.77	—	—	5850.61	—

续表

地区	省（自治区、直辖市）	年份	城市数量/个			城市人口/万人			国内生产总值/亿元		
			总数	地级及以上	县级	总计	地级及以上市辖区	县级市	总计	地级及以上市辖区	县级市
西部地区	四川	1990	23	11	12	1987.66	1390.84	596.82	412.57	335.92	76.65
		2000	32	18	14	2965.84	2044.24	921.60	2283.77	1669.79	613.98
		2006	32	18	14	3252.58	2315.98	936.60	5246.11	4122.36	1123.75
		2010	32	18	14	3348.35	2397.35	951.00	—	8318.72	—
	贵州	1990	9	2	7	635.57	335.85	299.72	103.17	61.01	42.16
		2000	13	4	9	847.40	364.10	483.30	515.85	338.71	177.14
		2006	13	4	9	931.44	418.94	512.50	1190.83	774.14	416.69
		2010	13	4	9	990.31	444.31	546.00	—	1373.07	—
	云南	1990	11	2	9	578.81	180.92	397.89	165.62	72.72	92.90
		2000	15	4	11	886.55	392.15	494.40	1090.18	797.23	292.95
		2006	17	8	9	997.20	568.60	428.60	2073.65	1516.81	556.84
		2010	19	8	11	1160.15	630.15	530.00	—	2656.27	—
	西藏	1990	2	1	1	20.17	12.32	7.85	—	—	—
		2000	2	1	1	23.43	14.13	9.30	41.50	40.12	1.38
		2006	2	1	1	27.70	17.68	10.02	110.58	102.39	8.19
		2010	2	1	1	11.00	—	11.00	—	—	—
	陕西	1990	12	4	8	818.14	435.55	382.59	156.88	120.09	36.79
		2000	13	9	4	1057.29	881.69	175.60	1023.06	966.89	56.17
		2006	13	10	3	1290.11	1168.51	121.60	2429.94	2293.03	136.91
		2010	13	10	3	1404.30	1278.30	126.00	—	4714.12	—
	甘肃	1990	13	5	8	588.55	315.90	272.65	132.92	101.20	31.72
		2000	14	5	9	708.61	384.12	324.49	583.87	405.07	178.80
		2006	16	12	4	847.78	781.38	66.40	1458.92	1350.35	108.57
		2010	16	12	4	880.21	818.21	62.00	—	2229.12	—
	青海	1990	3	1	2	76.65	65.01	11.64	17.94	14.49	3.45
		2000	3	1	2	109.54	94.14	15.40	83.36	62.62	20.74
		2006	3	1	2	123.33	105.13	18.20	275.27	188.45	86.82
		2010	3	1	2	120.37	101.37	19.00	—	440.41	—
	宁夏	1990	4	2	2	122.84	75.52	47.32	33.50	23.91	9.59
		2000	5	3	2	177.96	127.66	50.30	165.49	128.97	36.62
		2006	7	5	2	301.49	252.14	49.30	540.68	438.45	102.23
		2010	7	5	2	312.58	262.58	50.00	—	929.83	—

续表

地区	省（自治区、直辖市）	年份	城市数量/个			城市人口/万人			国内生产总值/亿元		
			总数	地级及以上	县级	总计	地级及以上市辖区	县级市	总计	地级及以上市辖区	县级市
西部地区	新疆	1990	16	2	14	427.94	136.16	291.78	136.52	77.74	58.78
		2000	19	2	17	680.22	176.15	504.07	786.76	396.11	390.65
		2006	22	2	20	809.43	225.43	584.0	2148.68	1118.44	1030.24
		2010	21	2	19	858.09	271.09	587.00	—	2031.75	—
西部地区合计		1990	122	39	83	6662.88	3562.85	3100.03	1447.37	989.1	458.27
		2000	152	62	90	10557.79	6646.63	3911.16	9070.44	6808.47	2261.97
		2006	167	85	82	12694.90	9261.06	3433.84	23283.67	19030.61	4253.06
		2010	168	85	83	13413.08	9774.08	3639.00	—	—	—

注　西藏自治区：地级及以上城市拉萨市无资料，县级市1座为日喀则市人口11万人。

附表1.4　中国东北地区城市数量、人口及国内生产总值发展表（1990—2010年）

地区	省（自治区、直辖市）	年份	城市数量/个			城市人口/万人			国内生产总值/亿元		
			总数	地级及以上	县级	总计	地级及以上市辖区	县级市	总计	地级及以上市辖区	县级市
东部地区	辽宁	1990	20	14	6	1983.0	1584.92	398.08	726.02	661.61	64.41
		2000	31	14	17	2909.17	1745.97	1163.20	4101.07	3134.11	966.96
		2006	31	14	17	2972.06	1820.06	1152.00	9281.19	7270.46	2010.73
		2010	33	14	17	3030.75	1879.75	1151.06	—	13337.05	—
	吉林	1990	22	6	16	1440.71	579.73	860.98	265.93	145.72	120.21
		2000	28	8	20	1750.14	738.04	1012.10	1682.12	1072.21	609.91
		2006	28	8	20	1846.61	845.71	1000.90	3621.74	2339.87	1281.87
		2010	28	8	20	1876.24	869.24	1007.00	—	4792.98	—
	黑龙江	1990	25	10	15	1649.76	977.31	672.45	468.62	381.70	86.92
		2000	31	12	19	2095.93	1170.73	925.20	2725.83	2108.86	616.97
		2006	30	12	18	2230.88	1352.18	878.70	4923.67	3913.22	1010.45
		2010	30	12	18	2260.61	1370.61	890.00	—	7121.79	—
东北地区合计		1990	67	30	37	5073.47	3141.96	1931.51	1460.57	1189.03	271.54
		2000	90	34	56	6755.24	3654.74	3100.50	8509.02	6315.18	2193.18
		2006	89	34	55	7049.55	4017.95	3031.60	17826.60	13523.55	4303.55
		2010	89	34	55	7167.60	4119.60	3048.06	—	13251.82	—

注　1. 1990—2006年资料来自《中国城市防洪》，中国水利水电出版社，2008年9月。

　　2. 2010年资料来自《中国城市年鉴》（2011年）。其中，城市人口：地级及以上 P239-P246，县级市总数为各省县级市之和，P271-279；GDP：地级及以上 P247-254。

　　3. 2010年GDP缺370座县级市统计资料，因此2010年仅为地级及以上城市市辖区全国GDP总和。

附表 1.5　全国四大分区城市数量、人口及国内生产总值发展表（1990—2010 年）

地区	年份	城市数量/个			城市人口/万人			国内生产总值/亿元		
		总数	地级及以上	县级	总计	地级及以上市辖区	县级市	总计	地级及以上市辖区	县级市
东部地区	1990	149	68	81	13552.43	7450.44	6101.99	4540.42	3464.39	1076.03
	2000	245	87	158	23587.27	10964.77	12622.50	40826.71	26474.00	14353.71
	2006	232	87	145	26785.11	15159.21	11625.90	109991.71	81309.67	28683.04
	2010	231	87	144	27970.77	16163.81	—	—	145361.50	—
中部地区	1990	129	49	80	7945.50	3578.55	4366.95	1627.63	1039.64	586.99
	2000	168	80	88	13306.94	7332.34	5974.60	11333.52	7794.54	3538.98
	2006	168	81	87	14629.60	8550.50	6079.10	26501.15	18963.12	7538.03
	2010	169	81	88	15096.00	8808.53	—	—	29592.08	—
西部地区	1990	122	39	83	6662.88	3562.85	3100.03	1447.37	989.10	458.27
	2000	152	62	90	10557.79	6646.63	3911.16	9070.44	6808.47	2261.97
	2006	167	85	82	12694.90	9261.06	3433.84	23283.67	19030.61	4253.06
	2010	168	85	83	13413.08	—	3639.00	—	—	—
东北地区	1990	67	30	37	5073.47	3141.96	1931.51	1460.57	1189.03	271.54
	2000	90	34	56	6755.24	3654.74	3100.50	8509.02	6315.18	2193.18
	2006	89	34	55	7049.55	4017.95	3031.60	17826.60	13523.55	4303.55
	2010	89	34	55	7167.60	4119.60	3048.06	—	13251.82	—
全国合计	1990	467	186	281	33234.28	17733.8	15500.48	9075.99	6682.16	2392.83
	2000	655	263	392	54207.24	28598.48	25608.76	69739.69	47392.19	22347.84
	2006	656	287	369	61159.16	36988.72	24170.44	177603.13	132826.95	44777.68
	2010	657	287	370	63647.98	38820.36	24780.06	—	246018.21	—

注　2010 年城市年鉴全国总计数可作校核用。城市数量：全国总计 657 个，其中地级及以上 287 个、县级 370 个；城市人口：全国总计 63647.98 万人，其中地级及以上城市 38866.02 万人，地级及以上城市化率为 61%，高出全国城镇化率约 10 个百分点；GDP：全国地级及以上城市 246018.21 亿元。

附表2　　　2010 年全国地级及以上（山丘）城市市辖区基本情况表

序号	所属地区	城市所在省（自治区、直辖市）	城市名称	城市类型	滨河	滨湖	城市总人口/万人	市区面积/km²	建成区面积/km²	市区GDP（当年价）/亿元	现状防洪标准/年
1	东部	河北	承德	山丘			58.33	760	100	206.36	20～50
2	部	河北	张家口	山丘			89.90	376	84	361.49	＜20
3	中部地区	山西	晋城	山丘			34.86	143	41	149.20	20～50（不明）
4		山西	长治	山丘			72.71	334	59	237.10	20～50
5		山西	阳泉	山丘			69.12	652	52	281.62	50～100
6		山西	晋中	山丘			59.52	1318	39	144.54	20
7		山西	忻州	山丘			52.89	1982	30	80.13	20
8		山西	吕梁	山丘	山川河		27.78	1339	18	65.45	50
9	西部地区	内蒙古	呼和浩特	山丘	大黑河		120.56	2054	166	1194.94	50～100
10		内蒙古	包头	山丘	黄河		142.50	2591	183	2081.44	5～50（黄河大堤50）
11		内蒙古	赤峰	山丘			121.41	7077	81	457.18	5～50
12		内蒙古	乌海	山丘	黄河		53.00	1754	63	391.12	5～20
13		内蒙古	鄂尔多斯	山丘			26.02	2530	113	639.16	50
14		内蒙古	乌兰察布	山丘			30.45	149	35	105.09	＜20
15	东北地区	辽宁	鞍山	山丘			146.85	624	158	1256.18	3～20
16		辽宁	抚顺	山丘	浑河		138.35	714	130	663.14	70～200
17		辽宁	本溪	山丘	太子河		95.13	1518	107	628.36	20～200
18		辽宁	锦州	山丘			93.35	436	71	439.18	20～50
19		辽宁	阜新	山丘			78.88	490	76	199.17	20～100
20		辽宁	铁岭	山丘			44.59	659	44	201.84	20～50
21		辽宁	朝阳	山丘	大凌河		57.59	1137	53	174.20	20～100
22		辽宁	＊丹东	山丘	鸭绿江		78.83	941	53	260.94	30～100
23		吉林	＊吉林	山丘	第二松花江		183.47	3636	166	1024.18	100
24		吉林	通化	山丘	浑河		44.76	745	36	203.33	30～100
25		吉林	白山	山丘	浑河		59.49	2673	40	217.97	50
26		吉林	辽源	山丘			47.87	442	46	241.78	10～50
27		黑龙江	牡丹江	山丘			88.95	2675	76	235.49	20～50（不明）
28		黑龙江	鸡西	山丘			87.90	2300	79	163.53	20～50
29		黑龙江	七台河	山丘			57.21	3647	62	244.64	10～20

续表

序号	所属地区	城市所在省（自治区、直辖市）	城市名称	城市类型	滨河	滨湖	城市总人口/万人	市区面积/km²	建成区面积/km²	市区GDP（当年价）/亿元	现状防洪标准/年
30	东北地区	黑龙江	黑河	山丘			19.21	14444	19	40.29	20～50
31		黑龙江	伊春	山丘	汤旺河		80.85	19567	161	135.85	10～50
32		黑龙江	双鸭山	山丘			50.26	1760	59	158.63	10～20
33		黑龙江	鹤岗	山丘			67.60	4551	43	162.33	50
34		黑龙江	绥化	山丘			89.93	2756	28	68.44	（不明）
35	中部地区	安徽	*合肥	山丘	南淝河		215.58	839	326	1920.48	20～50
36		安徽	马鞍山	山丘	长江		63.87	340	78	621.60	防1954年洪水
37		安徽	铜陵	山丘	长江		44.83	350	48	392.09	防1954年洪水
38		安徽	池州	山丘	长江		66.20	2432	35	159.28	防1954年洪水
39		安徽	宣城	山丘	长江		86.14	2621	43	147.53	10～20
40		安徽	*淮南	山丘	淮河干流		181.51	1691	97	431.57	40～50
41		安徽	*蚌埠	山丘	淮河干流		92.55	602	105	315.22	20～50
42		安徽	巢湖	山丘		巢湖	89.12	2031	39	154.91	5～20
43		安徽	六安	山丘	淠河		186.52	3583	61	164.99	10～20
44		安徽	滁州	山丘	滁河		53.69	1404	60	174.17	10～20
45		安徽	黄山	山丘	新安江		43.73	2342	44	140.79	20
46	东部地区	福建	三明	山丘	沙溪		28.30	1178	28	227.46	30
47		福建	南平	山丘	闽江		49.73	2660	26	176.43	50
48		福建	龙岩	山丘			59.03	2678	38	409.73	50
49	中部地区	江西	景德镇	山丘	昌江		46.21	580	72.84	263.80	（不明确）
50		江西	萍乡	山丘			85.50	1080	42	320.34	50
51		江西	新余	山丘	袁水		88.51	1789	53	530.17	10～50
52		江西	上饶	山丘	信江		39.87	339	38	115.44	20～50
53		江西	赣州	山丘	赣江		64.66	584	76	209.07	部分50
54		江西	鹰潭	山丘	信江		23.63	136	29	91.72	5～50
55		江西	宜春	山丘	袁水		105.05	2532	50	116.24	20
56	东部地区	山东	泰安	山丘			158.66	2087	107	611.40	50
57		山东	莱芜	山丘			126.69	2246	58	546.33	50
58		山东	淄博	山丘			279.60	2970	225	2218.52	20～100
59		山东	枣庄	山丘			222.89	3069	119	728.12	20
60		山东	*临沂	山丘	沂河		210.93	2200	166	905.73	20

续表

序号	所属地区	城市所在省（自治区、直辖市）	城市名称	城市类型	滨河	滨湖	城市总人口/万人	市区面积/km²	建成区面积/km²	市区GDP（当年价）/亿元	现状防洪标准/年
61		河南	三门峡	山丘	黄河		29.30	198	30	113.87	5～20
62		河南	焦作	山丘			84.05	424	90	252.22	5～20
63		河南	鹤壁	山丘			61.81	679	51	222.24	20～50
64		湖北	十堰	山丘			53.84	1193	62	460.77	50
65		湖北	荆门	山丘			68.52	2171	50	251.07	20～50
66		湖南	*长沙	山丘	湘江		241.73	959	272	2627.75	30～100
67		湖南	株洲	山丘	湘江		80.71	535	107	648.02	50～100
68	中部地区	湖南	湘潭	山丘	湘江		86.54	658	73	539.36	10～20
69		湖南	衡阳	山丘	湘江		98.68	691	99	388.53	10～20
70		湖南	邵阳	山丘	资水		69.19	436	49	148.97	20
71		湖南	张家界	山丘	澧水		49.75	2735	28	123.97	3～10
72		湖南	郴州	山丘	湘江		72.01	2246	62	314.28	20
73		湖南	永州	山丘			121.04	3181	55	223.98	5～6
74		湖南	怀化	山丘	沅水		36.38	666	52	145.58	10～50
75		湖南	娄底	山丘			46.77	426	41	207.38	3～5
76		湖南	*常德	山丘	资水	洞庭湖	141.18	2510	76	686.35	50～100
77		湖南	益阳	山丘			133.41	1935	54	279.03	8～10
78		广东	肇庆	山丘	西江		53.67	762	80	384.46	20～50
79		广东	惠州	山丘	东江		133.88	2694	214.96	1130.48	20～100
80		广东	梅州	山丘	梅江		31.91	298	45	113.17	50
81	东部地区	广东	*韶关	山丘	北江		93.07	2870	78	340.63	20
82		广东	河源	山丘	东江		31.18	362	28.54	155.92	20
83		广东	清远	山丘	北江		65.57	1296	69	358.09	20～50
84		广东	揭阳	山丘	榕江		70.12	181	57.74	230.06	20
85		广东	云浮	山丘			30.23	762	19	88.59	50
86		广西	*桂林	山丘	漓江		75.72	565	63	360.90	20
87		广西	百色	山丘	右江		35.26	3718	33	120.87	5～50
88		广西	贺州	山丘	贺江		113.08	5527	29	169.31	仅800m堤段达50
89	西部地区	广西	河池	山丘	龙江		33.65	2340	19	92.89	5～20
90		重庆	*重庆	山丘	长江、嘉陵江		1542.77	26041	870	5850.61	20
91		四川	*宜宾	山丘	金沙江、岷江、长江		80.89	1131	57	326.07	10
92		四川	*泸州	山丘	沱江、长江		146.72	2132	83	369.49	5～20

续表

序号	所属地区	城市所在省（自治区、直辖市）	城市名称	城市类型	滨河	滨湖	城市总人口/万人	市区面积/km²	建成区面积/km²	市区GDP（当年价）/亿元	现状防洪标准/年
93		四川	自贡	山丘			149.44	1438	80	423.37	5
94		四川	攀枝花	山丘	金沙江		69.01	2018	55	402.04	50～100
95		四川	广元	山丘	嘉陵江		92.28	4588	38	150.37	50
96		四川	遂宁	山丘	涪江		150.42	1875	50	192.39	20～50
97		四川	内江	山丘	沱江		141.45	1569	40	254.20	20
98		四川	乐山	山丘	闽江		115.18	2514	54	358.59	10～50
99		四川	南充	山丘	嘉陵江		193.42	2527	78	300.32	10～20
100		四川	广安	山丘	嘉陵江		125.21	1536	30	157.14	5～50
101		四川	达州	山丘	渠江		42.66	451	32	122.03	＜10
102		四川	雅安	山丘	青衣江		34.94	1070	20	82.14	50
103		四川	巴中	山丘	巴河		137.74	2566	18	105.46	10～30
104		四川	资阳	山丘	沱江		108.94	1633	36	214.82	50
105	西部地区	贵州	＊贵阳	山丘	乌江支流清水河		222.03	2403	162	825.84	100
106		贵州	六盘水	山丘			49.59	488	39	183.65	50
107		贵州	安顺	山丘			86.78	1704	32	88.79	10～50
108		贵州	遵义	山丘			85.91	1338	47	274.80	20
109		云南	＊昆明	山丘	盘龙江		260.24	4105	275	1548.65	50
110		云南	保山	山丘			90.00	5011	25	107.33	20
111		云南	曲靖	山丘	南盘江		69.70	1553	56	309.00	30
112		云南	玉溪	山丘			49.60	1004	23	430.10	50
113		云南	昭通	山丘			83.28	2240	27	123.28	20
114		云南	丽江	山丘			15.23	1255	25	50.47	2～50
115		云南	思茅	山丘			29.70	4093	24	54.11	20
116		云南	临沧	山丘			32.40	2652	14	33.34	20
117		西藏	＊拉萨	山丘	拉萨河				54		100
118		陕西	＊西安	山丘	渭河		562.65	3582	327	2762.92	50
119		陕西	铜川	山丘			75.98	2406	38	174.16	20～30
120		陕西	宝鸡	山丘	渭河		142.80	3574	118	542.89	10～100
121		陕西	咸阳	山丘	渭河		90.19	527	81	402.95	20
122		陕西	渭南	山丘			97.68	1221	44	143.02	20～50
123		陕西	汉中	山丘	汉江		55.17	556	33	111.01	50～100
124		陕西	榆林	山丘			52.14	7053	52	249.00	10～50

续表

序号	所属地区	城市所在省（自治区、直辖市）	城市名称	城市类型	滨河	滨湖	城市总人口/万人	市区面积/km²	建成区面积/km²	市区GDP（当年价）/亿元	现状防洪标准/年
125		陕西	安康	山丘	汉江		100.86	3646	30	114.20	100
126		陕西	延安	山丘	延河		45.82	3556	36	146.39	30
127		陕西	商洛	山丘	洛河		55.01	2672	24	67.59	10～50
128	西部地区	甘肃	*兰州	山丘	黄河		210.36	1632	196	877.26	100
129		甘肃	白银	山丘			49.98	3478	55	204.58	10
130		甘肃	天水	山丘			129.77	5861	42	180.52	20
131		甘肃	平凉	山丘	泾河		50.94	1936	20	72.65	20～50
132		甘肃	定西	山丘			46.65	4225	23	32.52	10～20
133		甘肃	陇南	山丘	白龙江		58.02	4683	14	48.87	50
134		青海	*西宁	山丘	湟水河		101.37	360	67	440.41	100
135		宁夏	*银川	山丘	黄河		94.86	2311	121	512.04	50
136		宁夏	石嘴山	山丘	黄河		45.59	2262	94	218.49	20
137		宁夏	固原	山丘	清水河		44.75	2739	35	43.54	20
138		新疆	*乌鲁木齐	山丘	乌鲁木齐河		233.58	9527	343	1320.40	30
合计							14075.07	324897	10759.08	58269.1	

注　1. *代表全国防洪重点滨河滨海地级及以上城市。

　　2. 表中"现状防洪标准"的统计水平年不同，仅供参考。

附表 3　　2010 年全国地级及以上（平原）城市市辖区基本情况表

序号	所属地区	城市所在省（自治区、直辖市）	城市名称	城市类型	滨河	滨湖	城市总人口/万人	市区面积/km²	建成区面积/km²	市区GDP（当年价）/亿元	现状防洪标准/年
1		北京	*北京	平原	永定、北运河		1187.11	12187	1186	13904.41	50～100
2		河北	*石家庄	平原	滹沱河		243.87	213	203	1239.78	50
3		河北	*邯郸	平原	滏阳河		148.15	434	111	544.48	5～50
4	东部地区	河北	邢台	平原			71.51	115	70	217.05	100
5		河北	保定	平原			106.10	312	132	543.40	100
6		河北	衡水	平原	滏阳河		49.06	273	44	172.50	50
7		河北	唐山	平原	陡河		307.53	1232	234	2262.65	20～100
8		河北	廊坊	平原	永定河		80.38	292	59	334.31	20～50
9		河北	沧州	平原	南运河		53.91	183	46	429.25	50
10		山西	*太原	平原	汾河		285.01	1460	245	1622.30	50～100
11	中部地区	山西	运城	平原			65.91	1215	55	118.09	20
12		山西	临汾	平原	汾河		83.58	1316	37	190.87	50
13		山西	大同	平原	御河		155.91	2080	108	563.87	20～50
14		山西	朔州	平原	桑干河		65.17	4499	36	397.23	50
15		内蒙古	通辽	平原	西辽河		76.70	2821	66	381.42	30～50
16	西部	内蒙古	呼伦贝尔	平原	海拉尔河		27.15	1440	28	162.42	20～50
17		内蒙古	巴彦淖尔	平原	黄河		56.43	2354	38	178.91	50
18		辽宁	*沈阳	平原	浑河		515.42	3471	412	4184.91	300
19		辽宁	辽阳	平原	太子河		75.12	623	98	378.47	200
20		辽宁	*盘锦	平原	辽河		61.02	266	61	601.03	20～50
21		辽宁	葫芦岛	平原			99.95	2301	75	353.82	5～10
22	东北地区	吉林	*长春	平原	伊通河、双阳河		362.75	4789	394	2363.91	100
23		吉林	松原	平原	第二松花江		58.79	1325	42.7	422.36	50～100
24		吉林	四平	平原			61.09	1075	·51	205.66	50
25		吉林	白城	平原			51.02	2525	38	113.78	
26		黑龙江	*哈尔滨	平原	松花江干流		471.79	7086	359	2581.95	50～100
27		黑龙江	*齐齐哈尔	平原	嫩江		141.51	4365	135	441.38	20～50
28		黑龙江	大庆	平原			133.40	5107	207	2633.10	50～100
29		黑龙江	*佳木斯	平原	松花江干流		82.00	1875	94	256.15	20～50

续表

序号	所属地区	城市所在省（自治区、直辖市）	城市名称	城市类型	滨河	滨湖	城市总人口/万人	市区面积/km²	建成区面积/km²	市区GDP（当年价）/亿元	现状防洪标准/年
30		江苏	*南京	平原	长江、秦淮河		548.37	4733	619	4515.22	50
31		江苏	*扬州	平原	长江、淮河入江口		122.48	1021	82	989.45	20～50
32		江苏	*镇江	平原	长江、大运河		103.53	1082	109	844.87	50
33		江苏	徐州	平原			312.72	3038	239	1779.47	50
34		江苏	盐城	平原			163.28	1862	89	625.76	＜20
35		江苏	泰州	平原			82.72	640	65	566.52	20～50
36	东部地区	江苏	淮安	平原	大运河		278.35	3171	120	872.67	50
37		江苏	宿迁	平原		骆马湖	159.77	2108	65	374.60	＜20
38		江苏	苏州	平原		太湖	242.48	3230	329	3572.75	50～100
39		江苏	无锡	平原		太湖	238.61	1643	231	2986.56	50
40		江苏	常州	平原	长江、大运河		227.75	1862	153	2316.26	20
41		浙江	杭州	平原	东苕溪、京杭运河、钱塘江		434.82	3068	413	4740.78	50～500
42		浙江	嘉兴	平原	大运河	太湖	83.75	968	85.11	578.17	100
43		浙江	湖州	平原		太湖	108.90	1567	77.92	596.44	100
44		浙江	金华	平原	金华江		93.19	2044	72	403.03	50
45		浙江	衢州	平原	衢江		82.71	2354.4	58.21	326.23	20～50
46		浙江	绍兴	平原			65.04	357	100	466.70	100
47		浙江	丽水	平原	瓯江		38.68	1502	32	175.21	50
48		安徽	*芜湖	平原	长江、青弋江		111.53	827	135	794.74	防1954年洪水
49		安徽	*安庆	平原	长江		73.65	821	77	283.46	10～20
50		安徽	淮北	平原			109.79	760	63	348.77	10～20
51	中部地区	安徽	*阜阳	平原	沙颍河		206.96	1844	76	242.88	10～20
52		安徽	亳州	平原			161.65	2226	57	175.57	5～10
53		安徽	宿州	平原			185.86	2868	53	246.50	20～50
54		江西	*南昌	平原	赣江		212.00	617	208	1501.00	20～100
55		江西	*九江	平原	长江		64.23	598	89	470.84	防1954年洪水
56		江西	吉安	平原	赣江		54.52	1340	35	108.34	20～50
57		江西	抚州	平原	抚河		114.56	2122	50	203.50	20
58	东部地区	山东	*济南	平原	黄河		348.02	3257	347	2959.84	50
59		山东	聊城	平原	运河		115.65	1442	69	280.79	50
60		山东	德州	平原	运河		65.24	563	89	366.66	50

续表

序号	所属地区	城市所在省（自治区、直辖市）	城市名称	城市类型	滨河	滨湖	城市总人口/万人	市区面积/km²	建成区面积/km²	市区GDP（当年价）/亿元	现状防洪标准/年
61	东部地区	山东	滨州	平原	黄河		63.61	1041	87	314.72	50
62		山东	潍坊	平原	潍河		182.11	2650	140	797.36	20
63		山东	济宁	平原		南四湖	112.17	1043	89	625.01	50
64		山东	菏泽	平原			152.76	1415	77	258.07	20
65	中部地区	河南	*郑州	平原	黄河、贾鲁河		510.00	1010	343	1753.92	50
66		河南	*洛阳	平原	洛河		166.11	544	181	726.28	10～30
67		河南	*开封	平原	黄河、惠济河		85.57	362	94	217.48	50
68		河南	安阳	平原	安阳河		108.78	544	76	363.76	50
69		河南	新乡	平原	卫河		101.33	346	97	331.62	20
70		河南	濮阳	平原			68.01	289	51	252.15	50
71		河南	*信阳	平原	淮河		147.72	3604	68	282.98	10～20
72		河南	南阳	平原	白河		188.51	1981	92	452.73	10～50
73		河南	驻马店	平原	汝河		67.50	772	52	179.55	10～20
74		河南	商丘	平原	黄河		176.99	1697	60	233.49	20
75		河南	漯河	平原	颍河		140.82	1020	60	396.23	3～20
76		河南	许昌	平原			41.42	97	80	202.08	20～50
77		河南	平顶山	平原			103.31	443	71	481.30	10～100
78		河南	周口	平原	颍河		53.61	269	51	110.58	10～20
79		湖北	*武汉	平原	长江、汉江		520.65	2718	500	4559.11	防1954年洪水
80		湖北	*黄石	平原	长江		71.43	237	66	352.52	防1954年洪水
81		湖北	*荆州	平原	长江		112.76	1576	66	297.58	10～20
82		湖北	宜昌	平原	长江		124.41	4248	92	783.13	50
83		湖北	襄樊	平原	长江		224.78	3672	107	859.82	20
84		湖北	鄂州	平原	长江		108.46	1594	52	395.29	20
85		湖北	孝感	平原			95.57	1020	33	155.81	30
86		湖北	黄冈	平原	长江		36.67	362	58	96.00	防1954年洪水
87		湖北	咸宁	平原			59.83	1504	63	132.20	10～50
88		湖北	随州	平原	涢水		65.36	1322	43	180.98	10～50
89		湖南	岳阳	平原			109.64	1246	82	736.15	5～100
90	东部地区	广东	*广州	平原	珠江下游		664.29	3843	952	9879.41	100
91		广东	东莞	平原	东江		181.77	2460	92	4246.45	100
92		广东	佛山	平原	珠江三角		370.89	3798	152	5651.52	50

续表

序号	所属地区	城市所在省（自治区、直辖市）	城市名称	城市类型	滨河	滨湖	城市总人口/万人	市区面积/km²	建成区面积/km²	市区GDP（当年价）/亿元	现状防洪标准/年
93	东部地区	广东	江门	平原			138.21	1818.12	128.66	883.82	30～50
94		广东	中山	平原			149.18	1800	41	1850.65	30～50
95		广东	潮州	平原	韩江		35.08	155	42	114.87	50
96		广东	茂名	平原			132.78	874	70	567.35	50
97	西部地区	广西	*南宁	平原	郁江		270.74	6479	215	1303.94	20～50
98		广西	*梧州	平原	西江、桂江		51.16	1097	36	176.03	10～50
99		广西	*柳州	平原	柳江		105.01	658	135	911.13	50
100		广西	贵港	平原	郁江		190.25	3548	56	255.50	10
101		广西	玉林	平原			101.24	1251	57	246.40	5～20
102		广西	来宾	平原	红水河		107.58	4364	29	202.41	20
103		广西	崇左	平原	左河		36.32	2951	22	77.02	无防洪工程
104		四川	*成都	平原	岷江		535.15	2129	456	3932.47	20～200
105		四川	绵阳	平原	涪江		122.20	1570	103	456.70	50
106		四川	德阳	平原			66.23	648	54	284.87	50
107		四川	眉山	平原	岷江		85.47	1331	44	186.26	20
108		甘肃	金昌	平原			20.42	3019	37	169.67	20
109		甘肃	嘉峪关	平原	北大河		21.80	2935	50	184.32	20
110		甘肃	武威	平原	石羊河		102.04	5081	27	149.64	50
111		甘肃	张掖	平原	黑河		52.04	4240	34	93.46	20
112		甘肃	酒泉	平原	北大河		40.38	3386	38	132.70	20
113		甘肃	庆阳	平原			35.81	996	21	82.92	10
114		宁夏	吴忠	平原	黄河		37.79	1268	28	71.55	20
115		宁夏	中卫	平原	黄河		39.59	6876	32	84.21	20
116		新疆	克拉玛依	平原			37.51	9548	57.16	711.35	10～50
合　计							18118.97	239518.52	14891.76	121947.56	

注　1. * 代表全国防洪重点滨河滨海地级及以上城市。

　　2. 表中"现状防洪标准"的统计水平年不同，仅供参考。

附表 4 2010 年全国地级及以上（滨海）城市市辖区基本情况表

序号	所属地区	城市所在省（自治区、直辖市）	城市名称	城市类型	滨河	滨湖	城市总人口/万人	市区面积/km²	建成区面积/km²	市区 GDP（当年价）/亿元	现状防洪标准/年
1	东部地区	天津	＊天津	滨海	永定、大清河		807.02	7399	687	8561.46	≥100
2		河北	秦皇岛	滨海			86.38	363	89	531.01	10～50
3	东北地区	辽宁	营口	滨海	辽河		90.41	702	99	563.58	10～50
4		辽宁	大连	滨海			304.26	2568	390	3432.21	20～50
5	东部地区	上海	＊上海	滨海	长江、黄浦江		1343.37	5155	866	16971.55	100～1000
6		江苏	＊南通	滨海	长江		211.54	1521	125	1392.81	50
7		江苏	连云港	滨海			93.59	1156	120	437.39	5～50
8		浙江	＊宁波	滨海	奉化江、姚江、甬江		223.35	2461.76	271.59	3062.16	100
9		浙江	＊温州	滨海	瓯江		145.77	1187	175	1196.26	10～100
10		浙江	舟山	滨海			69.72	1028	52	456.52	50
11		浙江	台州	滨海	吴江		154.89	1536	116	852.77	50～100
12		福建	＊福州	滨海	闽江		188.59	1043	220	1543.55	50～200
13		福建	＊厦门	滨海	西溪、后溪等		180.21	1573	230	2060.07	20
14		福建	莆田	滨海			215.45	2284	55	710.53	50
15		福建	宁德	滨海			44.46	1537	19	126.82	30
16	东部地区	福建	＊泉州	滨海	晋江		103.11	850	160	825.88	100
17		福建	漳州	滨海	九龙江		55.50	401	51	249.04	100
18		山东	青岛	滨海			275.50	1405	282	3230.57	50
19		山东	烟台	滨海			178.90	2722	265	1860.27	20
20		山东	威海	滨海			64.85	777	132	492.33	50
21		山东	日照	滨海			123.15	1915	90	827.20	50
22		山东	东营	滨海	黄河		83.35	3294	108	1536.39	50
23		广东	深圳	滨海			259.87	1992	830	9581.51	50
24		广东	珠海	滨海			104.74	1711	124	1208.60	20～50
25		广东	汕头	滨海			516.74	1956	182	1199.52	20～50
26		广东	湛江	滨海			153.33	1720	81.23	769.07	20
27		广东	汕尾	滨海			54.41	415	14	130.05	20
28		广东	阳江	滨海			68.36	755.83	43.5	254.17	10～20

续表

序号	所属地区	城市所在省（自治区、直辖市）	城市名称	城市类型	滨河	滨湖	城市总人口/万人	市区面积/km²	建成区面积/km²	市区GDP（当年价）/亿元	现状防洪标准/年
29	西部地区	广西	北海	滨海			61.72	957	55	264.58	5～10
30		广西	防城港	滨海			53.94	2818	31	232.90	2～20
31		广西	钦州	滨海			138.06	4732	80	204.00	5～50
32	东部地区	海南	海口	滨海			160.43	2305	98	595.14	30～50
33		海南	三亚	滨海			57.01	1918	28	230.85	10～20
合　计							6671.98	64157.59	6169.32	65590.76	

注　1. * 代表全国防洪重点滨河滨海地级及以上城市。

　　2. 表中"现状防洪标准"的统计水平年不同，仅供参考。

附表5   2010年全国滨河滨湖地级及以上城市名单

说明:

1. 全国滨河滨湖地级及以上城市总计192座(其中嘉兴、岳阳、常德与益阳4座城市既滨河又滨湖,统计数重复),占全国287座地级及以上城市的67%,其中滨河城市182座,滨湖城市10座(滨湖滨河有4座重合)。重点滨河防洪城市61座,重点滨湖防洪城市8座(济宁、无锡、苏州、嘉兴、湖州、岳阳、常德、益阳)。非重点滨河防洪城市121座,非重点滨湖防洪城市2座(巢湖、宿迁)。

2. ∗表示滨河滨湖重点防洪城市。

3. 仅注明河湖名的表示滨河滨湖非重点防洪城市,共121座。

附表5   2010年全国滨河滨湖地级及以上城市名单

所属省(自治区、直辖市)	序号	地级及以上城市	滨河	滨湖	所属省(自治区、直辖市)	序号	地级及以上城市	滨河	滨湖
直辖市		∗北京	永定、北运河		内蒙古	1	呼和浩特	大黑河	
		∗天津	永定、大清河			2	包头	黄河	
		∗上海	长江、黄浦江			3	通辽	西辽河	
		∗重庆	长江、嘉陵江			4	赤峰		
河北	1	∗石家庄	滹沱河			5	乌海	黄河	
	2	∗邯郸	滏阳河			6	鄂尔多斯		
	3	邢台				7	呼伦贝尔	海拉尔河	
	4	保定				8	乌兰察布		
	5	衡水	滏阳河			9	巴彦淖尔	黄河	
	6	唐山	陡河		辽宁	1	∗沈阳	浑河	
	7	承德				2	鞍山		
	8	秦皇岛				3	抚顺	浑河	
	9	张家口				4	本溪	太子河	
	10	廊坊	永定河			5	锦州		
	11	沧州	南运河			6	营口	辽河	
山西	1	∗太原	汾河			7	阜新		
	2	晋城				8	辽阳	太子河	
	3	运城				9	∗盘锦	辽河	
	4	临汾	汾河			10	铁岭		
	5	大同	预河			11	朝阳	大凌河	
	6	长治				12	葫芦岛		
	7	阳泉				13	大连		
	8	朔州	桑干河			14	∗丹东	鸭绿江	
	9	晋中			吉林	1	∗长春	伊通河、双阳河	
	10	忻州				2	∗吉林	第二松花江	
	11	吕梁	三川河			3	松原	第二松花江	

257

续表

所属省（自治区、直辖市）	序号	地级及以上城市	滨河	滨湖	所属省（自治区、直辖市）	序号	地级及以上城市	滨河	滨湖
吉林	4	通化	浑河		浙江	6	衢州	衢江	
	5	白山	浑河			7	*温州	瓯江	
	6	四平				8	绍兴		
	7	辽源				9	舟山		
	8	白城				10	台州	吴江	
黑龙江	1	*哈尔滨	松花江干流			11	丽水	瓯江	
	2	*齐齐哈尔	嫩江		安徽	1	*合肥	南淝河	
	3	大庆				2	*芜湖	长江、青弋江	
	4	*佳木斯	松花江干流			3	马鞍山	长江	
	5	*牡丹江	牡丹江			4	铜陵	长江	
	6	鸡西	穆凌河			5	*安庆	长江	
	7	七台河				6	池州	长江	
	8	黑河	黑龙江			7	宣城	水阳江	
	9	伊春	汤旺河			8	*淮南	淮河干流	
	10	双鸭山				9	*蚌埠	淮河干流	
	11	鹤岗				10	淮北		
	12	绥化				11	*阜阳	沙颍河	
江苏	1	*南京	长江、秦淮河			12	亳州		
	2	*南通	长江			13	宿州		
	3	*扬州	长江、淮河入江口			14	巢湖		巢湖
	4	*镇江	长江、大运河			15	六安	淠河	
	5	徐州				16	滁州	滁河	
	6	盐城				17	黄山	新安江	
	7	泰州			福建	1	*福州	闽江	
	8	连云港				2	*厦门	西溪、后溪等	
	9	淮安	大运河			3	莆田		
	10	宿迁		骆马湖		4	三明	沙溪	
	11	苏州		太湖		5	南平	闽江	
	12	无锡		太湖		6	龙岩		
	13	常州	长江、大运河			7	宁德		
浙江	1	*杭州	东苕溪、京杭运河、钱塘江			8	*泉州	晋江	
	2	嘉兴	大运河	太湖		9	漳州	九龙江	
	3	湖州		太湖	江西	1	*南昌	赣江	
	4	*宁波	奉化江、姚江、甬江			2	*九江	长江	
	5	金华	金华江			3	景德镇	昌江	
						4	萍乡		
						5	新余	袁水	
						6	上饶	信江	

续表

所属省（自治区、直辖市）	序号	地级及以上城市	滨河	滨湖	所属省（自治区、直辖市）	序号	地级及以上城市	滨河	滨湖
江西	7	赣州	赣江		河南	17	周口	颍河	
	8	鹰潭	信江		湖北	1	*武汉	长江、汉江	
	9	吉安	赣江			2	*黄石	长江	
	10	宜春	袁水			3	*荆州	长江	
	11	抚州	抚河			4	十堰		
山东	1	*济南	黄河			5	宜昌	长江	
	2	泰安				6	襄樊	长江	
	3	莱芜				7	鄂州	长江	
	4	聊城	运河			8	荆门		
	5	德州	运河			9	孝感		
	6	滨州	黄河			10	黄冈	长江	
	7	青岛				11	咸宁		
	8	烟台				12	随州	涢水	
	9	威海			湖南	1	*长沙	湘江	
	10	潍坊	潍河			2	株洲	湘江	
	11	淄博				3	湘潭	湘江	
	12	日照				4	衡阳	湘江	
	13	东营	黄河			5	邵阳	资水	
	14	济宁		南四湖		6	张家界	澧水	
	15	枣庄				7	郴州	湘江	
	16	菏泽				8	永州		
	17	*临沂	沂河			9	怀化	沅水	
河南	1	*郑州	黄河、贾鲁河			10	娄底		
	2	三门峡	黄河			11	*岳阳	长江	洞庭湖
	3	*洛阳	洛河			12	*常德	资水	洞庭湖
	4	*开封	黄河、惠济河			13	*益阳	长江	洞庭湖
	5	安阳	安阳河		广东	1	*广州	珠江下游	
	6	新乡	卫河			2	深圳		
	7	焦作				3	肇庆	西江	
	8	鹤壁				4	惠州	东江	
	9	濮阳				5	东莞	东江	
	10	*信阳	淮河			6	佛山	珠江三角	
	11	南阳	白河			7	江门		
	12	驻马店	汝河			8	中山		
	13	商丘	黄河			9	珠海		
	14	漯河	颍河			10	梅州	梅江	
	15	许昌				11	汕头	韩江	
	16	平顶山				12	潮州	韩江	

续表

所属省（自治区、直辖市）	序号	地级及以上城市	滨河	滨湖	所属省（自治区、直辖市）	序号	地级及以上城市	滨河	滨湖
广东	13	*韶关	北江		四川	13	眉山	岷江	
	14	河源	东江			14	广安	渠江	
	15	清远	北江			15	达州	渠江	
	16	湛江				16	雅安	青衣江	
	17	茂名				17	巴中	巴河	
	18	汕尾				18	资阳	沱江	
	19	阳江			贵州	1	*贵阳	乌江支流清水河	
	20	揭阳	榕江			2	六盘水		
	21	云浮				3	安顺		
广西	1	*南宁	郁江			4	遵义		
	2	*梧州	西江、桂江		云南	1	*昆明	盘龙江	
	3	*柳州	柳江			2	保山		
	4	*桂林	漓江			3	曲靖	南盘江	
	5	贵港	郁江			4	玉溪		
	6	北海				5	昭通		
	7	防城港				6	丽江		
	8	钦州				7	思茅		
	9	玉林				8	临沧		
	10	百色	右江		西藏	1	*拉萨	拉萨河	
	11	贺州	贺江		陕西	1	*西安	渭河	
	12	河池	龙江			2	铜川		
	13	来宾	红水河			3	宝鸡	渭河	
	14	崇左	左河			4	咸阳	渭河	
海南	1	海口	南渡江			5	渭南		
	2	三亚				6	汉中	汉江	
四川	1	*成都	岷江			7	榆林		
	2	*宜宾	金沙江、岷江、长江			8	安康	汉江	
	3	*泸州	沱江、长江			9	延安	延河	
	4	绵阳	涪江			10	商洛	洛河	
	5	自贡			甘肃	1	*兰州	黄河	
	6	攀枝花	金沙江			2	金昌		
	7	德阳				3	白银		
	8	广元	嘉陵江			4	天水		
	9	遂宁	涪江			5	嘉峪关	北大河	
	10	内江	沱江			6	武威	石羊河	
	11	乐山	闽江			7	张掖	黑河	
	12	南充	嘉陵江			8	平凉	泾河	
						9	酒泉	北大河	

所属省（自治区、直辖市）	序号	地级及以上城市	滨河	滨湖	所属省（自治区、直辖市）	序号	地级及以上城市	滨河	滨湖
甘肃	10	庆阳			宁夏	3	吴忠	黄河	
	11	定西				4	固原	清水河	
	12	陇南	白龙江			5	中卫	黄河	
青海	1	＊西宁	湟水河		新疆	1	＊乌鲁木齐	乌鲁木齐河	
宁夏	1	＊银川	黄河			2	克拉玛依		
	2	石嘴山	黄河						

参 考 文 献

[1] 国家防汛总指挥部办公室. 中国城市防洪 [M]. 北京：中国水利水电出版社，2008.

[2] 国家防汛总指挥部办公室、水利部南京水文水资源研究所. 中国水旱灾害（第八章"涝渍灾害"）[M]. 北京：中国水利水电出版社，1997.

[3] 方如康. 中国的地形 [M]. 北京：商务印书馆，1996.

[4] 汪恕诚. 中国防洪减灾的新策略 [N]. 中国水利报，2003 - 06 - 05.

[5] 李娜，程晓陶，等. 上海市洪水风险图制作及洪水风险信息查询系统的开发 [J]. 水利发展研究. 2002，2 (12).

[6] 周乃晟，袁雯. 上海市暴雨地面积水的研究 [J]. 地理学报，1993，48 (3).

[7] 钱易，刘昌明，邵益生. 中国城市水资源可持续发展利用 [C]. 见：中国工程院重大咨询项目. 中国可持续发展水资源战略研究报告集第 5 卷. 北京：中国水利水电出版社，2002.

[8] 俞亚平，郑丽秋. 北京加强雨水资源利用 [N]. 中国水利报，2003 - 04 - 15.

[9] 孙建建. 发达国家城市排水体制 [N]. 中国水利报，2004 - 07 - 29.

[10] 谭徐明，赵春明，编译. 美国防洪减灾总报告及研究规划 [R]. 北京：中国科学技术出版社，1997.

[11] 国际灌溉与排水委员会，编译. 世界防洪环顾 [R]. 哈尔滨：哈尔滨出版社，1992.

[12] 邱瑞田，徐宪彪，文康，李琪，李蝶娟，李福绥. 关于确定城市防洪标准的几点意见 [J]. 中国水利，2006 (13).

[13] 叶齐茂. 新农村建设应规划先行 [J]. 瞭望，2005 (12).

[14] 陆学艺. 统筹城乡发展、破解"三农"难题 [J]. 半月谈，2004 (4).

[15] 沈建国. 中国西部地区城市化战略 [J]. 城市规划，2000 (4).

[16] 董祚继. 土地利用规划管理手册 [M]. 北京：中国大地出版社，2002.

[17] 于风桐. 土地利用规划 [M]. 北京：中国大地出版社，1999.

[18] 袁志伦（"上海水旱灾害"编辑组）. 上海水旱灾害 [M]. 南京：河海大学出版社，1999.

[19] 吴庆洲. 中国古代城市防洪研究 [M]. 北京：中国建筑工业出版社，2009.

[20] 李原园，文康，等. 防洪若干重大问题研究 [M]. 北京：中国水利水电出版社，2010.

[21] 李原园，文康，沈福新，张世法，王家祁，等. 气候变化对中国水资源影响及应对策略研究 [M]. 北京：中国水利水电出版社，2012.

[22] 李原园，文康，沈福新，等. 变化环境下的洪水风险管理研究 [M]. 北京：中国水利水电出版社，2013.

[23] 王家祁. 中国暴雨 [M]. 北京：中国水利水电出版社，2002.

[24] 文康，金管生，李蝶娟，李琪. 地表径流的数学模拟 [M]. 北京：水利电力出版社，1991.

[25] 中国科学院国情分析研究小组. 城市与乡村 [M]. 北京：科学出版社，1996.

[26] 顾朝林，等. 中国城市地理 [M]. 北京：商务印书馆，1999.

[27] 顾朝林，等. 经济全球化与中国城市发展 [M]. 北京：商务印书馆，1999.

[28] 陆孝平，谭培伦，王淑筠. 水利工程防洪经济效益分析方法与实践 [M]. 南京：河海大学出版社，1993.

[29] 国家防汛抗旱总指挥部办公室，等. 山洪泥石流滑坡灾害及防治 [M]. 北京：科学出版社，1994.

[30] 邓卫. 探索适合国情的城市化道路 [J]. 城市规划, 2000 (3).

[31] 宁登, 蒋亮. 转型时期的中国城镇化发展研究 [J]. 城市规划, 1999 (12).

[32] 吴良镛. 城市世纪、城市问题、城市规划与市长的作用 [M]. 城市规划, 2000 (4).

[33] 周一星. 改革开放 20 年来的中国城市化进 [J]. 城市规划, 1999 (12).

[34] 陆学艺. 统筹城乡发展、破解"三农"难题 [J]. 半月, 2004 (4).

[35] 文康, 李琪. 中国江河支流及其中小河流防洪减灾的对策探讨 [C]. 见中国防洪减灾对策研究, 中国工程院重大咨询项目. 中国可持续发展水资源战略研究报告集第 3 卷. 北京: 中国水利水电出版社, 2002.

[36] 中国市长协会. (2001—2002) 中国城市发展报告 [G]. 北京: 西苑出版社, 2003.

[37] 黄委会水土保持局. 黄河流域水土保持研究 [M]. 郑州: 黄河水利出版社, 1997.

[38] 国家统计局. 2000 年中国发展报告 [G]. 北京: 中国统计出版社, 2000.

[39] RJ. Burby. Cooperating with Nature-confronting Natural Hazards with Land-use planning for Sustainable Communities. Joseph Honry press Washington, D. C., 1998.

[40] H R Wallingford UK. Guildline on National Flood Risk Assessments. 2006.

[41] Department of Resources and Energy-Australia. Australia water Resources Council, Guildline for Floodplain Management in Astralia. 1985.

[42] FEMA US. Guildlines and Specifications for Flood Hazard Mapping Partners, April 2003.

[43] Institute Hydrology US. Flood risk Map for England and Wales. Natural Enviroment Research Council.

[44] US Army Corps of Engineers. Floodplain Management Assessment of the Upper Mississppi River and Lower Mississppi River and Tributaries. June 1995.

[45] Franz Stoessel. National Hazards in Swizerland, Proceedings of the NATO Committee on the Challenges of Modern Society. Natural Hazards Workshep, Toronto, Canada, April 2002.

[46] ESCAP UN. Regional Corperation in the 21st Century on Flood Control and Management in Asia and the Pacitic. 1999.

[47] Dan Shrubsole, et al. Flood Management in Cannada at the Crossraads. ICLR, Toronto 2000. oct 1996.

[48] The Interagency Floodplain Management Review Committee, US. Sharing the Challenge: Floodplain Management into 21st Century. 1994.